线性代数提高

邹杰涛　张　杰　主　编
解加芳　刘　波　副主编

中国财政经济出版社

图书在版编目（CIP）数据

线性代数提高/邹杰涛，张杰主编．—北京：中国财政经济出版社，2011.8

ISBN 978－7－5095－3062－7

Ⅰ.①线…　Ⅱ.①邹…　②张…　Ⅲ.①线性代数－高等学校－自学参考资料
Ⅳ.①O151.2

中国版本图书馆CIP数据核字（2011）第171065号

责任编辑：陆宗祥　　　　责任校对：杨瑞琦
封面设计：邹海东　　　　版式设计：汤广才

中国财政经济出版社出版

URL：http：//www.cfeph.cn

E－mail：cfeph@cfeph.cn

社址：北京市海淀区阜成路甲28号　邮政编码：100142

营销中心电话：88190406　北京财经书店电话：64033436　84041336

北京财经印刷厂印刷　各地新华书店经销

787×1092毫米　16开　17.25印张　390 000字

2011年8月第1版　2011年8月北京第1次印刷

定价：28.00元

ISBN 978－7－5095－3062－7/O·0030

（图书出现印装问题，本社负责调换）

本社质量投诉电话：010－88190744

前言 qian yan

线性代数是高等院校理工科各专业的重要基础课。由于线性代数的基础性和实用性作用，学好线性代数是至关重要的：一方面要深刻理解其有关概念、掌握重要结论；另一方面要多做练习，以加深对线性代数内容的理解和认识，这对于解决实际问题时熟练应用有关线性代数内容是必不可少的。本书是根据教育部制订的线性代数教学大纲的要求编写的，是为理工科大学生学习线性代数以及准备考研的学生复习线性代数而编写的一本提高性读物，也可作为教师的教学参考书。本书由北方工业大学数学系公共数学教学团队（北京市优秀教学团队）共同编写而成。教学团队由具有多年丰富教学经验的教授、副教授及讲师组成。他们对线性代数的教学内容和方法进行了深入研讨，充分总结了教学经验，力求把多年教学实践中的经验和体会都融入书中，以帮助读者学好这门重要的基础课。

本书力求在较短的时间内，用不多的篇幅，帮助同学们搞清基本概念，掌握基本理论和公式，弄清重点、难点与知识结合点。一方面，通过对典型例题的分析与评注，帮助同学们梳理解题的思路，熟悉常用的方法和技巧；另一方面，精编适量的练习题和考研真题，帮助同学们更好地理解和掌握基本内容、基本解题方法，达到巩固与提高的目的。

全书共分五章，每章分内容小结、知识框架、知识要点与典型例题、考研真题、习题、练习以及相关详细分析解答与答案。本书在章节的顺序安排和内容取舍上与教材略有不同，主要是为了方便学生总结归纳，以及更好地掌握知识间的相互渗透与转换，提高运用基础知识的能力。

本书初稿第一章（行列式）和第二章（矩阵及其运算）由邹杰涛、解加芳执笔，第三章（向量组的线性相关性与线性方程组）和第五章（线性空间与线性变换）由张杰、刘波执笔，第四章（相似矩阵与二次型）由张建国、刘波执笔。全书初稿由解加芳、刘波校对，最后由邹杰涛负责统稿，对初稿的内容进行了适当的删减或补充。内容确定后，由团队总负责人张杰教授对全书进行了统校。总之，希望本书能对同学们学习线性代数和复习备考有更大的帮助。

由于编者水平有限，本书疏漏错误之处在所难免，欢迎读者批评指正。

编者

2011 年 7 月于北方工业大学

目录 mu lu

第一章

行 列 式

一、内容小结

本章的核心内容是行列式的计算问题．具体要求是：了解行列式的概念，掌握行列式的性质；会应用行列式的性质和行列式按行（列）展开定理计算行列式；会根据行列式的不同特点采用不同的数学方法（比如递推法，数学归纳法，利用范德蒙行列式结论等）计算行列式；会利用克莱姆法则求解线性方程组．

二、知识框架

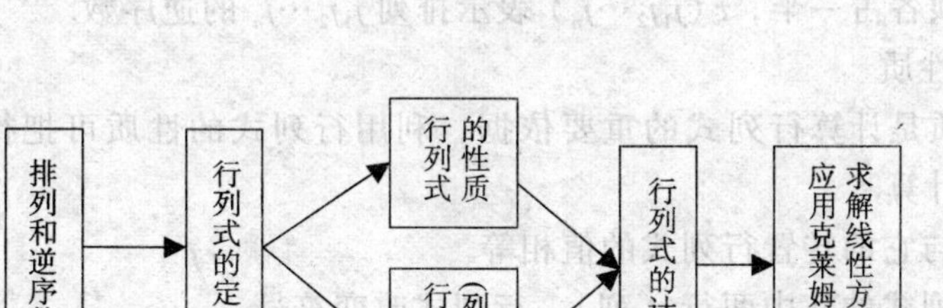

三、知识要点与典型例题

（一）知识要点

1. 排列和逆序数

这部分知识是引入行列式定义的预备，也是定义行列式的理论基础.

（1）由 $1,2,\cdots,n$ 组成的一个有序数组称为一个 n 阶排列. 在一个排列中，如果某一个较大的数码排在较小的数码之前，就称这两个数码构成一个逆序. 一个排列中所有逆序的总数，叫做这个排列的逆序数. 逆序数为偶数的排列称为偶排列，逆序数为奇数的排列成为奇排列.

（2）由 $1,2,\cdots,n$ 组成的 n 阶排列共有 $n!$ 个. 奇排列和偶排列的个数相等，均为 $\frac{n!}{2}$ 个.

（3）对换改变排列的奇偶性. 奇排列调成标准排列的对换次数是奇数，偶排列调成标准排列的对换次数是偶数.

2. 行列式的定义

$$D=\begin{vmatrix} a_{11} & a_{12} & \cdots & a_{1n} \\ a_{21} & a_{22} & \cdots & a_{2n} \\ \vdots & \vdots & \ddots & \vdots \\ a_{n1} & a_{n2} & \cdots & a_{nn} \end{vmatrix}=\sum_{j_1\cdots j_n}(-1)^{\tau(j_1\cdots j_n)}a_{1j_1}a_{2j_2}\cdots a_{nj_n}.$$

n 阶行列式是所有取自不同行不同列的 n 个元素乘积的代数和，它由 $n!$ 项组成，其中带正号与带负号的项各占一半，$\tau(j_1j_2\cdots j_n)$ 表示排列 $j_1j_2\cdots j_n$ 的逆序数.

3. 行列式的性质

行列式的性质是计算行列式的重要依据，利用行列式的性质可把行列式化为“三角形行列式”后进行计算.

（1）行列式与它的转置行列式的值相等.

（2）互换行列式的其中两行（列），行列式改变符号.

（3）行列式中某一行（列）所有元素的公因子可以提到行列式符号的外面.

（4）如果行列式的某一行（列）元素都是两个数之和，那么可以把行列式表示成两个行列式的和.

（5）把行列式某一行（列）的元素同乘以数 k，加到另一行（列）对应元素上去，行列式的值不变.

（6）如果行列式中有两行（列）的元素对应成比例，那么行列式的值等于零；

（7）如果行列式中某一行（列）所有元素全为 0，那么行列式的值等于零.

4. 行列式按行（列）展开定理

（1）如果行列式 D 中第 i 行元素除 a_{ij} 外其他都为零，那么行列式 D 等于 a_{ij} 与它的代数

余子式 A_{ij} 的乘积，即 $D=a_{ij}A_{ij}$.

（2）利用行列式的性质将某一行（列）化为只有一个元素非零，再按行（列）展开，行列式就由 n 阶降为 $n-1$ 阶，这就是计算行列式的降阶法.

（3）按行（列）展开法：行列式等于它的任一行（列）的各元素与其对应的代数余子式乘积之和，即

$$D=a_{i1}A_{i1}+a_{i2}A_{i2}+\cdots+a_{in}A_{in}\quad(i=1,2,\cdots,n),$$

或

$$D=a_{1j}A_{1j}+a_{2j}A_{2j}+\cdots+a_{nj}A_{nj}\quad(j=1,2,\cdots,n).$$

其中 $A_{ij}=(-1)^{i+j}M_{ij}$ 为 n 阶行列式 $D=\Delta_n(a_{ij})$ 中 a_{ij} 的代数余子式，余子式 M_{ij} 是在 n 阶行列式 $D=\Delta_n(a_{ij})$ 中，去掉第 i 行和第 j 列后的 $n-1$ 阶行列式.

(4)行列式中某一行(列)的所有元素与另一行(列)对应元素的代数余子式乘积之和等于零,即

$$a_{i1}A_{j1}+a_{i2}A_{j2}+\cdots+a_{in}A_{jn}=0\quad(i\neq j),$$

或

$$a_{1i}A_{1j}+a_{2i}A_{2j}+\cdots+a_{ni}A_{nj}=0\quad(i\neq j).$$

5. 克莱姆法则

(1)若线性方程组

$$\begin{cases}a_{11}x_1+a_{12}x_2+\cdots+a_{1n}x_n=b_1,\\ a_{21}x_1+a_{22}x_2+\cdots+a_{2n}x_n=b_2,\\ \cdots\cdots\cdots\cdots\cdots\cdots\\ a_{n1}x_1+a_{n2}x_2+\cdots+a_{nn}x_n=b_n.\end{cases}$$

的系数行列式 D 不等于零，即 $D\neq 0$，那么，方程组存在唯一解，且

$$x_1=\frac{D_1}{D},\ x_2=\frac{D_2}{D},\ \cdots,\ x_n=\frac{D_n}{D},$$

其中行列式 $D_j(j=1,2,\cdots,n)$ 是把 D 的第 j 列元素用方程组右端的常数项代替后得到的 n 阶行列式；

（2）如果齐次线性方程组的系数行列式 $D\neq 0$，则方程组只有零解；

（3）齐次线性方程组有非零解的充要条件是 $D=0$.

（二）典型例题

1. 题型分析

题型 1：求排列的逆序数，判定排列的奇偶性

解题思路：求 n 阶排列 $p_1p_2\cdots p_n$ 的逆序数,就是对于元素 $p_i(i=1,2,\cdots,n)$，计算出排在 p_i 前面比 p_i 大的元素个数 $t_i(i=1,2,\cdots,n)$，则元素 p_i 的逆序数为 t_i. 从而，该排列的逆序数为：

$$\tau(p_1p_2\cdots p_n)=t_2+t_3+\cdots+t_n.$$

例 1.1.1 求下列排列的逆序数，从而确定它们的奇偶性.

(1) 1347265； (2) $n(n-1)\cdots 21$.

解 (1) $\tau(1347265)=0+0+0+0+3+1+2=6$，所以为偶排列；

(2) $\tau[n(n-1)\cdots 21]=0+1+2+\cdots+(n-2)+(n-1)=\dfrac{n(n-1)}{2}$.

所以，当 $n=4k$ 或 $n=4k+1$ 时，$\frac{n(n-1)}{2}$为偶数，故此时排列为偶排列；

当 $n=4k+2$ 或 $n=4k+3$ 时，$\frac{n(n-1)}{2}$为奇数，故此时排列为奇排列.

题型 2：利用行列式的定义计算行列式

解题思路：对含零元素较多的行列式，可直接用定义计算．因如果行列式中的项有一元素为零时，该项的值为零，故只须求出所有非零项即可．为求出所有非零项，将行标按标准顺序排列，再讨论列标所有可能的取值．具体做法是：对一般项 $a_{1j_1}a_{2j_2}\cdots a_{nj_n}$，先由第 1 行的非零元素及其位置，写出 j_1 可能取的数码，再由第 2,3，…，n 行的非零元素及其位置分别写出 $j_2,j_3,\cdots,j_n$ 可能取的数码，进而求出 $j_1j_2j_3\cdots j_n$ 的所有 n 阶排列，该 n 阶排列的个数即为所有非零项的项数（如例 1.2.1）．如果这样的非零项一个也没有，则该行列式的值为零（如例 1.2.2）．此外，若一个 n 阶行列式中零元素的个数大于 n^2-n，则此行列式等于零.

例 1.2.1 计算行列式 $D=\begin{vmatrix} 0 & 0 & \cdots & 0 & 1 & 0 \\ 0 & 0 & \cdots & 2 & 0 & 0 \\ \vdots & \vdots & \iddots & \vdots & \vdots & \vdots \\ 2009 & 0 & \cdots & 0 & 0 & 0 \\ 0 & 0 & \cdots & 0 & 0 & 2010 \end{vmatrix}$.

解 D 中第一行的非零元素只有 $a_{1,\ 2009}$，因而 j_1 只能取 2009，同理，由第 2，3，…，2010 行知，$j_2=2008$，$j_3=2007$，…，$j_{2009}=1$，$j_{2010}=2010$. 于是 j_1，j_2，…，j_{2010} 在可能取的数码中，只能组成一个 2010 阶排列

$$(2009)(2008)\cdots 321(2010),$$

即 D 中非零项只有一项，故

$$\begin{aligned} D &= (-1)^{\tau((2009)\cdots 2\ \ 1\ \ (2010))}a_{1,2009}a_{2,2008}\cdots a_{2009,1}a_{2010,2010} \\ &= (-1)^{0+1+2+\cdots+2008+0}1\times 2\times\cdots\times 2009\times 2010 \\ &= (-1)^{\frac{2008\times 2009}{2}}2010!=2010!. \end{aligned}$$

例 1.2.2 用行列式定义计算 $D=\begin{vmatrix} 0 & a_{12} & a_{13} & 0 & 0 \\ a_{21} & a_{22} & a_{23} & a_{24} & a_{25} \\ a_{31} & a_{32} & a_{33} & a_{34} & a_{35} \\ 0 & a_{42} & a_{43} & 0 & 0 \\ 0 & a_{52} & a_{53} & 0 & 0 \end{vmatrix}$.

解 D 中第一行的非零元素为 a_{12},a_{13}，所以 $j_1=2,3$，同理可求出 $j_2=1,2,3,4,5$ $j_3=1,2,3,4,5$ $j_4=2,3$ $j_5=2,3$，因而行列式的非零项乘积的列标 $j_1j_2j_3j_4j_5$ 不能组成任何的 5 阶排列，即行列式没有非零项，因此 $D=0$.

题型 3：化行列式为三角形行列式进行计算

解题思路：利用行列式的性质，可逐步将所给行列式化为三角形行列式．化零时一般尽量选含有 1 的行（列）及含零较多的行（列）（如例 1.3.1）．若没有 1，则可适当选取便于化为零的数，或利用行列式的性质将某行（列）中的某数化为 1（如例 1.3.2）；若所给行列式中元素间具有某些特征，则应充分利用这些特征，常见的有：

(1) 行列式所有行（或列）全部元素化为 1（如例 1.3.3）.

(2) 对爪形（三线型）行列式，可通过将其余各行（或列）的某一倍数加到第 1 行（或列）而化为三角形行列式（如例 1.3.4）.

(3) 若行列式的各行（或列）之间差别不大，可采用逐行（或列）相加（或减）的方法，将其化简后进行计算（如例 1.3.5）.

(4) 对某些行列式，可在原行列式中增加一行一列，且保持原行列式不变，使其具有某种特征，便于计算．一般称此法为加边法（例 1.3.6）.

总之，掌握行列式的特征是计算行列式的关键，在此基础上，充分利用行列式的性质，灵活选用方法．值得注意的是，同一个行列式有时会有不同的求解方法（例 1.3.7），我们可选取相对较简单的方法或自己最熟悉的方法.

例 1.3.1 计算 n 阶行列式 $D_n=\begin{vmatrix}1&2&3&\cdots&n-1&n\\-1&0&3&\cdots&n-1&n\\-1&-2&0&\cdots&n-1&n\\\vdots&\vdots&\vdots&\ddots&\vdots&\vdots\\-1&-2&-3&\cdots&-(n-1)&0\end{vmatrix}$.

解 将第一行分别加到第 $2,3,\cdots,n$ 行，有

$$D_n=\begin{vmatrix}1&2&3&\cdots&n-1&n\\0&2&6&\cdots&2(n-1)&2n\\0&0&3&\cdots&2(n-1)&2n\\\vdots&\vdots&\vdots&\ddots&\vdots&\vdots\\0&0&0&\cdots&0&n\end{vmatrix}=n!\ .$$

例 1.3.2 计算行列式 $D=\begin{vmatrix}1+x&1&1&1\\1&1-x&1&1\\1&1&1+y&1\\1&1&1&1-y\end{vmatrix}$.

解 将第二行乘(-1)加到第一行，再将第四行乘(-1)加到第三行，有

$$D=\begin{vmatrix}x&x&0&0\\1&1-x&1&1\\0&0&y&y\\1&1&1&1-y\end{vmatrix}=xy\begin{vmatrix}1&1&0&0\\1&1-x&1&1\\0&0&1&1\\1&1&1&1-y\end{vmatrix}$$

$$=xy\begin{vmatrix}1&1&0&0\\0&-x&1&1\\0&0&1&1\\0&0&1&1-y\end{vmatrix}=xy\begin{vmatrix}1&1&0&0\\0&-x&1&1\\0&0&1&1\\0&0&0&-y\end{vmatrix}=x^2y^2.$$

例 1.3.3 计算 n 阶行列式 $D_n=\begin{vmatrix}a_1+b&a_2&a_3&\cdots&a_n\\a_1&a_2+b&a_3&\cdots&a_n\\\vdots&\vdots&\vdots&\ddots&\vdots\\a_1&a_2&a_3&\cdots&a_n+b\end{vmatrix}$.

解 注意到所有各行元素相加后均等于 $b+\sum_{i=1}^{n}a_i$，将第 2 至第 n 列对应元素加到第一列，然后提出公因子 $b+\sum_{i=1}^{n}a_i$，即

$$D_n=\begin{vmatrix} b+\sum_{i=1}^{n}a_i & a_2 & a_3 & \cdots & a_n \\ b+\sum_{i=1}^{n}a_i & a_2+b & a_3 & \cdots & a_n \\ \vdots & \vdots & \vdots & \ddots & \vdots \\ b+\sum_{i=1}^{n}a_i & a_2 & a_3 & \cdots & a_n+b \end{vmatrix}=(b+\sum_{i=1}^{n}a_i)\begin{vmatrix} 1 & a_2 & a_3 & \cdots & a_n \\ 1 & a_2+b & a_3 & \cdots & a_n \\ \vdots & \vdots & \vdots & \ddots & \vdots \\ 1 & a_2 & a_3 & \cdots & a_n+b \end{vmatrix}$$

再将第 1 行的 (-1) 倍加到其余各行，得

$$D_n=(b+\sum_{i=1}^{n}a_i)\begin{vmatrix} 1 & a_2 & a_3 & \cdots & a_n \\ 0 & b & 0 & \cdots & 0 \\ \vdots & \vdots & \vdots & \ddots & \vdots \\ 0 & 0 & 0 & \cdots & b \end{vmatrix}=(b+\sum_{i=1}^{n}a_i)b^{n-1}.$$

例 1.3.4 计算 $D_{n+1}=\begin{vmatrix} a_0 & b_1 & b_2 & \cdots & b_n \\ c_1 & a_1 & 0 & \cdots & 0 \\ c_2 & 0 & a_2 & \cdots & 0 \\ \vdots & \vdots & \vdots & \ddots & \vdots \\ c_n & 0 & 0 & \cdots & a_n \end{vmatrix}$，$a_i\neq 0, i=1,2,\cdots,n.$

解 将第 $i+1(i=1,2,\cdots,n)$ 列的 $-\dfrac{c_i}{a_i}$ 倍加到第 1 列，得

$$D_{n+1}=\begin{vmatrix} a_0-\sum_{i=1}^{n}\dfrac{b_ic_i}{a_i} & b_1 & b_2 & \cdots & b_n \\ 0 & a_1 & 0 & \cdots & 0 \\ 0 & 0 & a_2 & \cdots & 0 \\ \vdots & \vdots & \vdots & \ddots & \vdots \\ 0 & 0 & 0 & \cdots & a_n \end{vmatrix}=a_1a_2\cdots a_n(a_0-\sum_{i=1}^{n}\frac{b_ic_i}{a_i}).$$

例 1.3.5 计算 n 阶行列式 $D_n=\begin{vmatrix} 1 & 2 & 3 & \cdots & n-1 & n \\ 2 & 3 & 4 & \cdots & n & 1 \\ 3 & 4 & 5 & \cdots & 1 & 2 \\ \vdots & \vdots & \vdots & \ddots & \vdots & \vdots \\ n & 1 & 2 & \cdots & n-2 & n-1 \end{vmatrix}$.

解 后一行减去前一行，再将第一列乘 (-1) 加到其余各列，则有

$$D_n=\begin{vmatrix}1&2&3&\cdots&n-1&n\\1&1&1&\cdots&1&1-n\\1&1&1&\cdots&1-n&1\\\vdots&\vdots&\vdots&\ddots&\vdots&\vdots\\1&1-n&1&\cdots&1&1\end{vmatrix}=\begin{vmatrix}1&1&2&\cdots&n-2&n-1\\1&0&0&\cdots&0&-n\\1&0&0&\cdots&-n&0\\\vdots&\vdots&\vdots&\ddots&\vdots&\vdots\\1&-n&0&\cdots&0&0\end{vmatrix}$$

$$=n^{n-1}\begin{vmatrix}1&\frac{1}{n}&\frac{2}{n}&\cdots&\frac{n-2}{n}&\frac{n-1}{n}\\1&0&0&\cdots&0&-1\\1&0&0&\cdots&-1&0\\\vdots&\vdots&\vdots&\ddots&\vdots&\vdots\\1&-1&0&\cdots&0&0\end{vmatrix}=n^{n-1}\begin{vmatrix}1+\sum\limits_{i=1}^{n-1}\frac{i}{n}&\frac{1}{n}&\frac{2}{n}&\cdots&\frac{n-2}{n}&\frac{n-1}{n}\\0&0&0&\cdots&0&-1\\0&0&0&\cdots&-1&0\\\vdots&\vdots&\vdots&\ddots&\vdots&\vdots\\0&-1&0&\cdots&0&0\end{vmatrix}$$

$$=n^{n-1}\left[1+\frac{1}{n}\frac{1}{2}(n-1)n\right](-1)^{\frac{(n-1)(n-2)}{2}}(-1)^{n-1}$$

$$=(-1)^{\frac{(n-1)n}{2}}\frac{n+1}{2}n^{n-1}.$$

例 1.3.6　计算 n 阶行列式 $D_n=\begin{vmatrix}x_1^2+1&x_1x_2&\cdots&x_1x_n\\x_2x_1&x_2^2+1&\cdots&x_2x_n\\\vdots&\vdots&\ddots&\vdots\\x_nx_1&x_nx_2&\cdots&x_n^2+1\end{vmatrix}$.

解　利用“加边法”，有

$$D_n=\begin{vmatrix}1&x_1&x_2&\cdots&x_n\\0&x_1^2+1&x_1x_2&\cdots&x_1x_n\\0&x_2x_1&x_2^2+1&\cdots&x_2x_n\\\vdots&\vdots&\vdots&\ddots&\vdots\\0&x_nx_1&x_nx_2&\cdots&x_n^2+1\end{vmatrix}=\begin{vmatrix}1&x_1&x_2&\cdots&x_n\\-x_1&1&0&\cdots&0\\-x_2&0&1&\cdots&0\\\vdots&\vdots&\vdots&\ddots&\vdots\\-x_n&0&0&\cdots&1\end{vmatrix}$$

$$=\begin{vmatrix}1+\sum\limits_{j=1}^{n}x_j^2&x_1&x_2&\cdots&x_n\\0&1&0&\cdots&0\\0&0&1&\cdots&0\\\vdots&\vdots&\vdots&\ddots&\vdots\\0&0&0&\cdots&1\end{vmatrix}=1+\sum_{j=1}^{n}x_j^2.$$

例 1.3.7　当 $n\geqslant 2$ 时，计算 n 阶行列式 $D_n=\begin{vmatrix}3&2&2&\cdots&2\\2&3&2&\cdots&2\\2&2&3&\cdots&2\\\vdots&\vdots&\vdots&\ddots&\vdots\\2&2&2&\cdots&3\end{vmatrix}$.

解法一 利用“加边法”，有

$$D_n=\begin{vmatrix}1&-2&-2&-2&\cdots&-2\\0&3&2&2&\cdots&2\\0&2&3&2&\cdots&2\\0&2&2&3&\cdots&2\\\vdots&\vdots&\vdots&\vdots&\ddots&\vdots\\0&2&2&2&\cdots&3\end{vmatrix}=\begin{vmatrix}1&-2&-2&-2&\cdots&-2\\1&1&0&0&\cdots&0\\1&0&1&0&\cdots&0\\1&0&0&1&\cdots&0\\\vdots&\vdots&\vdots&\vdots&\ddots&\vdots\\1&0&0&0&\cdots&1\end{vmatrix}$$

$$=\begin{vmatrix}1+2n&0&0&0&\cdots&0\\1&1&0&0&\cdots&0\\1&0&1&0&\cdots&0\\1&0&0&1&\cdots&0\\\vdots&\vdots&\vdots&\vdots&\ddots&\vdots\\1&0&0&0&\cdots&1\end{vmatrix}=1+2n.$$

解法二 将第一行乘(-1)加到其余各行，仿例 1.3.4，有

$$D_n=\begin{vmatrix}3&2&2&\cdots&2\\-1&1&0&\cdots&0\\-1&0&1&\cdots&0\\\vdots&\vdots&\vdots&\ddots&\vdots\\-1&0&0&\cdots&1\end{vmatrix}=\begin{vmatrix}3+2(n-1)&2&2&\cdots&2\\0&1&0&\cdots&0\\0&0&1&\cdots&0\\\vdots&\vdots&\vdots&\ddots&\vdots\\0&0&0&\cdots&1\end{vmatrix}=2n+1.$$

解法三 注意到所有各行元素的和均为$3+2(n-1)$，仿例 1.3.3 即可.

题型 4：利用行列式性质和展开定理计算行列式

解题思路：利用行列式的性质和按行（列）展开定理计算行列式，一般总是先利用行列式的性质，把行列式的某行（列）的元素转化为尽可能多的零，然后再按此行（列）展开以达到降低行列式阶数，将行列式转化为较低阶行列式来计算的目的，此即所谓的降阶法.

计算中，对具体的问题应具体分析，注意所给行列式的特征（如例 1.4.1，1.4.2）；通常情况下，如果所求行列式的某一行（或某一列）至多只有两个非零元素，一般可按此行（或此列）展开降阶计算（如例 1.4.3）.

例 1.4.1 计算 $D_4=\begin{vmatrix}1823&823&23&3\\1549&549&49&9\\1667&667&67&7\\1986&986&86&6\end{vmatrix}$.

解
$$D_4=\begin{vmatrix}1823&823&23&3\\1549&549&49&9\\1667&667&67&7\\1986&986&86&6\end{vmatrix}=\begin{vmatrix}1000&800&20&3\\1000&500&40&9\\1000&600&60&7\\1000&900&80&6\end{vmatrix}$$

$$=10^6\begin{vmatrix}1&8&2&3\\1&5&4&9\\1&6&6&7\\1&9&8&6\end{vmatrix}=10^6\begin{vmatrix}1&8&2&3\\0&-3&2&6\\0&-2&4&4\\0&1&6&3\end{vmatrix}$$

$$= -10^6\begin{vmatrix}1&8&2&3\\0&1&6&3\\0&-2&4&4\\0&-3&2&6\end{vmatrix} = -10^6\begin{vmatrix}1&8&2&3\\0&1&6&3\\0&0&16&10\\0&0&20&15\end{vmatrix}$$

$$= -10^6\begin{vmatrix}1&8&3&2\\0&1&3&6\\0&0&16&10\\0&0&0&10/4\end{vmatrix} = -4\times10^7.$$

例 1.4.2 计算 $D_4=\begin{vmatrix}a&b&c&d\\b&a&d&c\\c&d&a&b\\d&c&b&a\end{vmatrix}$.

解 将 D_4 的第 2，3，4 行都加到第 1 行，并从第 1 行中提取公因子 $a+b+c+d$，得

$D_4=(a+b+c+d)\begin{vmatrix}1&1&1&1\\b&a&d&c\\c&d&a&b\\d&c&b&a\end{vmatrix}$，再将第 2，3，4 列都减去第 1 列，

得 $D_4=(a+b+c+d)\begin{vmatrix}1&0&0&0\\b&a-b&d-b&c-b\\c&d-c&a-c&b-c\\d&c-d&b-d&a-d\end{vmatrix}$，

按第 1 行展开，再将第 2 行加到第 1 行，第 1 行提出公因子后得

$$D_4=(a+b+c+d)\begin{vmatrix}a-b&d-b&c-b\\d-c&a-c&b-c\\c-d&b-d&a-d\end{vmatrix}$$

$$=(a+b+c+d)(a-b-c+d)\begin{vmatrix}1&1&0\\d-c&a-c&b-c\\c-d&b-d&a-d\end{vmatrix}$$

$$=(a+b+c+d)(a-b-c+d)\begin{vmatrix}1&0&0\\d-c&a-d&b-c\\c-d&b-c&a-d\end{vmatrix}$$

$$=(a+b+c+d)(a-b-c+d)\begin{vmatrix}a-d&b-c\\b-c&a-d\end{vmatrix}$$

$$=(a+b+c+d)(a-b-c+d)[(a-d)^2-(b-c)^2]$$

$$=(a+b+c+d)(a-b-c+d)(a+b-c-d)(a-b+c-d).$$

例 1.4.3 计算 $D=\begin{vmatrix}a&1&0&0\\-1&b&1&0\\0&-1&c&1\\0&0&-1&d\end{vmatrix}$.

解 按第一行展开，有

$$D = a\cdot(-1)^{1+1}\begin{vmatrix} b & 1 & 0 \\ -1 & c & 1 \\ 0 & -1 & d \end{vmatrix} + (-1)^{1+2}\begin{vmatrix} -1 & 1 & 0 \\ 0 & c & 1 \\ 0 & -1 & d \end{vmatrix}$$

$$= a\left(b\begin{vmatrix} c & 1 \\ -1 & d \end{vmatrix} + (-1)^{1+2}\begin{vmatrix} -1 & 1 \\ 0 & d \end{vmatrix}\right) - (-1)\begin{vmatrix} c & 1 \\ -1 & d \end{vmatrix}$$

$$= abcd + ab + ad + cd + 1.$$

题型 5：递推公式法与数学归纳法

解题思路：

(1) 递推公式法．应用按行（列）展开定理，把一个 n 阶行列式表示为具有相同结构的较低阶行列式的线性关系，再根据此关系递推求得所给行列式的值，一般对三角形行列式常用递推公式法计算（如例 1.5.1，1.5.2）．

(2) 数学归纳法．对于包含整数 n 的公式，若要证的结果已知时，可用数学归纳法来证明（如例 1.5.3），其步骤如下：

①验证 n 取第一个值（$n=0$，1 或 2 等）时公式成立；

②假定 $n = k$ 时公式成立，验证当 $n=k+1$ 时公式也成立．

若要求的结果未知时，也可先猜想其结果，然后用数学归纳法证明其猜想结果成立（如例 1.5.4、例 1.5.5）．

例 1.5.1 计算 n 阶行列式 $D_n = \begin{vmatrix} 2 & 1 & 0 & \cdots & 0 & 0 & 0 \\ 1 & 2 & 1 & \cdots & 0 & 0 & 0 \\ 0 & 1 & 2 & \cdots & 0 & 0 & 0 \\ \vdots & \vdots & \vdots & \ddots & \vdots & \vdots & \vdots \\ 0 & 0 & 0 & \cdots & 2 & 1 & 0 \\ 0 & 0 & 0 & \cdots & 1 & 2 & 1 \\ 0 & 0 & 0 & \cdots & 0 & 1 & 2 \end{vmatrix}$．

解 将 D_n 按第一行展开，可得：

$$D_n = \begin{vmatrix} 2 & 1 & 0 & \cdots & 0 & 0 & 0 \\ 1 & 2 & 1 & \cdots & 0 & 0 & 0 \\ 0 & 1 & 2 & \cdots & 0 & 0 & 0 \\ \vdots & \vdots & \vdots & \ddots & \vdots & \vdots & \vdots \\ 0 & 0 & 0 & \cdots & 2 & 1 & 0 \\ 0 & 0 & 0 & \cdots & 1 & 2 & 1 \\ 0 & 0 & 0 & \cdots & 0 & 1 & 2 \end{vmatrix} = 2D_{n-1} - D_{n-2},$$

由此可得 $D_n = 2D_{n-1} - D_{n-2}$，即 $D_n - D_{n-1} = D_{n-1} - D_{n-2}$ $(n>2)$．

因此有 $D_n - D_{n-1} = D_{n-1} - D_{n-2} = \cdots = D_2 - D_1$

而 $D_1 = |2| = 2$，$D_2 = \begin{vmatrix} 2 & 1 \\ 1 & 2 \end{vmatrix} = 3$，故 $D_n - D_{n-1} = 3-2 = 1$，

$D_n = 1 + D_{n-1} = 2 + D_{n-2} = \cdots = (n-1) + D_1 = n+1.$

例 1.5.2 计算 $2n$ 阶行列式

$$D_{2n}=\begin{vmatrix} a_n & & & & & & & b_n \\ & a_{n-1} & & & & & b_{n-1} & \\ & & \ddots & & & \iddots & & \\ & & & a_1 & b_1 & & & \\ & & & b_1 & a_1 & & & \\ & & \iddots & & & \ddots & & \\ & b_{n-1} & & & & & a_{n-1} & \\ b_n & & & & & & & a_n \end{vmatrix}.$$

解 按第一列展开有：

$$D_{2n}=a_n\begin{vmatrix} a_{n-1} & & & & & b_{n-1} & 0 \\ & \ddots & & & \iddots & & \\ & & a_1 & b_1 & & & \\ & & b_1 & a_1 & & & \\ & \iddots & & & \ddots & & \\ b_{n-1} & & & & & a_{n-1} & 0 \\ 0 & & & & & & a_n \end{vmatrix}+(-1)^{2n+1}b_n\begin{vmatrix} 0 & & & & & & b_n \\ a_{n-1} & & & & & b_{n-1} & \\ & \ddots & & & \iddots & & \\ & & a_1 & b_1 & & & \\ & & b_1 & a_1 & & & \\ & \iddots & & & \ddots & & \\ b_{n-1} & & & & & a_{n-1} & 0 \end{vmatrix}$$

$=a_n^2D_{2n-2}-b_n^2D_{2n-2}=(a_n^2-b_n^2)D_{2n-2}$，递推得

$$D_{2n-2}=(a_{n-1}^2-b_{n-1}^2)D_{2n-4},\cdots,D_2=a_1^2-b_1^2,$$

故 $D_{2n}=\prod\limits_{i=1}^{n}(a_i^2-b_i^2)$.

例 1.5.3 计算 n 阶行列式 $D_n=\begin{vmatrix} x & -1 & 0 & \cdots & 0 & 0 \\ 0 & x & -1 & \cdots & 0 & 0 \\ \vdots & \vdots & \vdots & \ddots & \vdots & \vdots \\ 0 & 0 & 0 & \cdots & x & -1 \\ a_n & a_{n-1} & a_{n-2} & \cdots & a_2 & a_1+x \end{vmatrix}$.

解 用数学归纳法，

当 $n=2$ 时，$D_2=\begin{vmatrix} x & -1 \\ a_2 & x+a_1 \end{vmatrix}=x(x+a_1)+a_2=x^2+a_1x+a_2$，

假设 $n=k$ 时，有 $D_k=x^k+a_1x^{k-1}+\cdots+a_{k-1}x+a_k$，则

当 $n=k+1$ 时，把 D_{k+1} 按第一列展开，得

$$\begin{aligned} D_{k+1}&=xD_k+a_{k+1}=x(x^k+a_1x^{k-1}+\cdots+a_{k-1}x+a_k)+a_{k+1} \\ &=x^{k+1}+a_1x^k+\cdots+a_{k-1}x^2+a_kx+a_{k+1}, \end{aligned}$$

因此，对任意的正整数 n，有 $D_n=x^n+a_1x^{n-1}+\cdots+a_{n-1}x+a_n$.

例 1.5.4 证明

$$D_n=\begin{vmatrix}\cos\alpha & 1 & 0 & \cdots & 0 & 0\\ 1 & 2\cos\alpha & 1 & \cdots & 0 & 0\\ 0 & 1 & 2\cos\alpha & \cdots & 0 & 0\\ \vdots & \vdots & \vdots & \ddots & \vdots & \vdots\\ 0 & 0 & 0 & \cdots & 2\cos\alpha & 1\\ 0 & 0 & 0 & \cdots & 1 & 2\cos\alpha\end{vmatrix}=\cos n\alpha.$$

证 对阶数 n 用数学归纳法.

因为 $D_1=\cos\alpha$，$D_2=\begin{vmatrix}\cos\alpha & 1\\ 1 & 2\cos\alpha\end{vmatrix}=2\cos^2\alpha-1=\cos2\alpha$，

所以，当 $n=1$，$n=2$ 时，结论成立.

假设对阶数小于 n 的行列式结论成立，下证对于阶数等于 n 的行列式结论也成立. 现将 D_n 按最后一行展开，得 $D_n=2\cos\alpha D_{n-1}-D_{n-2}$，
由归纳法假设，$D_{n-1}=\cos(n-1)\alpha$，$D_{n-2}=\cos(n-2)\alpha$，

$$D_n=2\cos\alpha\cos(n-1)\alpha-\cos(n-2)\alpha=[\cos n\alpha+\cos(n-2)\alpha]-\cos(n-2)\alpha=\cos n\alpha.$$

所以，对一切自然数 n 结论均成立.

例 1.5.5 计算 n 阶对角形行列式

$$D_n=\begin{vmatrix}\alpha+\beta & \alpha & 0 & \cdots & 0 & 0\\ \beta & \alpha+\beta & \alpha & \cdots & 0 & 0\\ 0 & \beta & \alpha+\beta & \cdots & 0 & 0\\ \vdots & \vdots & \vdots & \ddots & \vdots & \vdots\\ 0 & 0 & 0 & \cdots & \alpha+\beta & \alpha\\ 0 & 0 & 0 & \cdots & \beta & \alpha+\beta\end{vmatrix}.$$

解 $$D_n=\begin{vmatrix}\alpha+\beta & \alpha & 0 & \cdots & 0 & 0\\ \beta & \alpha+\beta & \alpha & \cdots & 0 & 0\\ 0 & \beta & \alpha+\beta & \cdots & 0 & 0\\ \vdots & \vdots & \vdots & \ddots & \vdots & \vdots\\ 0 & 0 & 0 & \cdots & \alpha+\beta & \alpha\\ 0 & 0 & 0 & \cdots & \beta & \alpha+\beta\end{vmatrix}$$

$$=(\alpha+\beta)D_{n-1}+\beta(-1)^{2+1}\begin{vmatrix}\alpha & 0 & 0 & \cdots & 0\\ \beta & \alpha+\beta & \alpha & \cdots & 0\\ 0 & \beta & \alpha+\beta & \cdots & 0\\ \vdots & \vdots & \vdots & \ddots & \vdots\\ 0 & 0 & 0 & \cdots & \alpha+\beta\end{vmatrix}$$

$$=(\alpha+\beta)D_{n-1}-\alpha\beta D_{n-2}.$$

(1) 设 $\alpha\neq\beta$，$D_1=\dfrac{\alpha^2-\beta^2}{\alpha-\beta}$，$D_2=(\alpha+\beta)^2-\alpha\beta=\dfrac{\alpha^3-\beta^3}{\alpha-\beta}$，

$$D_3=\begin{vmatrix}\alpha+\beta & \alpha & 0\\ \beta & \alpha+\beta & \alpha\\ 0 & \beta & \alpha+\beta\end{vmatrix}=(\alpha+\beta)^3-\alpha\beta(\alpha+\beta)-\alpha\beta(\alpha+\beta)$$

$$=(\alpha+\beta)(\alpha^2+\beta^2)=\frac{\alpha^4-\beta^4}{\alpha-\beta}.$$

假设，对 1，2，…，n 有 $D_{n-1}=\dfrac{\alpha^n-\beta^n}{\alpha-\beta}$，则

$$D_n=(\alpha+\beta)D_{n-1}-\alpha\beta D_{n-2}$$
$$=(\alpha+\beta)\frac{\alpha^n-\beta^n}{\alpha-\beta}-\alpha\beta\frac{\alpha^{n-1}-\beta^{n-1}}{\alpha-\beta}=\frac{\alpha^{n+1}-\beta^{n+1}}{\alpha-\beta}$$

由归纳法得 $D_n=\dfrac{\alpha^{n+1}-\beta^{n+1}}{\alpha-\beta}$

（2）当 $\alpha=\beta$ 时，$D_1=2\alpha$，$D_2=\begin{vmatrix}2\alpha & \alpha\\ \alpha & 2\alpha\end{vmatrix}=4\alpha^2-\alpha^2=3\alpha^2$，

$$D_3=\begin{vmatrix}2\alpha & \alpha & 0\\ \alpha & 2\alpha & \alpha\\ 0 & \alpha & 2\alpha\end{vmatrix}=2\alpha(4\alpha^2-\alpha^2)-2\alpha^3=4\alpha^3,$$

设 $D_{n-1}=n\alpha^{n-1}$，

$$D_n=2\alpha D_{n-1}-\alpha^2D_{n-2}=2\alpha\cdot n\alpha^{n-1}-\alpha^2(n-1)\alpha^{n-2}$$
$$=\alpha^n(2n-n+1)=(n+1)\alpha^n$$

即 $D_n=(n+1)\alpha^n$，

综上所述，$D_n=\begin{cases}(n+1)\alpha^n, & \alpha=\beta\\ \dfrac{\alpha^{n+1}-\beta^{n+1}}{\alpha-\beta}, & \alpha\neq\beta\end{cases}$.

题型 6：利用展开定理求代数余子式

解题思路： 设 $D=\begin{vmatrix}a_{11} & a_{12} & \cdots & a_{1n}\\ a_{21} & a_{22} & \cdots & a_{2n}\\ \vdots & \vdots & \ddots & \vdots\\ a_{n1} & a_{n2} & \cdots & a_{nn}\end{vmatrix}$，则有

$$D=a_{i1}A_{i1}+a_{i2}A_{i2}+\cdots+a_{in}A_{in}\qquad(i=1,2,\cdots,n),$$
$$\text{或 }D=a_{1j}A_{1j}+a_{2j}A_{2j}+\cdots+a_{nj}A_{nj}\qquad(j=1,2,\cdots,n),$$

其中 A_{ij} 为 a_{ij} 的代数余子式．

反之，若要求某行（列）对应元素代数余子式的线性组合，可利用展开定理将其转化为一个 n 阶行列式来计算，即

$$k_1A_{i1}+k_2A_{i2}+\cdots+k_nA_{in}=\begin{vmatrix}a_{11} & a_{12} & \cdots & a_{1n}\\ \vdots & \vdots & \ddots & \vdots\\ a_{i-11} & a_{i-12} & \cdots & a_{i-1n}\\ k_1 & k_2 & \cdots & k_n\\ a_{i+11} & a_{i+12} & \cdots & a_{i+1n}\\ \vdots & \vdots & \ddots & \vdots\\ a_{n1} & a_{n2} & \cdots & a_{nn}\end{vmatrix}.$$

例 1.6.1 设四阶行列式 $D=\begin{vmatrix} a_1 & a_2 & a_3 & p \\ b_1 & b_2 & b_3 & p \\ c_1 & c_2 & c_3 & p \\ d_1 & d_2 & d_3 & p \end{vmatrix}$，求第一列各元素的代数余子式之和 $A_{11}+A_{21}+A_{31}+A_{41}$.

解 当 $p=0$ 时，易知 $A_{i1}=0(i=1,2,3,4)$，
故 $A_{11}+A_{21}+A_{31}+A_{41}=0$.
当 $p\neq 0$ 时，有 $pA_{11}+pA_{21}+pA_{31}+pA_{41}=0$，即

$$p(A_{11}+A_{21}+A_{31}+A_{41})=0,$$

故 $A_{11}+A_{21}+A_{31}+A_{41}=0$.

例 1.6.2 已知 4 阶行列式 D 的第二行元素分别为：-1，0，2，4，第四行元素对应的余子式依次为：4，10，a，4，求 a.

解 D 的第二行元素分别为：-1，0，2，4，第四行元素对应的代数余子式依次为：-4，10，$-a$，4. 因为，

$$a_{i1}A_{j1}+a_{i2}A_{j2}+a_{i3}A_{j3}+a_{i4}A_{j4}=0(i\neq j),$$

所以，$(-1)\times(-4)+0\times 10+2(-a)+4\times 4=0$，即 $a=10$.

例 1.6.3 已知 $|A|=\begin{vmatrix} 1 & 2 & 3 & 4 \\ 2 & 3 & 4 & 5 \\ 3 & 4 & 5 & 6 \\ 1 & 1 & 0 & 0 \end{vmatrix}$，计算代数余子式之值：

（1）$A_{41}+A_{42}+A_{43}+A_{44}$；　（2）$2A_{13}+3A_{43}$.

解 （1）$A_{41}+A_{42}+A_{43}+A_{44}=\begin{vmatrix} 1 & 2 & 3 & 4 \\ 2 & 3 & 4 & 5 \\ 3 & 4 & 5 & 6 \\ 1 & 1 & 1 & 1 \end{vmatrix}\overset{r_2-r_1}{=}\begin{vmatrix} 1 & 2 & 3 & 4 \\ 1 & 1 & 1 & 1 \\ 3 & 4 & 5 & 6 \\ 1 & 1 & 1 & 1 \end{vmatrix}=0$.

（2）$2A_{13}+3A_{43}=\begin{vmatrix} 1 & 2 & 2 & 4 \\ 2 & 3 & 0 & 5 \\ 3 & 4 & 0 & 6 \\ 1 & 1 & 3 & 0 \end{vmatrix}\underset{r_2-r_1}{\overset{r_3-r_2}{=}}\begin{vmatrix} 1 & 2 & 2 & 4 \\ 1 & 1 & -2 & 1 \\ 1 & 1 & 0 & 1 \\ 1 & 1 & 3 & 0 \end{vmatrix}\overset{c_1-c_2}{=}\begin{vmatrix} -1 & 2 & 2 & 4 \\ 0 & 1 & -2 & 1 \\ 0 & 1 & 0 & 1 \\ 0 & 1 & 3 & 0 \end{vmatrix}$

$$=(-1)\begin{vmatrix} 1 & -2 & 1 \\ 1 & 0 & 1 \\ 1 & 3 & 0 \end{vmatrix}\overset{c_1-c_3}{=}(-1)\begin{vmatrix} 0 & -2 & 1 \\ 0 & 0 & 1 \\ 1 & 3 & 0 \end{vmatrix}=2.$$

例 1.6.4 已知 5 阶行列式 $D=\begin{vmatrix} 1 & 2 & 3 & 4 & 5 \\ 2 & 2 & 2 & 1 & 1 \\ 3 & 1 & 2 & 4 & 5 \\ 1 & 1 & 1 & 2 & 2 \\ 4 & 3 & 1 & 5 & 0 \end{vmatrix}=27$，求 $A_{41}+A_{42}+A_{43}$ 和 $A_{44}+A_{45}$，其中 $A_{4j}(j=1,2,3,4,5)$ 为 D 的第 4 行第 j 列元素的代数余子式.

解 由已知条件有$\begin{cases} A_{41}+A_{42}+A_{43}+2\ (A_{44}+A_{45})\ =27, \\ 2\ (A_{41}+A_{42}+A_{43})\ \ +A_{44}+A_{45}=0. \end{cases}$

由这两个方程可解得 $A_{41}+A_{42}+A_{43}=-9$, $A_{44}+A_{45}=18$.

例 1.6.5 设 n 阶行列式

$$D_n=\begin{vmatrix} 1 & 2 & 3 & \cdots & n \\ 1 & 2 & 0 & \cdots & 0 \\ 1 & 0 & 3 & \cdots & 0 \\ \vdots & \vdots & \vdots & \ddots & \vdots \\ 1 & 0 & 0 & \cdots & n \end{vmatrix},$$

求第一行各元素的代数余子式之和：$A_{11}+A_{12}+\cdots+A_{1n}$.

解 由于第一行各元素的代数余子式与其他行相应元素乘积之和为零，因此有

$$A_{11}+2A_{12}+0A_{13}+\cdots+0A_{1n}=0\Rightarrow A_{12}=-\frac{1}{2}A_{11}$$

$$A_{11}+0A_{12}+3A_{13}+\cdots+0A_{1n}=0\Rightarrow A_{13}=-\frac{1}{3}A_{11}$$

$$\cdots \qquad \cdots \qquad \cdots$$

$$A_{11}+0A_{12}+0A_{13}+\cdots+nA_{1n}=0\Rightarrow A_{1n}=-\frac{1}{n}A_{11}$$

$$A_{11}=\begin{vmatrix} 2 & 0 & \cdots & 0 \\ 0 & 3 & \cdots & 0 \\ \vdots & \vdots & \ddots & \vdots \\ 0 & 0 & \cdots & n \end{vmatrix}=n!$$

$$A_{11}+A_{12}+A_{13}+\cdots+A_{1n}=A_{11}-\frac{1}{2}A_{11}-\frac{1}{3}A_{11}-\cdots-\frac{1}{n}A_{11}$$

$$=(1-\frac{1}{2}-\frac{1}{3}-\cdots-\frac{1}{n})A_{11}=n!(1-\sum_{k=2}^{n}\frac{1}{k})$$

题型 7：利用范德蒙行列式计算行列式

解题思路：若一行列式可转化为具有如下特征的行列式：其各行（列）都以第一行（列）的升幂从上到下（从左到右）由 0 到 $n-1$ 排列，则可利用范德蒙行列式的结论来计算所给行列式（如例 1.7.1、1.7.2）.

利用范德蒙行列式的结论来计算或证明所给问题，其难点在于要根据所给行列式的特点，充分利用行列式的性质和按行（列）展开定理将其转化为范德蒙行列式的形式（如例 1.7.3）；有时候需要通过构造辅助行列式来达到这一目的（如例 1.7.4）.

例 1.7.1 设 $f(x)=\begin{vmatrix} 1 & x & x^2 & \cdots & x^{n-1} & x^n \\ 1 & a_1 & a_1^2 & \cdots & a_1^{n-1} & a_1^n \\ 1 & a_2 & a_2^2 & \cdots & a_2^{n-1} & a_2^n \\ \vdots & \vdots & \vdots & \ddots & \vdots & \vdots \\ 1 & a_n & a_n^2 & \cdots & a_n^{n-1} & a_n^n \end{vmatrix}$， 其中

$a_1,a_2,\cdots,a_n$ 互不相同，求 $f(x)$ 的次数、最高次项的系数及 $f(x)=0$ 的全部根.

解 利用范德蒙行列式，有

$$f(x)=\begin{vmatrix}1 & 1 & 1 & \cdots & 1\\ x & a_1 & a_2 & \cdots & a_n\\ x^2 & a_1^2 & a_2^2 & \cdots & a_n^2\\ \vdots & \vdots & \vdots & \ddots & \vdots\\ x^{n-1} & a_1^{n-1} & a_2^{n-1} & \cdots & a_n^{n-1}\\ x^n & a_1^n & a_2^n & \cdots & a_n^n\end{vmatrix},$$

故 $f(x)$ 是 x 的 n 次多项式，最高次项的系数为 $(-1)^n\prod\limits_{1\leqslant j<i\leqslant n}(a_i-a_j)$.

当 $f(x)=0$ 时，有 $(a_1-x)(a_2-x)\cdots(a_n-x)=0$，

即 $x_i=a_i\ (i=1,\ 2,\ \cdots,\ n)$，

故 $f(x)=0$ 的全部根为 $a_1,\ a_2,\ \cdots,\ a_n$.

例 1.7.2 利用范德蒙行列式计算 $D_n=\begin{vmatrix}1 & 2 & 3 & \cdots & n\\ 1 & 2^2 & 3^2 & \cdots & n^2\\ 1 & 2^3 & 3^3 & \cdots & n^3\\ \vdots & \vdots & \vdots & \ddots & \vdots\\ 1 & 2^n & 3^n & \cdots & n^n\end{vmatrix}$.

解 从第二列到第 n 列中依次提出公因数 $2,3,\cdots,n$，化为范德蒙行列式.

$$D_n=n!\begin{vmatrix}1 & 1 & 1 & \cdots & 1\\ 1 & 2 & 3 & \cdots & n\\ 1 & 2^2 & 3^2 & \cdots & n^2\\ \vdots & \vdots & \vdots & \ddots & \vdots\\ 1 & 2^{n-1} & 3^{n-1} & \cdots & n^{n-1}\end{vmatrix}$$

$$=n!\prod_{1\leqslant j<i\leqslant n}(i-j)=\prod_{k=1}^{n}(k!).$$

例 1.7.3 计算 $n+1$ 阶行列式

$$D_{n+1}=\begin{vmatrix}a_1^n & a_1^{n-1}b_1 & \cdots & a_1b_1^{n-1} & b_1^n\\ a_2^n & a_2^{n-1}b_2 & \cdots & a_2b_2^{n-1} & b_2^n\\ \vdots & \vdots & \ddots & \vdots & \vdots\\ a_{n+1}^n & a_{n+1}^{n-1}b_{n+1} & \cdots & a_{n+1}b_{n+1}^{n-1} & b_{n+1}^n\end{vmatrix},\ a_i\neq0(i=1,2,\cdots,n).$$

解 注意 D_{n+1} 中每行元素按 a_i 的降幂和 b_i 的升幂排列，若 $a_i=1$（或 $b_i=1$）$(i=1,2,\cdots,n)$，则 D_{n+1} 变成一个 $n+1$ 阶范德蒙行列式，故可设法将 D_{n+1} 化成范德蒙行列式的形式.

从第 i 行提取公因子 a_i^n，即可直接利用范德蒙行列式的结果.

$$D_{n+1}=a_1^n a_2^n\cdots a_{n+1}^n\begin{vmatrix}1 & \frac{b_1}{a_1} & \left(\frac{b_1}{a_1}\right)^2 & \cdots & \left(\frac{b_1}{a_1}\right)^n\\ 1 & \frac{b_2}{a_2} & \left(\frac{b_2}{a_2}\right)^2 & \cdots & \left(\frac{b_2}{a_2}\right)^n\\ \vdots & \vdots & \vdots & \ddots & \vdots\\ 1 & \frac{b_{n+1}}{a_{n+1}} & \left(\frac{b_{n+1}}{a_{n+1}}\right)^2 & \cdots & \left(\frac{b_{n+1}}{a_{n+1}}\right)^n\end{vmatrix}$$

$$=\prod_{i=1}^{n+1}a_i^n\prod_{1\leqslant j<i\leqslant n+1}\left(\frac{b_i}{a_i}-\frac{b_j}{a_j}\right)=\prod_{1\leqslant j<i\leqslant n+1}(b_ia_j-a_ib_j).$$

例 1.7.4 计算 n 阶行列式 $D_n=\begin{vmatrix}1 & 1 & \cdots & 1\\ x_1 & x_2 & \cdots & x_n\\ x_1^2 & x_2^2 & \cdots & x_n^2\\ \vdots & \vdots & \ddots & \vdots\\ x_1^{n-2} & x_2^{n-2} & \cdots & x_n^{n-2}\\ x_1^n & x_2^n & \cdots & x_n^n\end{vmatrix}$.

解 注意到 D_n 与范德蒙行列式十分接近，只要在第 $(n-1)$ 行与第 n 行之间适当加一行，再加上一列便构成范德蒙行列式.

考虑 $n+1$ 阶范德蒙行列式，

$$f(x)=\begin{vmatrix}1 & 1 & \cdots & 1 & 1\\ x_1 & x_2 & \cdots & x_n & x\\ x_1^2 & x_2^2 & \cdots & x_n^2 & x^2\\ \vdots & \vdots & \ddots & \vdots & \vdots\\ x_1^{n-2} & x_2^{n-2} & \cdots & x_n^{n-2} & x^{n-2}\\ x_1^{n-1} & x_2^{n-1} & \cdots & x_n^{n-1} & x^{n-1}\\ x_1^n & x_2^n & \cdots & x_n^n & x^n\end{vmatrix}=(x-x_1)(x-x_2)\cdots(x-x_n)\prod_{1\leqslant j<i\leqslant n}(x_i-x_j)$$

由于 $D_n=M_{n,n+1}=-A_{n,n+1}$，由 $f(x)$ 的表达式知 x^{n-1} 的系数为

$$A_{n,n+1}=-(x_1+x_2+\cdots+x_n)\prod_{1\leqslant j<i\leqslant n}(x_i-x_j),$$

故 $D_n=(x_1+x_2+\cdots+x_n)\prod_{1\leqslant j<i\leqslant n}(x_i-x_j)$.

题型 8：利用多项式分解因式计算行列式

解题思路：对由行列式表示的 m 次多项式：$f(x)=|a_{ij}(x)|$，若已知其有 m 个根 $x_1,x_2,\cdots,x_m$，则 $f(x)=A(x-x_1)(x-x_2)\cdots(x-x_m)$.

令 $x=0$，求出 A 即可，或通过比较 x^m 的系数也可求出 A. 解题时应充分利用行列式的性质来判断该行列式的零点（如例 1.8.1，例 1.8.2）.

例 1.8.1 解方程$\begin{vmatrix} 2 & 2 & -1 & 3 \\ 4 & x^2-5 & -2 & 6 \\ -3 & 2 & -1 & x^2+1 \\ 3 & -2 & 1 & -2 \end{vmatrix}=0.$

解

$$\begin{vmatrix} 2 & 2 & -1 & 3 \\ 4 & x^2-5 & -2 & 6 \\ -3 & 2 & -1 & x^2+1 \\ 3 & -2 & 1 & -2 \end{vmatrix}=\begin{vmatrix} 2 & 2 & -1 & 3 \\ 0 & x^2-9 & 0 & 0 \\ 0 & 0 & 0 & x^2-1 \\ 3 & -2 & 1 & -2 \end{vmatrix}$$

$$=(x^2-9)(-1)^{2+2}\begin{vmatrix} 2 & -1 & 3 \\ 0 & 0 & x^2-1 \\ 3 & 1 & -2 \end{vmatrix}$$

$$=(x^2-9)(-1)^{2+3}(x^2-1)\begin{vmatrix} 2 & -1 \\ 3 & 1 \end{vmatrix}=-5(x^2-9)(x^2-1).$$

即原方程等价于$(x^2-9)(x^2-1)=0$，解得$x=\pm1$或$x=\pm3$.

例 1.8.2 解方程$f(x)=\begin{vmatrix} 1 & 1 & 1 & \cdots & 1 \\ 1 & 1-x & 1 & \cdots & 1 \\ 1 & 1 & 2-x & \cdots & 1 \\ \vdots & \vdots & \vdots & \ddots & \vdots \\ 1 & 1 & 1 & \cdots & (n-1)-x \end{vmatrix}=0.$

解 当$x=0,1,2,\cdots,(n-2)$时，由于有两列对应元素相同，左边行列式的值为零，因此$f(x)$可写成$f(x)=Ax(x-1)\cdots(x-n+2)$.

于是，原方程变为$f(x)=Ax(x-1)\cdots(x-n+2)=0$.

故方程的解为$x_1=0$，$x_2=1,\cdots,x_{n-1}=n-2$.

题型 9：利用克莱姆法则求解线性方程组

解题思路：克莱姆法则只适用于方程的个数与未知量的个数相等的线性方程组．当系数行列式的值符合要求时，考虑用克莱姆法则，并注意它对于齐次线性方程组的几个命题与结论在解题中的应用．（如例 1.9.1 - 例 1.9.3）．

例 1.9.1 设齐次线性方程组$\begin{cases} x_1-x_2+2x_3=0 \\ -2x_1+\lambda x_2-3x_3=0 \\ 2x_1-2x_2+2x_3=0 \end{cases}$有非零解，求$\lambda$的值.

解 要使齐次线性方程组有非零解，它的系数行列式必为零．而

$$D=\begin{vmatrix} 1 & -1 & 2 \\ -2 & \lambda & -3 \\ 2 & -2 & 2 \end{vmatrix}\xlongequal[r_3-2r_1]{r_2+2r_1}\begin{vmatrix} 1 & -1 & 2 \\ 0 & \lambda-2 & 1 \\ 0 & 0 & -2 \end{vmatrix}=-2\ (\lambda-2).$$

由$D=0$，得$\lambda=2$.

例 1.9.2 已知a，b，c全不为零．证明：线性方程组$\begin{cases} ay+bx=c, \\ cx+az=b, \\ bz+cy=a. \end{cases}$有唯一解，并求出它

的解.

证 因为方程组的系数行列式 $D=\begin{vmatrix} b & a & 0 \\ c & 0 & a \\ 0 & c & b \end{vmatrix}=-2abc.$

又因为 a，b，c 全不为零，所以 $D\neq 0$，由克莱姆法则可知，方程组有唯一解，又由于

$$D_1=\begin{vmatrix} c & a & 0 \\ b & 0 & a \\ a & c & b \end{vmatrix}=a^3-ab^2-ac^2,\ D_2=\begin{vmatrix} b & c & 0 \\ c & b & a \\ 0 & a & b \end{vmatrix}=b^3-a^2b-bc^2,$$

$$D_3=\begin{vmatrix} b & a & c \\ c & 0 & b \\ 0 & c & a \end{vmatrix}=c^3-ac^2-b^2c.$$

所以方程组的唯一解为

$$x=\frac{D_1}{D}=\frac{b^2+c^2-a^2}{2bc},\ y=\frac{D_2}{D}=\frac{a^2+c^2-b^2}{2ac},\ z=\frac{D_3}{D}=\frac{a^2+b^2-c^2}{2ab}.$$

例 1.9.3 已知平面上三个点（1，1），（2，−1），（3，1），试确定经过这三个点且对称轴与 y 轴平行的抛物线方程.

解 设经过已知三点的抛物线方程为

$y=c+bx+ax^2$，其中 a,b,c 是待定常数.

因为抛物线过三个点：（1，1），（2，−1），（3，1），所以有

$$\begin{cases} c+b+a=1 \\ c+2b+4a=-1 \\ c+3b+9a=1 \end{cases}$$

用克莱姆法则解此方程组，有系数行列式

$$D=\begin{vmatrix} 1 & 1 & 1 \\ 1 & 2 & 4 \\ 1 & 3 & 9 \end{vmatrix}=\begin{vmatrix} 1 & 1 & 1 \\ 1 & 2 & 2^2 \\ 1 & 3 & 3^2 \end{vmatrix}=(3-2)(3-1)(2-1)=2,$$

因 $D\neq 0$，故方程组有唯一解. 又 $D_1=14$，$D_2=-16$，$D_3=4$.

故 $$c=\frac{D_1}{D}=7,\ b=\frac{D_2}{D}=-8,\ a=\frac{D_3}{D}=2.$$

从而所求抛物线方程为 $y=7-8x+2x^2$.

题型 10：几何应用

解题思路： 把几何问题转化为行列式的计算问题.

例 1.10.1 已知四点 $A(1,0,0)$、$B(4,4,2)$、$C(4,5,-1)$、$D(3,3,5)$，求四面体 $ABCD$ 的体积.

解 由立体几何知道，四面体的体积 V 等于以向量 $\overrightarrow{AB}$、$\overrightarrow{AC}$、$\overrightarrow{AD}$ 为棱的平行六面体的体积的六分之一，即有

$$V=\frac{1}{6}\left|\left(\overrightarrow{AB},\overrightarrow{AC},\overrightarrow{AD}\right)\right|.$$

由于$\overrightarrow{AB}=(3,2,4)$，$\overrightarrow{AC}=(3,5,-1)$，$\overrightarrow{AD}=(2,3,5)$，所以

$$(\overrightarrow{AB},\ \overrightarrow{AC},\ \overrightarrow{AD})=\begin{vmatrix}3&4&2\\3&5&-1\\2&3&5\end{vmatrix}=14,$$

从而 $V=\frac{1}{6}\times 14=\frac{7}{3}$.

例 1.10.2 一平面经过三点 $M_1(1,1,1)$、$M_2(-2,1,2)$、$M_3(-3,3,1)$，求这平面的方程.

解 设 $M(x,y,z)$ 为空间的任意一点，那么 M 在该平面上的充分必要条件为向量$\overrightarrow{M_1M}$、$\overrightarrow{M_1M_2}$、$\overrightarrow{M_1M_3}$共面，即 $\begin{vmatrix}x-1&y-1&z-1\\-2-1&1-1&2-1\\-3-1&3-1&1-1\end{vmatrix}=0$. 化简得所求的平面方程为 $x+2y+3z-6=0$.

2. 考研真题

(1)（1991，数四）求 n 阶行列式 $\begin{vmatrix}a&b&0&\cdots&0&0\\0&a&b&\cdots&0&0\\\vdots&\vdots&\vdots&\ddots&\vdots&\vdots\\0&0&0&\cdots&a&b\\b&0&0&\cdots&0&a\end{vmatrix}$.

(2)（1996，数一）计算行列式 $D=\begin{vmatrix}a_1&0&0&b_1\\0&a_2&b_2&0\\0&b_3&a_3&0\\b_4&0&0&a_4\end{vmatrix}=(\quad)$.

(A) $a_1a_2a_3a_4-b_1b_2b_3b_4$； (B) $a_1a_2a_3a_4+b_1b_2b_3b_4$；

(C) $(a_1a_2-b_1b_2)(a_3a_4-b_3b_4)$； (D) $(a_2a_3-b_2b_3)(a_1a_4-b_1b_4)$.

(3)（1997，数四）设 n 阶矩阵 $A=\begin{pmatrix}0&1&1&\cdots&1&1\\1&0&1&\cdots&1&1\\1&1&0&\cdots&1&1\\\vdots&\vdots&\vdots&\ddots&\vdots&\vdots\\1&1&1&\cdots&0&1\\1&1&1&\cdots&1&0\end{pmatrix}$，求 $|A|$.

(4)（1999，数二）设 $f(x)=\begin{vmatrix}x-2&x-1&x-2&x-3\\2x-2&2x-1&2x-2&2x-3\\3x-3&3x-2&4x-5&3x-5\\4x&4x-3&5x-7&4x-3\end{vmatrix}$，

则方程 $f(x)=0$ 根的个数为（ ）.

(A) 1； (B) 2； (C) 3； (D) 4.

(5)(2001，数四)设行列式 $D=\begin{vmatrix}3&0&4&0\\2&2&2&2\\0&-7&0&0\\5&3&-2&2\end{vmatrix}$，则第四行各元素余子式之和的值为________.

(6)(1996，数四)五阶行列式

$$D=\begin{vmatrix}1-a&a&0&0&0\\-1&1-a&a&0&0\\0&-1&1-a&a&0\\0&0&-1&1-a&a\\0&0&0&-1&1-a\end{vmatrix}=\_\_\_\_\_\_\_\_.$$

四、习题一(A)

1. 填空题

(1) $\tau(4365721)=$________.

(2) 设4阶行列式 $D_4=\Delta(a_{ij})$，则其展开式中含 $a_{24}a_{31}$ 的项为________.

(3) 行列式 $\begin{vmatrix}1&1&1&0\\1&2&0&0\\1&0&0&0\\0&0&0&1\end{vmatrix}=$________.

(4) 若 $D=\begin{vmatrix}3&1&-1&2\\-5&1&3&-4\\2&0&1&-1\\1&-5&3&-3\end{vmatrix}$，则 $A_{11}+A_{12}+A_{13}+A_{14}=$____.

(5) 已知 $\begin{vmatrix}1&0&2\\x&3&1\\4&x&2\end{vmatrix}$ 的代数余子式 $A_{12}=0$，则代数余子式 $A_{21}=$____.

2. 单项选择题

(1) 多项式 $f(x)=\begin{vmatrix}x&x&1&0\\1&x&2&3\\2&3&x&2\\1&1&2&x\end{vmatrix}$ 中 x^3 的系数为( ).

(A) 1;　　(B) −1;　　(C) 2;　　(D) −3.

(2) 多项式$f(x)=\begin{vmatrix} x & -1 & 0 & x \\ 2 & 2 & 3 & x \\ -7 & 10 & 4 & 3 \\ 1 & -7 & 1 & x \end{vmatrix}$中的常数项是（ ）.

(A) 3； (B) −3； (C) 15； (D) −15.

(3) 若$\begin{vmatrix} k & 3 & 4 \\ -1 & k & 0 \\ 0 & k & 1 \end{vmatrix}=0$，则$k=$（ ）.

(A) 0； (B) 1或3； (C) 6； (D) 5或6.

(4) $\begin{vmatrix} a_1 & 0 & b_1 & 0 \\ 0 & c_1 & 0 & d_1 \\ a_2 & 0 & b_2 & 0 \\ 0 & c_2 & 0 & d_2 \end{vmatrix}=$（ ）.

(A) $a_1c_1b_2d_2-a_2b_1c_2d_1$； (B) $(a_2b_2-a_1b_1)(c_2d_2-c_1d_1)$；

(C) $a_1a_2b_1b_2-c_1c_2d_1d_2$； (D) $(a_1b_2-a_2b_1)(c_1d_2-c_2d_1)$.

(5) 设A_{ij}是行列式$D=\Delta(a_{ij})$的元素$a_{ij}(i,j=1,2,\cdots,n)$的代数余子式，当$i\neq j$时下列各式中错误的是（ ）.

(A) $D=a_{i1}A_{j1}+a_{i2}A_{j2}+\cdots+a_{in}A_{jn}$； (B) $D=a_{i1}A_{i1}+a_{i2}A_{i2}+\cdots+a_{in}A_{in}$；

(C) $D=a_{1j}A_{1j}+a_{2j}A_{2j}+\cdots+a_{nj}A_{nj}$； (D) $0=a_{i1}A_{j1}+a_{i2}A_{j2}+\cdots+a_{in}A_{jn}$.

3. 按自然数从小到大为标准次序，求下列各排列的逆序数：

(1) 4 1 3 2； (2) 3 4 2 1；

(3) $n(n-1)\cdots 3\ 2\ 1$； (4) $1\ 3\cdots(2n-1)\ 2\ 4\cdots(2n)$.

4. 计算下列各行列式：

(1) $\begin{vmatrix} 1 & 3 & 5 \\ 6 & 4 & 6 \\ 0 & 1 & 0 \end{vmatrix}$；(2) $\begin{vmatrix} 1 & -2 & -3 & -4 \\ 2 & 1 & -4 & 3 \\ 3 & 4 & 1 & -2 \\ 4 & -3 & 2 & 1 \end{vmatrix}$；(3) $\begin{vmatrix} 0 & a & 0 & 0 \\ b & c & 0 & 0 \\ 0 & 0 & d & e \\ 0 & 0 & 0 & f \end{vmatrix}$.

5. 已知4阶行列式$D=\begin{vmatrix} 1 & 0 & -3 & 7 \\ 0 & 1 & 2 & 1 \\ -3 & 4 & 0 & 3 \\ 1 & -2 & 2 & -1 \end{vmatrix}$，

求 (1) D的代数余子式A_{14}；(2) $A_{11}-2A_{12}+2A_{13}-A_{14}$.

6. 证明：(1) $\begin{vmatrix} ax+by & ay+bz & az+bx \\ ay+bz & az+bx & ax+by \\ az+bx & ax+by & ay+bz \end{vmatrix}=(a^3+b^3)\begin{vmatrix} x & y & z \\ y & z & x \\ z & x & y \end{vmatrix}$；

(2) $\begin{vmatrix} a^2 & (a+1)^2 & (a+2)^2 & (a+3)^2 \\ b^2 & (b+1)^2 & (b+2)^2 & (b+3)^2 \\ c^2 & (c+1)^2 & (c+2)^2 & (c+3)^2 \\ d^2 & (d+1)^2 & (d+2)^2 & (d+3)^2 \end{vmatrix}=0$.

7. 计算行列式 $D=\begin{vmatrix} 1 & 1 & 1 \\ x_1(x_1-1) & x_2(x_2-1) & x_3(x_3-1) \\ x_1^2(x_1-1) & x_2^2(x_2-1) & x_3^2(x_3-1) \end{vmatrix}$.

8. 计算下列各行列式（D_n 为 n 阶行列式）：

（1）$D_n=\begin{vmatrix} a_1 & b_1 & 0 & \cdots & 0 & 0 \\ 0 & a_2 & b_2 & \cdots & 0 & 0 \\ \vdots & \vdots & \vdots & \ddots & \vdots & \vdots \\ 0 & 0 & 0 & \cdots & a_{n-1} & b_{n-1} \\ b_n & 0 & 0 & \cdots & 0 & a_n \end{vmatrix}$；（2）$D_n=\begin{vmatrix} 1 & 2 & 2 & \cdots & 2 \\ 2 & 2 & 2 & \cdots & 2 \\ 2 & 2 & 3 & \cdots & 2 \\ \vdots & \vdots & \vdots & \ddots & \vdots \\ 2 & 2 & 2 & \cdots & n \end{vmatrix}$.

9. 用克莱姆法则解下列方程组：

（1）$\begin{cases} x_1+x_2+x_3+x_4=4 \\ x_1+x_2-2x_3+4x_4=0 \\ 2x_1-x_2-x_3-5x_4=0 \\ 3x_1+x_2+2x_3+11x_4=0 \end{cases}$

（2）$\begin{cases} 5x_1+6x_2=1 \\ x_1+5x_2+6x_3=0 \\ x_2+5x_3+6x_4=0 \\ x_3+5x_4+6x_5=0 \\ x_4+5x_5=1. \end{cases}$

10. 已知方程组$\begin{cases} x+y+z=a \\ x+y-z=b \\ x-y+z=c \end{cases}$有唯一解，且 $x=1$，求 $\begin{vmatrix} a & b & c \\ 1 & -1 & 1 \\ 1 & 1 & -1 \end{vmatrix}$.

五、习题一（B）

1. 填空题

（1）设 $D=\begin{vmatrix} 2x & x & 1 & 2 \\ 1 & x & 1 & -1 \\ 3 & 2 & x & 1 \\ 1 & 1 & 1 & x \end{vmatrix}$，则 D 的展开式中 x^3 的系数为________.

（2）设 $A_{i3}(i=1,2,3,4)$ 是行列式 $\begin{vmatrix} 1 & 2 & 3 & 4 \\ 5 & 6 & 7 & 8 \\ 2 & 3 & 4 & 8 \\ 6 & 7 & 8 & 9 \end{vmatrix}$ 中元素 a_{i3} 的代数余子式，则 $A_{13}+5A_{23}+2A_{33}+6A_{43}=$________.

(3) 已知 $D=\begin{vmatrix}1&0&1&2\\-1&1&0&3\\1&1&1&0\\-1&2&5&4\end{vmatrix}$，则 $A_{41}+A_{42}+A_{43}+A_{44}=$______.

2. 单项选择题

(1) 若 n 阶范德蒙行列式的值为 V，A_{ij}是其代数余子式，则 $\sum\limits_{i=1}^{n}\sum\limits_{j=1}^{n}A_{ij}=$ (　　).

(A) nV;　　(B) $-V$;　　(C) V;　　(D) $-nV$.

(2) 已知齐次线性方程组 $\begin{cases}\lambda x+y+z=0\\ \lambda x+3y-z=0\\ -y+\lambda z=0\end{cases}$ 仅有零解，则 (　　).

(A) $\lambda\neq0$ 且 $\lambda\neq1$; (B) $\lambda=0$ 或 $\lambda=1$;　(C) $\lambda=0$; (D) $\lambda\neq1$.

3. 计算 n 阶行列式 $D_n=\begin{vmatrix}0&1&1&\cdots&1&1\\1&0&1&\cdots&1&1\\1&1&0&\cdots&1&1\\ \vdots&\vdots&\vdots&\ddots&\vdots&\vdots\\1&1&1&\cdots&0&1\\1&1&1&\cdots&1&0\end{vmatrix}$.

4. 求证：$n\geqslant3$ 时，$D_n=\begin{vmatrix}1&2&3&\cdots&n\\2&3&4&\cdots&n+1\\ \vdots&\vdots&\vdots&\ddots&\vdots\\n&n+1&n+2&\cdots&2n-1\end{vmatrix}=0$.

5. 计算行列式 $D_{2n}=\begin{vmatrix}a_n&&&&&b_n\\&\ddots&&0&\cdots&\\&&a_1&b_1&&\\0&&&&&0\\&&c_1&d_1&&\\&\cdots&&0&\ddots&\\c_n&&&&&d_n\end{vmatrix}$.

6. 利用数学归纳法证明：$D_n=\begin{vmatrix}2a&1&&&&0\\a^2&2a&1&&&\\&a^2&2a&\ddots&&\\&&\ddots&\ddots&\ddots&\\&&&a^2&2a&1\\0&&&&a^2&2a\end{vmatrix}=(n+1)a^n$.

7. 问 λ，μ 取何值时，齐次线性方程组 $\begin{cases}\lambda x_1+x_2+x_3=0\\x_1+\mu x_2+x_3=0\\x_1+2\mu x_2+x_3=0\end{cases}$ 有非零解？

8．问 λ 取何值时，齐次线性方程组 $\begin{cases}(1-\lambda)x_1-2x_2+4x_3=0\\2x_1+(3-\lambda)x_2+x_3=0\\x_1+x_2+(1-\lambda)x_3=0\end{cases}$ 有非零解？

9．证明点 $A(2,-1,-2)$、$B(1,2,1)$、$C(2,3,0)$ 与 $D(5,0,-6)$ 在同一平面上.

10．四面体的三条棱从点 $O(0,0,0)$ 连至点 $A(2,3,1)$、$B(1,2,2)$ 与 $C(3,-1,4)$，求四面体 $OABC$ 的体积.

11．求过三点 $A(4,2,1)$、$B(-1,-2,2)$ 与 $C(0,4,-5)$ 的平面方程.

六、习题一（A）解答

1. 填空题

（1）13；（2）$-a_{24}a_{31}(a_{12}a_{43}-a_{13}a_{42})$；（3）$-2$；（4）0；（5）4.

2. 单项选择题

（1）（B）；（2）（A）；（3）（B）；（4）（D）；（5）（A）.

3．（1）$\tau=4$；（2）$\tau=5$；

（3）$\tau=(n-1)+(n-2)+\cdots+1=\dfrac{n(n-1)}{2}$；

（4）$\tau=1+2+\cdots+(n-1)=\dfrac{n(n-1)}{2}$.

4．（1）$\begin{vmatrix}1&3&5\\6&4&6\\0&1&0\end{vmatrix}=(-1)^{3+2}\begin{vmatrix}1&5\\6&6\end{vmatrix}=-\begin{vmatrix}1&5\\6&6\end{vmatrix}=-(6-30)=24.$

（2）$\begin{vmatrix}1&-2&-3&-4\\2&1&-4&3\\3&4&1&-2\\4&-3&2&1\end{vmatrix}=\begin{vmatrix}1&-2&-3&-4\\0&5&2&11\\0&0&6&-12\\0&0&12&6\end{vmatrix}=\begin{vmatrix}1&-2&-3&-4\\0&5&2&11\\0&0&6&12\\0&0&0&30\end{vmatrix}=900.$

（3）$\begin{vmatrix}0&a&0&0\\b&c&0&0\\0&0&d&e\\0&0&0&f\end{vmatrix}=-a\begin{vmatrix}b&0&0\\0&d&e\\0&0&f\end{vmatrix}=-abdf.$

5．（1）$A_{14}=(-1)^{1+4}\begin{vmatrix}0&1&2\\-3&4&0\\1&-2&2\end{vmatrix}=\begin{vmatrix}-3&0\\1&2\end{vmatrix}-2\begin{vmatrix}-3&4\\1&-2\end{vmatrix}=-10.$

（2）解法1：$A_{11}=\begin{vmatrix}1&2&1\\4&0&3\\-2&2&-1\end{vmatrix}=-4\begin{vmatrix}2&1\\2&-1\end{vmatrix}-3\begin{vmatrix}1&2\\-2&2\end{vmatrix}=16-18=-2,$

$$A_{12}=-\begin{vmatrix}0&2&1\\-3&0&3\\1&2&-1\end{vmatrix}=2\begin{vmatrix}-3&3\\1&-1\end{vmatrix}-\begin{vmatrix}-3&0\\1&2\end{vmatrix}=6,$$

$$A_{13}=\begin{vmatrix}0&1&1\\-3&4&3\\1&-2&-1\end{vmatrix}=-\begin{vmatrix}-3&3\\1&-1\end{vmatrix}+\begin{vmatrix}-3&4\\1&-2\end{vmatrix}=2,$$

$$A_{14}=-\begin{vmatrix}0&1&2\\-3&4&0\\1&-2&2\end{vmatrix}=\begin{vmatrix}-3&0\\1&2\end{vmatrix}-2\begin{vmatrix}-3&4\\1&-2\end{vmatrix}=-10,$$

$$A_{11}-2A_{12}+2A_{13}-A_{14}=-2-2\times6+2\times2+10=0.$$

解法 2：$A_{11}-2A_{12}+2A_{13}-A_{14}=\begin{vmatrix}1&-2&2&-1\\0&1&2&1\\-3&4&0&3\\1&-2&2&-1\end{vmatrix}=0.$

6.（1）$\begin{vmatrix}ax+by&ay+bz&az+bx\\ay+bz&az+bx&ax+by\\az+bx&ax+by&ay+bz\end{vmatrix}=\begin{vmatrix}ax&ay&az\\ay&az&ax\\az&ax&ay\end{vmatrix}+\begin{vmatrix}by&bz&bx\\bz&bx&by\\bx&by&bz\end{vmatrix}$

$$=a^3\begin{vmatrix}x&y&z\\y&z&x\\z&x&y\end{vmatrix}+b^3\begin{vmatrix}y&z&x\\z&x&y\\x&y&z\end{vmatrix}=a^3\begin{vmatrix}x&y&z\\y&z&x\\z&x&y\end{vmatrix}-b^3\begin{vmatrix}z&y&x\\x&z&y\\y&x&z\end{vmatrix}$$

$$=a^3\begin{vmatrix}x&y&z\\y&z&x\\z&x&y\end{vmatrix}+b^3\begin{vmatrix}x&y&z\\y&z&x\\z&x&y\end{vmatrix}=(a^3+b^3)\begin{vmatrix}x&y&z\\y&z&x\\z&x&y\end{vmatrix}$$

（2）$D=\begin{vmatrix}a^2&2a+1&4a+4&6a+9\\b^2&2b+1&4b+4&6b+9\\c^2&2c+1&4c+4&6c+9\\d^2&2d+1&4d+4&6d+9\end{vmatrix}=\begin{vmatrix}a^2&2a+1&2&6\\b^2&2b+1&2&6\\c^2&2c+1&2&6\\d^2&2d+1&2&6\end{vmatrix}=\begin{vmatrix}a^2&2a+1&2&0\\b^2&2b+1&2&0\\c^2&2c+1&2&0\\d^2&2d+1&2&0\end{vmatrix}=0$

7. $D=\begin{vmatrix}x_2(x_2-1)&x_3(x_3-1)\\x_2^2(x_2-1)&x_3^2(x_3-1)\end{vmatrix}-\begin{vmatrix}x_1(x_1-1)&x_3(x_3-1)\\x_1^2(x_1-1)&x_3^2(x_3-1)\end{vmatrix}+\begin{vmatrix}x_1(x_1-1)&x_2(x_2-1)\\x_1^2(x_1-1)&x_2^2(x_2-1)\end{vmatrix}$

$$=(x_2-1)(x_3-1)\begin{vmatrix}x_2&x_3\\x_2^2&x_3^2\end{vmatrix}-(x_1-1)(x_3-1)\begin{vmatrix}x_1&x_3\\x_1^2&x_3^2\end{vmatrix}+(x_1-1)(x_2-1)\begin{vmatrix}x_1&x_2\\x_1^2&x_2^2\end{vmatrix}$$

$$=x_2x_3(x_3-x_2)(x_2-1)(x_3-1)-x_1x_3(x_3-x_1)(x_1-1)(x_3-1)$$
$$+x_1x_2(x_2-x_1)(x_1-1)(x_2-1).$$

8.（1）按第 1 列展开

$$D_n=a_1\begin{vmatrix}a_2&b_2&\cdots&0&0\\\vdots&\vdots&\ddots&\vdots&\vdots\\0&0&\cdots&a_{n-1}&b_{n-1}\\0&0&\cdots&0&a_n\end{vmatrix}+(-1)^{n+1}b_n\begin{vmatrix}b_1&0&\cdots&0&0\\a_2&b_2&\cdots&0&0\\\vdots&\vdots&\ddots&\vdots&\vdots\\0&0&\cdots&a_{n-1}&b_{n-1}\end{vmatrix},$$

$$=a_1a_2\cdots a_n+(-1)^{n+1}b_1b_2\cdots b_n$$

（2）$D_n = \begin{vmatrix} 1 & 2 & 2 & \cdots & 2 \\ 0 & -2 & -2 & \cdots & -2 \\ 0 & -2 & -1 & \cdots & -2 \\ \vdots & \vdots & \vdots & \ddots & \vdots \\ 0 & -2 & -2 & \cdots & n-4 \end{vmatrix} = -2 \begin{vmatrix} 1 & 1 & 1 & \cdots & 1 \\ -2 & -1 & -2 & \cdots & -2 \\ -2 & -2 & 0 & \cdots & -2 \\ \vdots & \vdots & \vdots & \ddots & \vdots \\ -2 & -2 & -2 & \cdots & n-4 \end{vmatrix}$

$= -2 \begin{vmatrix} 1 & 1 & 1 & \cdots & 1 \\ 0 & 1 & 0 & \cdots & 0 \\ 0 & 0 & 2 & \cdots & 0 \\ \vdots & \vdots & \vdots & \ddots & \vdots \\ 0 & 0 & 0 & \cdots & n-2 \end{vmatrix} = -2\ (n-2)\ (n-1)\ \cdots 1.$

9.（1）$D = \begin{vmatrix} 1 & 1 & 1 & 1 \\ 1 & 1 & -2 & 4 \\ 2 & -1 & -1 & -5 \\ 3 & 1 & 2 & 11 \end{vmatrix} = -123$，$D_1 = \begin{vmatrix} 4 & 1 & 1 & 1 \\ 0 & 1 & -2 & 4 \\ 0 & -1 & -1 & -5 \\ 0 & 1 & 2 & 11 \end{vmatrix} = -68$，

$D_2 = \begin{vmatrix} 1 & 4 & 1 & 1 \\ 1 & 0 & -2 & 4 \\ 2 & 0 & -1 & -5 \\ 3 & 0 & 2 & 11 \end{vmatrix} = -404$，$D_3 = \begin{vmatrix} 1 & 1 & 4 & 1 \\ 1 & 1 & 0 & 4 \\ 2 & -1 & 0 & -5 \\ 3 & 1 & 0 & 11 \end{vmatrix} = -92$，

$D_4 = \begin{vmatrix} 1 & 1 & 1 & 4 \\ 1 & 1 & -2 & 0 \\ 2 & -1 & -1 & 0 \\ 3 & 1 & 2 & 0 \end{vmatrix} = -72.$

所以 $x_1 = \frac{68}{123}$，$x_2 = \frac{404}{123}$，$x_3 = \frac{92}{123}$，$x_4 = \frac{72}{123}$.

（2）$D = \begin{vmatrix} 5 & 6 & 0 & 0 & 0 \\ 1 & 5 & 6 & 0 & 0 \\ 0 & 1 & 5 & 6 & 0 \\ 0 & 0 & 1 & 5 & 6 \\ 0 & 0 & 0 & 1 & 5 \end{vmatrix} = 665$，$D_1 = \begin{vmatrix} 1 & 6 & 0 & 0 & 0 \\ 0 & 5 & 6 & 0 & 0 \\ 0 & 1 & 5 & 6 & 0 \\ 0 & 0 & 1 & 5 & 6 \\ 1 & 0 & 0 & 1 & 5 \end{vmatrix} = 1507$，

$D_2 = \begin{vmatrix} 5 & 1 & 0 & 0 & 0 \\ 1 & 0 & 6 & 0 & 0 \\ 0 & 0 & 5 & 6 & 0 \\ 0 & 0 & 1 & 5 & 6 \\ 0 & 1 & 0 & 1 & 5 \end{vmatrix} = -1145$，$D_3 = \begin{vmatrix} 5 & 6 & 1 & 0 & 0 \\ 1 & 5 & 0 & 0 & 0 \\ 0 & 1 & 0 & 6 & 0 \\ 0 & 0 & 0 & 5 & 6 \\ 0 & 0 & 1 & 1 & 5 \end{vmatrix} = 703$，

$D_4 = \begin{vmatrix} 5 & 6 & 0 & 1 & 0 \\ 1 & 5 & 6 & 0 & 0 \\ 0 & 1 & 5 & 0 & 0 \\ 0 & 0 & 1 & 0 & 6 \\ 0 & 0 & 0 & 1 & 5 \end{vmatrix} = -395$，$D_5 = \begin{vmatrix} 5 & 6 & 0 & 0 & 1 \\ 1 & 5 & 6 & 0 & 0 \\ 0 & 1 & 5 & 6 & 0 \\ 0 & 0 & 1 & 5 & 0 \\ 0 & 0 & 0 & 1 & 1 \end{vmatrix} = 212$，

故 $x_1 = \frac{1507}{665}$，$x_2 = -\frac{1145}{665}$，$x_3 = \frac{703}{665}$，$x_4 = -\frac{395}{665}$，$x_5 = \frac{212}{665}$.

10. $D=\begin{vmatrix}1&1&1\\1&1&-1\\1&-1&1\end{vmatrix}=-4$ 由 $x=\dfrac{D_1}{D}=1$ $D_1=\begin{vmatrix}a&1&1\\b&1&-1\\c&-1&1\end{vmatrix}=-4$

故 $a=1$，$b=1$，$c=1$. 所以 $\begin{vmatrix}a&b&c\\1&-1&1\\1&1&-1\end{vmatrix}=4$.

七、习题一（B）解答

1. 填空题

（1）-1；　（2）0；　（3）-1.

2. 单项选择题

（1）（C）；　（2）（A）.

3. $$D_n=\begin{vmatrix}n-1&1&1&\cdots&1&1\\n-1&0&1&\cdots&1&1\\n-1&1&0&\cdots&1&1\\\vdots&\vdots&\vdots&\ddots&\vdots&\vdots\\n-1&1&1&\cdots&0&1\\n-1&1&1&\cdots&1&0\end{vmatrix}=(n-1)\begin{vmatrix}1&1&1&\cdots&1&1\\1&0&1&\cdots&1&1\\1&1&0&\cdots&1&1\\\vdots&\vdots&\vdots&\ddots&\vdots&\vdots\\1&1&1&\cdots&0&1\\1&1&1&\cdots&1&0\end{vmatrix}$$

$$=(n-1)\begin{vmatrix}1&1&1&\cdots&1&1\\0&-1&0&\cdots&0&0\\0&0&-1&\cdots&0&0\\\vdots&\vdots&\vdots&\ddots&\vdots&\vdots\\0&0&0&\cdots&-1&0\\0&0&0&\cdots&0&-1\end{vmatrix}=(n-1)(-1)^{n-1}.$$

4. $$\begin{vmatrix}1+2+\cdots+n&2&3&\cdots&n\\1+2+\cdots+n&3&4&\cdots&n+1\\1+2+\cdots+n&\vdots&\vdots&\ddots&\vdots\\1+2+\cdots+n&n+1&n+2&\cdots&2n-1\end{vmatrix}$$

$$=\left(\frac{n(n+1)}{2}\right)\begin{vmatrix}1&2&3&\cdots&n\\1&3&4&\cdots&n+1\\\vdots&&\vdots&\ddots&\vdots\\1&n+1&n+2&\cdots&2n-1\end{vmatrix}$$

$$=\left(\frac{n(n+1)}{2}\right)\begin{vmatrix}1&2&3&\cdots&n\\0&1&1&\cdots&1\\\vdots&\vdots&\vdots&\ddots&\vdots\\0&n-1&n-1&\cdots&n-1\end{vmatrix}=0.$$

5. $$D_{2n}=a_n\begin{vmatrix} a_{n-1} & & & & & b_{n-1} & 0 \\ & \ddots & & & \iddots & & \\ & & a_1 & b_1 & & & \\ & & c_1 & d_1 & & & \\ & \iddots & & & \ddots & & \\ c_{n-1} & & & & & d_{n-1} & \\ 0 & & & & & & d_n \end{vmatrix}$$

$$+b_n(-1)^{1+2n}\begin{vmatrix} 0 & a_{n-1} & & & & & b_{n-1} \\ & & \ddots & & & \iddots & \\ & & & a_1 & b_1 & & \\ & & & c_1 & d_1 & & \\ & & \iddots & & & \ddots & \\ & c_{n-1} & & & & & d_{n-1} \\ c_n & & & & & & 0 \end{vmatrix}$$

$$=a_nd_n\begin{vmatrix} a_{n-1} & & & & & b_{n-1} \\ & \ddots & & & \iddots & \\ & & a_1 & b_1 & & \\ & & c_1 & d_1 & & \\ & \iddots & & & \ddots & \\ c_{n-1} & & & & & d_{n-1} \end{vmatrix}-b_nc_n\begin{vmatrix} a_{n-1} & & & & & b_{n-1} \\ & \ddots & & & \iddots & \\ & & a_1 & b_1 & & \\ & & c_1 & d_1 & & \\ & \iddots & & & \ddots & \\ c_{n-1} & & & & & d_{n-1} \end{vmatrix}$$

$$=(a_nd_n-b_nc_n)D_{2(n-1)},$$

于是

$$\begin{aligned} D_{2n}&=(a_nd_n-b_nc_n)D_{2(n-1)} \\ &=(a_nd_n-b_nc_n)(a_{n-1}d_{n-1}-b_{n-1}c_{n-1})D_{2(n-2)}=\cdots \\ &=(a_nd_n-b_nc_n)(a_{n-1}d_{n-1}-b_{n-1}c_{n-1})\cdots(a_1d_1-b_1c_1). \end{aligned}$$

6. 将 D_n 按第一行展开可得：$D_n=2aD_{n-1}-a^2D_{n-2}$

故当 $n=3$ 时，$D_3=2aD_2-a^2D_1=4a^3$，满足.

假设 $n=k$ 时，$D_k=(k+1)a^k$ 成立.

设 $n=k+1$，$D_{k+1}=2aD_{k-1}-a^2D_{k-2}=2a(k+1)a^k-a^2ka^{k-1}$

$=(2k+2)a^{k+1}-ka^{k+1}=(k+2)a^{k+1}$.

故由数学归纳法得，上式成立.

7. $$D=\begin{vmatrix} \lambda & 1 & 1 \\ 1 & \mu & 1 \\ 1 & 2\mu & 1 \end{vmatrix}=(1-\lambda)\ \mu,$$

当 $D=0$ 时，齐次方程组有非零解，所以 $(1-\lambda)\mu=0$，即 $\lambda=1$，或 $\mu=0$.

8. $D=\begin{vmatrix}1-\lambda & -2 & 4\\ 2 & 3-\lambda & 1\\ 1 & 1 & 1-\lambda\end{vmatrix}=-\lambda(\lambda-2)(\lambda-3)$，

当 $D=0$ 时，齐次方程组有非零解，

所以 $-\lambda(\lambda-2)(\lambda-3)$，即 $\lambda=0$，或 $\lambda=2$，或 $\lambda=3$.

9. $\overrightarrow{AD}=(3,1,-4)$，$\overrightarrow{BD}=(4,-2,-7)$，$\overrightarrow{CD}=(3,-3,-6)$，则 $\begin{vmatrix}3 & 1 & -4\\ 4 & -2 & -7\\ 3 & -3 & -6\end{vmatrix}=0$，

故在同一平面上.

10. 由立体几何知，四面体体积为

$$V=\frac{1}{6}\left|(OA,OB,OC)\right|=\frac{1}{6}\begin{vmatrix}2 & 3 & 1\\ 1 & 2 & 2\\ 3 & -1 & 4\end{vmatrix}=\frac{19}{6}.$$

11. 设 $M(x,y,z)$，$\overrightarrow{AM}=(x-4,y-2,z-1)$，$\overrightarrow{AB}=(-5,-4,1)$，$\overrightarrow{AC}=(-4,2,-6)$

共面满足 $\begin{vmatrix}x-4 & y-2 & z-1\\ -5 & -4 & 1\\ -4 & 2 & -6\end{vmatrix}=0$，

得：$22x-34y-26z+6=0$.

八、考研真题解答

(1) $\begin{vmatrix}a & b & 0 & \cdots & 0 & 0\\ 0 & a & b & \cdots & 0 & 0\\ \vdots & \vdots & \vdots & \ddots & \vdots & \vdots\\ 0 & 0 & 0 & \cdots & a & b\\ b & 0 & 0 & \cdots & 0 & a\end{vmatrix}$

$$=a\begin{vmatrix}a & b & \cdots & 0 & 0\\ 0 & a & \cdots & 0 & 0\\ \vdots & \vdots & \ddots & \vdots & \vdots\\ 0 & 0 & \cdots & a & b\\ 0 & 0 & \cdots & 0 & a\end{vmatrix}+(-1)^{n+1}b\begin{vmatrix}b & 0 & \cdots & 0 & 0\\ a & b & \cdots & 0 & 0\\ \vdots & \vdots & \ddots & \vdots & \vdots\\ 0 & 0 & \cdots & b & 0\\ 0 & 0 & \cdots & a & b\end{vmatrix}$$

$=a^n+(-1)^{n+1}b^n$.

(2) 选 (D).

解法一　利用行列式性质

$$D=\begin{vmatrix} a_1 & 0 & 0 & b_1 \\ 0 & a_2 & b_2 & 0 \\ 0 & b_3 & a_3 & 0 \\ b_4 & 0 & 0 & a_4 \end{vmatrix}=\begin{vmatrix} a_1 & b_1 & 0 & 0 \\ 0 & 0 & b_2 & a_2 \\ 0 & 0 & a_3 & b_3 \\ b_4 & a_4 & 0 & 0 \end{vmatrix}(-1)$$

$$=(-1)(-1)\begin{vmatrix} a_1 & b_1 & 0 & 0 \\ b_4 & a_4 & 0 & 0 \\ 0 & 0 & a_3 & b_3 \\ 0 & 0 & b_2 & a_2 \end{vmatrix}=\begin{vmatrix} a_1 & b_1 \\ b_4 & a_4 \end{vmatrix}\cdot\begin{vmatrix} a_3 & b_3 \\ b_2 & a_2 \end{vmatrix}$$

$$=(a_1a_4-b_1b_4)(a_3a_2-b_2b_3)$$

解法二 按第一列展开

$$D=a_1\begin{vmatrix} a_2 & b_2 & 0 \\ b_3 & a_3 & 0 \\ 0 & 0 & a_4 \end{vmatrix}+(-1)^{4+1}b_4\begin{vmatrix} 0 & 0 & b_1 \\ a_2 & b_2 & 0 \\ b_3 & a_3 & 0 \end{vmatrix}$$

$$=a_1a_4\begin{vmatrix} a_2 & b_2 \\ b_3 & a_3 \end{vmatrix}-b_1b_4\begin{vmatrix} a_2 & b_2 \\ b_3 & a_3 \end{vmatrix}=(a_1a_4-b_1b_4)(a_3a_2-b_2b_3).$$

(3) $$|A|=(n-1)\begin{vmatrix} 1 & 1 & 1 & \cdots & 1 & 1 \\ 1 & 0 & 1 & \cdots & 1 & 1 \\ 1 & 1 & 0 & \cdots & 1 & 1 \\ \vdots & \vdots & \vdots & \ddots & \vdots & \vdots \\ 1 & 1 & 1 & \cdots & 0 & 1 \\ 1 & 1 & 1 & \cdots & 1 & 0 \end{vmatrix}\xlongequal[i=1,2,\cdots,n]{r_i-r_1}(n-1)\begin{vmatrix} 1 & 1 & 1 & \cdots & 1 & 1 \\ 0 & -1 & 0 & \cdots & 0 & 0 \\ 0 & 0 & -1 & \cdots & 0 & 0 \\ \vdots & \vdots & \vdots & \ddots & \vdots & \vdots \\ 0 & 0 & 0 & \cdots & -1 & 0 \\ 0 & 0 & 0 & \cdots & 0 & -1 \end{vmatrix}$$

$$=(-1)^{n-1}(n-1)$$

(4) 选 B.

$$f(x)=\begin{vmatrix} x-2 & 1 & 0 & -1 \\ 2x-2 & 1 & 0 & -1 \\ 3x-3 & 1 & x-2 & -2 \\ 4x & -3 & x-7 & -3 \end{vmatrix}=\begin{vmatrix} x-2 & 1 & 0 & 0 \\ 2x-2 & 1 & 0 & 0 \\ 3x-3 & 1 & x-2 & -1 \\ 4x & -3 & x-7 & -6 \end{vmatrix}$$

$$=\begin{vmatrix} x-2 & 1 \\ 2x-2 & 1 \end{vmatrix}\cdot\begin{vmatrix} x-2 & -1 \\ x-7 & -6 \end{vmatrix}=\begin{vmatrix} x-2 & 1 \\ x & 0 \end{vmatrix}\cdot\begin{vmatrix} x-2 & -1 \\ -5 & -5 \end{vmatrix}$$

$$=-x\cdot(-5)\begin{vmatrix} x-2 & -1 \\ 1 & 1 \end{vmatrix}=5x\begin{vmatrix} x-1 & 0 \\ 1 & 1 \end{vmatrix}=5x(x-1)$$

故有两个根.

(5) 设 $M_{4i}(i=1,2,3,4)$ 为第四行各元素余子式，对应代数余子式记为 $A_{4i}(i=1,2,3,4)$. 则

$$M_{41}+M_{42}+M_{43}+M_{44}=-A_{41}+A_{42}-A_{43}+A_{44}=\begin{vmatrix} 3 & 0 & 4 & 0 \\ 2 & 2 & 2 & 2 \\ 0 & -7 & 0 & 0 \\ -1 & 1 & -1 & 1 \end{vmatrix}=-28.$$

(6) 按第一行展开，得递推公式

$$\begin{aligned}D_5 &= (1-a)D_4 + aD_3\\ &= (1-a)[(1-a)D_3 + aD_2] + aD_3\\ &= [(1-a)^2 - a]D_3 + a(1-a)D_2\\ &= (1-a+a^2)[(1-a)D_2 + a(1-a)] + a(1-a)D_2\\ &= (1-a+a^2)[(1-a)(1-a+a^2) + a(1-a)] + a(1-a)(1-a+a^2)\\ &= 1-a+a^2-a^3+a^4-a^5.\end{aligned}$$

九、练 习 一

1. 证明：

$$D=\begin{vmatrix} a_{11} & \cdots & a_{1n} & 0 & \cdots & 0\\ \vdots & & \vdots & \vdots & & \vdots\\ a_{n1} & \cdots & a_{nn} & 0 & \cdots & 0\\ c_{11} & \cdots & c_{1n} & b_{11} & \cdots & b_{1n}\\ \vdots & & \vdots & \vdots & & \vdots\\ c_{m1} & \cdots & c_{mn} & b_{m1} & \cdots & b_{mm}\end{vmatrix}=\begin{vmatrix} a_{11} & \cdots & a_{1n}\\ \vdots & & \vdots\\ a_{n1} & \cdots & a_{nn}\end{vmatrix}\begin{vmatrix} b_{11} & \cdots & b_{1m}\\ \vdots & & \vdots\\ b_{m1} & \cdots & b_{mm}\end{vmatrix}.$$

2. 已知 a，b，c 全不为零，证明：线性方程组$\begin{cases} ay+bx=c\\ cx+az=b\\ bz+cy=a\end{cases}$有唯一解，并求出它的解.

3. 已知平面上三个点$(1,1)$,$(2,-1)$,$(3,1)$，试确定过这三个点且对称轴与 y 轴平行的抛物线方程.

4. 计算 n 阶行列式 $D_n=\begin{vmatrix} \alpha+\beta & \alpha\beta & & & \\ 1 & \alpha+\beta & \alpha\beta & & \\ & 1 & \alpha+\beta & \alpha\beta & \\ & & 1 & \ddots & \ddots \\ & & & \ddots & \ddots & \alpha\beta\\ & & & & 1 & \alpha+\beta\end{vmatrix}$.

5. 设有 n 阶行列式 $D_n=\begin{vmatrix} a_{11} & a_{12} & a_{13} & \cdots & a_{1n}\\ 1 & 2 & 0 & \cdots & 0\\ 1 & 0 & 3 & \cdots & 0\\ \vdots & \vdots & \vdots & & \vdots\\ 1 & 0 & 0 & \cdots & n\end{vmatrix}$，记 A_{1j}为 a_{1j}的代数余子式($j=1,2,\cdots,n$)，则 $\lambda_1A_{11}+\lambda_2A_{12}+\cdots+\lambda_nA_{1n}$的值是多少，其中 $\lambda_i(i=1,2,\cdots,n)$为任意常数.

6. 计算 n 阶行列式 $D_n=|a_{ij}|$，其中 $a_{ij}=|i-j|$.

7. 证明：$\begin{vmatrix} \cos\alpha & 1 & 0 & \cdots & 0 & 0 \\ 1 & 2\cos\alpha & 1 & \cdots & 0 & 0 \\ 0 & 1 & 2\cos\alpha & \cdots & 0 & 0 \\ \vdots & \vdots & \vdots & & \vdots & \vdots \\ 0 & 0 & 0 & \cdots & 1 & 2\cos\alpha \end{vmatrix} = \cos n\alpha.$

8. 证明：

$$\frac{d}{dt}\begin{vmatrix} a_{11}(t) & a_{12}(t) & \cdots & a_{1n}(t) \\ a_{21}(t) & a_{22}(t) & \cdots & a_{2n}(t) \\ \vdots & \vdots & & \vdots \\ a_{n1}(t) & a_{n1}(t) & \cdots & a_{nn}(t) \end{vmatrix} = \sum_{j=1}^{n}\begin{vmatrix} a_{11}(t) & \cdots & \frac{d}{dt}a_{1j}(t) & \cdots & a_{1n}(t) \\ a_{21}(t) & \cdots & \frac{d}{dt}a_{2j}(t) & \cdots & a_{2n}(t) \\ \vdots & & \vdots & & \vdots \\ a_{n1}(t) & \cdots & \frac{d}{dt}a_{nj}(t) & \cdots & a_{nn}(t) \end{vmatrix}.$$

9. 证明：

$$\begin{vmatrix} a_{11}+x & a_{12}+x & \cdots & a_{1n}+x \\ a_{21}+x & a_{22}+x & \cdots & a_{2n}+x \\ \vdots & \vdots & & \vdots \\ a_{n1}+x & a_{n2}+x & \cdots & a_{nn}+x \end{vmatrix} = \begin{vmatrix} a_{11} & a_{12} & \cdots & a_{1n} \\ a_{21} & a_{22} & \cdots & a_{2n} \\ \vdots & \vdots & & \vdots \\ a_{n1} & a_{n2} & \cdots & a_{nn} \end{vmatrix} + x\sum_{i=1}^{n}\sum_{j=1}^{n}A_{ij}$$ 其中 A_{ij} 是 a_{ij} 的代数余子式.

10. 计算 $f(x+1)-f(x)$，其中

$$f(x) = \begin{vmatrix} 1 & 0 & 0 & 0 & \cdots & 0 & x \\ 1 & 2 & 0 & 0 & \cdots & 0 & x^2 \\ 1 & 3 & 3 & 0 & \cdots & 0 & x^3 \\ \vdots & \vdots & \vdots & \vdots & & \vdots & \vdots \\ 1 & n & C_n^2 & C_n^3 & \cdots & C_n^{n-1} & x^n \\ 1 & n+1 & C_{n+1}^2 & C_{n+1}^3 & \cdots & C_{n+1}^{n-1} & x^{n+1} \end{vmatrix}.$$

11. 计算 $D_4 = \begin{vmatrix} 1 & 1 & 1 & 1 \\ 1+\varphi_1 & 1+\varphi_2 & 1+\varphi_3 & 1+\varphi_4 \\ \varphi_1+\varphi_1^2 & \varphi_2+\varphi_2^2 & \varphi_3+\varphi_3^2 & \varphi_4+\varphi_4^2 \\ \varphi_1^2+\varphi_1^3 & \varphi_2^2+\varphi_2^3 & \varphi_3^2+\varphi_3^3 & \varphi_4^2+\varphi_4^3 \end{vmatrix}.$

12. 设 $f(x), \varphi(x), \varphi(x)$ 在 $[a,b]$ 上连续，在 (a,b) 内可导，试证：至少存在 $\xi \in (a,b)$，使得 $\begin{vmatrix} f(a) & \varphi(a) & \phi(a) \\ f(b) & \varphi(b) & \phi(b) \\ f'(\xi) & \varphi'(\xi) & \phi'(\xi) \end{vmatrix} = 0.$

13. 设 $x>y>z>0$，证明：$\dfrac{1}{xy+yz+zx}\begin{vmatrix} x & x^2 & yz \\ y & y^2 & zx \\ z & z^2 & xy \end{vmatrix} < 0.$

14. 计算 $D=\begin{vmatrix} 0 & a_1 & b_1 & 0 \\ a_2 & 0 & 0 & b_2 \\ a_3 & 0 & 0 & b_3 \\ x & a_1 & b_4 & y \end{vmatrix}$.

15. 计算 $\begin{vmatrix} a^2 & (a+1)^2 & (a+2)^2 & (a+3)^2 \\ b^2 & (b+1)^2 & (b+2)^2 & (b+3)^2 \\ c^2 & (c+1)^2 & (c+2)^2 & (c+3)^2 \\ d^2 & (d+1)^2 & (d+2)^2 & (d+3)^2 \end{vmatrix}$.

16. 证明

$$D=\begin{vmatrix} C_m^0 & C_m^1 & \cdots & C_m^{n-1} \\ C_{m+1}^0 & C_{m+1}^1 & \cdots & C_{m+1}^{n-1} \\ \cdots & \cdots & \cdots & \cdots \\ C_{m+n-1}^0 & C_{m+n-1}^1 & \cdots & C_{m+n-1}^{n-1} \end{vmatrix}=1.$$

17. 计算 $D_n=\begin{vmatrix} a_1+x_1 & a_2 & a_3 & \cdots & a_{n-1} & a_n \\ -x_1 & x_2 & 0 & \cdots & 0 & 0 \\ 0 & -x_2 & x_3 & \cdots & 0 & 0 \\ \cdots & \cdots & \cdots & \cdots & \cdots & \cdots \\ 0 & 0 & 0 & \cdots & x_{n-1} & 0 \\ 0 & 0 & 0 & \cdots & -x_{n-1} & x_n \end{vmatrix}$.

18. 设 $D=\begin{vmatrix} 3 & 1 & -1 & 2 \\ -5 & 1 & 3 & -4 \\ 2 & 0 & 1 & -1 \\ 1 & -5 & 3 & -3 \end{vmatrix}$，$D$ 的(i,j)元的代数余子式记作 A_{ij}，求

$$A_{31}+3A_{32}-2A_{33}+2A_{34}.$$

19. 计算

$$D_n=\begin{vmatrix} 1 & 1 & \cdots & 1 \\ x_1(x_1-1) & x_2(x_1-1) & \cdots & x_n(x_n-1) \\ x_1^2(x_1-1) & x_2^2(x_2-1) & \cdots & x_n^2(x_n-1) \\ \vdots & & & \vdots \\ x_1^{n-1}(x_1-1) & x_2^{n-1}(x_2-1) & \cdots & x_n^{n-1}(x_n-1) \end{vmatrix}.$$

十、练习一解答

1. 提示：利用数学归纳法.
2. 提示：利用克莱姆法则.
3. $y=7-8x+2x^2$.
4. $D_n=\begin{cases}(n+1)\alpha^n, \alpha=\beta\\ \dfrac{\beta^{n+1}-\alpha^{n+1}}{\beta-\alpha}, \alpha\neq\beta\end{cases}$.
5. $(\lambda_1-\sum_{k=2}^{n}\frac{\lambda_k}{k})\cdot n!$.
6. $(-1)^{n-1}2^{n-2}(n-1)$.
7. 略.
8. 略.
9. 略.
10. $(n+1)!\ x^n$.
11. $\prod_{1\leqslant i<j\leqslant 4}(\varphi_j-\varphi_i)$.
12. 提示：利用罗尔定理.
13. 略.
14. $(a_1b_4-a_4b_1)(a_2b_3-a_3b_2)$.
15. 0.
16. 略.
17. $\prod_{t=1}^{n}x_i(1+\sum_{t-1}^{n}\frac{a_i}{x_i})$.
18. 24.
19. $\prod_{1\leqslant i\leqslant j\leqslant n}(x_i-x_j)\left[-\prod_{i=1}^{n}(x_i-1)+\prod_{i=1}^{n}x_i\right]$.

第二章

矩阵及其运算

一、内容小结

本章的核心内容是矩阵的各种运算以及初等变换．具体要求是：理解矩阵的概念；了解单位矩阵、对角矩阵、三角矩阵、对称矩阵的定义及性质；掌握矩阵的线性运算、乘法、转置以及它们的运算规律；了解方阵的幂与方阵乘积的行列式的性质；理解逆矩阵的概念；掌握逆矩阵的性质以及矩阵可逆的充分必要条件；理解伴随矩阵的概念；会用伴随矩阵求逆矩阵；理解矩阵的初等变换和初等矩阵及矩阵等价的概念；理解矩阵的秩的概念；熟练掌握用初等变换求矩阵的秩、可逆矩阵的逆矩阵的方法；了解分块矩阵的概念；掌握分块矩阵的运算法则．

二、知识框架

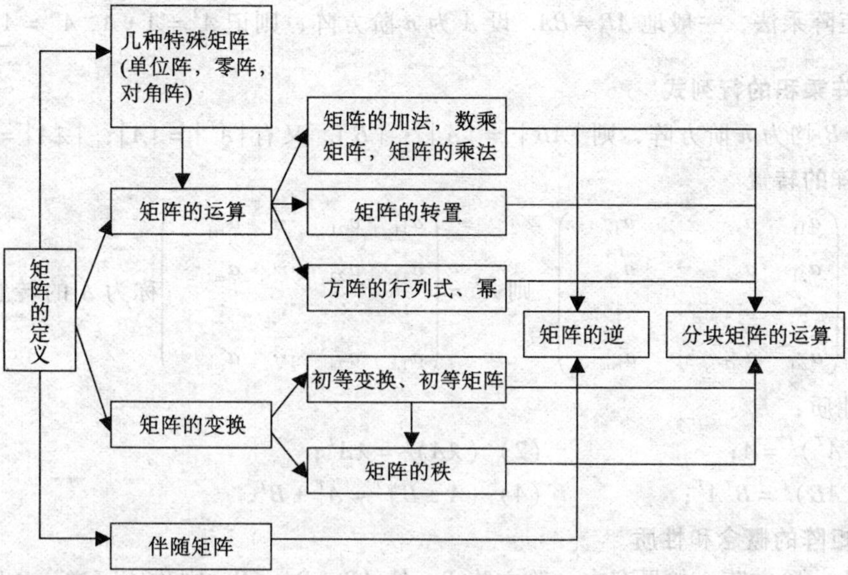

三、知识要点与典型例题

(一) 知识要点

1. 矩阵的定义

由 $m \times n$ 个数 $a_{ij}(i=1,2,\cdots,m;\ j=1,2,\cdots,n)$，排成 m 行 n 列的数表

$$A_{m\times n}=\begin{pmatrix} a_{11} & a_{12} & \cdots & a_{1n} \\ a_{21} & a_{22} & \cdots & a_{2n} \\ \vdots & \vdots & \ddots & \vdots \\ a_{m1} & a_{m2} & \cdots & a_{mn} \end{pmatrix},$$

称为 $m \times n$ 矩阵．当 $m=n$ 时，矩阵 $A_{n\times n}$ 称为 n 阶矩阵或 n 阶方阵．

2. 矩阵的线性运算

设 $A=(a_{ij})_{m\times n}$，$B=(b_{ij})_{m\times n}$，则

$$A \pm B=(a_{ij} \pm b_{ij})_{m\times n},\qquad kA=(ka_{ij})_{m\times n}.$$

3. 矩阵的乘法

设 $A=(a_{ij})_{m\times s}$，$B=(b_{ij})_{s\times n}$，则 $C=AB=(c_{ij})_{m\times n}$ 为一个 $m \times n$ 矩阵，

其中 $c_{ij}=a_{i1}b_{1j}+a_{i2}b_{2j}+\cdots+a_{is}b_{sj}(i=1,2,\cdots,m;j=1,2,\cdots,n)$.

若给定矩阵 A,B,C 满足矩阵乘法，则有性质：

(1) $A(BC)=(AB)C$;

(2) $A(B+C)=AB+AC$，$(B+C)A=BA+CA$;

(3) $k(AB)=(kA)B=A(kB)$;

对于矩阵乘法，一般地 $AB\neq BA$. 设 A 为 n 阶方阵，则记 $A^2=A\cdot A$，$A^m=\underbrace{A\cdot A\cdot\cdots\cdot A}_{m个A}$.

4. 方阵乘积的行列式

设 A、B 均为 n 阶方阵，则 $|AB|=|A|\cdot|B|$. 又有 $|A^T|=|A|$，$|\lambda A|=\lambda^n|A|$.

5. 矩阵的转置

设 $A=\begin{pmatrix}a_{11}&a_{12}&\cdots&a_{1n}\\a_{21}&a_{22}&\cdots&a_{2n}\\\vdots&\vdots&\ddots&\vdots\\a_{m1}&a_{m2}&\cdots&a_{mn}\end{pmatrix}$，则 $A^T=\begin{pmatrix}a_{11}&a_{21}&\cdots&a_{m1}\\a_{12}&a_{22}&\cdots&a_{m2}\\\vdots&\vdots&\ddots&\vdots\\a_{1n}&a_{2n}&\cdots&a_{mn}\end{pmatrix}$称为 A 的转置矩阵，转置运算满足性质：

(1) $(A^T)^T=A$; (2) $(\lambda A)^T=\lambda A^T$;

(3) $(AB)^T=B^TA^T$; (4) $(A\pm B)^T=A^T\pm B^T$.

6. 逆矩阵的概念和性质

设 A 为 n 阶方阵，如果存在 n 阶方阵 B，使 $AB=BA=E$，则称 A 可逆，B 称为 A 的逆矩阵，记为 $B=A^{-1}$. 满足下列性质：

(1) $(A^{-1})^{-1}=A$; (2) $(AB)^{-1}=B^{-1}A^{-1}$;

(3) $(\lambda A)^{-1}=\frac{1}{\lambda}A^{-1}$ $(\lambda\neq 0)$; (4) $(A^T)^{-1}=(A^{-1})^T$;

(5) 若 A 可逆，则 A 的逆矩阵唯一；

(6) 若 A、B 为 n 阶方阵，且 $AB=E$，则 $A^{-1}=B$，$B^{-1}=A$.

7. 方阵的伴随矩阵

设 $A=\begin{pmatrix}a_{11}&a_{12}&\cdots&a_{1n}\\a_{21}&a_{22}&\cdots&a_{2n}\\\vdots&\vdots&\ddots&\vdots\\a_{n1}&a_{n2}&\cdots&a_{nn}\end{pmatrix}$，则 $A^*=\begin{pmatrix}A_{11}&A_{21}&\cdots&A_{n1}\\A_{12}&A_{22}&\cdots&A_{n2}\\\vdots&\vdots&\ddots&\vdots\\A_{1n}&A_{2n}&\cdots&A_{nn}\end{pmatrix}$称为 A 的伴随矩阵，其中 A_{ij} 为 a_{ij} 代数余子式. 满足下列性质：

(1) $A^*A=AA^*=|A|E$; (2) $(kA)^*=k^{n-1}A^*$;

(3) $|A^*|=|A|^{n-1}(n\geqslant 2)$; (4) $(A^*)^*=|A|^{n-2}A(n\geqslant 3)$.

8. 矩阵可逆的条件

(1) 若 $A=(a_{ij})_{n\times n}$，则 A 可逆的充要条件为 $|A|\neq 0$，且 $A^{-1}=\frac{1}{|A|}A^*$;

(2) 若 A 可逆，则 $A^*=|A|A^{-1}$，即 $(A^*)^{-1}=\frac{1}{|A|}A$.

9. 矩阵的初等变换

矩阵的下列三种变换称为矩阵的初等行（列）变换.

(1) 交换矩阵的两行（列）;

(2) 用数 $k(k\neq0)$乘以某一行（列）的所有元素;

(3) 把某一行（列）元素的 k 倍加到另一行（列）对应的元素上去.

10. 初等矩阵

单位阵 E 进行一次初等变换得到的矩阵，称为初等矩阵或初等阵. 初等矩阵具有三种基本形式：$E(i,j)$，$E(i(k))$，$E(j(k),i)$，分别对应于三种矩阵行（列）的初等变换. 满足性质:

(1) 初等矩阵是可逆矩阵，其逆矩阵仍是同类初等矩阵，且

$$E(i,j)^{-1}=E(i,j),\ E(i(k))^{-1}=E(i(\frac{1}{k})),\ E(j(k),i)^{-1}=E(j(-k),i).$$

(2) 初等矩阵的转置仍是初等矩阵.

(3) 设 A 是 $m\times n$ 矩阵，对 A 施行一次初等行变换，相当于在 A 的左边乘以相应的 m 阶初等阵；对 A 施行一次初等列变换，相当于在 A 的右边乘以相应的 n 阶初等阵.

(4) 可逆矩阵都可以表示为一系列初等矩阵的乘积.

11. 矩阵的秩与矩阵的等价

矩阵 A 中非零子式的最高阶数称为矩阵的秩，记为 $r(A)$ 或 $R(A)$. 若矩阵 A 经过有限次初等变换变成矩阵 B，则称 A 与 B 等价，记作 $A\sim B$.

(1) 若 $A\sim\begin{pmatrix}E_r & O\\ O & O\end{pmatrix}$，则称$\begin{pmatrix}E_r & O\\ O & O\end{pmatrix}$为 A 的等价标准形.

(2) 若 A 是 $m\times n$ 矩阵，则存在 m 阶可逆矩阵 P，n 阶可逆矩阵 Q，使 $PAQ=\begin{pmatrix}E_r & O\\ O & O\end{pmatrix}$，其中 $r(A)=r$.

(3) $A\sim B$ 等价于 A、B 是同型矩阵且有相同的秩；或存在可逆矩阵 P 和 Q，使 $PAQ=B$.

(4) 若矩阵 $A_{m\times n}$中有一个 r 阶子式 $D\neq0$，而所有包含 D 的 $r+1$ 阶子式（如果存在的话）都等于0，那么矩阵 A 的秩为 r.

(5) 若 $A_{m\times n}$中有一个 r 阶子式不为0，则 $R(A)\geqslant r$;若 A 中所有的 r 阶子式全为0，则 $R(A)<r$.

(6) $\max\{R(A),R(B)\}\leqslant R(A,B)\leqslant R(A)+R(B)$;

$$R(A+B)\leqslant R(A)+R(B);\ R(AB)\leqslant\min\{R(A),R(B)\};$$

若 $A_{m\times n}B_{n\times s}=O$，则 $R(A)+R(B)\leqslant n$.

12. 用初等变换求矩阵秩的方法

$A\xrightarrow{\text{初等行(列)变换}}$行（列）阶梯形，可由阶梯形矩阵来确定 A 的秩.

13. 用初等变换求可逆矩阵逆矩阵的方法

$$(A\quad E)\xrightarrow{\text{初等行变换}}(E\quad A^{-1});\ \begin{pmatrix}A\\ E\end{pmatrix}\xrightarrow{\text{初等列变换}}\begin{pmatrix}E\\ A^{-1}\end{pmatrix}.$$

14. 分块矩阵及其运算

矩阵的分块，即根据矩阵本身的结构特点或运算的需要，将矩阵划分为若干子矩阵（称为

子块)，子块在运算中可作为元素对待．分块矩阵可进行加法、数乘、乘法和求逆运算，应特别注意分块矩阵的各种运算（特别是乘法）对矩阵分块的要求．若 A、B 为可逆方阵，则

$$\begin{pmatrix} A & O \\ O & B \end{pmatrix}^{-1} = \begin{pmatrix} A^{-1} & O \\ O & B^{-1} \end{pmatrix};\ \begin{pmatrix} A & C \\ O & B \end{pmatrix}^{-1} = \begin{pmatrix} A^{-1} & -A^{-1}CB^{-1} \\ O & B^{-1} \end{pmatrix}.$$

（二）典型例题

1. 题型分析

题型 1：矩阵的概念与运算

解题思路：

（1）理解矩阵的概念，矩阵是由数构成的一种表格．矩阵运算实质上是表格的运算，故矩阵的运算规律与数的运算法则不尽相同．掌握矩阵的加法、数乘、乘法、转置、逆矩阵和伴随矩阵的运算规律．此外，要注意矩阵与行列式的联系与区别（如例 2.1.1，2.1.2）.

（2）矩阵的运算一般不满足交换律，即 $AB \neq BA$，但满足结合律，即 $A(BC)=(AB)C$，巧妙利用矩阵的结合律往往可简化计算（如例 2.1.3）.

（3）掌握几类特殊方阵的定义与性质，特别是对称矩阵、反对称矩阵、伴随矩阵、对角矩阵、三角矩阵等，并用之解题（如例 2.1.4）.

（4）求与已知矩阵可交换的矩阵时常用定义法和方程法（如例 2.1.5）.

（5）掌握矩阵的分块运算规律，对某些矩阵进行适当的分块会大大化简运算（如例 2.1.6）.

例 2.1.1 设 A，B 为 n 阶方阵，下列运算正确的是：

（A）$(AB)^k = A^kB^k$；（B）若 A 可逆，$k \neq 0$，则 $(kA)^{-1} = k^{-1}A^{-1}$；

（C）$A^2 - B^2 = (A-B)(A+B)$；（D）$|-A| = -|A|$.

解 $(AB)^k = ABAB\cdots AB$；当 $AB \neq BA$ 时，$(AB)^k \neq A^kB^k$；

$|-A| = (-1)^n|A|$；$(A-B)(A+B) = A^2 - BA + AB - B^2$.

所以（B）正确.

例 2.1.2 已知 $A=\begin{pmatrix} 1 & 0 & -1 \\ 2 & 1 & 4 \\ -3 & 2 & 5 \end{pmatrix}$，$B=\begin{pmatrix} 1 & -2 & 3 \\ -1 & 3 & 0 \\ 0 & 5 & 2 \end{pmatrix}$，求：

（1）$2AB-3A^2$；（2）AB^T；（3）$|-2A|$.

解 (1) $2AB-3A^2 = A(2B-3A)$

$$= \begin{pmatrix} 1 & 0 & -1 \\ 2 & 1 & 4 \\ -3 & 2 & 5 \end{pmatrix}\left(\begin{pmatrix} 2 & -4 & 6 \\ -2 & 6 & 0 \\ 0 & 10 & 4 \end{pmatrix} - \begin{pmatrix} 3 & 0 & -3 \\ 6 & 3 & 12 \\ -9 & 6 & 15 \end{pmatrix}\right)$$

$$= \begin{pmatrix} 1 & 0 & -1 \\ 2 & 1 & 4 \\ -3 & 2 & 5 \end{pmatrix}\begin{pmatrix} -1 & -4 & 9 \\ -8 & 3 & -12 \\ 9 & 4 & -11 \end{pmatrix} = \begin{pmatrix} -10 & -8 & 20 \\ 26 & 11 & -38 \\ -32 & 38 & -106 \end{pmatrix}.$$

$$(2)\ AB^T = \begin{pmatrix} 1 & 0 & -1 \\ 2 & 1 & 4 \\ -3 & 2 & 5 \end{pmatrix}\begin{pmatrix} 1 & -1 & 0 \\ -2 & 3 & 5 \\ 3 & 0 & 2 \end{pmatrix} = \begin{pmatrix} -2 & -1 & -2 \\ 12 & 1 & 13 \\ 8 & 9 & 20 \end{pmatrix}.$$

(3) $|-2A| = (-2)^3|A| = -8\begin{vmatrix} 1 & 0 & -1 \\ 2 & 1 & 4 \\ -3 & 2 & 5 \end{vmatrix} = 80.$

例 2.1.3　如果 $A^2 = A$，则称 A 是幂等矩阵，如果 $A^2 = E$，则称 A 是对合矩阵.

(1) 设 A、B 都是幂等矩阵，证明 $A+B$ 是幂等矩阵的充要条件是 $AB+BA=O$.

(2) 设 A、B 都是对合矩阵，证明 AB 是对合矩阵的充要条件是 $AB=BA$.

证　(1) 必要性：因为 A、B、$A+B$ 是幂等矩阵，所以

$A^2=A$，$B^2=B$，$(A+B)^2=A+B$，故由

$$(A+B)^2 = A^2+AB+BA+B^2 = A+AB+BA+B = A+B,$$

有 $AB+BA=O$.

充分性：因为 $AB+BA=O$，所以

$$(A+B)^2 = A^2+AB+BA+B^2 = A^2+B^2 = A+B,$$

故 $A+B$ 是幂等矩阵.

(2) 因为 A、B 是对合矩阵，所以 $A^2=E$，$B^2=E$

必要性：因为 AB 是对合矩阵，所以 $(AB)^2=E$，即 $ABAB=E$，从而有

$$AB = AEB = A(ABAB)B = A^2BAB^2 = EBAE = BA.$$

充分性：因为 $AB=BA$，所以

$$(AB)^2 = ABAB = A(AB)B = A^2B^2 = E.$$

故　AB 是对合矩阵.

例 2.1.4　设 n 阶 A，B 为对称矩阵，且 $|A|\neq 0$. 当 $E+AB$ 可逆时，试证：$(E+AB)^{-1}A$ 为对称矩阵.

证　因为 $A^T=A$，$B^T=B$，所以

$$\begin{aligned}[(E+AB)^{-1}A]^T &= A^T[(E+AB)^{-1}]^T = A(E+B^TA^T)^{-1} = (A^{-1})^{-1}(E+BA)^{-1} \\ &= [(E+BA)A^{-1}]^{-1} = [(A^{-1}+B)]^{-1} = [A^{-1}(E+AB)]^{-1} = (E+AB)^{-1}A.\end{aligned}$$

故 $(E+AB)^{-1}A$ 为对称矩阵.

例 2.1.5　如果 $AB=BA$，则称矩阵 B 与 A 可交换．设 $A=\begin{pmatrix} 1 & 0 & 0 \\ 0 & 1 & 2 \\ 3 & 1 & 2 \end{pmatrix}$，求所有与 A 可交换的矩阵.

解　因为 $A=\begin{pmatrix} 1 & 0 & 0 \\ 0 & 1 & 0 \\ 0 & 0 & 1 \end{pmatrix}+\begin{pmatrix} 0 & 0 & 0 \\ 0 & 0 & 2 \\ 3 & 1 & 1 \end{pmatrix}=E+\begin{pmatrix} 0 & 0 & 0 \\ 0 & 0 & 2 \\ 3 & 1 & 1 \end{pmatrix}$，

设与 A 可交换的矩阵为 $B=\begin{pmatrix} b_{11} & b_{12} & b_{13} \\ b_{21} & b_{22} & b_{23} \\ b_{31} & b_{32} & b_{33} \end{pmatrix}$，

于是有 $AB=B+\begin{pmatrix} 0 & 0 & 0 \\ 0 & 0 & 2 \\ 3 & 1 & 1 \end{pmatrix}B=BA=B+B\begin{pmatrix} 0 & 0 & 0 \\ 0 & 0 & 2 \\ 3 & 1 & 1 \end{pmatrix}$，

即只要

$$\begin{pmatrix}0&0&0\\0&0&2\\3&1&1\end{pmatrix}\begin{pmatrix}b_{11}&b_{12}&b_{13}\\b_{21}&b_{22}&b_{23}\\b_{31}&b_{32}&b_{33}\end{pmatrix}=\begin{pmatrix}b_{11}&b_{12}&b_{13}\\b_{21}&b_{22}&b_{23}\\b_{31}&b_{32}&b_{33}\end{pmatrix}\begin{pmatrix}0&0&0\\0&0&2\\3&1&1\end{pmatrix}\text{ 即可.}$$

由此可知

$$\begin{pmatrix}0&0&0\\2b_{31}&2b_{32}&2b_{33}\\3b_{11}+b_{21}+b_{31}&3b_{12}+b_{22}+b_{32}&3b_{13}+b_{23}+b_{33}\end{pmatrix}=\begin{pmatrix}3b_{13}&b_{13}&2b_{12}+b_{13}\\3b_{23}&b_{23}&2b_{22}+b_{23}\\3b_{33}&b_{33}&2b_{32}+b_{33}\end{pmatrix}.$$

由矩阵相等的定义可得

$$\begin{aligned}&3b_{13}=0; && 2b_{12}+b_{13}=0; && 2b_{31}=3b_{23};\\ &2b_{32}=b_{23}; && 2b_{33}=2b_{22}+b_{23}; && 3b_{11}+b_{21}+b_{31}=3b_{33};\\ &3b_{12}+b_{22}+b_{32}=b_{33}; && 3b_{13}+b_{23}+b_{33}=b_{33}+2b_{32}.\end{aligned}$$

由此可解得：

$$b_{12}=b_{13}=0;\ b_{11}=b_{22}-\frac{1}{3}b_{21};\ b_{31}=\frac{3}{2}b_{23};\ b_{32}=\frac{1}{2}b_{23};\ b_{33}=b_{22}+\frac{1}{2}b_{23}.$$

其中，b_{21}、b_{22}、b_{23}为任意常数，所以我们得到所有与 A 可交换的矩阵是且只能是

$$B=\begin{pmatrix}-\frac{1}{3}b_{21}+b_{22}&0&0\\b_{21}&b_{22}&b_{23}\\\frac{3}{2}b_{23}&\frac{1}{2}b_{23}&b_{22}+\frac{1}{2}b_{23}\end{pmatrix}.$$

例 2.1.6 设 $A=\begin{pmatrix}1&2&1&0\\0&1&0&1\\0&0&2&1\\0&0&0&3\end{pmatrix}$，$B=\begin{pmatrix}1&0&3&1\\0&1&2&-1\\0&0&-2&3\\0&0&0&-3\end{pmatrix}$，求 $A+B$，AB.

解 将 A、B 分块成

$$A=\left(\begin{array}{cc|cc}1&2&1&0\\0&1&0&1\\\hline 0&0&2&1\\0&0&0&3\end{array}\right)=\begin{pmatrix}A_{11}&E\\O&A_{22}\end{pmatrix},\quad B=\left(\begin{array}{cc|cc}1&0&3&1\\0&1&2&-1\\\hline 0&0&-2&3\\0&0&0&-3\end{array}\right)=\begin{pmatrix}E&B_{12}\\O&B_{22}\end{pmatrix},$$

那么

$$A+B=\begin{pmatrix}A_{11}+E&E+B_{12}\\O&A_{22}+B_{22}\end{pmatrix}=\left(\begin{array}{cc|cc}2&2&4&1\\0&2&2&0\\\hline 0&0&0&4\\0&0&0&0\end{array}\right),$$

$$AB=\begin{pmatrix}A_{11}&A_{11}B_{12}+B_{22}\\O&A_{22}B_{22}\end{pmatrix},$$

$$A_{11}B_{12}+B_{22}=\begin{pmatrix}1&2\\0&1\end{pmatrix}\begin{pmatrix}3&1\\2&-1\end{pmatrix}+\begin{pmatrix}-2&3\\0&-3\end{pmatrix}=\begin{pmatrix}5&2\\2&-4\end{pmatrix},$$

$$A_{22}B_{22}=\begin{pmatrix}2&1\\0&3\end{pmatrix}\begin{pmatrix}-2&3\\0&-3\end{pmatrix}=\begin{pmatrix}-4&3\\0&-9\end{pmatrix},$$

所以
$$AB=\left(\begin{array}{cc:cc}1&2&5&2\\0&1&2&-4\\ \hdashline 0&0&-4&3\\0&0&0&-9\end{array}\right).$$

题型 2：求方阵的幂

解题思路：一般方阵的高次幂的计算是比较繁杂的，但对某些特殊的方阵，常常可以利用矩阵的运算规律、矩阵的分解以及递推规律等来巧妙计算方阵的幂.

（1）利用矩阵的数乘与乘法运算法则计算方阵的幂（如例 2.2.1）.

（2）若 $R(A)=1$，则矩阵 A 可分解为列矩阵与行矩阵的乘积，再利用矩阵乘法的结合律就能方便地计算出 A 的幂（如例 2.2.2）.

（3）通过计算 A^2，A^3，来找出规律，再用数学归纳法计算 A^n，如例 2.2.3 的解法一；如果 A 是一初等矩阵，则可利用初等矩阵的性质计算 A^n，如例 2.2.3 的解法二；若 A 能分解成两个矩阵的和，即 $A=B+C$，且 $BC=CB$，则 $A^n=(B+C)^n$，可用二项式定理展开，当然，B，C 之中有一个的方幂最好尽快为零矩阵，如例 2.2.3 的解法三.

（4）通过试算找出某种降幂的规律，并用此递推计算（如例 2.2.4）.

（5）根据所给矩阵的特征，利用矩阵分块法计算（如例 2.2.5）.

例 2.2.1 计算 n 阶矩阵 $\begin{pmatrix}\frac{n-1}{n}&-\frac{1}{n}&\cdots&-\frac{1}{n}\\-\frac{1}{n}&\frac{n-1}{n}&\cdots&-\frac{1}{n}\\\vdots&\vdots&\ddots&\vdots\\-\frac{1}{n}&-\frac{1}{n}&\cdots&\frac{n-1}{n}\end{pmatrix}^2$.

解
$$\begin{pmatrix}\frac{n-1}{n}&-\frac{1}{n}&\cdots&-\frac{1}{n}\\-\frac{1}{n}&\frac{n-1}{n}&\cdots&-\frac{1}{n}\\\vdots&\vdots&\ddots&\vdots\\-\frac{1}{n}&-\frac{1}{n}&\cdots&\frac{n-1}{n}\end{pmatrix}^2=\left(\frac{1}{n}\begin{pmatrix}n-1&-1&\cdots&-1\\-1&n-1&\cdots&-1\\\vdots&\vdots&\ddots&\vdots\\-1&-1&\cdots&n-1\end{pmatrix}\right)^2$$

$$=\frac{1}{n^2}\begin{pmatrix}n-1&-1&\cdots&-1\\-1&n-1&\cdots&-1\\\vdots&\vdots&\ddots&\vdots\\-1&-1&\cdots&n-1\end{pmatrix}^2=\frac{1}{n^2}\begin{pmatrix}n(n-1)&-n&\cdots&-n\\-n&n(n-1)&\cdots&-n\\\vdots&\vdots&\ddots&\vdots\\-n&-n&\cdots&n(n-1)\end{pmatrix}$$

$$=\begin{pmatrix}\frac{n-1}{n}&-\frac{1}{n}&\cdots&-\frac{1}{n}\\-\frac{1}{n}&\frac{n-1}{n}&\cdots&-\frac{1}{n}\\\vdots&\vdots&\ddots&\vdots\\-\frac{1}{n}&-\frac{1}{n}&\cdots&\frac{n-1}{n}\end{pmatrix}.$$

例 2.2.2 设$A=\begin{pmatrix}1&1&1\\2&2&2\\3&3&3\end{pmatrix}$，求$A^2$，$A^4$，$A^{64}$.

解 $A=\begin{pmatrix}1&1&1\\2&2&2\\3&3&3\end{pmatrix}=\begin{pmatrix}1\\2\\3\end{pmatrix}(1\quad 1\quad 1)$，

$$A^2=AA=\begin{pmatrix}1\\2\\3\end{pmatrix}(1\quad 1\quad 1)\begin{pmatrix}1\\2\\3\end{pmatrix}(1\quad 1\quad 1)=6A,$$

$A^4=A^2A^2=6^2A^2=6^3A$，类似地，可得$A^{64}=6^{63}A$.

例 2.2.3 设$A=\begin{pmatrix}1&0&1\\0&1&0\\0&0&1\end{pmatrix}$，求$A^n$.

解法一 $A^2=AA=\begin{pmatrix}1&0&1\\0&1&0\\0&0&1\end{pmatrix}\begin{pmatrix}1&0&1\\0&1&0\\0&0&1\end{pmatrix}=\begin{pmatrix}1&0&2\\0&1&0\\0&0&1\end{pmatrix}$，

$$A^3=A^2A=\begin{pmatrix}1&0&2\\0&1&0\\0&0&1\end{pmatrix}\begin{pmatrix}1&0&1\\0&1&0\\0&0&1\end{pmatrix}=\begin{pmatrix}1&0&3\\0&1&0\\0&0&1\end{pmatrix},$$

假设$A^{n-1}=\begin{pmatrix}1&0&n-1\\0&1&0\\0&0&1\end{pmatrix}$，则

$$A^n=A^{n-1}A=\begin{pmatrix}1&0&n-1\\0&1&0\\0&0&1\end{pmatrix}\begin{pmatrix}1&0&1\\0&1&0\\0&0&1\end{pmatrix}=\begin{pmatrix}1&0&n\\0&1&0\\0&0&1\end{pmatrix}.$$

解法二 $A=\begin{pmatrix}1&0&1\\0&1&0\\0&0&1\end{pmatrix}=E(1,3(1))$，第三行的1倍加到第一行.

$A^n=AA\cdots AE$，A^n即是对E施行n次上边的行变换，得

$$A^n=\begin{pmatrix}1&0&n\\0&1&0\\0&0&1\end{pmatrix}.$$

解法三 $A=\begin{pmatrix}1&0&1\\0&1&0\\0&0&1\end{pmatrix}=\begin{pmatrix}1&0&0\\0&1&0\\0&0&1\end{pmatrix}+\begin{pmatrix}0&0&1\\0&0&0\\0&0&0\end{pmatrix}=E+B$，

而 $B^2=\begin{pmatrix}0&0&1\\0&0&0\\0&0&0\end{pmatrix}\begin{pmatrix}0&0&1\\0&0&0\\0&0&0\end{pmatrix}=O$，所以$B^k=O$ $(k\geqslant 2)$，

故 $A^n=(E+B)^n$

$$= E^n + nE^{n-1}B + \frac{n(n-1)}{2}E^{n-2}B^2 + \cdots + nEB^{n-1} + B^n$$

$$= E + nB = \begin{pmatrix} 1 & 0 & n \\ 0 & 1 & 0 \\ 0 & 0 & 1 \end{pmatrix}.$$

例 2.2.4　已知 $A = \begin{pmatrix} 1 & -1 & -1 & -1 \\ -1 & 1 & -1 & -1 \\ -1 & -1 & 1 & -1 \\ -1 & -1 & -1 & 1 \end{pmatrix}$，求 A^k.

解　因为

$$A^2 = AA = \begin{pmatrix} 4 & 0 & 0 & 0 \\ 0 & 4 & 0 & 0 \\ 0 & 0 & 4 & 0 \\ 0 & 0 & 0 & 4 \end{pmatrix} = 2^2E, A^3 = A^2A = 2^2EA = 2^2A,$$

所以，当 k 为偶数时，$A^k = (A^2)^{\frac{k}{2}} = (2^2E)^{\frac{k}{2}} = 2^kE$，

当 k 为奇数时，$A^k = A^{k-1}A = (2^{k-1}E)A = 2^{k-1}A$.

例 2.2.5　已知 $A = \begin{pmatrix} 3 & 4 & 0 & 0 \\ 4 & -3 & 0 & 0 \\ 0 & 0 & 2 & 4 \\ 0 & 0 & 0 & 2 \end{pmatrix}$，求 A^{2k}.

解　设 $A_1 = \begin{pmatrix} 3 & 4 \\ 4 & -3 \end{pmatrix}$，$A_2 = \begin{pmatrix} 2 & 4 \\ 0 & 2 \end{pmatrix}$，则

$A = \begin{pmatrix} A_1 & 0 \\ 0 & A_2 \end{pmatrix}$，$A^{2k} = \begin{pmatrix} A_1^{2k} & 0 \\ 0 & A_2^{2k} \end{pmatrix}$.

而　$A_1^2 = \begin{pmatrix} 3 & 4 \\ 4 & -3 \end{pmatrix}\begin{pmatrix} 3 & 4 \\ 4 & -3 \end{pmatrix} = \begin{pmatrix} 25 & 0 \\ 0 & 25 \end{pmatrix}$，

所以　$A_1^{2k} = (A_1^2)^k = \begin{pmatrix} 25^k & 0 \\ 0 & 25^k \end{pmatrix}$，

又　$A_2^2 = \begin{pmatrix} 2 & 4 \\ 0 & 2 \end{pmatrix}\begin{pmatrix} 2 & 4 \\ 0 & 2 \end{pmatrix} = \begin{pmatrix} 4 & 4^2 \\ 0 & 4 \end{pmatrix}$，

$A_2^4 = \begin{pmatrix} 4 & 4^2 \\ 0 & 4 \end{pmatrix}\begin{pmatrix} 4 & 4^2 \\ 0 & 4 \end{pmatrix} = \begin{pmatrix} 4^2 & 2\times 4^3 \\ 0 & 4^2 \end{pmatrix}$，

由归纳法可推得 $A_2^{2k} = \begin{pmatrix} 4^k & k\times 4^{k+1} \\ 0 & 4^k \end{pmatrix}$，所以

$$A^{2k} = \begin{pmatrix} A_1^{2k} & 0 \\ 0 & A_2^{2k} \end{pmatrix} = \begin{pmatrix} 25^k & 0 & 0 & 0 \\ 0 & 25^k & 0 & 0 \\ 0 & 0 & 4^k & k\times 4^{k+1} \\ 0 & 0 & 0 & 4^k \end{pmatrix}.$$

题型3：矩阵可逆的计算与证明

解题思路：求指定矩阵的逆矩阵常见方法.

(1) 用逆矩阵的定义，找出 B，使 $AB=E$ 或 $BA=E \Rightarrow A^{-1}=B$（如例2.3.1至例2.3.3）.

(2) 利用公式 $A^{-1}=\frac{1}{|A|}A^*$ 计算逆矩阵（如例2.3.4），但当 $n\geqslant 3$ 时，计算 A^* 十分复杂，此时可采用初等变换法.

(3) 初等变换法，即 $(A \vdots E)\xrightarrow{\text{初等行变换}}(E \vdots A^{-1})$（如例2.3.4）.

(4) 分块求逆法. 若矩阵A能分块为下列类型之一时，

$\begin{pmatrix} A_{11} & O \\ O & A_{22} \end{pmatrix}$, $\begin{pmatrix} A_{11} & A_{12} \\ O & A_{22} \end{pmatrix}$, $\begin{pmatrix} A_{11} & O \\ A_{21} & A_{22} \end{pmatrix}$, $\begin{pmatrix} O & A_{11} \\ A_{22} & O \end{pmatrix}$, 其中 A_{11}，A_{22} 为可逆矩阵，则可用分块矩阵的运算性质将其化为相应分块的求逆问题（如例2.3.5）.

例2.3.1 已知矩阵 A 满足关系式：$A^2+2A-3E=O$，

(1) 求 A^{-1}，$(A+2E)^{-1}$；

(2) 问 $A+4E$ 是否可逆?

解 (1) 因为 $A^2+2A-3E=O$，所以 $A(A+2E)=3E$，

故 $A^{-1}=\frac{1}{3}(A+2E)$，$(A+2E)^{-1}=\frac{1}{3}A$.

(2) 由 $A^2+2A-3E=O$，得

$$A^2+2A-8E=-5E, \quad (A+4E)(A-2E)=-5E,$$

所以 $(A+4E)^{-1}=-\frac{1}{5}(A-2E)$.

例2.3.2 设 A、B 是同阶方阵，已知 B 是可逆矩阵，且满足 $A^2+AB+B^2=O$，证明：A 和 $A+B$ 都是可逆矩阵，并求它们的逆矩阵.

证 因为 $A^2+AB=A(A+B)=-B^2$，由于

$$|A(A+B)|=|A||A+B|=|-B^2|=(-1)^n|B|^2\neq 0,$$

所以 $|A|\neq 0$，$|A+B|\neq 0$，因而有 A，$A+B$ 可逆.

由 $-(B^2)^{-1}A(A+B)=E$，得 $(A+B)^{-1}=-(B^2)^{-1}A$，

由 $-A(A+B)(B^2)^{-1}=E$，得 $A^{-1}=-(A+B)(B^2)^{-1}$.

例2.3.3 设 n 阶矩阵 A、B 和 $A+B$ 均可逆，证明：

(1) $A^{-1}+B^{-1}$ 也可逆，且

$$(A^{-1}+B^{-1})^{-1}=A(A+B)^{-1}B=B(A+B)^{-1}A;$$

(2) $(A+B)^{-1}=A^{-1}-A^{-1}(A^{-1}+B^{-1})^{-1}A^{-1}=B^{-1}-B^{-1}(A^{-1}+B^{-1})^{-1}B^{-1}$.

证 (1) 因为 A、B、$A+B$ 可逆，故 A^{-1}，B^{-1}，$(A+B)^{-1}$ 都存在.

$$(A^{-1}+B^{-1})[A(A+B)^{-1}B]=(E+B^{-1}A)(A+B)^{-1}B$$
$$=(E+B^{-1}A)[B^{-1}(A+B)]^{-1}=(E+B^{-1}A)(E+B^{-1}A)^{-1}.$$

两边取行列式，所以有 $|A^{-1}+B^{-1}|\neq 0$，

故 $A^{-1}+B^{-1}$ 是可逆矩阵，$(A^{-1}+B^{-1})^{-1}=A(A+B)^{-1}B$.

同理可证 $(A^{-1}+B^{-1})^{-1}=B(A+B)^{-1}A$.

(2) 因为

$$(A+B)[A^{-1}-A^{-1}(A^{-1}+B^{-1})^{-1}A^{-1}]=(A+B)[A^{-1}-A^{-1}A(A+B)^{-1}BA^{-1}]$$
$$=(A+B)[E-(A+B)^{-1}B]A^{-1}=(A+B-B)A^{-1}=AA^{-1}=E.$$

故 $(A+B)^{-1}=A^{-1}-A^{-1}(A^{-1}+B^{-1})^{-1}A^{-1}$.

同理可证 $(A+B)^{-1}=B^{-1}-B^{-1}(A^{-1}+B^{-1})^{-1}B^{-1}$.

例 2.3.4　设 $A=\begin{pmatrix}2&2&3\\1&-1&0\\-1&2&1\end{pmatrix}$, 求 A^{-1}.

解法一　用初等变换法:

$$(A|E)=\left(\begin{array}{ccc|ccc}2&2&3&1&0&0\\1&-1&0&0&1&0\\-1&2&1&0&0&1\end{array}\right)\overset{r_1-2r_2}{\underset{r_3+r_2}{\sim}}\left(\begin{array}{ccc|ccc}0&4&3&1&-2&0\\1&-1&0&0&1&0\\0&1&1&0&1&1\end{array}\right)$$

$$\overset{r_1-4r_3}{\underset{r_2+r_3}{\sim}}\left(\begin{array}{ccc|ccc}0&0&-1&1&-6&-4\\1&0&1&0&2&1\\0&1&1&0&1&1\end{array}\right)\overset{r_1\times(-1)}{\underset{r_2-r_1,\ r_3-r_1}{\sim}}\left(\begin{array}{ccc|ccc}0&0&1&-1&6&4\\1&0&0&1&-4&-3\\0&1&0&1&-5&-3\end{array}\right)$$

$$\overset{r_1\leftrightarrow r_2}{\underset{r_2\leftrightarrow r_3}{\sim}}\left(\begin{array}{ccc|ccc}1&0&0&1&-4&-3\\0&1&0&1&-5&-3\\0&0&1&-1&6&4\end{array}\right).$$

故
$$A^{-1}=\begin{pmatrix}1&-4&-3\\1&-5&-3\\-1&6&4\end{pmatrix}.$$

解法二　用伴随矩阵法:

由 $AA^{*}=|A|E\Rightarrow A^{-1}=\dfrac{1}{|A|}A^{*}$, 又因为 $|A|=-1$,

且 $A^{*}=\begin{pmatrix}-1&4&3\\-1&5&3\\1&-6&-4\end{pmatrix}$, 从而 $A^{-1}=\begin{pmatrix}1&-4&-3\\1&-5&-3\\-1&6&4\end{pmatrix}$.

例 2.3.5　设 $A=\begin{pmatrix}0&0&1&1&1\\0&0&1&2&1\\0&0&1&1&3\\2&5&0&0&0\\1&3&0&0&0\end{pmatrix}$, 用分块矩阵法求 A^{-1}.

解　设 $A=\left(\begin{array}{cc|ccc}0&0&1&1&1\\0&0&1&2&1\\0&0&1&1&3\\\hline 2&5&0&0&0\\1&3&0&0&0\end{array}\right)=\begin{pmatrix}O&B\\C&O\end{pmatrix}$, $A^{-1}=\begin{pmatrix}F&D\\H&G\end{pmatrix}$

由 $AA^{-1}=\begin{pmatrix}O&B\\C&O\end{pmatrix}\begin{pmatrix}F&D\\H&G\end{pmatrix}=\begin{pmatrix}BH&BG\\CF&CD\end{pmatrix}=\begin{pmatrix}E_3&O\\O&E_2\end{pmatrix}$, 由 B,C 均可逆知,

$H=B^{-1}$，$F=O$，$G=O$，$D=C^{-1}$.

而 $H=B^{-1}=\frac{1}{2}\begin{pmatrix}5&-2&-1\\-2&2&0\\-1&0&1\end{pmatrix}$，$D=C^{-1}=\begin{pmatrix}3&-5\\-1&2\end{pmatrix}$，

所以 $A^{-1}=\begin{pmatrix}0&0&0&3&-5\\0&0&0&-1&2\\\frac{5}{2}&-1&-\frac{1}{2}&0&0\\-1&1&0&0&0\\-\frac{1}{2}&0&\frac{1}{2}&0&0\end{pmatrix}$.

题型 4：有关伴随矩阵的命题

解题思路：伴随矩阵的概念、性质及其应用一直是考研的重要考点，应注意掌握其运算规律及其与行列式、矩阵方程、秩、方程组、特征值等知识点融合解题的方法，涉及伴随矩阵的计算或证明问题一般均是从公式 $AA^*=A^*A=|A|E$ 及伴随矩阵的有关结论着手分析.

（1）伴随矩阵的基本运算性质证明（如例 2.4.1）.

（2）低阶矩阵的伴随矩阵可直接用定义计算，当矩阵的阶数较高时可利用公式，将伴随矩阵的计算化为行列式与逆矩阵的计算，而矩阵的逆可用初等变换法求之（如例 2.4.2，例 2.4.6）.

（3）利用公式运用伴随矩阵来证明矩阵可逆（如例 2.4.3）.

（4）利用公式求解矩阵方程（如例 2.4.4）.

（5）利用公式与定义计算矩阵的行列式（如例 2.4.5）.

例 2.4.1 设 A 是 n 阶方阵，试证下列各式：

（1）若 A、B 都是 n 阶可逆矩阵，则 $(AB)^*=B^*A^*$.

（2）$(A^T)^*=(A^*)^T$.

（3）若 $|A|\neq 0$，则 $(A^*)^{-1}=(A^{-1})^*$.

（4）$(-A)^*=(-1)^{n-1}A^*$.

（5）$(kA)^*=k^{n-1}A^*$.

证 （1）利用方阵与其对应的伴随矩阵的关系有

$$(AB)^*(AB)=|AB|E,$$

另一方面，

$$(B^*A^*)(AB)=B^*(A^*A)B=B^*(|A|E)B$$
$$=|A|B^*B=|A||B|E=|AB|E,$$

比较上面两式可知 $(AB)^*(AB)=B^*A^*(AB)$. 又因为 A、B 均可逆，所以（AB）也可逆，对上式两端右乘 $(AB)^{-1}$ 可得 $(AB)^*=B^*A^*$.

（2）设 n 阶方阵 A 为，$A=\begin{pmatrix}a_{11}&a_{12}&\cdots&a_{1n}\\a_{21}&a_{22}&\cdots&a_{2n}\\\vdots&\vdots&\ddots&\vdots\\a_{n1}&a_{n2}&\cdots&a_{nn}\end{pmatrix}$，于是可得 A 的伴随矩阵 A^* 为，$A^*=$

$\begin{pmatrix} A_{11} & A_{21} & \cdots & A_{n1} \\ A_{12} & A_{22} & \cdots & A_{n2} \\ \vdots & \vdots & \ddots & \vdots \\ A_{1n} & A_{2n} & \cdots & A_{nn} \end{pmatrix}$，注意到 A 的转置矩阵为

$$A^T=\begin{pmatrix} a_{11} & a_{21} & \cdots & a_{n1} \\ a_{12} & a_{22} & \cdots & a_{n2} \\ \vdots & \vdots & \ddots & \vdots \\ a_{1n} & a_{2n} & \cdots & a_{nn} \end{pmatrix},$$

可推出 A^T 的伴随矩阵为 $(A^T)^*=\begin{pmatrix} A_{11} & A_{12} & \cdots & A_{1n} \\ A_{21} & A_{22} & \cdots & A_{2n} \\ \vdots & \vdots & \ddots & \vdots \\ A_{n1} & A_{n2} & \cdots & A_{nn} \end{pmatrix}$.

比较 A^* 与 $(A^T)^*$ 可知 $(A^*)^T=(A^T)^*$.

(3) 因为 $|A|\neq 0$，故 A 可逆，A 的逆矩阵为 A^{-1}，并且由 $A^*A=|A|E$ 可知 $A^*=|A|A^{-1}$. 由于 $|A|\neq 0$，故 A^{-1} 可逆且 $A^{-1}\ (A^{-1})^*=|A^{-1}|E$ 可得

$$(A^{-1})^*=|A^{-1}|(A^{-1})^{-1}=\frac{1}{|A|}A.$$

另一方面，$A^*\ (A^{-1})^*=|A|A^{-1}\frac{1}{|A|}A=E$.

由矩阵可逆的定义知，A^* 可逆，并且 $(A^*)^{-1}=(A^{-1})^*$.

(4) 对于 (2) 给出的矩阵 A，有 $-A=\begin{pmatrix} -a_{11} & -a_{12} & \cdots & -a_{1n} \\ -a_{21} & -a_{22} & \cdots & -a_{2n} \\ \vdots & \vdots & \ddots & \vdots \\ -a_{n1} & -a_{n2} & \cdots & -a_{nn} \end{pmatrix}$.

即 $-a_{ij}$ 的代数余子式为

$$(-1)^{i+j}\begin{vmatrix} -a_{11} & \cdots & -a_{1,j-1} & -a_{1,j+1} & \cdots & -a_{1n} \\ \vdots & \ddots & \vdots & \vdots & & \vdots \\ -a_{i-1,1} & \cdots & -a_{i-1,j-1} & -a_{i-1,j+1} & \cdots & -a_{i-1,n} \\ -a_{i+1,1} & \cdots & -a_{i+1,j-1} & -a_{i+1,j+1} & \cdots & -a_{i+1,n} \\ \vdots & \ddots & \vdots & \vdots & \ddots & \vdots \\ -a_{n1} & \cdots & -a_{n,j-1} & -a_{n,j+1} & \cdots & -a_{nn} \end{vmatrix}$$

$$=(-1)^{n-1}A_{ij}(i,j=1,2,\cdots,n).$$

故 $(-A)^*=\begin{pmatrix} (-1)^{n-1}A_{11} & (-1)^{n-1}A_{21} & \cdots & (-1)^{n-1}A_{n1} \\ (-1)^{n-1}A_{12} & (-1)^{n-1}A_{22} & \cdots & (-1)^{n-1}A_{n2} \\ \vdots & \vdots & \ddots & \vdots \\ (-1)^{n-1}A_{1n} & (-1)^{n-1}A_{2n} & \cdots & (-1)^{n-1}A_{nn} \end{pmatrix}=(-1)^{n-1}A^*$.

(5) 对于 (2) 给出的矩阵 A，有 $kA=\begin{pmatrix} ka_{11} & ka_{12} & \cdots & ka_{1n} \\ ka_{21} & ka_{22} & \cdots & ka_{2n} \\ \vdots & \vdots & \ddots & \vdots \\ ka_{n1} & ka_{n2} & \cdots & ka_{nn} \end{pmatrix}$，

类似于 (4) 可知 ka_{ij} 的代数余子式为 $k^{n-1}A_{ij}$，

故　$(kA)^*=k^{n-1}A^*$

例 2.4.2　已知 n 阶矩阵 $A=\begin{pmatrix} 1 & 0 & 0 & \cdots & 0 \\ 1 & 1 & 0 & \cdots & 0 \\ 1 & 1 & 1 & \cdots & 0 \\ \vdots & \vdots & \vdots & \ddots & \vdots \\ 1 & 1 & 1 & \cdots & 1 \end{pmatrix}$，求 $|A|$ 中所有元素的代数余子式的和.

解　因 $|A|=1\Rightarrow A^*=A^{-1}$，用初等变换方法求 A^{-1}，得

$$\left(\begin{array}{ccccc|ccccc} 1 & 0 & 0 & \cdots & 0 & 1 & 0 & 0 & \cdots & 0 \\ 1 & 1 & 0 & \cdots & 0 & 0 & 1 & 0 & \cdots & 0 \\ 1 & 1 & 1 & \cdots & 0 & 0 & 0 & 1 & \cdots & 0 \\ \vdots & \vdots & \vdots & \ddots & \vdots & \vdots & \vdots & \vdots & \ddots & \vdots \\ 1 & 1 & 1 & \cdots & 1 & 0 & 0 & 0 & \cdots & 1 \end{array}\right)\rightarrow\left(\begin{array}{ccccc|ccccc} 1 & 0 & 0 & \cdots & 0 & 1 & 0 & 0 & \cdots & 0 \\ 0 & 1 & 0 & \cdots & 0 & -1 & 1 & 0 & \cdots & 0 \\ 0 & 1 & 1 & \cdots & 0 & 0 & -1 & 1 & \cdots & 0 \\ \vdots & \vdots & \vdots & \ddots & \vdots & \vdots & \vdots & \vdots & \ddots & \vdots \\ 0 & 0 & 0 & \cdots & 1 & 0 & 0 & 0 & \cdots -1 & 1 \end{array}\right).$$

所以　$A^*=A^{-1}=\begin{pmatrix} 1 & 0 & 0 & \cdots & 0 & 0 \\ -1 & 1 & 0 & \cdots & 0 & 0 \\ 0 & -1 & 1 & \cdots & 0 & 0 \\ \vdots & \ddots & \vdots & \vdots & \ddots & \vdots \\ 0 & 0 & 0 & \cdots & -1 & 1 \end{pmatrix}$.

从而，$|A|$ 中所有元素的代数余子式的和为 $n-(n-1)=1$.

例 2.4.3　设 A 是 n 阶非零矩阵，并且 A 的伴随矩阵 A^* 满足 $A^*=A^T$，证明 A 是可逆矩阵.

证　根据矩阵 A 与其对应的伴随矩阵的关系式，有 $AA^*=A^*A=|A|E$. 反证，假设 A 不可逆，则有 $|A|=0$，由上式及条件 $A^*=A^T$，有

$$AA^*=AA^T=O. \qquad ①$$

设矩阵 A 为，$A=\begin{pmatrix} a_{11} & a_{12} & \cdots & a_{1n} \\ a_{21} & a_{22} & \cdots & a_{2n} \\ \vdots & \vdots & \ddots & \vdots \\ a_{n1} & a_{n2} & \cdots & a_{nn} \end{pmatrix}$，由式①可知

$$AA^T=\begin{pmatrix} a_{11} & a_{12} & \cdots & a_{1n} \\ a_{21} & a_{22} & \cdots & a_{2n} \\ \vdots & \vdots & \ddots & \vdots \\ a_{n1} & a_{n2} & \cdots & a_{nn} \end{pmatrix}\begin{pmatrix} a_{11} & a_{21} & \cdots & a_{n1} \\ a_{12} & a_{22} & \cdots & a_{n2} \\ \vdots & \vdots & \ddots & \vdots \\ a_{1n} & a_{2n} & \cdots & a_{nn} \end{pmatrix}$$

$$=\begin{pmatrix}\sum_{i=1}^{n}a_{1i}^2 & \sum_{i=1}^{n}a_{1i}a_{2i} & \cdots & \sum_{i=1}^{n}a_{1i}a_{ni}\\ \sum_{i=1}^{n}a_{2i}a_{1i} & \sum_{i=1}^{n}a_{2i}^2 & \cdots & \sum_{i=1}^{n}a_{2i}a_{ni}\\ \vdots & \vdots & \ddots & \vdots\\ \sum_{i=1}^{n}a_{ni}a_{1i} & \sum_{i=1}^{n}a_{ni}a_{2i} & \cdots & \sum_{i=1}^{n}a_{ni}^2\end{pmatrix}=O$$

比较上式两边矩阵对角线上的元素有 $\sum_{i=1}^{n}a_{ji}^2=0,(j=1,2,\cdots,n)$，

故　$a_{j1}=a_{j2}=\cdots=a_{jn}=0\ (j=1,\ 2,\ \cdots,\ n)$.

因此有 $A=O$，这与 A 是 n 阶非零矩阵矛盾，故 A 是可逆矩阵.

例 2.4.4　已知 $A=\begin{pmatrix}1&1&-1\\-1&1&1\\1&-1&1\end{pmatrix}$，矩阵 X 满足 $A^*X=A^{-1}+2X$，其中 A^* 是 A 的伴随矩阵，求矩阵 X.

解　由 $AA^*=|A|E$，用 A 左乘方程的两端得：$|A|X=E+2AX$，移项得 $(|A|E-2A)X=E$.

由可逆定义有 $X=(|A|E-2A)^{-1}$. 由于

$$|A|=\begin{vmatrix}1&1&-1\\-1&1&1\\1&-1&1\end{vmatrix}=4,\ |A|E-2A=2\begin{pmatrix}1&-1&1\\1&1&-1\\-1&1&1\end{pmatrix},$$

故
$$X=\frac{1}{2}\begin{pmatrix}1&-1&1\\1&1&-1\\-1&1&1\end{pmatrix}^{-1}=\frac{1}{4}\begin{pmatrix}1&1&0\\0&1&1\\1&0&1\end{pmatrix}.$$

例 2.4.5　设 A 为三阶方阵，A^* 为 A 的伴随矩阵，且 $|A|=\frac{1}{2}$，求 $|(3A)^{-1}-2A^*|$.

解　因为 $(3A)^{-1}=\frac{1}{3}A^{-1}$，$A^*=|A|A^{-1}=\frac{1}{2}A^{-1}$，又 $|A^{-1}|=\frac{1}{|A|}=2$，所以 $|(3A)^{-1}-2A^*|=\left|\frac{1}{3}A^{-1}-A^{-1}\right|=\left|-\frac{2}{3}A^{-1}\right|=(-\frac{2}{3})^3|A^{-1}|=-\frac{16}{27}$.

例 2.4.6　已知三阶方阵 A 的逆矩阵为 $A^{-1}=\begin{pmatrix}1&1&1\\1&2&1\\1&1&3\end{pmatrix}$，求 A 的伴随矩阵 A^* 的逆矩阵.

解　因为 $AA^*=|A|E$，所以，

$$A^*=|A|A^{-1},\ (A^*)^{-1}=(|A|A^{-1})^{-1}=\frac{1}{|A|}(A^{-1})^{-1}=\frac{1}{|A|}A.$$

已知，$A^{-1}=\begin{pmatrix}1&1&1\\1&2&1\\1&1&3\end{pmatrix}$. 从而，

$$(A^{-1}\ \vdots\ E)=\left(\begin{array}{ccc:ccc}1&1&1&1&0&0\\1&2&1&0&1&0\\1&1&3&0&0&1\end{array}\right)\overset{\substack{r_3-r_1\\r_2-r_1}}{\sim}\left(\begin{array}{ccc:ccc}1&1&1&1&0&0\\0&1&0&-1&1&0\\0&0&2&-1&0&1\end{array}\right)$$

$$\overset{\substack{r_3\times\frac{1}{2}\\r_1-r_2}}{\sim}\left(\begin{array}{ccc:ccc}1&0&1&2&-1&0\\0&1&0&-1&1&0\\0&0&1&-\frac{1}{2}&0&\frac{1}{2}\end{array}\right)\overset{r_1-r_3}{\sim}\left(\begin{array}{ccc:ccc}1&0&0&\frac{5}{2}&-1&-\frac{1}{2}\\0&1&0&-1&1&0\\0&0&1&-\frac{1}{2}&0&\frac{1}{2}\end{array}\right).$$

所以，$(A^{-1})^{-1}=A=\begin{pmatrix}\frac{5}{2}&-1&-\frac{1}{2}\\-1&1&0\\-\frac{1}{2}&0&\frac{1}{2}\end{pmatrix}$. 而

$$|A^{-1}|=\begin{vmatrix}1&1&1\\1&2&1\\1&1&3\end{vmatrix}\xlongequal[r_3-r_1]{r_2-r_1}\begin{vmatrix}1&1&1\\0&1&0\\0&0&2\end{vmatrix}=2,$$

由 $AA^{-1}=E$，知 $|A||A^{-1}|=1$，所以，$|A|=\dfrac{1}{|A^{-1}|}=\dfrac{1}{2}$.

故 $(A^*)^{-1}=\dfrac{1}{|A|}A=2A=\begin{pmatrix}5&-2&-1\\-2&2&0\\-1&0&1\end{pmatrix}$.

题型 5：利用初等变换与矩阵求秩

解题思路：

（1）理解初等变换与初等矩阵的关系，对矩阵 A 施以初等行（列）变换就相当于用相应的初等矩阵左（右）乘 A，熟练应用有关结论解题（如例 2.5.1）.

（2）矩阵求秩的主要方法有：

①定义法：通过计算矩阵的各阶子式求秩，还可以利用矩阵秩的有关已知结论求所给矩阵的秩（如例 2.5.2，例 2.5.4）.

②初等变换法：对矩阵进行初等行变换，将其化为行阶梯形后求矩阵的秩（如例 2.5.3，例 2.5.4）.

例 2.5.1 设 A 是 n 阶可逆方阵，将 A 的第 i 行和第 j 行对换后得到的矩阵记为 B.

（1）证明 B 可逆；（2）求 AB^{-1}.

解 由于 $B=E_{ij}A$，其中 E_{ij} 是初等矩阵.

（1）因为 A 可逆，$|A|\neq 0$，故 $|B|=|E_{ij}A|=|E_{ij}|\cdot|A|=-|A|\neq 0$.
所以 B 可逆.

（2）由 $B=E_{ij}A$ 知，$AB^{-1}=A(E_{ij}A)^{-1}=AA^{-1}E_{ij}^{-1}=E_{ij}$.

例 2.5.2 已知 $A=\begin{pmatrix}1&1&2&2\\2&5&3&4\\0&3&2&-3\\2&2&1&1\end{pmatrix}$，求 $R(A)$.

解 用子式计算矩阵的秩，先计算4阶子式

$$\begin{vmatrix}1&1&2&2\\2&5&3&4\\0&3&2&-3\\2&2&1&1\end{vmatrix}\xlongequal[r_4-2r_1]{r_2-2r_1}\begin{vmatrix}1&1&2&2\\0&3&-1&0\\0&3&2&-3\\0&0&-3&-3\end{vmatrix}$$

$$\xlongequal{r_3-r_2}\begin{vmatrix}1&1&2&2\\0&3&-1&0\\0&0&3&-3\\0&0&-3&-3\end{vmatrix}\xlongequal{r_4+r_3}\begin{vmatrix}1&1&2&2\\0&3&-1&0\\0&0&3&-3\\0&0&0&-6\end{vmatrix}=-54,$$

所以 $R(A)=4$.

例 2.5.3 设 $A=\begin{pmatrix}1&2&3&1\\2&-1&k&2\\0&1&1&3\\1&-1&0&4\\2&0&2&5\end{pmatrix}$，且 $R(A)=3$. 求数 k.

解 用初等变换法

$$A=\begin{pmatrix}1&2&3&1\\2&-1&k&2\\0&1&1&3\\1&-1&0&4\\2&0&2&5\end{pmatrix}\overset{\substack{r_5-2r_1\\r_4-r_1\\r_2-2r_1}}{\sim}\begin{pmatrix}1&2&3&1\\0&-5&k-6&0\\0&1&1&3\\0&-3&-3&3\\0&-4&-4&3\end{pmatrix}$$

$$\overset{\substack{r_2\leftrightarrow r_3\\r_3+5r_2\\r_4+3r_2\\r_5+4r_2}}{\sim}\begin{pmatrix}1&2&3&1\\0&1&1&3\\0&0&k-1&15\\0&0&0&12\\0&0&0&15\end{pmatrix}\overset{\substack{r_4\times\frac{1}{12}\\r_5-15r_4}}{\sim}\begin{pmatrix}1&2&3&1\\0&1&1&3\\0&0&k-1&15\\0&0&0&1\\0&0&0&0\end{pmatrix},$$

因 $R(A)=3$，故必有 $k-1=0$，即 $k=1$.

例 2.5.4 设 n 阶矩阵 $A=\begin{pmatrix}a&1&\cdots&1\\1&a&\cdots&1\\\vdots&\vdots&\ddots&\vdots\\1&1&\cdots&a\end{pmatrix}$，求 $R\ (A)$.

解 由行列式的计算可知 $|A|=(a+n-1)(a-1)^{n-1}$. 则有

(1) 当 $a\neq1$ 且 $a\neq1-n$ 时，$|A|\neq0$，所以 $R(A)=n$；

(2) 当 $a=1$ 时，$A=\begin{pmatrix}1&1&\cdots&1\\1&1&\cdots&1\\\vdots&\vdots&\ddots&\vdots\\1&1&\cdots&1\end{pmatrix}\sim\begin{pmatrix}1&1&\cdots&1\\0&0&\cdots&0\\\vdots&\vdots&\ddots&\vdots\\0&0&\cdots&0\end{pmatrix}$，所以 $R(A)=1$；

(3) 当 $a=1-n$ 时, $A=\begin{pmatrix}1-n & 1 & \cdots & 1 & 1\\ 1 & 1-n & \cdots & 1 & 1\\ \vdots & \vdots & \vdots & \ddots & \vdots\\ 1 & 1 & \cdots & 1-n & 1\\ 1 & 1 & \cdots & 1 & 1-n\end{pmatrix}$

$$\stackrel{r_1\leftrightarrow r_n}{\sim}\begin{pmatrix}1 & 1 & \cdots & 1 & 1-n\\ 1 & 1-n & \cdots & 1 & 1\\ \vdots & \vdots & \vdots & \ddots & \vdots\\ 1 & 1 & \cdots & 1-n & 1\\ 1-n & 1 & \cdots & 1 & 1\end{pmatrix},$$

将第 1 行，第 2 行，到第 $n-1$ 行依次都加到第 n 行，有

$$A\sim\begin{pmatrix}1 & 1 & \cdots & 1 & 1-n\\ 1 & 1-n & \cdots & 1 & 1\\ \vdots & \vdots & \vdots & \ddots & \vdots\\ 1 & 1 & \cdots & 1-n & 1\\ 0 & 0 & \cdots & 0 & 0\end{pmatrix}\sim\begin{pmatrix}1 & 1 & \cdots & 1 & 1-n\\ 0 & 1 & \cdots & 0 & -1\\ \vdots & \vdots & \vdots & \ddots & \vdots\\ 0 & 0 & \cdots & 1 & -1\\ 0 & 0 & \cdots & 0 & 0\end{pmatrix},$$

所以 $R(A)=n-1$.

题型 6：求解矩阵方程

解题思路：利用矩阵的三种典型运算 A^T,A^{-1},A^* 可将已知方程化为下列形式的标准矩阵方程：$AX=B,XA=B,AXB=C$. 利用矩阵乘法的运算规律和逆矩阵的运算性质，通过在方程两边左乘或右乘相应矩阵的逆矩阵，可分别求出其解：$X=A^{-1}B,X=BA^{-1},X=A^{-1}CB^{-1}$. 其中涉及的逆矩阵的计算，视具体情况可采用初等变换法或伴随矩阵法等（如例 2.6.1，例 2.6.2）.

例 2.6.1 设 A、B 均为 3 阶方阵，E 为 3 阶单位矩阵，它们满足 $AB+E=A^2+B$，其中 $A=\begin{pmatrix}1 & 0 & 1\\ 0 & 2 & 0\\ -1 & 0 & 1\end{pmatrix}$，求矩阵 B.

解 由 A、B 满足的关系式可知 $(E-A)B=E-A^2$，因为

$$|E-A|=\begin{vmatrix}0 & 0 & -1\\ 0 & -1 & 0\\ 1 & 0 & 0\end{vmatrix}=-1\neq 0,$$

故 $E-A$ 可逆，因此有：

$$B=(E-A)^{-1}(E-A^2)=(E-A)^{-1}(E-A)(E+A)=E+A$$

$$=\begin{pmatrix}2 & 0 & 1\\ 0 & 3 & 0\\ -1 & 0 & 2\end{pmatrix}.$$

例 2.6.2 设 $(2E-C^{-1}B)A^T=C^{-1}$，其中 E 是 4 阶单位矩阵，A^T 是 4 阶矩阵 A 的转置矩

阵，且 $B=\begin{pmatrix}1&2&-3&-2\\0&1&2&-3\\0&0&1&2\\0&0&0&1\end{pmatrix}$，$C=\begin{pmatrix}1&2&0&1\\0&1&2&0\\0&0&1&2\\0&0&0&1\end{pmatrix}$，求矩阵 A.

解　用矩阵 C 左乘已知矩阵方程的两端，有 $(2C-B)A^T=E$，对上式两端取转置，有 $A(2C^T-B^T)=E$. 因为 A 是 4 阶方阵，故

$$A=(2C^T-B^T)^{-1}=\begin{pmatrix}1&0&0&0\\2&1&0&0\\3&2&1&0\\4&3&2&1\end{pmatrix}^{-1}=\begin{pmatrix}1&0&0&0\\-2&1&0&0\\1&-2&1&0\\0&1&-2&1\end{pmatrix}.$$

题型 7：应用题

解题思路：利用矩阵的运算解决实际问题.

例 2.7.1　某地区有四个工厂Ⅰ、Ⅱ、Ⅲ、Ⅳ，生产甲、乙、丙三种产品，矩阵 A 表示一年中各工厂生产各种产品的数量，矩阵 B 表示各种产品的单位价格（元）及单位利润（元），矩阵 C 表示各工厂的总收入及总利润.

$$A=\begin{pmatrix}a_{11}&a_{12}&a_{13}\\a_{21}&a_{22}&a_{23}\\a_{31}&a_{32}&a_{33}\\a_{41}&a_{42}&a_{43}\end{pmatrix}\begin{matrix}\text{Ⅰ}\\\text{Ⅱ}\\\text{Ⅲ}\\\text{Ⅳ}\end{matrix},\quad B=\begin{pmatrix}b_{11}&b_{12}\\b_{21}&b_{22}\\b_{31}&b_{32}\end{pmatrix}\begin{matrix}\text{甲}\\\text{乙}\\\text{丙}\end{matrix},$$

（A 的列依次为：甲　乙　丙；B 的列依次为：单位价格　单位利润）

$$C=\begin{pmatrix}c_{11}&c_{12}\\c_{21}&c_{22}\\c_{31}&c_{32}\\c_{41}&c_{42}\end{pmatrix}\begin{matrix}\text{Ⅰ}\\\text{Ⅱ}\\\text{Ⅲ}\\\text{Ⅳ}\end{matrix}$$

（C 的列依次为：总收入　总利润）

其中，$a_{ik}(i=1,2,3,4;\ k=1,2,3)$ 是第 i 个工厂生产第 k 种产品的数量，b_{k1} 及 $b_{k2}(k=1,2,3)$ 分别是第 k 种产品的单位价格及单位利润，c_{i1} 及 $c_{i2}(i=1,2,3,4)$ 分别是第 i 个工厂生产三种产品的总收入及总利润．则矩阵 A，B，C 的元素之间有下列关系：

$$\begin{pmatrix}a_{11}b_{11}+a_{12}b_{21}+a_{13}b_{31}&a_{11}b_{12}+a_{12}b_{22}+a_{13}b_{32}\\a_{21}b_{11}+a_{22}b_{21}+a_{23}b_{31}&a_{21}b_{12}+a_{22}b_{22}+a_{23}b_{32}\\a_{31}b_{11}+a_{32}b_{21}+a_{33}b_{31}&a_{31}b_{12}+a_{32}b_{22}+a_{33}b_{32}\\a_{41}b_{11}+a_{42}b_{21}+a_{43}b_{31}&a_{41}b_{12}+a_{42}b_{22}+a_{43}b_{32}\end{pmatrix}=\begin{pmatrix}c_{11}&c_{12}\\c_{21}&c_{22}\\c_{31}&c_{32}\\c_{41}&c_{42}\end{pmatrix}.$$

总收入　　　总利润

其中 $c_{ij}=a_{i1}b_{1j}+a_{i2}b_{2j}+a_{i3}b_{3j}(i=1,2,3,4;\ j=1,2)$，即 $C=AB$.

例 2.7.2　生产成本问题：某工厂生产三种产品。它的成本分为三类．每一类成本中，给出生产单个产品时估计需要的量，同时给出每季度生产每种产品数量的估计．这些估计在表 1 和表 2 中给出．该公司希望在股东会议上用一个表格展示出每一季度三类成本中的每一

类成本的数量：原料费、工资和管理费.

表 1 生产单位产品的成本（美元）

成本	产品		
	A	B	C
原料费	0.10	0.30	0.15
工资	0.30	0.40	0.25
管理费和其他	0.10	0.20	0.15

表 2 每季度产量

产品	季度			
	夏季	秋季	冬季	春季
A	4000	4500	4500	4000
B	2000	2600	2400	2200
C	5800	6200	6000	6000

解 我们用矩阵的方法考虑这个问题．这两个表格中的每一个均可表示为一个矩阵.

$$M=\begin{pmatrix}0.10 & 0.30 & 0.15\\ 0.30 & 0.40 & 0.25\\ 0.10 & 0.20 & 0.15\end{pmatrix}$$

及

$$P=\begin{pmatrix}4000 & 4500 & 4500 & 4000\\ 2000 & 2600 & 2400 & 2200\\ 5800 & 6200 & 6000 & 6000\end{pmatrix}$$

如果我们构造乘积 MP，则 MP 的第一列表示夏季的成本.

原料费：$(0.10)\times(4000)+(0.30)\times(2000)+(0.15)\times(5800)=1870$,

工资：$(0.30)\times(4000)+(0.40)\times(2000)+(0.25)\times(5800)=3450$,

管理费和其他：$(0.10)\times(4000)+(0.20)\times(2000)+(0.15)\times(5800)=1670$.

MP 的第二列表示秋季的成本.

原料费：$(0.10)\times(4500)+(0.30)\times(2600)+(0.15)\times(6200)=2160$,

工资：$(0.30)\times(4500)+(0.40)\times(2600)+(0.25)\times(6200)=3940$,

管理费和其他：$(0.10)\times(4500)+(0.20)\times(2600)+(0.15)\times(6200)=1900$.

同理，MP 的第三列和第四列表示冬季和春季的成本.

$$MP=\begin{pmatrix}1870 & 2160 & 2070 & 1960\\ 3450 & 3940 & 3810 & 3580\\ 1670 & 1900 & 1830 & 1740\end{pmatrix}$$

MP 第一行的元素表示四个季度中每一季度原料的总成本．第二和第三行的元素分别表示四个季度中每一季度工资和管理的成本．每一类成本的年度总成本可由矩阵的每一行元素相加得到，每一列元素相加，即可得到每一季度的总成本，表 3 汇总了总成本.

表 3　　总成本（美元）

产品	季度			
	夏季	秋季	冬季	春季
原料费	1870	2160	2070	1960
工资	3450	3940	3810	3580
管理费和其他	1670	1900	1830	1740
总计	6990	8000	7710	7280

例 2.7.3　一个通用的传递信息的方法是，将每一个字母与一个整数相对应，然后传输一串整数．例如，信息

SEND MONEY

可以编码为

5，8，10，21，7，2，10，8，3

其中 S 表示为 5，E 表示为 8，等等。但是，这种编码很容易破译．在一段较长的信息中，我们可以根据数字出现的相对频率猜测每一数字表示的字母．如，若 8 为编码信息中最常出现的数字，则它最有可能表示字母 E，即英文中最常出现的字母.

我们可以用矩阵乘法对信息进行进一步的伪装．设 A 是所有元素均为整数的矩阵，且其行列式的值为 ±1，由于 $A^{-1}=\pm A^*$，则 A^{-1} 的元素也是整数．我们可以用一个矩阵对信息进行变换．变换后的信息将很难破译．为演示这个技术，令

$$A=\begin{pmatrix}1&2&1\\2&5&3\\2&3&2\end{pmatrix},$$

需要编码的信息放置在三行矩阵 B 的各个列上，

$$B=\begin{pmatrix}5&21&10\\8&7&8\\10&2&3\end{pmatrix}.$$

乘积

$$AB=\begin{pmatrix}1&2&1\\2&5&3\\2&3&2\end{pmatrix}\begin{pmatrix}5&21&10\\8&7&8\\10&2&3\end{pmatrix}=\begin{pmatrix}31&37&29\\80&83&69\\54&67&50\end{pmatrix}.$$

给出了用于传输的编码信息：

31，80，54，37，83，67，29，69，50.

接收到信息的人可通过乘以 A^{-1} 进行译码.

$$\begin{pmatrix}1&-1&1\\2&0&-1\\-4&1&1\end{pmatrix}\begin{pmatrix}31&37&29\\80&83&69\\54&67&50\end{pmatrix}=\begin{pmatrix}5&21&10\\8&7&8\\10&2&3\end{pmatrix}.$$

为构造编码矩阵 A，我们可以从单位矩阵 E 开始，利用第三种初等行变换，仔细地将它的某一行的整数倍数加到其他行上．也可使用第一种初等行变换．结果矩阵 A 将仅有整数元，且由于

$$\det(A)=\pm\det(E)=\pm 1,$$

因此 A^{-1} 也将为整数元.

例 2.7.4 某岛国里每年有 30% 的农村居民移居城市，有 20% 的城市居民移居农村．假设该国总人口不变，且上述人口迁移规律也不变．该国现有农村人口 320 万，城市人口 80 万．问该国 1 年后农村与城市人口各是多少？2 年后呢？

解 设 k 年后该国农村人口与城市人口分别为 x_k 和 y_k（单位：万人），这里正整数 $k\geqslant 1$. 下面计算 x_1，y_1 和 x_2，y_2. 由题意有

$$\begin{cases}x_1=0.7\times 320+0.2\times 80,\\ x_2=0.3\times 320+0.8\times 80.\end{cases}$$

写成矩阵形式，

$$\begin{pmatrix}x_1\\ y_1\end{pmatrix}=\begin{pmatrix}0.7 & 0.2\\ 0.3 & 0.8\end{pmatrix}\begin{pmatrix}320\\ 80\end{pmatrix}=\begin{pmatrix}240\\ 160\end{pmatrix},$$

即 1 年后，农村人口 240 万，城市人口 160 万.

记矩阵

$$A=\begin{pmatrix}0.7 & 0.2\\ 0.3 & 0.8\end{pmatrix},$$

则
$$\begin{pmatrix}x_1\\ y_1\end{pmatrix}=A\begin{pmatrix}320\\ 80\end{pmatrix}.$$

于是
$$\begin{pmatrix}x_2\\ y_2\end{pmatrix}=A\begin{pmatrix}x_1\\ y_1\end{pmatrix}=A^2\begin{pmatrix}320\\ 80\end{pmatrix}$$

$$=\begin{pmatrix}0.7 & 0.2\\ 0.3 & 0.8\end{pmatrix}^2\begin{pmatrix}320\\ 80\end{pmatrix}=\begin{pmatrix}0.55 & 0.3\\ 0.45 & 0.7\end{pmatrix}\begin{pmatrix}320\\ 80\end{pmatrix}=\begin{pmatrix}200\\ 200\end{pmatrix},$$

即 2 年后农村人口与城市人口各为 200 万.

类似地，不难得出

$$\begin{pmatrix}x_k\\ y_k\end{pmatrix}=A^k\begin{pmatrix}320\\ 80\end{pmatrix},$$

当 k 为较大的正整数时，要计算 A 的 k 次幂 A^k，一般是比较麻烦的．将在第四章中介绍求 A^k 的一个简便、快捷的方法.

例 2.7.5 某公司为了技术更新，计划对职工实行分批脱产轮训，现有不脱产职工 8000 人，脱产轮训职工 2000 人．若每年从不脱产职工中抽调 30% 的人脱产轮训，同时又有 60% 脱产轮训职工结业回到生产岗位，若职工总数保持不变，1 年后不脱产职工及脱产职工各有多少？2 年后又怎样？

解 令

$$A=\begin{pmatrix}0.70 & 0.60\\ 0.30 & 0.40\end{pmatrix},\ x=\begin{pmatrix}8000\\ 2000\end{pmatrix}$$

则 1 年后不脱产职工及脱产轮训职工人数可用 Ax 表示：

$$Ax=\begin{pmatrix}0.70 & 0.60\\ 0.30 & 0.40\end{pmatrix}\begin{pmatrix}8000\\ 2000\end{pmatrix}=\begin{pmatrix}6800\\ 3200\end{pmatrix};$$

2 年后不脱产职工及脱产轮训职工人数可用 A^2x 表示：

$$A^2x=A(Ax)=\begin{pmatrix}0.70&0.60\\0.30&0.40\end{pmatrix}\begin{pmatrix}6800\\3200\end{pmatrix}=\begin{pmatrix}6680\\3320\end{pmatrix}.$$

故 2 年后脱产职工人数是不脱产职工人数的一半.

2. 考研真题

(1)（1994，数一）已知 $\vec{\alpha}=(1,2,3)$，$\vec{\beta}=(1,\frac{1}{2},\frac{1}{3})$，设 $A=\vec{\alpha}^T\vec{\beta}$，其中 $\vec{\alpha}^T$ 是 $\vec{\alpha}$ 的转置，则 $A^n=$________.

(2)（1994，数一）设 A 为 n 阶非零方阵，A^* 是 A 的伴随矩阵，A^T 是 A 的转置矩阵，当 $A^*=A^T$ 时，证明：$|A|\neq 0$.

(3)（1994，数三、四）设 $A=\begin{pmatrix}0&a_1&0&\cdots&0\\0&0&a_2&\cdots&0\\\vdots&\vdots&\vdots&\ddots&\vdots\\0&0&0&\cdots&a_{n-1}\\a_n&0&0&\cdots&0\end{pmatrix}$，其中 $a_i\neq 0, i=1,2,\cdots,n$，则 $A^{-1}=$________.

(4)（1994，数三）设 A 是 $m\times n$ 矩阵，C 是 n 阶可逆矩阵，矩阵 A 的秩为 r，矩阵 $B=AC$ 的秩为 r_1，则（　　）

(A) $r>r_1$；　(B) $r<r_1$；　(C) $r=r_1$；　(D) r 与 r_1 的关系依 C 而定.

(5)（1994，数四）设 A，B 都是 n 阶非零矩阵，且 $AB=O$，则 A 和 B 的秩（　　）

(A) 必有一个等于零；　(B) 都小于 n；

(C) 一个小于 n，一个等于 n；　(D) 都等于 n.

(6)（1995，数一）设 A 是 n 阶矩阵，满足 $AA^T=E$（E 是 n 阶单位矩阵）$|A|<0$，求 $|A+E|$.

(7)（1995，数一）设 $A=\begin{pmatrix}a_{11}&a_{12}&a_{13}\\a_{21}&a_{22}&a_{23}\\a_{31}&a_{32}&a_{33}\end{pmatrix}$，$B=\begin{pmatrix}a_{21}&a_{22}&a_{23}\\a_{11}&a_{12}&a_{13}\\a_{31}+a_{11}&a_{32}+a_{12}&a_{33}+a_{13}\end{pmatrix}$，

$P_1=\begin{pmatrix}0&1&0\\1&0&0\\0&0&1\end{pmatrix}$，$P_2=\begin{pmatrix}1&0&0\\0&1&0\\1&0&1\end{pmatrix}$，则必有（　　）.

(A) $AP_1P_2=B$；　(B) $AP_2P_1=B$；　(C) $P_1P_2A=B$；　(D) $P_2P_1A=B$.

(8)（1995，数一）三阶方阵 A，B 满足关系式 $A^{-1}BA=6A+BA$，且 $A=\begin{pmatrix}\frac{1}{3}&0&0\\0&\frac{1}{4}&0\\0&0&\frac{1}{7}\end{pmatrix}$，则 $B=$________.

(9) (1995, 数三、四) 设 $A=\begin{pmatrix}1&0&0\\2&2&0\\3&4&5\end{pmatrix}$, A^* 是 A 的伴随矩阵, 则 $(A^*)^{-1}=$ ______.

(10) (1995, 数四) 设 n 维行向量 $\vec{\alpha}=\left(\frac{1}{2},0,\cdots,0,\frac{1}{2}\right)$, 矩阵 $A=E-\vec{\alpha}^T\vec{\alpha}$, $B=E+2\vec{\alpha}^T\vec{\alpha}$, 其中 E 为 n 阶单位阵, 则 $AB=$ (　　).

(A) O;　　(B) $-E$;　　(C) E;　　(D) $E+\vec{\alpha}^T\vec{\alpha}$.

(11) (1996, 数一) 设 $A=E-\vec{\xi}\vec{\xi}^T$, 其中 E 是 n 阶单位阵, $\vec{\xi}$ 是 n 维非零列向量, $\vec{\xi}^T$ 是 $\vec{\xi}$ 的转置, 证明①$A^2=A$ 的充分条件是 $\vec{\xi}^T\vec{\xi}=1$; ②当 $\vec{\xi}^T\vec{\xi}=1$ 时, A 是不可逆矩阵.

(12) (1996, 数一) 设 A 是 4×3 矩阵, 且 A 的秩 $r(A)=2$, 而 $B=\begin{pmatrix}1&0&2\\0&2&0\\-1&0&3\end{pmatrix}$, 则 $r(AB)=$ ______.

(13) (1996, 数三、四) 设 n 阶矩阵 A 非奇异 $(n\geqslant 2)$, A^* 是 A 的伴随矩阵, 则 (　　).

(A) $(A^*)^*=|A|^{n-1}A$;　　(B) $(A^*)^*=|A|^{n+1}A$;

(C) $(A^*)^*=|A|^{n-2}A$;　　(D) $(A^*)^*=|A|^{n+2}A$.

(14) (1997, 数一) 设 A 是 n 阶可逆方阵, 将 A 的第 i 行和第 j 行对换后得到的矩阵记为 B. 证明: ①B 可逆; ②求 AB^{-1}.

(15) (1997, 数二) 已知 $A=\begin{pmatrix}1&1&-1\\0&1&1\\0&0&-1\end{pmatrix}$, 且 $A^2-AB=E$, 其中 E 是 3 阶单位阵, 求矩阵 B.

(16) (1997, 数三、四) 设 A 为 n 阶非奇异矩阵, $\vec{\alpha}$ 为 n 维列向量, b 为常数. 记分块矩阵 $P=\begin{pmatrix}E&O\\-\vec{\alpha}^TA^*&|A|\end{pmatrix}$ $Q=\begin{pmatrix}A&\alpha\\\vec{\alpha}^T&b\end{pmatrix}$, 其中 A^* 是 A 的伴随矩阵, E 是 n 阶单位矩阵. ① 计算并化简 PQ; ② 证明: 矩阵 Q 可逆的充分必要条件是 $\vec{\alpha}^TA^{-1}\vec{\alpha}\neq b$.

(17) (1998, 数二) 设 A 是任一 $n(n\geqslant 3)$ 阶方阵, A^* 是其伴随矩阵, 又 k 为常数, 且 $k\neq 0$, ± 1, 则必有 $(kA)^*=$ (　　).

(A) kA^*;　　(B) $k^{n-1}A^*$;　　(C) k^nA^*;　　(D) $k^{-1}A^*$.

(18) (1998, 数二) 设 $(2E-C^{-1}B)A^T=C^{-1}$, 其中 E 是 4 阶单位矩阵, A^* 是 4 阶矩阵 A 的转置矩阵, $B=\begin{pmatrix}1&2&-3&-2\\0&1&2&-3\\0&0&1&2\\0&0&0&1\end{pmatrix}$, $C=\begin{pmatrix}1&2&0&1\\0&1&2&0\\0&0&1&2\\0&0&0&1\end{pmatrix}$, 求 A.

(19) (1998, 数三) 设 $n(n\geqslant 3)$ 阶矩阵 $A=\begin{pmatrix}1&a&a&\cdots&a\\a&1&a&\cdots&a\\a&a&1&\cdots&a\\\vdots&\vdots&\vdots&\ddots&\vdots\\a&a&a&\cdots&1\end{pmatrix}$, 若矩阵 A 的秩为

$n-1$，则 a 必为（　　）.

(A)1；　(B)$\frac{1}{1-n}$；　(C) -1；　(D)$\frac{1}{n-1}$.

(20)（1998，数三、四）设矩阵 A，B 满足 $A^*BA=2BA-8E$，其中 $A=\begin{pmatrix}1&0&0\\0&-2&0\\0&0&1\end{pmatrix}$，$E$ 为单位矩阵，A^* 为 A 的伴随矩阵，则 $B=$______.

(21)（1998，数四）设 A，B 均为 n 阶矩阵，$|A|=2$，$|B|=-3$，则 $|2A^*B^{-1}|=$______.

(22)（1999，数一）设 A 是 $m\times n$ 矩阵，B 是 $n\times m$ 矩阵，则（　　）

(A) 当 $m>n$ 时，必有行列式 $|AB|\neq 0$；(B) 当 $m>n$ 时，必有行列式 $|AB|=0$；

(C) 当 $n>m$ 时，必有行列式 $|AB|\neq 0$；(D) 当 $n>m$ 时，必有行列式 $|AB|=0$.

(23)（1999，数二）设矩阵 $A=\begin{pmatrix}1&1&-1\\-1&1&1\\1&-1&1\end{pmatrix}$，矩阵 X 满足 $A^*X=A^{-1}+2X$，其中 A^* 是 A 的伴随矩阵，求矩阵 X.

(24)（1999，数三、四）设 $A=\begin{pmatrix}1&0&1\\0&2&0\\1&0&1\end{pmatrix}$，而 $n\geqslant 2$ 为正整数，则 $A^n-2A^{n-1}=$ ______.

(25)（1999，数四）已知 $AB-B=A$，其中 $B=\begin{pmatrix}1&-2&0\\2&1&0\\0&0&2\end{pmatrix}$，则 $A=$______.

(26)（2000，数一）设矩阵 A 的伴随矩阵 $A^*=\begin{pmatrix}1&0&0&0\\0&1&0&0\\1&0&1&0\\0&-3&0&8\end{pmatrix}$且 $ABA^{-1}=BA^{-1}+3E$，其中 E 为 4 阶单位阵，求矩阵 B.

(27)（2000，数二）设 $A=\begin{pmatrix}1&0&0&0\\-2&3&0&0\\0&-4&5&0\\0&0&-6&-7\end{pmatrix}$，$E$ 为 4 阶单位阵，且 $B=(E+A)^{-1}(E-A)$，则 $(E+B)^{-1}=$______.

(28)（2001，数一）设矩阵 A 满足 $A^2+A-4E=0$，其中 E 为单位矩阵，则 $(A-E)^{-1}=$ ______.

(29)（2001，数二）已知矩阵 $A=\begin{pmatrix}1&0&0\\1&1&0\\1&1&1\end{pmatrix}$，$B=\begin{pmatrix}0&1&1\\1&0&1\\1&1&0\end{pmatrix}$且矩阵 X 满足 $AXA+BXB=AXB+BXA+E$，其中 E 是 3 阶单位阵，求 X.

(30)(2001，数三、四)设矩阵 $A=\begin{pmatrix}k&1&1&1\\1&k&1&1\\1&1&k&1\\1&1&1&k\end{pmatrix}$，且秩$(A)=3$，则 $k=$ ______.

(31)(2001，数三、四)设 $A=\begin{pmatrix}a_{11}&a_{12}&a_{13}&a_{14}\\a_{21}&a_{22}&a_{23}&a_{24}\\a_{31}&a_{32}&a_{33}&a_{34}\\a_{41}&a_{42}&a_{43}&a_{44}\end{pmatrix}$，$B=\begin{pmatrix}a_{14}&a_{13}&a_{12}&a_{11}\\a_{24}&a_{23}&a_{22}&a_{21}\\a_{34}&a_{33}&a_{32}&a_{31}\\a_{44}&a_{43}&a_{42}&a_{41}\end{pmatrix}$，

$P_1=\begin{pmatrix}0&0&0&1\\0&1&0&0\\0&0&1&0\\1&0&0&0\end{pmatrix}$，$P_2=\begin{pmatrix}1&0&0&0\\0&0&1&0\\0&1&0&0\\0&0&0&1\end{pmatrix}$，其中 A 可逆，则 $B^{-1}=$(　　).

(A)$A^{-1}P_1P_2$；　(B)$P_1A^{-1}P_2$；　(C)$P_1P_2A^{-1}$；　(D)$P_2A^{-1}P_1$.

(32)(2002，数二)已知 A，B 为 3 阶矩阵，且满足 $2A^{-1}B=B-4E$，其中 E 是 3 阶单位阵.

①证明：矩阵 $A-2E$ 可逆；②若 $B=\begin{pmatrix}1&-2&0\\1&2&0\\0&0&2\end{pmatrix}$，求矩阵 A.

(33)(2002，数四)设矩阵 $A=\begin{pmatrix}1&-1\\2&3\end{pmatrix}$，$B=A^2-3A+2E$，则 $B^{-1}=$ ______.

(34)(2002，数四)设 A，B 为 n 阶矩阵，A^*，B^* 分别为 A，B 对应的伴随矩阵，分块矩阵 $C=\begin{pmatrix}A&0\\0&B\end{pmatrix}$，则 C 的伴随矩阵 $C^*=$(　　).

(A)$\begin{pmatrix}|A|A^*&0\\0&|B|B^*\end{pmatrix}$；　(B)$\begin{pmatrix}|B|B^*&0\\0&|A|A^*\end{pmatrix}$；

(C)$\begin{pmatrix}|A|B^*&0\\0&|B|A^*\end{pmatrix}$；　(D)$\begin{pmatrix}|B|A^*&0\\0&|A|B^*\end{pmatrix}$.

(35)(2003，数二)设 $\vec{\alpha}$ 为 3 维列向量，$\vec{\alpha}^T$ 是 $\vec{\alpha}$ 的转置，若 $\vec{\alpha}\vec{\alpha}^T=\begin{pmatrix}1&-1&1\\-1&1&-1\\1&-1&1\end{pmatrix}$，则 $\vec{\alpha}^T\vec{\alpha}=$ ______.

(36)(2003，数二)设 3 阶方阵 A，B 满足 $A^2B-A-B=E$，其中 E 为 3 阶单位阵，若 $A=\begin{pmatrix}1&0&1\\0&2&0\\-2&0&1\end{pmatrix}$，则 $|B|=$ ______.

(37)(2003，数三、四)设 n 维向量 $\vec{\alpha}=(a,0,\cdots,0,a)^T$，$a<0$；$E$ 是 n 阶单位阵，$A=E-\vec{\alpha}\vec{\alpha}^T$，$B=E+\dfrac{1}{a}\vec{\alpha}\vec{\alpha}^T$，其中 A 的逆矩阵为 B，则 $a=$ ______.

(38)（2003，数四）设 A，B 均为 3 阶矩阵，E 是 3 阶单位阵，已知 $AB=2A+B$，$B=\begin{pmatrix}2&0&2\\0&4&0\\2&0&2\end{pmatrix}$，则 $(A-E)^{-1}=$ ______.

(39)（2004，数一、二）设 A 是 3 阶方阵，将 A 的第 1 列与第 2 列交换得 B，再把 B 的第 2 列加到第 3 列得 C，则满足 $AQ=C$ 的可逆阵 Q 为（　　）.

(A) $\begin{pmatrix}0&1&0\\1&0&0\\1&0&1\end{pmatrix}$；　(B) $\begin{pmatrix}0&1&0\\1&0&1\\0&0&1\end{pmatrix}$；　(C) $\begin{pmatrix}0&1&0\\1&0&0\\0&1&1\end{pmatrix}$；　(D) $\begin{pmatrix}0&1&1\\1&0&0\\0&0&1\end{pmatrix}$.

(40)（2004，数一、二）设矩阵 $A=\begin{pmatrix}2&1&0\\1&2&0\\0&0&1\end{pmatrix}$，矩阵 B 满足 $ABA^*=2BA^*+E$，其中 A^* 为 A 的伴随矩阵，E 是单位矩阵，则 $|B|=$ ______.

(41)（2004，数三）设 n 阶矩阵 A 与 B 等价，则必有（　　）

(A) $|A|=a$ $(a\neq0)$，$|B|=a$；　(B) $|A|=a$ $(a\neq0)$，$|B|=-a$；

(C) $|A|\neq0$，$|B|=0$；　(D) $|A|=0$，$|B|=0$.

(42)（2004，数四）设 $A=\begin{pmatrix}0&-1&0\\1&0&0\\0&0&-1\end{pmatrix}$，$B=P^{-1}AP$，其中 P 为 3 阶可逆矩阵，则 $B^{2004}-2A^2=$ ______.

(43)（2000，数四）设 $\vec{\alpha}=(1,0,-1)^T$，矩阵 $A=\vec{\alpha}\vec{\alpha}^T$，$n$ 为正整数，则 $|aE-A^n|=$ ______.

(44)（2003，数三）设 3 阶矩阵 $A=\begin{pmatrix}a&b&b\\b&a&b\\b&b&a\end{pmatrix}$，若 A 的伴随矩阵的秩等于 1，则必有（　　）

(A) $a=b$ 或 $a+2b=0$；　(B) $a=b$ 或 $a+2b\neq0$；

(C) $a\neq b$ 或 $a+2b=0$；　(D) $a\neq b$ 或 $a+2b\neq0$.

(45)（2005，数一，二，四）设 $\vec{\alpha}_1$，$\vec{\alpha}_2$，$\vec{\alpha}_3$ 均为 3 维列向量，记矩阵 $A=(\vec{\alpha}_1,\vec{\alpha}_2,\vec{\alpha}_3)$，$B=(\vec{\alpha}_1+\vec{\alpha}_2+\vec{\alpha}_3,\vec{\alpha}_1+2\vec{\alpha}_2+4\vec{\alpha}_3,\vec{\alpha}_1+3\vec{\alpha}_2+9\vec{\alpha}_3)$，如果 $|A|=1$，那么 $|B|=$ ______.

(46)（2005，数三）设矩阵 $A=(a_{ij})_{3\times3}$ 满足 $A^*=A^T$，其中 A^* 为 A 的伴随矩阵，A^T 为 A 的转置矩阵。若 a_{11},a_{12},a_{13} 为三个相等的正数，则 a_{11} 为

(A) $\frac{\sqrt{3}}{3}$；　(B) 3；　(C) $\frac{1}{3}$；　(D) $\sqrt{3}$.

(47)（2005，数一，二）设 A 为 $n(n\geqslant2)$ 阶可逆矩阵，交换 A 的第 1 行与第 2 行得矩阵 B，A^*，B^* 分别为 A，B 的伴随矩阵，则

(A) 交换 A^* 的第 1 列与第 2 列得 B^*；（B）交换 A^* 的第 1 行与第 2 行得 B^*；

(C) 交换 A^* 的第 1 列与第 2 列得 $-B^*$；（D）交换 A^* 的第 1 行与第 2 行得 $-B^*$.

(48)(2005，数四) 设 A，B，C 均为 n 阶矩阵，E 为 n 阶单位矩阵，若 $B=E+AB$，$C=A+CA$，则 $B-C$ 为（　　）.

(A) E；　(B) $-E$；　(C) A；　(D) $-A$.

(49)(2006，数一，二，三) 设矩阵 $A=\begin{pmatrix}2 & 1\\ -1 & 2\end{pmatrix}$，$E$ 为 2 阶单位矩阵，矩阵 B 满足 $BA=B+2E$，则 $|B|=$________.

(50)(2006，数四) 已知 $\vec{\alpha}_1$，$\vec{\alpha}_2$ 为 2 维列向量，矩阵 $A=(2\vec{\alpha}_1+\vec{\alpha}_2,\vec{\alpha}_1-\vec{\alpha}_2)$，$B=(\vec{\alpha}_1,\vec{\alpha}_2)$，若行列式 $|A|=6$，则 $|B|=$________.

(51)(2006，数一，二，三，四) 设 A 为 3 阶矩阵，将 A 的第 2 行加到第 1 行得 B，再将 B 的第 1 列的 -1 倍加到第 2 列得 C，记 $P=\begin{pmatrix}1 & 1 & 0\\ 0 & 1 & 0\\ 0 & 0 & 1\end{pmatrix}$，则（　　）.

(A) $C=P^{-1}AP$；　(B) $C=PAP^{-1}$；　(C) $C=P^TAP$；　(D) $C=PAP^T$.

(52)(2007，数一，二，三，四) 设矩阵 $A=\begin{pmatrix}0 & 1 & 0 & 0\\ 0 & 0 & 1 & 0\\ 0 & 0 & 0 & 1\\ 0 & 0 & 0 & 0\end{pmatrix}$，则 A^3 的秩为________.

(53)(2008，数一，二，三，四) 设 A 为 n 阶非零矩阵，E 为 n 阶单位矩阵，若 $A^3=O$，则

(A) $E-A$ 不可逆，$E+A$ 不可逆；　(B) $E-A$ 不可逆，$E+A$ 可逆；

(C) $E-A$ 可逆，$E+A$ 可逆；　(D) $E-A$ 可逆，$E+A$ 不可逆.

(54)(2009，数一，二，三) 设 A，B 均为 2 阶矩阵，A^*，B^* 分别为 A，B 的伴随矩阵，若 $|A|=2$，$|B|=3$，则分块矩阵 $\begin{pmatrix}O & A\\ B & O\end{pmatrix}$ 的伴随矩阵为（　　）.

(A) $\begin{pmatrix}O & 3B^*\\ 2A^* & O\end{pmatrix}$；　(B) $\begin{pmatrix}O & 2B^*\\ 3A^* & O\end{pmatrix}$；

(C) $\begin{pmatrix}O & 3A^*\\ 2B^* & O\end{pmatrix}$；　(D) $\begin{pmatrix}O & 2A^*\\ 3B^* & O\end{pmatrix}$.

(55)(2009，数二，三) 设 A，P 均为 3 阶矩阵，P^T 为 P 的转置矩阵，且 $P^TAP=\begin{pmatrix}1 & 0 & 0\\ 0 & 1 & 0\\ 0 & 0 & 2\end{pmatrix}$. 若 $P=(\vec{\alpha}_1,\vec{\alpha}_2,\vec{\alpha}_3)$，$Q=(\vec{\alpha}_1+\vec{\alpha}_2,\vec{\alpha}_2,\vec{\alpha}_3)$，则 Q^TAQ 为（　　）.

(A) $\begin{pmatrix}2 & 1 & 0\\ 1 & 1 & 0\\ 0 & 0 & 2\end{pmatrix}$；　(B) $\begin{pmatrix}1 & 1 & 0\\ 1 & 2 & 0\\ 0 & 0 & 2\end{pmatrix}$；　(C) $\begin{pmatrix}2 & 0 & 0\\ 0 & 1 & 0\\ 0 & 0 & 2\end{pmatrix}$；(D) $\begin{pmatrix}1 & 0 & 0\\ 0 & 2 & 0\\ 0 & 0 & 2\end{pmatrix}$.

(56)(2010，数一) 设 A 为 $m\times n$ 矩阵，B 为 $n\times m$ 矩阵，A 为 m 阶单位矩阵，若 $AB=E$，则（　）.

(A) 秩 $r(A)=m$，秩 $r(B)=m$；　　(B) 秩 $r(A)=m$，秩 $r(B)=n$；

(C) 秩 $r(A)=n$，秩 $r(B)=m$；　　(D) 秩 $r(A)=n$，秩 $r(B)=n$.

(57)(2010，数二，三) 设 A，B 为 3 阶矩阵，且 $|A|=3$，$|B|=2$，$|A^{-1}+B|=2$，则 $|A+B^{-1}|=$________.

(58)(2011，数一、二、三) 设 A 为 3 阶矩阵，将 A 的第 2 列加到第 1 列得矩阵 B，再交换 B 的第 2 行与第 3 行得单位矩阵，记 $P_1=\begin{pmatrix}1&0&0\\1&1&0\\0&0&1\end{pmatrix}$，$P_2=\begin{pmatrix}1&0&0\\0&0&1\\0&1&0\end{pmatrix}$，则 $A=$(　　).

(A) P_1P_2；　　(B) $P_1^{-1}P_2$；　　(C) P_2P_1；　　(D) $P_2P_1^{-1}$.

四、习题二(A)

1. 填空题

(1) 设矩阵 $A=\begin{pmatrix}1&2\\0&1\end{pmatrix}$，$B=\begin{pmatrix}1&0\\-1&2\end{pmatrix}$，则 A^T________，A^2________，$A+B=$________，$AB=$________.

(2) 3 阶方阵 A 的行列式 $|A|=2$，则 $|A^{-1}|=$________，$|2A|=$________.

(3) 设矩阵 $A=\begin{pmatrix}1&-1\\2&3\end{pmatrix}$，$B=A^2+2E$，则 $B^{-1}=$________.

(4) 若 $A=\begin{pmatrix}1&2\\3&4\end{pmatrix}$，$P=\begin{pmatrix}0&1\\1&0\end{pmatrix}$，那么 $P^{2009}AP^{2010}=$________.

(5) 设 $f(x)=x^2+3x+2$，$A=\begin{pmatrix}1&0&2\\0&2&1\\0&1&0\end{pmatrix}$，则 $f(A)=$________.

2. 单项选择题

(1) 设 A，B 均为 n 阶矩阵，满足等式 $AB=O$，则必有(　　).

(A) $A=O$ 或 $B=O$；　　(B) $A+B=O$；

(C) $|A|=0$ 或 $|B|=0$；　　(D) $|A|+|B|=0$.

(2) A、B 同为 n 阶方阵，则(　　)成立.

(A) $|A+B|=|A|+|B|$；　　(B) $AB=BA$；

(C) $|AB|=|BA|$；　　(D) $(A+B)^{-1}=A^{-1}+B^{-1}$.

(3) 设 A 是 $m\times n$ 矩阵，C 是 n 阶可逆矩阵，矩阵 A 的秩为 r，矩阵 $B=AC$ 的秩为 r_1，则(　　).

(A) $r>r_1$；　　(B) $r<r_1$；　　(C) $r=r_1$；　　(D) r 与 r_1 无关.

(4) 设 A，B 都是 n 阶非零矩阵，且 $AB=O$，则 A 和 B 的秩(　　).

(A) 必有一个为零；　　(B) 都小于 n；

(C) 都等于 n；　　(D) 一个小于 n，一个等于 n.

(5) 设 A 是3阶方阵，将 A 的第1列与第2列交换得 B，再把 B 的第2列加到第3列得 C，则满足 $AQ=C$ 的可逆阵 Q 为（　）.

(A) $\begin{pmatrix}0&1&0\\1&0&0\\1&0&1\end{pmatrix}$；　(B) $\begin{pmatrix}0&1&0\\1&0&1\\0&0&1\end{pmatrix}$；　(C) $\begin{pmatrix}0&1&0\\1&0&0\\0&1&1\end{pmatrix}$；　(D) $\begin{pmatrix}0&1&1\\1&0&0\\0&0&1\end{pmatrix}$.

3. 设矩阵 $A=\begin{pmatrix}1&0&2\\1&-2&0\end{pmatrix}$，$B=\begin{pmatrix}2&1&2\\0&1&0\\0&0&2\end{pmatrix}$，$C=\begin{pmatrix}-6&1\\2&2\\-4&2\end{pmatrix}$，计算 BA^T+C.

4. 根据给出的矩阵计算 AB，$AB-BA$.

(1) $A=\begin{pmatrix}3&1&1\\2&1&2\\1&2&3\end{pmatrix}$，　$B=\begin{pmatrix}1&1&-1\\2&-1&0\\1&0&1\end{pmatrix}$；

(2) $A=\begin{pmatrix}a&b&c\\c&b&a\\1&1&1\end{pmatrix}$，　$B=\begin{pmatrix}1&a&c\\1&b&b\\1&c&a\end{pmatrix}$.

5. 某石油公司所属的3个炼油厂 A_1,A_2,A_3，在2007年和2008年生产的4种油品 B_1,B_2,B_3,B_4 的产量如下表（单位：万吨）：

	2007 年				2008 年			
	B_1	B_2	B_3	B_4	B_1	B_2	B_3	B_4
A_1	97	38	27	9	87	67	23	7
A_2	74	31	14	6	90	23	56	8
A_3	89	45	23	7	92	43	39	4

(1) 作矩阵 $A_{3\times4}$ 和 $B_{3\times4}$ 分别表示三个炼油厂2007年和2008年各种油品的产量；

(2) 计算 $A+B$ 与 $A-B$，并说明其经济意义；

(3) 计算 $\frac{1}{2}$ $(A+B)$.

6. 计算

(1) $\begin{pmatrix}2&1&1\\3&1&0\\0&1&2\end{pmatrix}^2$；　(2) $\begin{pmatrix}3&2\\-4&-2\end{pmatrix}^5$；

(3) $\begin{pmatrix}1&1\\0&1\end{pmatrix}^n$；　(4) $\begin{pmatrix}\cos\varphi&-\sin\varphi\\\sin\varphi&\cos\varphi\end{pmatrix}^n$.

7. 已知 $A=\begin{pmatrix}1&0&-1\\2&1&4\\-3&2&5\end{pmatrix}$ 和 $B=\begin{pmatrix}1&-2&3\\-1&3&0\\0&5&2\end{pmatrix}$，求：

(1) $2AB-3A^2$；　(2) AB^T；　(3) $|-2A|$.

8. 求下列矩阵的秩，并求一个最高阶非零子式：

（1）$\begin{pmatrix}3 & 1 & 0 & 2\\1 & -1 & 2 & -1\\1 & 3 & -4 & 4\end{pmatrix}$；（2）$\begin{pmatrix}3 & 2 & -1 & -3 & -1\\2 & -1 & 3 & 1 & -3\\7 & 0 & 5 & -1 & -8\end{pmatrix}$；

（3）$\begin{pmatrix}2 & 1 & 8 & 3 & 7\\2 & -3 & 0 & 7 & -5\\3 & -2 & 5 & 8 & 0\\1 & 0 & 3 & 2 & 0\end{pmatrix}$.

9. 设 $A=\begin{pmatrix}3 & -1 & 4\\1 & 0 & 0\\2 & 1 & -5\end{pmatrix}$，求 A^*.

10. 根据下列给定的矩阵 A，求 A^{-1}.

（1）$A=\begin{pmatrix}a & b\\c & d\end{pmatrix}$，$ad-bc=1$；　（2）$A=\begin{pmatrix}1 & 1 & -1\\2 & 1 & 0\\1 & -1 & 0\end{pmatrix}$；

（3）$A=\begin{pmatrix}2 & 2 & 3\\1 & -1 & 0\\-1 & 2 & 1\end{pmatrix}$；　（4）$A=\begin{pmatrix}1 & 2 & 3 & 4\\2 & 3 & 1 & 2\\1 & 1 & 1 & -1\\1 & 0 & -2 & -6\end{pmatrix}$.

11. 设矩阵 $A=\begin{pmatrix}-1 & 1 & 2\\1 & 0 & 4\\2 & -1 & -1\end{pmatrix}$，$E$ 为 3 阶单位矩阵，求 $(E+A)^{-1}$.

12. 设矩阵 $A=\begin{pmatrix}1 & -1 & 0\\-1 & 2 & 1\\2 & 2 & 3\end{pmatrix}$，$B=\begin{pmatrix}2 & 0 & 0\\0 & 5 & 0\\0 & 0 & 5\end{pmatrix}$，利用矩阵的初等行变换求 $A^{-1}B$.

13. 举反例说明下列命题是错误的：

（1）若 $A^2=O$，则 $A=O$；

（2）若 $A^2=A$，则 $A=O$ 或 $A=E$；

（3）若 $AX=AY$，且 $A\neq O$，则 $X=Y$.

14. 设 A，B 为 n 阶矩阵，且 A 为对称矩阵，证明 B^TAB 也是对称矩阵.

15. 设 A 为 3 阶矩阵，$|A|=\dfrac{1}{2}$，求 $|(2A)^{-1}-3A^*|$.

16. 求矩阵 $A=\begin{pmatrix}5 & 2 & 0 & 0\\2 & 1 & 0 & 0\\0 & 0 & 8 & 3\\0 & 0 & 5 & 2\end{pmatrix}$的逆.

17. 解下列矩阵方程：

（1）$\begin{pmatrix}2 & 5\\1 & 3\end{pmatrix}X=\begin{pmatrix}4 & -6\\2 & 1\end{pmatrix}$；　（2）$X\begin{pmatrix}2 & 1 & -1\\2 & 1 & 0\\1 & -1 & 1\end{pmatrix}=\begin{pmatrix}1 & -1 & 3\\4 & 3 & 2\end{pmatrix}$.

五、习题二（B）

1. 填空题

(1) A, B 为 3 阶矩阵，$|A|=-1$，$|B|=2$，则 $|2(A^TB^{-1})^2|=$ ______.

(2) A 为 2009 阶矩阵，且满足 $A^T=-A$，则 $|A|=$ ______.

(3) $\vec{\alpha}$是 3 维列向量，$\vec{\alpha}\vec{\alpha}^T=\begin{pmatrix}1 & -1 & 1\\ -1 & 1 & -1\\ 1 & -1 & 1\end{pmatrix}$，则$\vec{\alpha}^T\vec{\alpha}=$ ______.

(4) 设 A 是 n 阶可逆阵，如果 A 中每行元素之和都是 3，那么 A^{-1} 中每行元素之和必是 ______.

2. 单项选择题

(1) 若 A 为 n 阶可逆矩阵，则下列结论不正确的是（　　）.

(A) $(A^{-1})^k=(A^k)^{-1}$；　　(B) $(A^T)^k=(A^k)^T$；

(C) $(A^k)^*=(A^*)^k$；　　(D) $(kA)^*=kA^*$.

(2) A, B 均为 3 阶可逆矩阵，则下列等式成立的是（　　）.

(A) $|(AB)^{-1}|=|A|^{-1}|B|^{-1}$；　　(B) $|-A|=|A|$；

(C) $|A^2-B^2|=|A-B||A+B|$；　　(D) $|2A|=2|A|$.

(3) 以下结论正确的是（　　）.

(A) 若方阵 A 的行列式 $|A|=0$，则 $A=O$；

(B) 若 $A^2=O$，则 $A=O$；

(C) 若 A 为对称矩阵，则 A^2 也是对称矩阵；

(D) 对任意的同阶方阵 A，B 有 $(A+B)(A-B)=A^2-B^2$.

(4) 设 A 为 3 阶矩阵，$|A|=a\neq 0$，则 $|A^*|=$（　　）.

(A) a；　　(B) a^2；　　(C) a^3；　　(D) a^4.

(5) $A=\begin{pmatrix}a_1b_1 & a_1b_2 & \cdots & a_1b_n\\ a_2b_1 & a_2b_2 & \cdots & a_2b_n\\ \vdots & \vdots & \ddots & \vdots\\ a_nb_1 & a_nb_2 & \cdots & a_nb_n\end{pmatrix}$，$a_1a_2\cdots a_nb_1b_2\cdots b_n\neq 0$，秩 $A=$（　　）.

(A) 0；　　(B) 1；　　(C) 2；　　(D) n.

3. 证明：$R(A+B)\leqslant R(A)+R(B)$.

4. 如果 $A^2=A$，称 A 为幂等矩阵．设 A，B 均为 n 阶幂等矩阵，证明：$A+B$ 是幂等矩阵的充要条件是 $AB+BA=O$.

5. 设 $A=\begin{pmatrix}1 & 0\\ \lambda & 1\end{pmatrix}$，求 A^2，A^3，$\cdots$，A^k.

6. 设 $P^{-1}AP=\Lambda$，其中 $P=\begin{pmatrix}-1 & -4\\ 1 & 1\end{pmatrix}$，$\Lambda=\begin{pmatrix}-1 & 0\\ 0 & 2\end{pmatrix}$，求 A^{11}.

7. 设矩阵 A、B 及 $A+B$ 都可逆，证明 $A^{-1}+B^{-1}$ 也可逆，且

$$(A^{-1}+B^{-1})^{-1}=A(A+B)^{-1}B=B(A+B)^{-1}A.$$

8. 设 A 是一个 n 阶方阵，n 为奇数，且 $|A|=1$，$A^T=A^{-1}$，证明：$E-A$ 不可逆.

9. 解下列矩阵方程：

(1) $\begin{pmatrix}1 & 4\\ -1 & 2\end{pmatrix}X\begin{pmatrix}2 & 0\\ -1 & 1\end{pmatrix}=\begin{pmatrix}3 & 1\\ 0 & -1\end{pmatrix}$；

(2) $\begin{pmatrix}0 & 1 & 0\\ 1 & 0 & 0\\ 0 & 0 & 1\end{pmatrix}X\begin{pmatrix}1 & 0 & 0\\ 0 & 0 & 1\\ 0 & 1 & 0\end{pmatrix}=\begin{pmatrix}1 & -4 & 3\\ 2 & 0 & -1\\ 1 & -2 & 0\end{pmatrix}$.

10. 利用逆矩阵解线性方程组：$\begin{cases}x_1+2x_2+3x_3=1\\ 2x_1+2x_2+5x_3=2\\ 3x_1+5x_2+x_3=3\end{cases}$.

11. 设方阵 A 满足 $A^2-A-2E=O$，证明 A 及 $A+2E$ 都可逆，并求 A^{-1} 及 $(A+2E)^{-1}$.

12. 设 n 阶矩阵 A 的伴随矩阵为 A^*，证明：

(1) 若 $|A|=0$，则 $|A^*|=0$；　　(2) $|A^*|=|A|^{n-1}$.

13. 设 $A=\left(\begin{array}{cc|cc}3 & 4 & & \\ 4 & -3 & \multicolumn{2}{c}{O} \\ \hline \multicolumn{2}{c|}{O} & 2 & 0\\ & & 2 & 2\end{array}\right)$，求 $|A^8|$ 及 A^4.

14. 设 n 阶矩阵 A 及 s 阶矩阵 B 都可逆，求 $\begin{pmatrix}O & A\\ B & O\end{pmatrix}^{-1}$.

15. 一家汽车制造商在 3 家不同的工厂 A、B 和 C 生产 3 种不同的车型，3 种车型在上半年和下半年所达到的产值（单位：万美元）如下所示：

上半年			
厂家	车型 1	车型 2	车型 3
工厂 A	2700	4400	5100
工厂 B	3500	3900	6200
工厂 C	3300	5000	4700
下半年			
厂家	车型 1	车型 2	车型 3
工厂 A	2500	4200	4800
工厂 B	3300	4000	6600
工厂 C	3500	4800	5000

试用矩阵表示各种信息，并求在一年中每家工厂的总产值.

16. 某个城镇中，每年有 30% 的已婚女性离婚，20% 的单身女性结婚．城镇中有 8000 位已婚女性和 2000 位单身女性．假设所有女性的总数为一常数，1 年后，有多少已婚女性和单身女性呢？2 年后呢？

六、习题二（A）解答

1. 填空题

（1）$A^T=\begin{pmatrix}1&0\\2&1\end{pmatrix}$，$A^2=\begin{pmatrix}1&4\\0&1\end{pmatrix}$，$A+B=\begin{pmatrix}2&2\\-1&3\end{pmatrix}$，$AB=\begin{pmatrix}-1&4\\-1&2\end{pmatrix}$.

（2）$|A^{-1}|=1/2$，$|2A|=16$.（3）$\begin{pmatrix}\frac{9}{41}&\frac{4}{41}\\\frac{-8}{41}&\frac{1}{41}\end{pmatrix}$.（4）$\begin{pmatrix}3&4\\1&2\end{pmatrix}$.（5）$\begin{pmatrix}6&2&8\\0&13&5\\0&5&3\end{pmatrix}$.

2. 单项选择题

（1）（C）.（2）（C）.（3）（C）.（4）（B）.（5）（D）.

3. $A^T=\begin{pmatrix}1&1\\0&-2\\2&0\end{pmatrix}$，$BA^T=\begin{pmatrix}2&1&2\\0&1&0\\0&0&2\end{pmatrix}\begin{pmatrix}1&1\\0&-2\\2&0\end{pmatrix}=\begin{pmatrix}6&0\\0&-2\\4&0\end{pmatrix}$，

故 $BA^T+C=\begin{pmatrix}6&0\\0&-2\\4&0\end{pmatrix}+\begin{pmatrix}-6&1\\2&2\\-4&2\end{pmatrix}=\begin{pmatrix}0&1\\2&0\\0&2\end{pmatrix}$.

4.（1）$AB=\begin{pmatrix}6&2&-2\\6&1&0\\8&-1&2\end{pmatrix}$，$BA=\begin{pmatrix}4&0&0\\4&1&0\\4&3&4\end{pmatrix}$，

$$AB-BA=\begin{pmatrix}2&2&-2\\2&0&0\\4&-4&-2\end{pmatrix}.$$

（2）$AB=\begin{pmatrix}a+b+c&a^2+b^2+c^2&2ac+b^2\\a+b+c&2ac+b^2&a^2+b^2+c^2\\3&a+b+c&a+b+c\end{pmatrix}$，

$$BA=\begin{pmatrix}a+ac+c&b+ab+c&2c+a^2\\a+ac+c&2b+b^2&c+ab+b\\2a+c^2&b+bc+c&c+ac+a\end{pmatrix},$$

$$AB-BA=(a_{ij})_{3\times3},$$

其中

$a_{11}=b-ac$，$a_{12}=a^2+b^2+c^2-b-ab-c$，

$a_{13}=b^2+2ac-a^2-2c$，$a_{21}=c-bc$，$a_{22}=2ac-2b$，

$a_{31}=3-c^2-2a$，$a_{32}=c-bc$，$a_{33}=b-ab$.

5. (1) $A_{3\times4}=\begin{pmatrix}97&38&27&9\\74&31&14&6\\89&45&23&7\end{pmatrix}$，$B_{3\times4}=\begin{pmatrix}87&67&23&7\\90&23&56&8\\92&43&39&4\end{pmatrix}$.

(2) $A+B=\begin{pmatrix}184&105&50&16\\164&54&70&14\\181&88&62&11\end{pmatrix}$代表3个炼油厂2007年和2008年各种油品的总产量

$A-B=\begin{pmatrix}10&-29&4&2\\-16&8&-32&-2\\-3&2&-16&3\end{pmatrix}$代表3个炼油厂2007年各种油品的产量与2008年各种油品的产量之差.

(3) $\frac{1}{2}(A+B)=\begin{pmatrix}92&52.5&25&8\\82&27&35&7\\90.5&44&31&5.5\end{pmatrix}$.

6. (1) $\begin{pmatrix}7&4&4\\9&4&3\\3&3&4\end{pmatrix}$；(2) $\begin{pmatrix}3&-2\\4&8\end{pmatrix}$；

(3) 采用数学归纳法，可证$\begin{pmatrix}1&1\\0&1\end{pmatrix}^n=\begin{pmatrix}1&n\\0&1\end{pmatrix}$.

事实上，当 $n=2$ 时，有$\begin{pmatrix}1&1\\0&1\end{pmatrix}^2=\begin{pmatrix}1&2\\0&1\end{pmatrix}$

结论成立.

当 $n=k-1$ 时，归纳假设结论成立，即

$$\begin{pmatrix}1&1\\0&1\end{pmatrix}^{k-1}=\begin{pmatrix}1&k-1\\0&1\end{pmatrix}$$

于是当 $n=k$ 时，有

$$\begin{pmatrix}1&1\\0&1\end{pmatrix}^k=\begin{pmatrix}1&1\\0&1\end{pmatrix}^{k-1}\cdot\begin{pmatrix}1&1\\0&1\end{pmatrix}=\begin{pmatrix}1&k-1\\0&1\end{pmatrix}\begin{pmatrix}1&1\\0&1\end{pmatrix}=\begin{pmatrix}1&k\\0&1\end{pmatrix}$$

即证$\begin{pmatrix}1&1\\0&1\end{pmatrix}^n=\begin{pmatrix}1&n\\0&1\end{pmatrix}$成立.

(4) 采用数学归纳法，可证

$$\begin{pmatrix}\cos\varphi&-\sin\varphi\\\sin\varphi&\cos\varphi\end{pmatrix}^n=\begin{pmatrix}\cos n\varphi&-\sin n\varphi\\\sin n\varphi&\cos n\varphi\end{pmatrix}.$$

事实上，当 $n=2$ 时，有

$$\begin{pmatrix}\cos\varphi&-\sin\varphi\\\sin\varphi&\cos\varphi\end{pmatrix}^2=\begin{pmatrix}\cos^2\varphi-\sin^2\varphi&-\cos\varphi\sin\varphi\\2\cos\varphi\sin\varphi&\cos^2\varphi-\sin^2\varphi\end{pmatrix}$$
$$=\begin{pmatrix}\cos2\varphi&-\sin2\varphi\\\sin2\varphi&\cos2\varphi\end{pmatrix}$$

结论成立.

当 $n=k-1$ 时，归纳假设结论成立，即

$$\begin{pmatrix}\cos\varphi & -\sin\varphi\\ \sin\varphi & \cos\varphi\end{pmatrix}^{k-1}=\begin{pmatrix}\cos(k-1)\varphi & -\sin(k-1)\varphi\\ \sin(k-1)\varphi & \cos(k-1)\varphi\end{pmatrix}$$

于是当 $n=k$ 时，有

$$\begin{aligned}\begin{pmatrix}\cos\varphi & -\sin\varphi\\ \sin\varphi & \cos\varphi\end{pmatrix}^{k}&=\begin{pmatrix}\cos\varphi & -\sin\varphi\\ \sin\varphi & \cos\varphi\end{pmatrix}^{k-1}\cdot\begin{pmatrix}\cos\varphi & -\sin\varphi\\ \sin\varphi & \cos\varphi\end{pmatrix}\\&=\begin{pmatrix}\cos(k-1)\varphi & -\sin(k-1)\varphi\\ \sin(k-1)\varphi & \cos(k-1)\varphi\end{pmatrix}\cdot\begin{pmatrix}\cos\varphi & -\sin\varphi\\ \sin\varphi & \cos\varphi\end{pmatrix}\\&=\begin{pmatrix}x_1 & x_2\\ x_3 & x_4\end{pmatrix},\end{aligned}$$

其中 $x_1=\cos(k-1)\varphi\cos\varphi-\sin(k-1)\varphi\sin\varphi=\cos k\varphi$，

同理可得 $x_2=-\sin k\varphi$，$x_3=\sin k\varphi$，$x_4=\cos k\varphi$，

因而有 $\begin{pmatrix}\cos\varphi & -\sin\varphi\\ \sin\varphi & \cos\varphi\end{pmatrix}^{n}=\begin{pmatrix}\cos n\varphi & -\sin n\varphi\\ \sin n\varphi & \cos n\varphi\end{pmatrix}$.

7.（1）$2AB-3A^2=A(2B-3A)$

$$\begin{aligned}&=\begin{pmatrix}1&0&-1\\2&1&4\\-3&2&5\end{pmatrix}\left[\begin{pmatrix}2&-4&6\\-2&6&0\\0&10&4\end{pmatrix}-\begin{pmatrix}3&0&-3\\6&3&12\\-9&6&15\end{pmatrix}\right]\\&=\begin{pmatrix}1&0&-1\\2&1&4\\-3&2&5\end{pmatrix}\cdot\begin{pmatrix}-1&-4&9\\-8&3&-12\\9&4&-11\end{pmatrix}=\begin{pmatrix}-10&8&20\\26&11&-38\\-32&38&-106\end{pmatrix}.\end{aligned}$$

（2）$AB^T=\begin{pmatrix}1&0&-1\\2&1&4\\-3&2&5\end{pmatrix}\cdot\begin{pmatrix}1&-1&0\\-2&3&5\\3&0&2\end{pmatrix}=\begin{pmatrix}-2&-1&-2\\12&1&13\\-8&9&20\end{pmatrix}$.

（3）$|-2A|=(-2)^3|A|=-8\begin{vmatrix}1&0&-1\\2&1&4\\-3&2&5\end{vmatrix}=80.$

8.（1）因

$$A=\begin{pmatrix}3&1&0&2\\1&-1&2&-1\\1&3&-4&4\end{pmatrix}\sim\begin{pmatrix}1&-1&2&-1\\0&4&-6&5\\0&4&-6&5\end{pmatrix}\sim\begin{pmatrix}1&-1&2&-1\\0&4&-6&5\\0&0&0&0\end{pmatrix}$$

所以 $R(A)=2$

A 的一个最高阶非零子式为 $\begin{vmatrix}3&1\\1&-1\end{vmatrix}$.

（2）$A=\begin{pmatrix}3&2&-1&-3&-1\\2&-1&3&1&-3\\7&0&5&-1&-8\end{pmatrix}$.

$$\sim\begin{pmatrix}1&3&-4&-4&2\\0&-7&11&9&-7\\0&-21&33&27&-22\end{pmatrix}\sim\begin{pmatrix}1&3&-4&-4&2\\0&-7&11&9&-7\\0&0&0&0&-1\end{pmatrix},$$

所以 $R(A)=3$.

A 的一个最高阶非零子式为 $\begin{vmatrix}3&2&1\\2&-1&-3\\7&0&-8\end{vmatrix}$.

(3) 因 $A=\begin{pmatrix}2&1&8&3&7\\2&-3&0&7&-5\\3&-2&5&8&0\\1&0&3&2&0\end{pmatrix}\sim\begin{pmatrix}1&0&3&2&0\\0&-3&-6&3&-5\\0&-2&-4&2&0\\0&1&2&-1&7\end{pmatrix}$

$$\sim\begin{pmatrix}1&0&3&2&0\\0&1&2&-1&7\\0&0&0&0&14\\0&0&0&0&16\end{pmatrix}\sim\begin{pmatrix}1&0&3&2&0\\0&1&2&-1&7\\0&0&0&0&1\\0&0&0&0&0\end{pmatrix},$$

所以 $R(A)=3$.

A 的一个最高阶非零子式为 $\begin{vmatrix}2&1&7\\2&-3&-5\\1&0&0\end{vmatrix}$.

9. $A^{*}=\begin{pmatrix}A_{11}&A_{21}&A_{31}\\A_{12}&A_{22}&A_{32}\\A_{13}&A_{23}&A_{33}\end{pmatrix}=\begin{pmatrix}0&-1&0\\5&-23&4\\1&-5&1\end{pmatrix}$.

10. (1) $A^{-1}=\begin{pmatrix}d&-b\\-c&a\end{pmatrix}$.

(2) 对 $(A|E)$ 作行初等变换，有

$$\begin{pmatrix}1&1&-1&1&0&0\\2&1&0&0&1&0\\1&-1&0&0&0&1\end{pmatrix}\to\begin{pmatrix}1&1&-1&1&0&0\\0&-1&2&-2&1&0\\0&-2&1&-1&0&1\end{pmatrix}$$

$$\to\begin{pmatrix}1&0&1&-1&1&0\\0&-1&2&-2&1&0\\0&0&-3&3&-2&1\end{pmatrix}\to\begin{pmatrix}1&0&0&0&\frac{1}{3}&\frac{1}{3}\\0&1&0&0&\frac{1}{3}&-\frac{1}{3}\\0&0&1&-1&\frac{2}{3}&-\frac{1}{3}\end{pmatrix}.$$

所以 $A^{-1}=\begin{pmatrix}0&\frac{1}{3}&\frac{1}{3}\\0&\frac{1}{3}&-\frac{1}{3}\\-1&\frac{2}{3}&-\frac{1}{3}\end{pmatrix}$.

(3) 对$(A|E)$作行初等变换，可得

$$\begin{pmatrix}2&2&3&1&0&0\\1&-1&0&0&1&0\\-1&2&1&0&0&1\end{pmatrix}\to\begin{pmatrix}0&4&3&1&-2&0\\1&-1&0&0&1&0\\0&1&1&0&1&1\end{pmatrix}$$

$$\to\begin{pmatrix}1&0&1&0&2&1\\0&1&1&0&1&1\\0&0&-1&1&-6&-4\end{pmatrix}\to\begin{pmatrix}1&0&0&1&-4&-3\\0&1&0&1&-5&-3\\0&0&1&-1&6&4\end{pmatrix}.$$

所以 $A^{-1}=\begin{pmatrix}1&-4&-3\\1&-5&-3\\-1&6&4\end{pmatrix}$.

(4) 对$(A|E)$作行初等变换，可得

$$\begin{pmatrix}1&2&3&4&1&0&0&0\\2&3&1&2&0&1&0&0\\1&1&1&-1&0&0&1&0\\1&0&-2&-6&0&0&0&1\end{pmatrix}\to\begin{pmatrix}1&1&1&-1&0&0&1&0\\0&1&2&5&1&0&-1&0\\0&1&-1&4&0&1&-2&0\\0&-1&-3&-5&0&0&-1&1\end{pmatrix}$$

$$\to\begin{pmatrix}1&0&-1&-6&-1&0&2&0\\0&1&2&5&1&0&-1&0\\0&0&-3&-1&-1&1&-1&0\\0&0&-1&0&1&0&-2&1\end{pmatrix}$$

$$\to\begin{pmatrix}1&0&0&-6&-2&4&4&-1\\0&1&0&5&3&-5&-5&2\\0&0&0&-1&-4&5&5&-3\\0&0&-1&0&1&0&-2&1\end{pmatrix}$$

$$\to\begin{pmatrix}1&0&0&0&22&-6&-16&17\\0&1&0&0&-17&5&20&-13\\0&0&1&0&-1&0&2&-1\\0&0&0&1&4&-1&-5&3\end{pmatrix}.$$

所以 $A^{-1}=\begin{pmatrix}22&-6&-16&17\\-17&5&20&-13\\-1&0&2&-1\\4&-1&-5&3\end{pmatrix}$.

11. $E+A=\begin{pmatrix}1&0&0\\0&1&0\\0&0&1\end{pmatrix}+\begin{pmatrix}-1&1&2\\1&0&4\\2&-1&0\end{pmatrix}=\begin{pmatrix}0&1&2\\1&1&4\\2&-1&0\end{pmatrix}$,

$$(E+A)^*=\begin{pmatrix}A_{11}&A_{21}&A_{31}\\A_{12}&A_{22}&A_{32}\\A_{13}&A_{23}&A_{33}\end{pmatrix}=\begin{pmatrix}4&-2&2\\8&-4&2\\-3&2&-1\end{pmatrix},$$

$$|E+A|=\begin{vmatrix}0&1&2\\1&1&4\\2&-1&0\end{vmatrix}=2,$$

所以$(E+A)^{-1}=\begin{pmatrix}2&-1&1\\4&-2&1\\-1.5&1&-0.5\end{pmatrix}$.

12. $(A\mid E)=\begin{pmatrix}1&-1&0&1&0&0\\-1&2&1&0&1&0\\2&2&3&0&0&1\end{pmatrix}\sim\begin{pmatrix}1&-1&0&1&0&0\\0&1&1&1&1&0\\0&4&3&-2&0&1\end{pmatrix}$

$$\sim\begin{pmatrix}1&-1&0&1&0&0\\0&1&1&1&1&0\\0&0&-1&-6&-4&1\end{pmatrix}\sim\begin{pmatrix}1&-1&0&1&0&0\\0&1&0&-5&-3&1\\0&0&-1&-6&-4&1\end{pmatrix}$$

$$\sim\begin{pmatrix}1&0&0&-4&-3&1\\0&1&0&-5&-3&1\\0&0&1&6&4&-1\end{pmatrix},$$

所以 $A^{-1}=\begin{pmatrix}-4&-3&1\\-5&-3&1\\6&4&-1\end{pmatrix}$，$A^{-1}B=\begin{pmatrix}-8&-15&5\\-10&-15&5\\12&20&-5\end{pmatrix}$.

13. (1) 取 $A=\begin{pmatrix}0&1\\0&0\end{pmatrix}$，就有 $A^2=\begin{pmatrix}0&1\\0&0\end{pmatrix}\begin{pmatrix}0&1\\0&0\end{pmatrix}=\begin{pmatrix}0&0\\0&0\end{pmatrix}$，但 $A\neq O$.

(2) 取 $A=\begin{pmatrix}1&1\\0&0\end{pmatrix}$，就有 $A^2=\begin{pmatrix}1&1\\0&0\end{pmatrix}\begin{pmatrix}1&1\\0&0\end{pmatrix}=\begin{pmatrix}1&1\\0&0\end{pmatrix}=A$，但 $A\neq O$，$A\neq E$.

(3) 取 $A=\begin{pmatrix}1&0\\0&0\end{pmatrix}\neq 0$，$X=\begin{pmatrix}1\\1\end{pmatrix}$，$Y=\begin{pmatrix}1\\-1\end{pmatrix}$，就有

$AX=\begin{pmatrix}1\\0\end{pmatrix}=AY$，但 $X\neq Y$.

14. 由 A 为对称矩阵可知 $A^T=A$，故有

$(B^TAB)^T=B^TA^T(B^T)^T=B^TAB$，所以，$B^TAB$ 是对称矩阵.

15. 由于 $|A|\neq 0$，故 A 可逆，利用公式 $A^*=|A|A^{-1}$，

$$|(2A)^{-1}-3A^*|=\left|\frac{1}{2}A^{-1}-3\cdot\frac{1}{2}A^{-1}\right|=|(-1)\ A^{-1}|=(-1)^3\frac{1}{|A|}=-2.$$

16. $A=\begin{pmatrix}5&2&0&0\\2&1&0&0\\0&0&8&3\\0&0&5&2\end{pmatrix}=\begin{pmatrix}A_1&0\\0&A_2\end{pmatrix}$

$$A_1^{-1}=\frac{A_1^*}{|A_1|}=\frac{1}{1}\begin{pmatrix}1&-2\\2&5\end{pmatrix}=\begin{pmatrix}1&-2\\2&5\end{pmatrix},$$

$$A_2^{-1}=\frac{A_2^*}{|A_2|}=\frac{1}{1}\begin{pmatrix}2 & -3\\ -5 & 8\end{pmatrix}=\begin{pmatrix}2 & -3\\ -2 & 5\end{pmatrix},$$

所以 $A^{-1}=\begin{pmatrix}A_1^{-1} & 0\\ 0 & A_2^{-1}\end{pmatrix}=\begin{pmatrix}1 & -2 & 0 & 0\\ -2 & 5 & 0 & 0\\ 0 & 0 & 2 & -3\\ 0 & 0 & -5 & 8\end{pmatrix}$

17. (1) 若 A 可逆，则 $X=A^{-1}B$. A 经过初等变换变为 E 时，同样的行变换将 B 变为 $A^{-1}B$.

$$(A\mid B)=\begin{pmatrix}2 & 5 & 4 & -6\\ 1 & 3 & 2 & 1\end{pmatrix}\to\begin{pmatrix}2 & 5 & 4 & -6\\ 0 & \frac{1}{2} & 0 & 4\end{pmatrix}\to\begin{pmatrix}1 & \frac{5}{2} & 2 & -3\\ 0 & 1 & 0 & 8\end{pmatrix}\to\begin{pmatrix}1 & 0 & 2 & -23\\ 0 & 1 & 0 & 8\end{pmatrix},$$

所以 $X=A^{-1}B=\begin{pmatrix}2 & -23\\ 0 & 8\end{pmatrix}$.

(2) 方法同 (1)，得矩阵方程的解为 $X=A^{-1}B=\begin{pmatrix}-2 & 2 & 1\\ -\frac{8}{3} & 5 & -\frac{2}{3}\end{pmatrix}$.

七、习题二 (B) 解答

1. 填空题

(1) 2 . (2) 0. (3) $\begin{pmatrix}1 & -1 & 1\\ -1 & 1 & -1\\ 1 & -1 & 1\end{pmatrix}$. (4) $\frac{1}{3}$.

2. 单项选择题

(1) (D); (2) (A); (3) (C); (4) (B); (5) (B).

3. 由广义初等变换可得:

$$\begin{pmatrix}A & O\\ O & B\end{pmatrix}\sim\begin{pmatrix}A & B\\ O & B\end{pmatrix}\sim\begin{pmatrix}A & A+B\\ O & B\end{pmatrix},$$

秩$\begin{pmatrix}A & O\\ O & B\end{pmatrix}$ = 秩$\begin{pmatrix}A & A+B\\ O & B\end{pmatrix}\geqslant$ 秩$(A+B)$.

但秩$\begin{pmatrix}A & O\\ O & B\end{pmatrix}$ = 秩$(A+B)$，所以 $R(A+B)\leqslant R(A)+R(B)$.

4. 充分条件:若 $AB+BA=O$,

$$\begin{aligned}(A+B)^2&=(A+B)(A+B)=A(A+B)+B(A+B)\\&=A^2+AB+BA+B^2=A^2+B^2,\end{aligned}$$

因为 A, B 均为幂等矩阵,

所以 $(A+B)^2=A+B$，即 $A+B$ 是幂等矩阵 .

必要条件：若$(A+B)^2=A+B$，

即$(A+B)^2=(A+B)(A+B)=A(A+B)+B(A+B)$

$=A^2+AB+BA+B^2=A+B$

因为A，B均为幂等矩阵，所以$AB+BA=O$.

5. $A^2=\begin{pmatrix}1&0\\\lambda&1\end{pmatrix}\begin{pmatrix}1&0\\\lambda&1\end{pmatrix}=\begin{pmatrix}1&0\\2\lambda&1\end{pmatrix}$，

$A^3=\begin{pmatrix}1&0\\\lambda&1\end{pmatrix}^2\begin{pmatrix}1&0\\\lambda&1\end{pmatrix}=\begin{pmatrix}1&0\\2\lambda&1\end{pmatrix}\begin{pmatrix}1&0\\\lambda&1\end{pmatrix}=\begin{pmatrix}1&0\\3\lambda&1\end{pmatrix}$，

下面用数学归纳法证明$A^k=\begin{pmatrix}1&0\\k\lambda&1\end{pmatrix}$.

当$k=1$时，显然成立.

假设当$k=n$时公式成立，则当$k=n+1$时，

$$A^{n+1}=\begin{pmatrix}1&0\\\lambda&1\end{pmatrix}^n\begin{pmatrix}1&0\\\lambda&1\end{pmatrix}=\begin{pmatrix}1&0\\n\lambda&1\end{pmatrix}\begin{pmatrix}1&0\\\lambda&1\end{pmatrix}=\begin{pmatrix}1&0\\(n+1)\lambda&1\end{pmatrix},$$

所以公式对一切正整数k均成立.

6. 由$P=\begin{pmatrix}-1&-4\\1&1\end{pmatrix}$，求得$P^{-1}=\frac{1}{3}\begin{pmatrix}1&4\\-1&-1\end{pmatrix}$，

$$P^{-1}AP=\Lambda\Rightarrow A=P\Lambda P^{-1}$$

所以$A^{11}=\underbrace{(P\Lambda P^{-1})(P\Lambda P^{-1})\cdots(P\Lambda P^{-1})}_{11\text{个因子连乘}}=P\Lambda^{11}P^{-1}$

$$=\frac{1}{3}\begin{pmatrix}-1&-4\\1&1\end{pmatrix}\begin{pmatrix}(-1)^{11}&0\\0&2^{11}\end{pmatrix}\begin{pmatrix}1&4\\-1&-1\end{pmatrix}=\begin{pmatrix}2731&2732\\-683&-684\end{pmatrix}.$$

7. 因为$A^{-1}+B^{-1}=A^{-1}E+EB^{-1}=A^{-1}BB^{-1}+A^{-1}AB^{-1}$

$=A^{-1}(B+A)B^{-1}=A^{-1}(A+B)B^{-1}$

又A^{-1}，$A+B$，B均可逆，故$A^{-1}+B^{-1}$可逆. 从而

$$\begin{aligned}(A^{-1}+B^{-1})^{-1}&=\{A^{-1}(A+B)B^{-1}\}^{-1}=(B^{-1})^{-1}(A+B)^{-1}(A^{-1})^{-1}\\&=B(A+B)^{-1}A=\{B^{-1}(A+B)A^{-1}\}^{-1}\\&=(A^{-1})^{-1}(A+B)^{-1}(B^{-1})^{-1}\\&=A(A+B)^{-1}B\end{aligned}$$

8. 由$A^T=A^{-1}$知，$A'A=E$.

于是得$|E-A|=|AA^{-1}-A|=|AA^T-A|$

$=|A(A^T-E)|=|A||A^T-E|=|(A-E)^T|=|A-E|$

$=(-1)^n|E-A|$.

又因为n为奇数，所以$|E-A|=0$，即$E-A$不可逆.

9. (1) $\begin{pmatrix}1&1\\\frac{1}{4}&0\end{pmatrix}$，　(2) $\begin{pmatrix}2&-1&0\\1&3&-4\\1&0&-2\end{pmatrix}$.

10. $\begin{pmatrix}1&2&3\\2&2&5\\3&5&1\end{pmatrix}X=\begin{pmatrix}1\\2\\3\end{pmatrix}$，故$X=\begin{pmatrix}1&2&3\\2&2&5\\3&5&1\end{pmatrix}^{-1}\begin{pmatrix}1\\2\\3\end{pmatrix}=\begin{pmatrix}1\\0\\0\end{pmatrix}$，

即$\begin{cases} x_1=1 \\ x_2=0 \\ x_3=0 \end{cases}$.

11. 因为$A^2-3A-2E=O$，$A^2-3A=2E$，故$\frac{1}{2}A(A-3E)=E$.

所以A可逆，且$A^{-1}=\frac{1}{2}(A-3E)$.

设$(A+2E)(A+aE)=bE$，得$A^2+(2+a)A+(2a-b)E=0$，与原题中条件对比，得$a=-3$，$b=-4$. 即$-\frac{1}{4}(A+2E)(A-3E)=E$.

所以$A-3E$可逆，且$(A+2E)^{-1}=-\frac{1}{4}(A-3E)$.

12. (1) 因为$A^*=|A|A^{-1}$，所以$|A^*|=||A|A^{-1}|=|A|^n|A^{-1}|=0$.

(2) 当$|A|\neq 0$时，矩阵A可逆，且$AA^*=|A|E$，所以有$|A||A^*|=|A|^n\Rightarrow|A^*|=|A|^{n-1}$.

当$|A|=0$时，显然有$A^*=0$命题成立；

当$A=0$而$|A|\neq 0$时，必有$|A^*|=0$，如若不然，这时A^*可逆，则$A=AA^*(A^*)^{-1}=|A|E(A^*)^{-1}=0$，这与$A\neq 0$矛盾.

13.

$$A^2=\left(\begin{array}{cc|cc} 3 & 4 & & \\ 4 & -3 & \multicolumn{2}{c}{O} \\ \hline \multicolumn{2}{c|}{O} & 2 & 0 \\ & & 2 & 2 \end{array}\right)\left(\begin{array}{cc|cc} 3 & 4 & & \\ 4 & -3 & \multicolumn{2}{c}{O} \\ \hline \multicolumn{2}{c|}{O} & 2 & 0 \\ & & 2 & 2 \end{array}\right)=\left(\begin{array}{cc|cc} 25 & 0 & & \\ 0 & 25 & \multicolumn{2}{c}{O} \\ \hline \multicolumn{2}{c|}{O} & 4 & 0 \\ & & 8 & 4 \end{array}\right)=\left(\begin{array}{cc|cc} 5^2 & 0 & & \\ 0 & 5^2 & \multicolumn{2}{c}{O} \\ \hline \multicolumn{2}{c|}{O} & 2^2 & 0 \\ & & 2^3 & 2^2 \end{array}\right),$$

$$A^3=\left(\begin{array}{cc|cc} 25 & 0 & & \\ 0 & 25 & \multicolumn{2}{c}{O} \\ \hline \multicolumn{2}{c|}{O} & 4 & 0 \\ & & 8 & 4 \end{array}\right)\left(\begin{array}{cc|cc} 3 & 4 & & \\ 4 & -3 & \multicolumn{2}{c}{O} \\ \hline \multicolumn{2}{c|}{O} & 2 & 0 \\ & & 2 & 2 \end{array}\right)=\left(\begin{array}{cc|cc} 75 & 0 & & \\ 0 & 75 & \multicolumn{2}{c}{O} \\ \hline \multicolumn{2}{c|}{O} & 8 & 0 \\ & & 24 & 8 \end{array}\right)=\left(\begin{array}{cc|cc} 5^3 & 0 & & \\ 0 & 5^3 & \multicolumn{2}{c}{O} \\ \hline \multicolumn{2}{c|}{O} & 2^3 & 0 \\ & & 3\times 2^3 & 2^3 \end{array}\right),$$

$$A^4=\left(\begin{array}{cc|cc} 75 & 0 & & \\ 0 & 75 & \multicolumn{2}{c}{O} \\ \hline \multicolumn{2}{c|}{O} & 8 & 0 \\ & & 24 & 8 \end{array}\right)\left(\begin{array}{cc|cc} 3 & 4 & & \\ 4 & -3 & \multicolumn{2}{c}{O} \\ \hline \multicolumn{2}{c|}{O} & 2 & 0 \\ & & 2 & 2 \end{array}\right)=\left(\begin{array}{cc|cc} 5^4 & 0 & & \\ 0 & 5^4 & \multicolumn{2}{c}{O} \\ \hline \multicolumn{2}{c|}{O} & 2^4 & 0 \\ & & 4\times 2^4 & 2^4 \end{array}\right)=\left(\begin{array}{cc|cc} 5^4 & 0 & & \\ 0 & 5^4 & \multicolumn{2}{c}{O} \\ \hline \multicolumn{2}{c|}{O} & 2^4 & 0 \\ & & 2^6 & 2^4 \end{array}\right),$$

$$|A^8|=\left|\left(\begin{array}{cc|cc} 5^8 & 0 & & \\ 0 & 5^8 & \multicolumn{2}{c}{O} \\ \hline \multicolumn{2}{c|}{O} & 2^8 & 0 \\ & & 8\times 2^8 & 2^8 \end{array}\right)\right|=10^{16}.$$

14. 设$\begin{pmatrix} O & A \\ B & O \end{pmatrix}^{-1}=\begin{pmatrix} X_{11} & X_{12} \\ X_{21} & X_{22} \end{pmatrix}$，其中$X_{21},X_{22}$是$n$阶矩阵，$X_{11},X_{12}$是$s$阶矩阵.

由分块矩阵的乘法得：

$$\begin{pmatrix} O & A \\ B & O \end{pmatrix}\begin{pmatrix} X_{11} & X_{12} \\ X_{21} & X_{22} \end{pmatrix} = \begin{pmatrix} AX_{21} & AX_{22} \\ BX_{11} & BX_{12} \end{pmatrix} = \begin{pmatrix} E_n & O \\ O & E_s \end{pmatrix}.$$

于是，得 $AX_{22}=O$，$AX_{21}=E$. 因为 A 可逆，所以

$X_{22}=A^{-1}O=O$，$X_{21}=A^{-1}E=A^{-1}$. 同理

$X_{11}=B^{-1}O=O$，$X_{12}=B^{-1}E=B^{-1}$.

故 $\begin{pmatrix} O & A \\ B & O \end{pmatrix}^{-1} = \begin{pmatrix} O & B^{-1} \\ A^{-1} & O \end{pmatrix}$.

15. 以上信息可用矩阵表示，矩阵 F 表示上半年的生产数据，矩阵 S 表示下半年的生产数据：

$$F = \begin{pmatrix} 2700 & 4400 & 5100 \\ 3500 & 3900 & 6200 \\ 3300 & 5000 & 4700 \end{pmatrix},\ S = \begin{pmatrix} 2500 & 4200 & 4800 \\ 3300 & 4000 & 6600 \\ 3500 & 4800 & 5000 \end{pmatrix}$$

要求 1 年的总产值，就要把矩阵对应位置上的元素相加．

$$F+S = \begin{pmatrix} 2700+2500 & 4400+4200 & 5100+4800 \\ 3500+3300 & 3900+4000 & 6200+6600 \\ 3300+3500 & 5000+4800 & 4700+5000 \end{pmatrix} = \begin{pmatrix} 5200 & 8600 & 9900 \\ 6800 & 7900 & 12800 \\ 6800 & 9800 & 9700 \end{pmatrix}.$$

16. 可用如下方式构造矩阵 A，矩阵 A 的第 1 行元素分别为 1 年后仍处于婚姻状态的已婚女性和已婚的单身女性的百分比．第 2 行元素分别为 1 年后离婚的已婚女性和未婚的单身女性的百分比．因此

$$A = \begin{pmatrix} 0.70 & 0.20 \\ 0.30 & 0.80 \end{pmatrix}.$$

若令 $x = \begin{pmatrix} 8000 \\ 2000 \end{pmatrix}$，则 1 年后已婚女性和单身女性人数可以用 A 乘以 x 计算，

$$Ax = \begin{pmatrix} 0.70 & 0.20 \\ 0.30 & 0.80 \end{pmatrix}\begin{pmatrix} 8000 \\ 2000 \end{pmatrix} = \begin{pmatrix} 6000 \\ 4000 \end{pmatrix}.$$

1 年后将有 6000 位已婚女性，4000 位单身女性。

要求 2 年后已婚女性和单身女性的数量，可以计算

$$A^2x = \begin{pmatrix} 0.70 & 0.20 \\ 0.30 & 0.80 \end{pmatrix}\begin{pmatrix} 6000 \\ 4000 \end{pmatrix} = \begin{pmatrix} 5000 \\ 5000 \end{pmatrix}.$$

2 年后，一半的女性将为已婚，一半的女性将为单身．

一般地，n 年后已婚女性和单身女性的数量可由 $A^n x$ 求得．

八、考研真题解答

(1) 注意到$\beta\alpha^T=3$（是个数），有

$$A^n=(\alpha^T\beta)^n=\alpha^T(\beta\alpha^T)(\beta\alpha^T)\cdots(\beta\alpha^T)\beta=3^{n-1}\begin{pmatrix}1&\frac{1}{2}&\frac{1}{3}\\2&1&\frac{2}{3}\\3&\frac{3}{2}&1\end{pmatrix}.$$

(2) 由$A^*=A^T$知$A_{ij}=a_{ij}(i,j=1,2,\cdots,n)$，式中$A_{ij}$是$|A|$的元素$a_{ij}$的代数余子式．由于$A$是非零方阵，不妨设$a_{11}\neq0$. 把$|A|$按第1行展开，有$|A|=\sum\limits_{j=1}^{n}a_{1j}A_{1j}=\sum\limits_{j=1}^{n}a_{1j}^2\geqslant a_{11}^2>0$.

(3) 利用分块求逆公式$\begin{pmatrix}0&B\\C&0\end{pmatrix}^{-1}=\begin{pmatrix}0&B^{-1}\\C^{-1}&0\end{pmatrix}$，有

$$A^{-1}=\begin{pmatrix}0&a_1&0&\cdots&0\\0&0&a_2&\cdots&0\\\vdots&\vdots&\vdots&\ddots&\vdots\\0&0&0&\cdots&a_{n-1}\\a_n&0&0&\cdots&0\end{pmatrix}=\begin{pmatrix}0&0&\cdots&0&\frac{1}{a_n}\\\frac{1}{a_1}&0&\cdots&0&0\\0&\frac{1}{a_2}&\cdots&0&0\\\vdots&\vdots&&\ddots&\vdots\\0&0&\cdots&\frac{1}{a_{n-1}}&0\end{pmatrix}.$$

(4) C

由$B=AC$知$r_1\leqslant$秩$(A)=r$,又$B=AC$两边同时右乘C^{-1}，得$A=BC^{-1}$,于是$r\leqslant$秩$(B)=r_1$,从而有$r=r_1$.

(5) B

由于$Ax=0$存在非零解，故$R(A)<n$,同理$R(B)<n$.

(6) 因为$|A|=|A^T|$，所以有$|AA^T|=|A|^2=|E|=1$，又$|A|<0$，则有$|A|=-1$. $AA^T+A=E+A=A(A^T+E)$，则有

$|E+A|=|A||(A^T+E)|=-|(A^T+E)|=-|E+A|$,

即有 $|A+E|=0$.

(7) B是由A依次通过两次行初等变换而得到的：把A的第1行加到第3行，相当于用初等矩阵P_2左乘A；把P_2A的第1、3行对调，相当于用P_1左乘P_2A，故得到$P_1P_2A=B$，应选C.

(8)原方程

$\Rightarrow A^{-1}BA-BA=6A\Rightarrow(A^{-1}-E)BA=6A\Rightarrow(A^{-1}-E)B=6E.$

故 $B=6\ (A^{-1}-E)^{-1}=6\left(\begin{pmatrix}3&0&0\\0&4&0\\0&0&7\end{pmatrix}-\begin{pmatrix}1&0&0\\0&1&0\\0&0&1\end{pmatrix}\right)^{-1}=\begin{pmatrix}3&0&0\\0&2&0\\0&0&1\end{pmatrix}$.

(9) 对于涉及 A^* 的问题，应注意关系式 $AA^*=A^*A=|A|E$.

故 $A^*=|A|A^{-1}$，$(A^*)^{-1}=\ (|A|A^{-1})^{-1}=\frac{1}{|A|}A=\frac{1}{10}A=\begin{pmatrix}\frac{1}{10}&0&0\\\frac{1}{5}&\frac{1}{5}&0\\\frac{3}{10}&\frac{2}{5}&\frac{1}{2}\end{pmatrix}$.

(10) C.

注意利用 $\alpha\alpha^T$ 为数简化计算.

$$AB=(E-\alpha^T\alpha)(E+2\alpha^T\alpha)=E+2\alpha^T\alpha-\alpha^T\alpha-2\alpha^T\alpha\alpha^T\alpha$$
$$=E+\alpha^T\alpha-2\alpha^T(\alpha\alpha^T)\alpha=E+\alpha^T\alpha-2\cdot\frac{1}{2}\alpha^T\alpha=E.$$

(11) ①$A^2=(E-\vec{\xi}\vec{\xi}^T)(E-\vec{\xi}\vec{\xi}^T)=E-2\vec{\xi}\vec{\xi}^T+\vec{\xi}\vec{\xi}^T\vec{\xi}\vec{\xi}^T$
$=E-2\xi\xi^T+\xi\xi^T=E-\xi\xi^T=A.$

② 若$\vec{\xi}^T\vec{\xi}=1$，则有 $A\vec{\xi}=(A-\vec{\xi}\vec{\xi}^T)=\vec{0}$，即$\vec{\xi}$是关于 A 的齐次线性方程组的非零解，则矩阵 A 是不可逆矩阵.

(12) $|B|\overset{r_3+r_1}{=}10\neq0$，因此 B 是满秩矩阵，而满秩矩阵去乘某矩阵，不改变它的秩，即秩$(AB)=$秩$(A)=2$.

(13) C.

涉及 A^* 的问题，应注意关系式 $AA^*=A^*A=|A|E$.

由 $A^*=|A|A^{-1}$，知

$$(A^*)^*=(|A|A^{-1})^*=||A|A^{-1}|(|A|A^{-1})^{-1}=|A|^{n-1}|A^{-1}|\frac{1}{|A|}(A^{-1})^{-1}=|A|^{n-2}A\ .$$

(14) ①设 $E(i,j)$ 表示 i，j 行交换的初等矩阵，则 $B=E(i,j)A$. 两边取行列式，有 $|B|=|E(i,j)||A|=-|A|\neq0$. 故 B 可逆.

②$B=E(i,j)A\Rightarrow B^{-1}=A^{-1}E(i,j)^{-1}\Rightarrow AB^{-1}=E(i,j)^{-1}=E(i,j)^{-1}$.

(15) $A^2-AB=E\Rightarrow AB=A^2-E\Rightarrow B=A^{-1}(A^2-E)=A-A^{-1}$.

故 $B=A-A^{-1}=\begin{pmatrix}1&1&-1\\0&1&1\\0&0&-1\end{pmatrix}-\begin{pmatrix}1&-1&-2\\0&1&1\\0&0&-1\end{pmatrix}=\begin{pmatrix}0&2&1\\0&0&0\\0&0&0\end{pmatrix}$.

(16) 对于涉及 A^* 的问题，应注意关系式 $AA^*=A^*A=|A|E$

①因 $AA^*=A^*A=|A|E$，故

$$PQ=\begin{pmatrix}E&0\\-\alpha^TA^*&|A|\end{pmatrix}\begin{pmatrix}A&\alpha\\\alpha^T&b\end{pmatrix}=\begin{pmatrix}A&\alpha\\-\alpha^TA^*A+|A|\alpha^T&-\alpha^TA^*\alpha+b|A|\end{pmatrix}$$
$$=\begin{pmatrix}A&\alpha\\0&|A|(b-\alpha^TA^{-1}\alpha)\end{pmatrix}$$

(2) 由 (1) 得

$|PQ|=|A|^2(b-\alpha^TA^{-1}\alpha)$，而$|PQ|=|P||Q|$，且$|P|=|A|\neq 0$，从而

$|Q|=|A|(b-\alpha^TA^{-1}\alpha)$，由此可知，$|Q|\neq 0$的充分必要条件为$\alpha^TA^{-1}\alpha\neq b$，即矩阵$Q$可逆的充分必要条件是$\alpha^TA^{-1}\alpha\neq b$.

(17) B

(加强条件) 设A是可逆矩阵，则

$$(kA)^*=|kA|(kA)^{-1}=k^n|A|A^{-1}k^{-1}=k^{n-1}|A|A^{-1}=k^{n-1}A^*.$$

(18)

$$(2E-C^{-1}B)A^T=C^{-1}\Rightarrow C(2E-C^{-1}B)A^T=E\Rightarrow(2C-B)A^T=E$$

$$\Rightarrow A(2C-B)^T=E(\text{即}(2C-B)^T\text{可逆}).$$

故$A=[(2C-B)^T]^{-1}=\begin{pmatrix}1&0&0&0\\2&1&0&0\\3&2&1&0\\4&3&2&1\end{pmatrix}^{-1}=\begin{pmatrix}1&0&0&0\\-2&1&0&0\\1&-2&1&0\\0&1&-2&1\end{pmatrix}.$

(19) B.

$$|A|=\begin{vmatrix}1&a&a&\cdots&a\\a&1&a&\cdots&a\\a&a&1&\cdots&a\\\vdots&\vdots&\vdots&\ddots&\vdots\\a&a&a&\cdots&1\end{vmatrix}=\begin{vmatrix}(n-1)a+1&(n-1)a+1&(n-1)a+1&\cdots&(n-1)a+1\\a&1&a&\cdots&a\\a&a&1&\cdots&a\\\vdots&\vdots&\vdots&\ddots&\vdots\\a&a&a&\cdots&1\end{vmatrix}$$

$$=[(n-1)a+1]\begin{vmatrix}1&1&\cdots&1\\a&1&\cdots&a\\\vdots&\vdots&\ddots&\vdots\\a&a&\cdots&1\end{vmatrix}=[(n-1)a+1]\begin{vmatrix}1&1&\cdots&1\\0&-a&\cdots&0\\\vdots&\vdots&\ddots&\vdots\\0&0&\cdots&-a\end{vmatrix}$$

$$=(-a)^{n-1}[(n-1)a+1].$$

可见$|A|=0$时必有$a=0$或$a=\dfrac{1}{1-n}$. 但$a=0$时显然秩$r(A)=1$，与假设矛盾，故必有$a=\dfrac{1}{1-n}$.

(20) 对于涉及A^*的问题，应注意关系式$AA^*=A^*A=|A|E$.

对$A^*BA=2BA-8E$两边左乘A，右乘A^{-1}，利用$AA^*=A^*A=|A|E$及$AA^{-1}=E$得$|A|B=2AB-8E$，因此$B=8(2A-|A|E)^{-1}$.

而$(2A-|A|E)=\begin{pmatrix}4&&\\&-2&\\&&4\end{pmatrix}$,

$$B=8\begin{pmatrix}4&&\\&-2&\\&&4\end{pmatrix}^{-1}=8\begin{pmatrix}\frac{1}{4}&&\\&-\frac{1}{2}&\\&&\frac{1}{4}\end{pmatrix}=\begin{pmatrix}2&&\\&-4&\\&&2\end{pmatrix}.$$

(21) $A^* = |A|A^{-1}$，故

$$|2A^*B^{-1}| = |2|A|A^{-1}B^{-1}| = |4A^{-1}B^{-1}| = 4^n \frac{1}{|A|}\frac{1}{|B|} = -\frac{2^{2n-1}}{3}.$$

(22) B.

设 AB 是 $m\times m$ 阶矩阵，因此 $|AB|$ 是否等于 0，取决于 AB 的秩是否小于 m. 因为秩 $(AB)\leqslant\min\{秩(A),秩(B)\}\leqslant n$，所以当 $m>n$ 时，AB 的秩小于 m. 必有 $|AB|=0$.

(23) $A^*X = A^{-1}+2X \xrightarrow{左乘 A} AA^*X = E+2AX \to |A|X-2AX = E$
$\to (|A|E-2A)X = E$（即 $(|A|E-2A)$ 可逆）.

由于

$$|A| = \begin{vmatrix} 1 & 1 & -1 \\ -1 & 1 & 1 \\ 1 & -1 & 1 \end{vmatrix} \xlongequal[r_3-r_1]{r_2+r_1} \begin{vmatrix} 1 & 1 & -1 \\ 0 & 2 & 0 \\ 0 & -2 & 2 \end{vmatrix} = 4,\ |A|E-2A = A\begin{pmatrix} 1 & -1 & 1 \\ 1 & 1 & -1 \\ -1 & 1 & 1 \end{pmatrix},故 X =$$

$$(|A|E-2A)^{-1} = \frac{1}{2}\begin{pmatrix} 1 & -1 & 1 \\ 1 & 1 & -1 \\ -1 & 1 & 1 \end{pmatrix}^{-1} = \frac{1}{4}\begin{pmatrix} 1 & 1 & 0 \\ 0 & 1 & 1 \\ 1 & 0 & 1 \end{pmatrix}.$$

(24) 当 $n=2$ 时，

$$A^n - 2A^{n-1} = A^2 - 2A = \begin{pmatrix} 1 & 0 & 1 \\ 0 & 2 & 0 \\ 1 & 0 & 1 \end{pmatrix}^2 - 2\begin{pmatrix} 1 & 0 & 1 \\ 0 & 2 & 0 \\ 1 & 0 & 1 \end{pmatrix} = \begin{pmatrix} 0 & 0 & 0 \\ 0 & 0 & 0 \\ 0 & 0 & 0 \end{pmatrix},$$

而当 $n>2$ 时，$A^n - 2A^{n-1} = A^{n-2}-2A^{n-1} = A^{n-2}\cdot O = O$，所以 $n\geqslant 2$ 时，均有 $A^n - 2A^{n-1} = O$.

(25) 先由 $AB-B=A$，知 A $(B-E)$ $= \begin{vmatrix} 0 & -2 & 0 \\ 2 & 0 & 0 \\ 0 & 0 & 1 \end{vmatrix} = 4\neq 0$，

$$所以 A = B(B-E)^{-1} = \begin{pmatrix} 1 & -2 & 0 \\ 2 & 1 & 0 \\ 0 & 0 & 2 \end{pmatrix}\begin{pmatrix} 1 & -2 & 0 \\ 2 & 1 & 0 \\ 0 & 0 & 2 \end{pmatrix}^{-1}$$

$$= \begin{pmatrix} 1 & -2 & 0 \\ 2 & 1 & 0 \\ 0 & 0 & 2 \end{pmatrix}\begin{pmatrix} 0 & \frac{1}{2} & 0 \\ -\frac{1}{2} & 0 & 0 \\ 0 & 0 & 1 \end{pmatrix} = \begin{pmatrix} 1 & \frac{1}{2} & 0 \\ -\frac{1}{2} & 1 & 0 \\ 0 & 0 & 2 \end{pmatrix}.$$

(26) $ABA^{-1} = BA^{-1}+3E \xrightarrow{右乘 A} AB = B+3A \xrightarrow{左乘 A^*} |A|B = A^*B+3|A|E$.

由 $|A^*| = |A|^{n-1}$，有 $|A|^3 = 8$，得 $|A| = 2$. 代入上式中，可得

$(2E-A^*)B = 6E$（即 $(2E-A^*)$ 可逆）.

$$故 B = 6(2E-A^*)^{-1} = 6\begin{pmatrix} 1 & 0 & 0 & 0 \\ 0 & 1 & 0 & 0 \\ -1 & 0 & 1 & 0 \\ 0 & 3 & 0 & -6 \end{pmatrix}^{-1} = \begin{pmatrix} 6 & 0 & 0 & 0 \\ 0 & 6 & 0 & 0 \\ 6 & 0 & 6 & 0 \\ 0 & 3 & 0 & -1 \end{pmatrix}.$$

(27) $B=(E+A)^{-1}(E-A)\Rightarrow(E+A)B=E-A\Rightarrow B+AB+A=E$,

$\Rightarrow E+B+A(E+B)=2E\Rightarrow(E+B)(E+A)=2E$

$$\Rightarrow(E+B)^{-1}=\frac{1}{2}(E+A)=\begin{pmatrix}1&0&0&0\\-1&2&0&0\\0&-2&3&0\\0&0&-3&4\end{pmatrix}.$$

(28) 设 a 和 b 是待定系数. 将题给方程化为如下形式:

$(A-E)(A+aE)=bE$,即 $A^2+(a-1)A-(a+b)E=O$. 与题给方程比较, 得 $a-1=1$, $-(a+b)=-4$. 由此解得 $a=2$, $b=2$. 于是, 题给方程化为

$(A-E)(A+2E)=2E\Rightarrow(A-E)\left[\frac{1}{2}(A+2E)\right]=E$

故 $(A-E)^{-1}=\frac{1}{2}(A+2E)$.

(29) 原方程矩阵 $\Rightarrow(AXA-AXB)-(BXA-BXB)=E$

$\Rightarrow AX(A-B)-BX(A-B)=E\Rightarrow(A-B)X(A-B)=E.$

由此得 $(A-B)$ 可逆, 且 $X=[(A-B)^{-1}]^2=\begin{pmatrix}1&1&2\\0&1&1\\0&0&1\end{pmatrix}^2=\begin{pmatrix}1&2&5\\0&1&2\\0&0&1\end{pmatrix}$.

(30) 由于 $|A|=\begin{vmatrix}k&1&1&1\\1&k&1&1\\1&1&k&1\\1&1&1&k\end{vmatrix}=(k+3)(k-1)^3$, 由题设秩 $(A)=3$, 故必有 $k=-3$ 或 $k=1$. 而当 $k=1$ 时, 秩 $(A)=1$, 故 $k=-3$.

(31) C.

因为 $B=AP_2P_1$,所以 $B^{-1}=P_1^{-1}P_2^{-1}A^{-1}=P_1P_2A^{-1}$.

(32) ①原方程可化为 $AB-2B-4A=O$. 设 a 和 b 是待定系数, 将方程化为如下形式:

$(A-2E)(B+aE)=bE$,即 $AB-2B+aA-(2a+b)E=O$. 比较可得 $a=-4$, $b=8$.

于是原方程化为

$$(A-2E)(B-4E)=8E\Rightarrow(A-2E)\left[\frac{1}{8}(B-4E)\right]=E.$$

这就证明了 $A-2E$ 可逆.

(2) 由 (1) 得 $A=2E+8(B-4E)^{-1}$, 因此

$$(B-4E)^{-1}=\begin{pmatrix}-3&-2&0\\1&-2&0\\0&0&-2\end{pmatrix}^{-1}=\begin{pmatrix}-\frac{1}{4}&\frac{1}{4}&0\\-\frac{1}{8}&-\frac{3}{8}&0\\0&0&-\frac{1}{2}\end{pmatrix},$$

故 $A=\begin{pmatrix}0&2&0\\-1&-1&0\\0&0&-2\end{pmatrix}$.

(33) $B^{-1}=\begin{pmatrix}0 & \frac{1}{2}\\ -1 & -1\end{pmatrix}$.

(34) D.

(35) 由$\vec{\alpha}\vec{\alpha}^T=\begin{pmatrix}1 & -1 & 1\\ -1 & 1 & -1\\ 1 & -1 & 1\end{pmatrix}=\begin{pmatrix}1\\ -1\\ 1\end{pmatrix}(1\quad -1\quad 1)$，知$\vec{\alpha}=\begin{pmatrix}1\\ -1\\ 1\end{pmatrix}$，于是

$$\vec{\alpha}^T\vec{\alpha}=(1\quad -1\quad 1)\begin{pmatrix}1\\ -1\\ 1\end{pmatrix}=3.$$

(36) 由 $A^2B-A-B=E$ 知，

$(A^2-E)B=A+E$，即 $(A+E)(A-E)B=A+E$，

易知矩阵 $A+E$ 可逆，于是有$(A-E)B=E$.

再两边取行列式，得$|A-E||B|=1$，

因为 $|A-E|=\begin{vmatrix}0 & 0 & 1\\ 0 & 1 & 0\\ -2 & 0 & 0\end{vmatrix}=2$，所以 $|B|=\frac{1}{2}$.

(37) 由题设，有

$$\begin{aligned}AB&=(E-\vec{\alpha}\vec{\alpha}^T)(E+\frac{1}{a}\vec{\alpha}\vec{\alpha}^T)\\&=E-\vec{\alpha}\vec{\alpha}^T+\frac{1}{a}\vec{\alpha}\vec{\alpha}^T-\frac{1}{a}\vec{\alpha}\vec{\alpha}^T\cdot\vec{\alpha}\vec{\alpha}^T\\&=E-\vec{\alpha}\vec{\alpha}^T+\frac{1}{a}\vec{\alpha}\vec{\alpha}^T-\frac{1}{a}\vec{\alpha}\ (\vec{\alpha}^T\vec{\alpha})\ \vec{\alpha}^T\\&=E-\vec{\alpha}\vec{\alpha}^T+\frac{1}{a}\vec{\alpha}\vec{\alpha}^T-2a\ \vec{\alpha}\vec{\alpha}^T\\&=E+\ (-1-2a+\frac{1}{a})\ \vec{\alpha}\vec{\alpha}^T=E,\end{aligned}$$

于是有 $-1-2a+\frac{1}{a}=0$，即 $2a^2+a-1=0$，解得 $a=\frac{1}{2}$，$a=-1$. 由于 $a<0$，故 $a=-1$.

(38) 由 $AB=2A+B$，知 $AB-B=2A-2E+2E$，

即有　$(A-E)B-2(A-E)=2E$，

$$(A-E)(B-2E)=2E,\quad (A-E)\cdot\frac{1}{2}(B-2E)=E,$$

可见　$(A-E)^{-1}=\frac{1}{2}(B-2E)=\begin{pmatrix}0 & 0 & 1\\ 0 & 1 & 0\\ 1 & 0 & 0\end{pmatrix}$.

(39) D.

(40) 已知等式两边同时右乘 A，得

$ABA^*A=2BA^*A+A$，　而$|A|=3$，于是有

$3AB=6B+A$, 即 $(3A-6E)B=A$,

再两边取行列式, 有 $|3A-6E||B|=|A|=3$,

而 $|3A-6E|=27$, 故所求行列式为 $|B|=\frac{1}{9}$.

(41) 因为当 $|A|=0$ 时, $r(A)<n$, 又 A 与 B 等价, 故 $r(B)<n$, 即 $|B|=0$, 故选 (D).

(42) 因为 $A^2=\begin{pmatrix}-1&0&0\\0&-1&0\\0&0&1\end{pmatrix}$, $B^{2004}=P^{-1}A^{2004}P$.

故 $B^{2004}=P^{-1}(A^2)^{1002}P=P^{-1}EP=E$, $B^{2004}-2A^2=\begin{pmatrix}3&0&0\\0&3&0\\0&0&-1\end{pmatrix}$.

(43) $a^2(a-2^n)$.

(44) 根据 A 与其伴随矩阵 A^* 秩之间的关系知, 秩$(A)=2$, 故有

$$\begin{vmatrix}a&b&b\\b&a&b\\b&b&a\end{vmatrix}=(a+2b)(a-b)^2=0, \text{ 即有 } a+2b=0 \text{ 或 } a=b.$$

但当 $a=b$ 时, 显然秩$(A)\neq 2$, 故必有 $a\neq b$ 且 $a+2b=0$. 应选 (C).

(45) 由题设, 有

$$B=(\vec{\alpha}_1+\vec{\alpha}_2+\vec{\alpha}_3,\vec{\alpha}_1+2\vec{\alpha}_2+4\vec{\alpha}_3,\vec{\alpha}_1+3\vec{\alpha}_2+9\vec{\alpha}_3)$$

$$=(\vec{\alpha}_1,\vec{\alpha}_2,\vec{\alpha}_3)\begin{pmatrix}1&1&1\\1&2&3\\1&4&9\end{pmatrix},$$

于是有 $|B|=|A|\cdot\begin{vmatrix}1&1&1\\1&2&3\\1&4&9\end{vmatrix}=1\times 2=2.$

(46) 由 $A^*=A^T$ 及 $AA^*=A^*A=|A|E$, 有 $a_{ij}=A_{ij}$, i, $j=1$, 2, 3, 其中 A_{ij} 为 a_{ij} 的代数余子式, 且 $AA^T=|A|E\Rightarrow|A|^2=|A|^3\Rightarrow|A|=0$ 或 $|A|=1$.

而 $|A|=a_{11}A_{11}+a_{12}A_{12}+a_{13}A_{13}=3a_{11}^2\neq 0$, 于是 $|A|=1$, 且 $a_{11}=\frac{\sqrt{3}}{3}$. 故正确选项为 (A).

(47) 由题设, 存在初等矩阵 E_{12} (交换 n 阶单位矩阵的第 1 行与第 2 行所得), 使得 $E_{12}A=B$, 于是

$$B^*=(E_{12}A)^*=A^*E_{12}^*=A^*|E_{12}|\cdot E_{12}^{-1}=-A^*E_{12},$$

即 $A^*E_{12}=-B^*$, 应选 (C).

(48) 由 $B=E+AB$, $C=A+CA$, 知

$$(E-A)B=E,\ C(E-A)=A,$$

可见, $E-A$ 与 B 互为逆矩阵, 于是有 $B(E-A)=E$.

从而有 $(B-C)(E-A)=E-A$, 而 $E-A$ 可逆, 故 $B-C=E$. 应选 (A).

(49) 由题设, 有 $B(A-E)=2E$

于是有 $|B||A-E|=4$，而 $|A-E|=\begin{vmatrix}1 & 1\\ -1 & 1\end{vmatrix}=2$，所以 $|B|=2$.

(50) $A=(2\vec{\alpha}_1+\vec{\alpha}_2,\vec{\alpha}_1-\vec{\alpha}_2)=(\vec{\alpha}_1,\vec{\alpha}_2)\begin{pmatrix}2 & 1\\ 1 & -1\end{pmatrix}=B\begin{pmatrix}2 & 1\\ 1 & -1\end{pmatrix}$,

所以 $|A|=|B|\begin{vmatrix}2 & 1\\ 1 & -1\end{vmatrix}=-3|B|$，而 $|A|=6$，故 $|B|=-2$.

(51) 由题设可得

$$B=\begin{pmatrix}1 & 1 & 0\\ 0 & 1 & 0\\ 0 & 0 & 1\end{pmatrix}A,\quad C=B\begin{pmatrix}1 & -1 & 0\\ 0 & 1 & 0\\ 0 & 0 & 1\end{pmatrix}=\begin{pmatrix}1 & 1 & 0\\ 0 & 1 & 0\\ 0 & 0 & 1\end{pmatrix}A\begin{pmatrix}1 & -1 & 0\\ 0 & 1 & 0\\ 0 & 0 & 1\end{pmatrix},$$

而 $P^{-1}=\begin{pmatrix}1 & -1 & 0\\ 0 & 1 & 0\\ 0 & 0 & 1\end{pmatrix}$，则有 $C=PAP^{-1}$. 故应选 (B).

(52) $A=\begin{pmatrix}0 & 1 & 0 & 0\\ 0 & 0 & 1 & 0\\ 0 & 0 & 0 & 1\\ 0 & 0 & 0 & 0\end{pmatrix}\Rightarrow A^3=\begin{pmatrix}0 & 0 & 0 & 1\\ 0 & 0 & 0 & 0\\ 0 & 0 & 0 & 0\\ 0 & 0 & 0 & 0\end{pmatrix}\Rightarrow r(A)=1$.

(53) 由 $A^3=0$ 得 $E=E-A^3=(E-A)(E+A+A^2)$,

$$E=E+A^3=(E+A)(E-A+A^2).$$

所以 $E-A$, $E+A$ 均可逆. 故选 (C).

(54) 利用伴随矩阵的公式，有

$$\begin{pmatrix}O & A\\ B & O\end{pmatrix}^*=\begin{vmatrix}O & A\\ B & O\end{vmatrix}\begin{pmatrix}O & A\\ B & O\end{pmatrix}^{-1}=(-1)^{2\times 2}|A||B|\begin{pmatrix}O & B^{-1}\\ A^{-1} & O\end{pmatrix}$$

$$=\begin{pmatrix}O & |A||B|B^{-1}\\ |A||B|A^{-1} & O\end{pmatrix}=\begin{pmatrix}O & |A|B^*\\ |B|A^* & O\end{pmatrix}=\begin{pmatrix}O & 2B^*\\ 3A^* & O\end{pmatrix}.$$

应选 (B).

(55) 因为 $Q=P\begin{pmatrix}1 & 0 & 0\\ 1 & 1 & 0\\ 0 & 0 & 1\end{pmatrix}$. 于是

$$Q^TAQ=\begin{pmatrix}1 & 0 & 0\\ 1 & 1 & 0\\ 0 & 0 & 1\end{pmatrix}^T P^TAP\begin{pmatrix}1 & 0 & 0\\ 1 & 1 & 0\\ 0 & 0 & 1\end{pmatrix}$$

$$=\begin{pmatrix}1 & 1 & 0\\ 0 & 1 & 0\\ 0 & 0 & 1\end{pmatrix}\begin{pmatrix}1 & 0 & 0\\ 0 & 1 & 0\\ 0 & 0 & 2\end{pmatrix}\begin{pmatrix}1 & 0 & 0\\ 1 & 1 & 0\\ 0 & 0 & 1\end{pmatrix}=\begin{pmatrix}2 & 1 & 0\\ 1 & 1 & 0\\ 0 & 0 & 2\end{pmatrix}.$$

即 (A) 正确.

(56) 由 $AB=E$ 有 $r(AB)=r(E)=m$.

由 $r(AB)\leqslant\min\{r(A),r(B)\}$，知 $r(A)\geqslant m, r(B)\geqslant m$,

又 A 为 $m\times n$ 矩阵，B 为 $n\times m$ 矩阵，因此 $r(A)\geqslant m$，$r(B)\leqslant m$.

故 秩 $r(A)=m$，秩 $r(B)=m$，应选(A).

(57) $|A+B^{-1}|=|(AB+E)B^{-1}|=|(AB+AA^{-1})B^{-1}|=|A(B+A^{-1})B^{-1}|$

$=|A|\cdot|A^{-1}+B|\cdot|B^{-1}|=3\cdot2\cdot2^{-1}=3.$

(58) 由已知条件有 $P_2AP_1=E$ 得 $A=P_2^{-1}EP_1^{-1}=P_2P_1^{-1}$. 故选（D）.

九、练 习 二

1. 用数学归纳法证明 $\begin{pmatrix}\cos\varphi & -\sin\varphi\\ \sin\varphi & \cos\varphi\end{pmatrix}^n=\begin{pmatrix}\cos n\varphi & -\sin n\varphi\\ \sin n\varphi & \cos n\varphi\end{pmatrix}$.

2. 设 $A=\begin{pmatrix}a_1E_1 & & & \\ & a_2E_2 & & \\ & & \ddots & \\ & & & a_rE_r\end{pmatrix}$，其中 $a_i\neq a_j$，$i\neq j(i,j=1,2,\cdots,r)$，$E_i$ 是 n_i 阶单位矩阵，$\sum_{i=1}^{r}n_i=n$，证明：与 A 可交换的矩阵只能是准对角矩阵 $\begin{pmatrix}A_1 & & & \\ & A_2 & & \\ & & \ddots & \\ & & & A_r\end{pmatrix}$，其中 A_i 是 n_i 阶矩阵$(i=1,\cdots,r)$.

3. 证明：$|A^*|=|A|^{n-1}$，其中 A 是 $n\times n$ 矩阵（$n\geqslant2$）.

4. 证明：如果 A 是 $n\times n$ 矩阵($n\geqslant2$)，那么秩$(A^*)=\begin{cases}n, & 秩(A)=n\\ 1, & 秩(A)=n-1\\ 0, & 秩(A)<n-1\end{cases}$

5. 设 A，B 均为 3 阶方阵，E 为 3 阶单位矩阵，它们满足 $AB+E=A^2+B$ 其中 $A=\begin{pmatrix}1 & 0 & 1\\ 0 & 2 & 0\\ -1 & 0 & 1\end{pmatrix}$，求矩阵 B.

6. A,B 是 n 阶矩阵

（1）A 是什么矩阵时，若 $AB=A$，必有 $B=E$；

A 是什么矩阵时，有 $B\neq E$，使得 $AB=A$.

（2）$A=\begin{pmatrix}1 & 2\\ -2 & -4\end{pmatrix}$，求所有的 $B\neq E$，使得 $AB=A$.

7. 设 A 是 n 阶方阵，满足 $A^m=E$，其中 m 为正整数，E 为 n 阶单位矩阵，现将 A 中的元素 a_{ij} 用其代数余子式 A_{ij} 代替，得到的矩阵记为 $\tilde{A}$，证明：$\tilde{A}^m=E$.

8. 已知 $\begin{pmatrix}x_0\\ y_0\end{pmatrix}=\begin{pmatrix}5\\ 2\end{pmatrix}$，$\begin{pmatrix}x_{n+1}\\ y_{n+1}\end{pmatrix}=\begin{pmatrix}-\dfrac{7}{2} & 6\\ -3 & 5\end{pmatrix}\begin{pmatrix}x_n\\ y_n\end{pmatrix}$，求 $\lim\limits_{n\to\infty}x_n$，$\lim\limits_{n\to\infty}y_n$.

9. 设$A=\begin{pmatrix} B & O \\ C & D \end{pmatrix}$，其中$B$，$D$皆为可逆方阵,证明$A$可逆并求$A^{-1}$.

10. 设A，B是两个n阶方阵，证明：$\begin{vmatrix} A & B \\ B & A \end{vmatrix}=|A+B|\cdot|A-B|$.

11. 证明：任何方阵都可表示为一个可逆矩阵与一个幂等方阵（C为方阵，$C^2=C$）的乘积.

12. 设A为n阶方阵，证明：若$A^2=E$，则$r(A+E)+r(A-E)=n$.

13. 设A是一个3阶方阵，且$A^2=E$，$A\neq\pm E$，证明：$A+E$与$A-E$中有一个的秩为1，另一个的秩为2.

14. 设A是一个n阶方阵，证明：

（1）若A是反对称的，当且仅当对任意n维向量$\vec{x}$都有$\vec{x}^TA\vec{x}=0$；

（2）若A是对称方阵，且对任意n维向量$\vec{x}$都有$\vec{x}^TA\vec{x}=0$，则$A=0$；

（3）若A，B都是对称矩阵，且对任意n维向量$\vec{x}$都有$\vec{x}^TA\vec{x}=\vec{x}^TB\vec{x}$，且$A=B$.

十、练习二解答

1. 略.
2. 略.
3. 略.
4. 略.
5. $B=\begin{bmatrix} 2 & 0 & 1 \\ 0 & 3 & 0 \\ -1 & 0 & 2 \end{bmatrix}$.

6. （1）可逆矩阵；不可逆矩阵　（2）$B=\begin{bmatrix} 2k+1 & 2l \\ -k & -l+1 \end{bmatrix}$（$k$，$l$是任意常数）.

7. 略.
8. -16；-12.
9. $A^{-1}=\begin{Bmatrix} B^{-1} & O \\ -D^{-1}CB^{-1} & D^{-1} \end{Bmatrix}$.

10. 略.
11. 略.
12. 略.
13. 略.
14. 略.

第三章

向量组的线性相关性与线性方程组

一、内容小结

本章的核心内容是研究向量组的线性相关性和线性方程组的解法. 具体要求是：了解向量的概念，掌握向量的加法和数乘运算法则；理解向量的线性组合与线性表示、向量组线性相关、线性无关等概念，掌握向量组线性相关、线性无关的有关性质及判别方法；理解向量组的极大线性无关组的概念，会求向量组的极大线性无关组及秩；理解向量组等价的概念，理解矩阵的秩与其行（列）向量组的秩之间的关系；理解齐次线性方程组的基础解系的概念，掌握齐次线性方程组的基础解系和通解的求法；理解非齐次线性方程组解的结构及通解的概念；掌握非齐次线性方程组有解和无解的判定方法；熟练掌握用初等行变换求解线性方程组的方法.

二、知 识 框 架

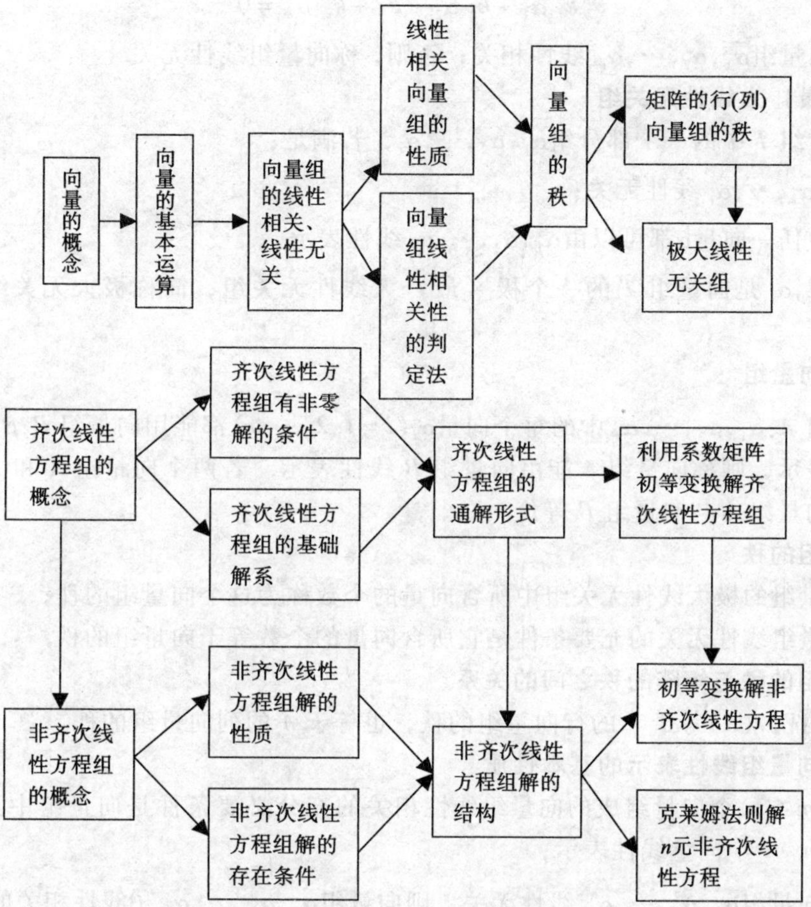

三、知识要点与典型例题

(一) 知识要点

1. n 维向量的概念

由 n 个有序的数 $a_1,a_2,\cdots,a_n$ 所组成的有序数组 $\vec{\alpha}=(a_1,a_2,\cdots,a_n)$ 或 $\vec{\alpha}=(a_1,a_2,\cdots,a_n)^T$ 称为 n 维行或列向量．数 $a_1,a_2,\cdots,a_n$ 称为向量 $\vec{\alpha}$ 的分量（或坐标）.

2. 向量组的线性组合和线性表示

设 $\vec{\alpha}_1,\vec{\alpha}_2,\cdots,\vec{\alpha}_m,\vec{\beta}$ 为 n 维向量组，若存在实数 $k_1,\cdots,k_m$，使得

$$\vec{\beta}=k_1\vec{\alpha}_1+k_2\vec{\alpha}_2+\cdots+k_m\vec{\alpha}_m,$$

则称$\vec{\beta}$为$\vec{\alpha}_1,\vec{\alpha}_2,\cdots,\vec{\alpha}_m$的线性组合，或称$\vec{\beta}$可由$\vec{\alpha}_1,\vec{\alpha}_2,\cdots,\vec{\alpha}_m$线性表示.

3. 向量组线性相关与线性无关的概念

对于 n 维向量组$\vec{\alpha}_1,\vec{\alpha}_2,\cdots,\vec{\alpha}_m$，如果存在一组不全为 0 的数 $k_1,k_2,\cdots,k_m$，使得等式

$$k_1\vec{\alpha}_1+k_2\vec{\alpha}_2+\cdots+k_m\vec{\alpha}_m=\vec{0}$$

成立，则称向量组$\vec{\alpha}_1,\vec{\alpha}_2,\cdots,\vec{\alpha}_m$线性相关；否则，称向量组线性无关.

4. 极（最）大线性无关组

对于向量组 T 中的一个部分组$\vec{\alpha}_1,\vec{\alpha}_2,\cdots,\vec{\alpha}_r$，若满足：

（1）$\vec{\alpha}_1,\vec{\alpha}_2,\cdots,\vec{\alpha}_r$线性无关；

（2）T 中任一向量$\vec{\alpha}$都可以由$\vec{\alpha}_1,\vec{\alpha}_2,\cdots,\vec{\alpha}_r$线性表示，

则称$\vec{\alpha}_1,\vec{\alpha}_2,\cdots,\vec{\alpha}_r$是向量组 T 的一个极（最）大线性无关组，简称极大无关组或最大无关组.

5. 等价向量组

若向量组 $A:\vec{\alpha}_1,\vec{\alpha}_2,\cdots,\vec{\alpha}_r$中的每个向量$\vec{\alpha}_i(i=1,2,\cdots,r)$都能用向量组 $B:\vec{\beta}_1,\vec{\beta}_2,\cdots,\vec{\beta}_s$中的向量线性表示，则称向量组 A 能由向量组 B 线性表示. 若两个向量组 A 和 B 能相互线性表示，则称向量组 A 与向量组 B 等价.

6. 向量组的秩

（1）向量组的极大线性无关组中所含向量的个数称为这个向量组的秩；

（2）向量组线性无关的充要条件是它所含向量的个数等于向量组的秩.

7. 向量组的秩与矩阵的秩之间的关系

矩阵 A 的秩 $r(A)$ 等于 A 的行向量组的秩，也等于 A 的列向量组的秩.

8. 有关向量组线性表示的基本性质

（1）$m(m\geqslant 2)$个向量组成的向量组线性相关的充分必要条件是向量组中至少有一个向量可由其余 $m-1$ 个向量线性表示；

（2）设向量组$\vec{\alpha}_1,\vec{\alpha}_2,\cdots,\vec{\alpha}_m$线性无关，则向量组$\vec{\alpha}_1,\vec{\alpha}_2,\cdots,\vec{\alpha}_m,\vec{\beta}$线性相关的充要条件是：$\vec{\beta}$能由$\vec{\alpha}_1,\vec{\alpha}_2,\cdots,\vec{\alpha}_m$线性表示，且表示式是唯一的；

（3）设向量组 A 的秩为 r_1，向量组 B 的秩为 r_2，若 A 能由 B 线性表示，则 $r_1\leqslant r_2$.

9. 有关向量组线性相关性的结论

（1）对于一个向量组，若某个部分组线性相关，则整体线性相关；若整体线性无关，则任一部分组线性无关.

（2）若向量组$\vec{\alpha}_1,\vec{\alpha}_2,\cdots,\vec{\alpha}_m$线性无关，则每个向量添加分量后的向量组仍线性无关；若一组向量线性相关，则每个向量去掉一些分量后的向量组仍线性相关.

（3）n 维向量组$\vec{\alpha}_1,\vec{\alpha}_2,\cdots,\vec{\alpha}_m$线性无关的充分必要条件是：$A=(\vec{\alpha}_1,\vec{\alpha}_2,\cdots,\vec{\alpha}_m)$至少有一个 m 阶子式不等于 0.

（4）设 A 为 $m\times n$ 矩阵，若 A 中某个 r 阶子式 $D_r\neq 0$，则 A 的包含 D_r 的 r 个行（列）向量线性无关；若 A 中任意 r 阶子式等于 0，则 A 的任意 r 个行（列）向量线性相关.

10. 设 $r(A_{m\times n})=r$，则 A 的秩 $r(A_{m\times n})$ 与 A 的行、列向量组的线性相关性的关系为：

(1) 若 $r(A_{m\times n})=r=m$，则 A 的行向量组线性无关；

(2) 若 $r(A_{m\times n})=r<m$，则 A 的行向量组线性相关；

(3) 若 $r(A_{m\times n})=r=n$，则 A 的列向量组线性无关；

(4) 若 $r(A_{m\times n})=r<n$，则 A 的列向量组线性相关.

11. 齐次线性方程组有非零解的充分必要条件

(1) n 元齐次线性方程组 $A_{m\times n}\vec{x}=\vec{0}$ 有非零解的充要条件是：它的系数矩阵 A 的秩 $r(A)<n$.

(2) n 元齐次线性方程组 $A_{m\times n}\vec{x}=\vec{0}$ 有非零解的充要条件是：系数矩阵 $A_{m\times n}$ 的列向量组线性相关.

12. 齐次线性方程组 $A_{m\times n}\vec{x}=\vec{0}$ 解的性质及其结构

(1) 若 $\vec{\xi}_1,\vec{\xi}_2$ 是 n 元齐次线性方程组 $A_{m\times n}\vec{x}=\vec{0}$ 的解，则 $\vec{x}=\vec{\xi}_1+\vec{\xi}_2$、$\vec{x}=k\vec{\xi}_1$（$k$ 为任意实数）也是解；$A_{m\times n}\vec{x}=\vec{0}$ 的所有解构成一个向量空间 S，称为该方程组的解空间，解空间的基称为 $A_{m\times n}\vec{x}=\vec{0}$ 的基础解系.

(2) 若 $A_{m\times n}\vec{x}=\vec{0}$ 的系数矩阵的秩 $R(A)=r<n$，则它的基础解系含有 $n-r$ 个向量，即解空间 S 是 $n-r$ 维的.

(3) 若 $R(A)=r<n$，$\vec{\xi}_1,\vec{\xi}_2,\cdots,\vec{\xi}_{n-r}$ 是 $A_{m\times n}\vec{x}=\vec{0}$ 的一个基础解系，则方程组的通解为：$\vec{\xi}=k_1\vec{\xi}_1+k_2\vec{\xi}_2+\cdots+k_{n-r}\vec{\xi}_{n-r}$，其中 $k_1,k_2,\cdots,k_{n-r}$ 为任意实数.

13. 非齐次线性方程组 $A_{m\times n}\vec{x}=\vec{b}$ 解的性质及其结构

(1) 设 $\vec{\eta}_1$，$\vec{\eta}_2$ 是非齐次线性方程组 $A_{m\times n}\vec{x}=\vec{b}$ 的解，则 $\vec{x}=\vec{\eta}_1-\vec{\eta}_2$ 为其对应的齐次线性方程组 $A_{m\times n}\vec{x}=\vec{0}$ 的解.

(2) 设 $\vec{\eta}$ 是 $A_{m\times n}\vec{x}=\vec{b}$ 的解，$\vec{\xi}$ 是 $A_{m\times n}\vec{x}=\vec{0}$ 的解，则 $\vec{x}=\vec{\xi}+\vec{\eta}$ 仍是 $A_{m\times n}\vec{x}=\vec{b}$ 的解.

(3) $A_{m\times n}\vec{x}=\vec{b}$ 的通解等于 $A_{m\times n}\vec{x}=\vec{0}$ 的通解与 $A_{m\times n}\vec{x}=\vec{b}$ 的一个特解之和.

14. 非齐次线性方程组 $A_{m\times n}\vec{x}=\vec{b}$ 有解的充分必要条件

(1) $A_{m\times n}\vec{x}=\vec{b}$ 有解的充要条件是 $r(A)=r(A\ \vec{b})$；

(2) $A_{m\times n}\vec{x}=\vec{b}$ 有解的充要条件是 $\vec{b}$ 可由 A 的列向量组线性表示.

15. 若 $A_{m\times n}\vec{x}=\vec{b}$ 有解，即 $r(A)=r(A\ \vec{b})=r$，则

(1) 当 $r=n$ 时，方程组有唯一解；

(2) 当 $r<n$ 时，方程组有无穷多解.

(二) 典型例题

1. 题型分析

题型 1：向量组线性相关性的判定

解题思路：

(1) 利用定义判别：这是判别向量组线性相关性的基本方法，既适用于分量没有具体给出的抽象向量组，又适用于分量已具体给出的向量组（如例 3.1.1 解法一，例 3.1.2）.

（2）利用矩阵的秩判别：设有 m 个 n 维列向量 $\vec{\alpha}_1,\vec{\alpha}_2,\cdots,\vec{\alpha}_m$，记 $A=(\vec{\alpha}_1,\vec{\alpha}_2,\cdots,\vec{\alpha}_m)$，则可用矩阵 A 的秩判别向量组 $\vec{\alpha}_1,\vec{\alpha}_2,\cdots,\vec{\alpha}_m$ 的线性相关性（如例 3.1.1 解法二，例 3.1.3）.

① 当 $R(A)=m$ 时，向量组 $\vec{\alpha}_1,\vec{\alpha}_2,\cdots,\vec{\alpha}_m$ 线性无关；

② 当 $R(A)<m$ 时，向量组 $\vec{\alpha}_1,\vec{\alpha}_2,\cdots,\vec{\alpha}_m$ 线性相关.

（3）利用行列式判别：设有 n 个 n 维列向量 $\vec{\alpha}_1,\vec{\alpha}_2,\cdots,\vec{\alpha}_n$，记 $A=(\vec{\alpha}_1,\vec{\alpha}_2,\cdots,\vec{\alpha}_n)$，$A$ 为方阵，则可用 A 的行列式值判别向量组 $\vec{\alpha}_1,\vec{\alpha}_2,\cdots,\vec{\alpha}_n$ 的线性相关性（如例 3.1.1 解法三）.

① 当 $|A|\neq 0$ 时，向量组 $\vec{\alpha}_1,\vec{\alpha}_2,\cdots,\vec{\alpha}_n$ 线性无关；

② 当 $|A|=0$ 时，向量组 $\vec{\alpha}_1,\vec{\alpha}_2,\cdots,\vec{\alpha}_n$ 线性相关.

对于 m 个 n 维列向量的情形，可通过添加向量的分量转化为上述情形来判定.

（4）转化为齐次线性方程组的解向量进行判别：若 $\vec{\alpha}_1,\vec{\alpha}_2,\cdots,\vec{\alpha}_m$ 为 $B\vec{x}=\vec{0}$ 的解向量，且向量的个数大于基础解系所含向量的个数，则此向量组线性相关.

例 3.1.1 设 $\vec{\alpha}_1=(1,1,1),\vec{\alpha}_2=(1,2,3),\vec{\alpha}_3=(1,3,t)$，

（1）问 t 为何值时，向量组 $\vec{\alpha}_1,\vec{\alpha}_2,\vec{\alpha}_3$ 线性相关；

（2）问 t 为何值时，向量组 $\vec{\alpha}_1,\vec{\alpha}_2,\vec{\alpha}_3$ 线性无关；

（3）当向量组线性相关时，将 $\vec{\alpha}_3$ 表示为 $\vec{\alpha}_1,\vec{\alpha}_2$ 的线性组合.

解法一 设有数 k_1,k_2,k_3，使得 $k_1\vec{\alpha}_1+k_2\vec{\alpha}_2+k_3\vec{\alpha}_3=\vec{0}$. 即，

$$\begin{cases}k_1+k_2+k_3=0\\k_1+2k_2+3k_3=0,\\k_1+3k_2+tk_3=0\end{cases}$$

该齐次线性方程组的系数行列式为：

$$D=\begin{vmatrix}1&1&1\\1&2&3\\1&3&t\end{vmatrix}\xlongequal[r_3-r_1]{r_2-r_1}\begin{vmatrix}1&1&1\\0&1&2\\0&2&t-1\end{vmatrix}=t-1-4=t-5.$$

（1）当 $D=0$，即 $t=5$ 时，方程组有非零解，向量组 $\vec{\alpha}_1,\vec{\alpha}_2,\vec{\alpha}_3$ 线性相关；

（2）当 $D\neq 0$，即 $t\neq 5$ 时，方程组只有零解，向量组 $\vec{\alpha}_1,\vec{\alpha}_2,\vec{\alpha}_3$ 线性无关；

（3）当 $t=5$ 时，设 $\vec{\alpha}_3=x_1\vec{\alpha}_1+x_2\vec{\alpha}_2$，即有

$$\begin{cases}x_1+x_2=1\\x_1+2x_2=3,\\x_1+3x_2=5\end{cases}\text{解得}\begin{cases}x_1=-1\\x_2=2\end{cases}$$

所以 $\vec{\alpha}_3=-\vec{\alpha}_1+2\vec{\alpha}_2$.

解法二 记 $A=\begin{pmatrix}\vec{\alpha}_1\\\vec{\alpha}_2\\\vec{\alpha}_3\end{pmatrix}=\begin{pmatrix}1&1&1\\1&2&3\\1&3&t\end{pmatrix}$

$$\overset{r_3-r_1}{\underset{r_2-r_1}{\sim}}\begin{pmatrix}1&1&1\\0&1&2\\0&2&t-1\end{pmatrix}\overset{r_3-2r_2}{\sim}\begin{pmatrix}1&1&1\\0&1&2\\0&0&t-5\end{pmatrix}.$$

(1) 当 $t=5$ 时，$R(A)=2$，所以向量组$\vec{\alpha}_1,\vec{\alpha}_2,\vec{\alpha}_3$ 线性相关.

(2) 当 $t\neq5$ 时，$R(A)=3$，所以向量组$\vec{\alpha}_1,\vec{\alpha}_2,\vec{\alpha}_3$ 线性无关.

(3) 与解法一相同.

解法三 $\begin{vmatrix}\vec{\alpha}_1\\\vec{\alpha}_2\\\vec{\alpha}_3\end{vmatrix}=\begin{vmatrix}1&1&1\\1&2&3\\1&3&t\end{vmatrix}=t-5$，即

(1) 当 $t=5$ 时，向量组$\vec{\alpha}_1,\vec{\alpha}_2,\vec{\alpha}_3$ 线性相关；

(2) 当 $t\neq5$ 时，向量组$\vec{\alpha}_1,\vec{\alpha}_2,\vec{\alpha}_3$ 线性无关；

(3) 与解法一相同.

例 3.1.2 设向量组 $\vec{\alpha}_1,\vec{\alpha}_2,\vec{\alpha}_3$ 线性相关，$\vec{\alpha}_2,\vec{\alpha}_3,\vec{\alpha}_4$ 线性无关，问：

(1) $\vec{\alpha}_1$ 能否由 $\vec{\alpha}_2,\vec{\alpha}_3$ 线性表出？证明结论.

(2) $\vec{\alpha}_4$ 能否由 $\vec{\alpha}_1,\vec{\alpha}_2,\vec{\alpha}_3$ 线性表出？证明结论.

解 (1) $\vec{\alpha}_1$ 能由 $\vec{\alpha}_2,\vec{\alpha}_3$ 线性表出.

证法一 因$\vec{\alpha}_1,\vec{\alpha}_2,\vec{\alpha}_3$ 线性相关，所以存在不全为零的数 k_1,k_2,k_3，使 $k_1\vec{\alpha}_1+k_2\vec{\alpha}_2+k_3\vec{\alpha}_3=0$，若 $k_1=0$，则 k_2,k_3 不全为零，

由 $k_2\vec{\alpha}_2+k_3\vec{\alpha}_3=0$ 知 $\vec{\alpha}_2,\vec{\alpha}_3$ 线性相关，于是 $\vec{\alpha}_2,\vec{\alpha}_3,\vec{\alpha}_4$ 线性相关，这与已知矛盾，故 $k_1\neq0$. 这样，就有$\vec{\alpha}_1=-\frac{k_2}{k_1}\vec{\alpha}_2-\frac{k_3}{k_1}\vec{\alpha}_3$.

证法二 由 $\vec{\alpha}_2,\vec{\alpha}_3,\vec{\alpha}_4$ 线性无关知，必有 $\vec{\alpha}_2,\vec{\alpha}_3$ 线性无关，又 $\vec{\alpha}_1,\vec{\alpha}_2,\vec{\alpha}_3$ 线性相关，所以 $\vec{\alpha}_2,\vec{\alpha}_3$ 为 $\vec{\alpha}_1,\vec{\alpha}_2,\vec{\alpha}_3$ 的极大无关组，故 $\vec{\alpha}_1$ 能由 $\vec{\alpha}_2,\vec{\alpha}_3$ 线性表出.

(2) $\vec{\alpha}_4$ 不能由 $\vec{\alpha}_1,\vec{\alpha}_2,\vec{\alpha}_3$ 线性表出.

证 (反证) 若$\vec{\alpha}_4$ 能由 $\vec{\alpha}_1,\vec{\alpha}_2,\vec{\alpha}_3$ 线性表出，即有$\vec{\alpha}_4=k_1\vec{\alpha}_1+k_2\vec{\alpha}_2+k_3\vec{\alpha}_3$，由 (1) 又有 $\vec{\alpha}_1=l_2\vec{\alpha}_2+l_3\vec{\alpha}_3$，将之代入上式得$\vec{\alpha}_4=(k_1l_2+k_2)\vec{\alpha}_2+(k_3+k_1l_3)\vec{\alpha}_3$，即$\vec{\alpha}_4$ 能由$\vec{\alpha}_2,\vec{\alpha}_3$ 线性表出，所以$\vec{\alpha}_2,\vec{\alpha}_3,\vec{\alpha}_4$ 线性相关，这与已知矛盾. 故$\vec{\alpha}_4$ 不能由$\vec{\alpha}_1,\vec{\alpha}_2,\vec{\alpha}_3$ 线性表出.

例 3.1.3 设 $a_1,a_2,\cdots,a_r(r\leqslant n)$是互不相同的数，

$\vec{\alpha}_i=(1,a_i,a_i^2,\cdots,a_i^{n-1})(i=1,2,\cdots,r)$，问：$\vec{\alpha}_1,\vec{\alpha}_2,\cdots,\vec{\alpha}_r$ 线性相关否？

解 记

$$A=(\vec{\alpha}_1^T,\vec{\alpha}_2^T,\cdots,\vec{\alpha}_r^T)=\begin{pmatrix}1&1&\cdots&1\\a_1&a_2&\cdots&a_r\\\vdots&\vdots&\ddots&\vdots\\a_1^{r-1}&a_2^{r-1}&\cdots&a_r^{r-1}\\\vdots&\vdots&\ddots&\vdots\\a_1^{n-1}&a_2^{n-1}&\cdots&a_r^{n-1}\end{pmatrix}$$，$A_{n\times r}$上面的 r 阶子式为范德蒙行列式

$$V(a_1,a_2,\cdots,a_r)=\begin{vmatrix}1 & 1 & \cdots & 1\\ a_1 & a_2 & \cdots & a_r\\ \vdots & \vdots & \ddots & \vdots\\ a_1^{r-1} & a_2^{r-1} & \cdots & a_r^{r-1}\end{vmatrix}=\prod_{1\leqslant i<j\leqslant r}(a_j-a_i)\neq 0,$$

故 $r(A)=r,\vec{\alpha}_1,\vec{\alpha}_2,\cdots,\vec{\alpha}_r$ 线性无关.

题型 2：有关向量组间线性相关性的命题

解题思路：

（1）设向量组 $A:\vec{\alpha}_1,\vec{\alpha}_2,\cdots,\vec{\alpha}_m$，向量组 $B:\vec{\beta}_1,\vec{\beta}_2,\cdots,\vec{\beta}_t$ 是与 A 有关的另一向量组，若向量组 A 线性无关，则讨论向量组 B 的线性相关性可采用如下方法：

① 利用定义讨论（如例 3.2.1 证法一）；

② 利用矩阵的秩判别（如例 3.2.2）；

③ 利用向量组的等价证明（如例 3.2.1 证法二，例 3.2.3）.

（2）设给定向量$\vec{\beta}$和向量组 $A:\vec{\alpha}_1,\vec{\alpha}_2,\cdots,\vec{\alpha}_m$，讨论$\vec{\beta}$是否可用向量组 A 线性表示，可采用如下方法：

① 令$\vec{\beta}=x_1\vec{\alpha}_1+x_2\vec{\alpha}_2+\cdots x_m\vec{\alpha}_m$，则把向量$\vec{\beta}$是否可用向量组 A 线性表示的问题转化为上述方程组（以$\vec{\alpha}_1,\vec{\alpha}_2,\cdots,\vec{\alpha}_m$ 和$\vec{\beta}$的分量为系数矩阵和非齐次项）是否有解的问题．有解则线性表示成立，且当解唯一时表示法也唯一；无解则线性表示不成立（如例 3.2.5）.

② 若$\vec{\alpha}_1,\vec{\alpha}_2,\cdots,\vec{\alpha}_m$ 线性无关，而$\vec{\alpha}_1,\vec{\alpha}_2,\cdots,\vec{\alpha}_m,\vec{\beta}$线性相关，则$\vec{\beta}$可用向量组 A 线性表示（如例 3.2.4）.

③ 利用矩阵 A 与矩阵$(A,\vec{\beta})$的秩进行判定（如例 3.2.6）.

例 3.2.1 试证：向量组$\vec{\alpha}_1,\vec{\alpha}_2,\cdots,\vec{\alpha}_r$ 线性无关的充要条件是向量组$\vec{\alpha}_1,\vec{\alpha}_1+\vec{\alpha}_2,\cdots,\vec{\alpha}_1+\vec{\alpha}_2+\cdots+\vec{\alpha}_r$ 线性无关.

证法一 必要性：设有数 $k_1,k_2,\cdots,k_r$，使

$$k_1\vec{\alpha}_1+k_2(\vec{\alpha}_1+\vec{\alpha}_2)+\cdots+k_r(\vec{\alpha}_1+\vec{\alpha}_2+\cdots+\vec{\alpha}_r)=\vec{0}$$

则有$(k_1+k_2+\cdots+k_r)\vec{\alpha}_1+\cdots+(k_{r-1}+k_r)\vec{\alpha}_{r-1}+k_r\vec{\alpha}_r=\vec{0}$. 由$\vec{\alpha}_1,\vec{\alpha}_2,\cdots,\vec{\alpha}_r$ 线性无关知，仅有

$$\begin{cases}k_1+k_2+\cdots+k_r=0\\ k_2+\cdots+k_r=0\\ \cdots\cdots\\ k_r=0\end{cases}$$

即仅有 $k_1=k_2=\cdots=k_r=0$，于是$\vec{\alpha}_1,\vec{\alpha}_1+\vec{\alpha}_2,\cdots,\vec{\alpha}_1+\vec{\alpha}_2+\cdots+\vec{\alpha}_r$ 线性无关.

充分性：设有数 $k_1,k_2,\cdots,k_r$ 使 $k_1\vec{\alpha}_1+k_2\vec{\alpha}_2+\cdots+k_r\vec{\alpha}_r=\vec{0}$，

则有$(k_1-k_2)\vec{\alpha}_1+(k_2-k_3)(\vec{\alpha}_1+\vec{\alpha}_2)+\cdots+k_r(\vec{\alpha}_1+\vec{\alpha}_2+\cdots+\vec{\alpha}_r)=\vec{0}$ 因$\vec{\alpha}_1,\vec{\alpha}_1+\vec{\alpha}_2,\cdots,\vec{\alpha}_1+\vec{\alpha}_2+\cdots+\vec{\alpha}_r$ 线性无关，所以仅有

$$\begin{cases}k_1-k_2=0\\k_2-k_3=0\\\cdots\cdots\\k_{r-1}-k_r=0\\k_r=0\end{cases}$$

即得 $k_1=k_2=\cdots=k_r=0$，故 $\vec{\alpha}_1,\vec{\alpha}_2,\cdots,\vec{\alpha}_r$ 线性无关．

证法二

$$\begin{cases}\vec{\beta}_1=\vec{\alpha}_1\\\vec{\beta}_2=\vec{\alpha}_1+\vec{\alpha}_2\\\quad\cdots\\\vec{\beta}_r=\vec{\alpha}_1+\cdots+\vec{\alpha}_r\end{cases}\qquad\begin{cases}\vec{\alpha}_1=\vec{\beta}_1\\\vec{\alpha}_2=\vec{\beta}_2-\vec{\beta}_1\\\quad\cdots\\\vec{\alpha}_r=\vec{\beta}_r-\vec{\beta}_{r-1}\end{cases}$$

$\vec{\alpha}_1,\vec{\alpha}_2,\cdots,\vec{\alpha}_r$ 与 $\vec{\beta}_1,\vec{\beta}_2,\cdots\vec{\beta}_r$ 等价，

所以 $R(\vec{\alpha}_1,\vec{\alpha}_2,\cdots,\vec{\alpha}_r)=R(\vec{\beta}_1,\vec{\beta}_2,\cdots,\vec{\beta}_r)$

$\vec{\alpha}_1,\vec{\alpha}_2,\cdots,\vec{\alpha}_r$ 线性无关

$\Leftrightarrow R(\vec{\alpha}_1,\vec{\alpha}_2,\cdots,\vec{\alpha}_r)=r=R(\vec{\beta}_1,\vec{\beta}_2,\cdots,\vec{\beta}_r)$

$\Leftrightarrow \vec{\beta}_1,\vec{\beta}_2,\cdots,\vec{\beta}_r$ 线性无关．

例 3.2.2　设向量组 B：$\vec{\beta}_1,\vec{\beta}_2,\cdots,\vec{\beta}_r$ 能由向量组 A：$\vec{\alpha}_1,\vec{\alpha}_2,\cdots,\vec{\alpha}_s$ 线性表示为：$\begin{pmatrix}\vec{\beta}_1\\\vdots\\\vec{\beta}_r\end{pmatrix}=K\begin{pmatrix}\vec{\alpha}_1\\\vdots\\\vec{\alpha}_s\end{pmatrix}$，其中 K 为 $r\times s$ 矩阵，且 A 组向量线性无关，证明：B 组向量线性无关的充分必要条件为：$r(K)=r$.

证　必要性：已知 $r(K)=r$，要证 $\vec{\beta}_1,\vec{\beta}_2,\cdots,\vec{\beta}_r$ 线性无关．

反证法：若 $\vec{\beta}_1,\vec{\beta}_2,\cdots,\vec{\beta}_r$ 线性相关，则存在不全为零的数 $\lambda_1,\lambda_2,\cdots,\lambda_r$ 使 $\lambda_1\vec{\beta}_1+\lambda_2\vec{\beta}_2+\cdots+\lambda_r\vec{\beta}_r=\vec{0}$. 即

$$(\lambda_1,\lambda_2,\cdots,\lambda_r)K\begin{pmatrix}\vec{\alpha}_1\\\vdots\\\vec{\alpha}_s\end{pmatrix}=\vec{0}.$$

因为 $\vec{\alpha}_1,\vec{\alpha}_2,\cdots,\vec{\alpha}_s$ 线性无关，所以 $(\lambda_1,\lambda_2,\cdots,\lambda_r)K=0$，

即 $(\lambda_1,\lambda_2,\cdots,\lambda_r)\begin{pmatrix}\vec{k}_1\\\vec{k}_2\\\vdots\\\vec{k}_r\end{pmatrix}=0$. 从而 $\vec{k}_1,\vec{k}_2,\cdots,\vec{k}_r$ 线性相关，则 $R(K)\neq r$，与 $R(K)=r$ 矛盾，故 $\vec{\beta}_1,\vec{\beta}_2,\cdots,\vec{\beta}_r$ 线性无关．

充分性：已知 $\vec{\beta}_1,\vec{\beta}_2,\cdots,\vec{\beta}_r$ 线性无关，要证 $r(K)=r$.

若 $r(K)\neq r$，则 K 的 r 个 s 维行向量线性相关．所以存在 $\lambda_1,\lambda_2,\cdots,\lambda_r$ 不全为零，使 $(\lambda_1,\lambda_2,\cdots,\lambda_r)K=0$.

所以 $(\lambda_1,\lambda_2,\cdots,\lambda_r)K\begin{pmatrix}\vec{\alpha}_1\\\vdots\\\vec{\alpha}_s\end{pmatrix}=0\Rightarrow(\lambda_1,\lambda_2,\cdots,\lambda_r)\begin{pmatrix}\vec{\beta}_1\\\vdots\\\vec{\beta}_r\end{pmatrix}=0$，

故 $\vec{\beta}_1,\vec{\beta}_2,\cdots\vec{\beta}_r$ 线性相关，与已知矛盾．所以 $R(K)=r$.

例 3.2.3 设向量组 $\vec{\alpha}_1,\vec{\alpha}_2,\cdots,\vec{\alpha}_r$ 线性无关，且可由向量组 $\vec{\beta}_1,\vec{\beta}_2,\cdots,\vec{\beta}_r$ 线性表出，证明：这两个向量组等价，从而 $\vec{\beta}_1,\vec{\beta}_2,\cdots,\vec{\beta}_r$ 也线性无关．

证 因为 $\vec{\alpha}_1,\vec{\alpha}_2,\cdots,\vec{\alpha}_r$ 可由 $\vec{\beta}_1,\vec{\beta}_2,\cdots,\vec{\beta}_r$ 线性表出，故对任意 $\vec{\beta}_i$，有 $\vec{\beta}_i,\vec{\alpha}_1,\vec{\alpha}_2,\cdots,\vec{\alpha}_r$ 可由 $\vec{\beta}_1,\vec{\beta}_2,\cdots,\vec{\beta}_r$ 线性表出．由 $r+1>r$ 知 $\vec{\beta}_i,\vec{\alpha}_1,\vec{\alpha}_2,\cdots,\vec{\alpha}_r$ $(i=1,2,\cdots,r)$ 必线性相关．又 $\vec{\alpha}_1,\vec{\alpha}_2,\cdots,\vec{\alpha}_r$ 线性无关，故 $\vec{\beta}_i(i=1,2,\cdots,r)$ 可由 $\vec{\alpha}_1,\vec{\alpha}_2,\cdots,\vec{\alpha}_r$ 线性表出．所以 $\vec{\alpha}_1,\vec{\alpha}_2,\cdots,\vec{\alpha}_r$ 与 $\vec{\beta}_1,\vec{\beta}_2,\cdots,\vec{\beta}_r$ 等价，因而 $R(\vec{\beta}_1,\vec{\beta}_2,\cdots,\vec{\beta}_r)=R(\vec{\alpha}_1,\vec{\alpha}_2,\cdots,\vec{\alpha}_r)$，

故 $\vec{\beta}_1,\vec{\beta}_2,\cdots,\vec{\beta}_r$ 线性无关．

例 3.2.4 设向量 $\vec{\beta}$ 可由向量组 $\vec{\alpha}_1,\vec{\alpha}_2,\cdots,\vec{\alpha}_r$ 线性表示，但不能由 $\vec{\alpha}_1,\vec{\alpha}_2,\cdots,\vec{\alpha}_{r-1}$ 线性表出，试证：(1) $\vec{\alpha}_r$ 不能由向量组 $\vec{\alpha}_1,\vec{\alpha}_2,\cdots,\vec{\alpha}_{r-1}$ 线性表出；(2) $\vec{\alpha}_r$ 能由 $\vec{\alpha}_1,\vec{\alpha}_2,\cdots,\vec{\alpha}_{r-1},\beta$ 线性表出．

证 (1) 反证法．若 $\vec{\alpha}_r$ 可由 $\vec{\alpha}_1,\vec{\alpha}_2,\cdots,\vec{\alpha}_{r-1}$ 线性表出，设

$$\vec{\alpha}_r=k_1\vec{\alpha}_1+k_2\vec{\alpha}_2+\cdots+k_{r-1}\vec{\alpha}_{r-1}$$

又 $\vec{\beta}$ 可由向量组 $\vec{\alpha}_1,\vec{\alpha}_2,\cdots,\vec{\alpha}_r$ 线性表示，设 $\vec{\beta}=l_1\vec{\alpha}_1+l_2\vec{\alpha}_2+\cdots+l_r\vec{\alpha}_r$，将上述前一式代入后一式中，可知 $\vec{\beta}$ 可由 $\vec{\alpha}_1,\vec{\alpha}_2,\cdots,\vec{\alpha}_{r-1}$ 线性表出，矛盾．故 $\vec{\alpha}_r$ 不能由 $\vec{\alpha}_1,\vec{\alpha}_2,\cdots,\vec{\alpha}_{r-1}$ 线性表出．

(2) 因 $\vec{\beta}$ 可由向量组 $\vec{\alpha}_1,\vec{\alpha}_2,\cdots,\vec{\alpha}_r$ 线性表示，可设

$$\vec{\beta}=l_1\vec{\alpha}_1+l_2\vec{\alpha}_2+\cdots+l_r\vec{\alpha}_r$$

由 $\vec{\beta}$ 不能由 $\vec{\alpha}_1,\vec{\alpha}_2,\cdots,\vec{\alpha}_{r-1}$ 线性表出知必有 $l_r\neq0$，故有

$$\vec{\alpha}_r=-\frac{l_1}{l_r}\vec{\alpha}_1-\frac{l_2}{l_r}\vec{\alpha}_2-\cdots-\frac{l_{r-1}}{l_r}\vec{\alpha}_{r-1}+\frac{1}{l_r}\vec{\beta}$$

即 $\vec{\alpha}_r$ 可由 $\vec{\alpha}_1,\vec{\alpha}_2,\cdots,\vec{\alpha}_{r-1},\vec{\beta}$ 线性表出．

例 3.2.5 已知 $\vec{\beta}=(1,1,b+3,5)$，$\vec{\alpha}_1=(1,0,2,3)$，$\vec{\alpha}_2=(1,1,3,5)$，$\vec{\alpha}_3=(1,-1,a+2,$

1)，$\vec{\alpha}_4=(1,2,4,a+8)$，

（1）a,b 为何值时，$\vec{\beta}$不能表示成$\vec{\alpha}_1,\vec{\alpha}_2,\vec{\alpha}_3,\vec{\alpha}_4$ 的线性组合？

（2）a,b 为何值时，$\vec{\beta}$有$\vec{\alpha}_1,\vec{\alpha}_2,\vec{\alpha}_3,\vec{\alpha}_4$ 的唯一线性表达式？并写出该表达式？

解　设$\vec{\beta}=x_1\vec{\alpha}_1+x_2\vec{\alpha}_2+x_3\vec{\alpha}_3+x_4\vec{\alpha}_4$，则

$$\begin{cases}x_1+x_2+x_3+x_4=1\\x_2-x_3+2x_4=1\\2x_1+3x_2+(a+2)x_3+4x_4=b+3\\3x_1+5x_2+x_3+(a+8)x_4=5\end{cases}$$

$\vec{\beta}$能否表示成$\vec{\alpha}_1,\vec{\alpha}_2,\vec{\alpha}_3,\vec{\alpha}_4$ 的线性组合，转化为上述方程组是否有解的问题，由

$$\begin{pmatrix}1&1&1&1&1\\0&1&-1&2&1\\2&3&a+2&4&b+3\\3&5&1&a+8&5\end{pmatrix}\rightarrow\begin{pmatrix}1&1&1&1&1\\0&1&-1&2&1\\0&0&a+1&0&b\\0&0&0&a+1&0\end{pmatrix}.$$

所以当 $a=-1,b\neq0$ 时，$\vec{\beta}$不能表示成$\vec{\alpha}_1,\vec{\alpha}_2,\vec{\alpha}_3,\vec{\alpha}_4$ 的线性组合.

当 $a\neq-1$ 时，表式唯一，且 $\vec{\beta}=-\dfrac{2b}{a+1}\vec{\alpha}_1+\dfrac{a+b+1}{a+1}\vec{\alpha}_2+\dfrac{b}{a+1}\vec{\alpha}_3+0\cdot\vec{\alpha}_4$.

例 3.2.6　若线性方程组$\begin{cases}a_{11}x_1+a_{12}x_2+\cdots+a_{1n}x_n=0\\a_{21}x_1+a_{22}x_2+\cdots+a_{2n}x_n=0\\\cdots\cdots\\a_{m1}x_1+a_{m2}x_2+\cdots+a_{mn}x_n=0\end{cases}$的解全是方程 $b_1x_1+b_2x_2+\cdots+b_nx_n=0$ 的解，求证向量$\vec{\beta}=(b_1,b_2,\cdots,b_n)$可由$\vec{\alpha}_1=(a_{11},a_{12},\cdots,a_{1n}),\cdots\cdots,\vec{\alpha}_m=(a_{m1},a_{m2},\cdots,a_{mn})$线性表示.

证　记(I)：$\begin{cases}a_{11}x_1+a_{12}x_2+\cdots+a_{1n}x_n=0\\a_{21}x_1+a_{22}x_2+\cdots+a_{2n}x_n=0\\\cdots\cdots\\a_{m1}x_1+a_{m2}x_2+\cdots+a_{mn}x_n=0\end{cases}$，

(II)：$\begin{cases}a_{11}x_1+a_{12}x_2+\cdots+a_{1n}x_n=0\\\cdots\cdots\\a_{m1}x_1+a_{m2}x_2+\cdots+a_{mn}x_n=0\\b_1x_1+b_2x_2+\cdots+b_nx_n=0\end{cases}$.

因为(I)的解全是 $b_1x_1+b_2x_2+\cdots+b_nx_n=0$ 的解，所以(I)与(II)同解，故有相同的基础解系，且两系数矩阵的秩相同，即 $r\begin{pmatrix}\vec{\alpha}_1\\\vec{\alpha}_2\\\vdots\\\vec{\alpha}_m\end{pmatrix}=r\begin{pmatrix}\vec{\alpha}_1\\\vec{\alpha}_2\\\vdots\\\vec{\alpha}_m\\\vec{\beta}\end{pmatrix}$，则（A）：$\vec{\alpha}_1,\vec{\alpha}_2,\cdots,\vec{\alpha}_m$ 的极大无关组因为

是（B）：$\vec{\alpha}_1,\vec{\alpha}_2,\cdots,\vec{\alpha}_m,\vec{\beta}$的极大无关组．所以$\vec{\beta}$可由（A）线性表示．

题型 3：求向量组的极大线性无关组与秩

解题思路：

（1）初等行变换法（如例 3.3.1，例 3.3.4）．

① 将向量组中的各向量作为矩阵 A 的各列；

② 对 A 进行初等行变换，且仅作初等行变换；

③ 化 A 为行阶梯形，在每一阶梯中取一列为代表，则所得向量组为原向量组的极大线性无关组．

用初等行变换法求极大线性无关组是最基本的方法．

（2）定义法（如例 3.3.3）．

因要列举向量组中所有线性无关部分组情形进行讨论，所以一般只对向量个数较少的向量组或某些证明题才使用．

（3）利用等价性（如例 3.3.2）．

若某向量组中的一个极大线性无关组由某 r 个向量组成，则此向量组中任意 r 个线性无关的部分组都是极大线性无关组．

例 3.3.1 判别向量组$\vec{\alpha}_1=(1,-1,2,4)$，$\vec{\alpha}_2=(0,3,1,2)$，$\vec{\alpha}_3=(3,0,7,14)$，$\vec{\alpha}_4=(1,-1,2,0)$，$\vec{\alpha}_5=(2,1,5,6)$的线性相关性，求向量组的秩和一个最（极）大线性无关组，并将其余向量用该最（极）大线性无关组线性表示．

解 作矩阵

$$A=(\vec{\alpha}_1^T,\vec{\alpha}_2^T,\vec{\alpha}_3^T,\vec{\alpha}_4^T,\vec{\alpha}_5^T)=\begin{pmatrix}1&0&3&1&2\\-1&3&0&-1&1\\2&1&7&2&5\\4&2&14&0&6\end{pmatrix}$$

$$\underset{r_4-4r_1}{\overset{r_2+r_1}{\underset{\sim}{r_3-2r_1}}}\begin{pmatrix}1&0&3&1&2\\0&3&3&0&3\\0&1&1&0&1\\0&2&2&-4&-2\end{pmatrix}\underset{r_3\leftrightarrow r_4}{\overset{r_2\leftrightarrow r_3}{\overset{r_3-3r_2}{\underset{r_4-2r_2}{\overset{\sim}{r_4\div(-4)}}}}}\begin{pmatrix}1&0&3&1&2\\0&1&1&0&1\\0&0&0&1&1\\0&0&0&0&0\end{pmatrix}$$

$$\overset{r_1-r_3}{\sim}\begin{pmatrix}1&0&3&0&1\\0&1&1&0&1\\0&0&0&1&1\\0&0&0&0&0\end{pmatrix}$$

从而秩$(\vec{\alpha}_1,\vec{\alpha}_2,\vec{\alpha}_3,\vec{\alpha}_4,\vec{\alpha}_5)=3<5$（向量个数），故$\vec{\alpha}_1,\vec{\alpha}_2,\vec{\alpha}_3,\vec{\alpha}_4,\vec{\alpha}_5$线性相关，又

$$\begin{vmatrix}1&0&0\\0&1&0\\0&0&1\end{vmatrix}\neq0.$$

所以$\vec{\alpha}_1,\vec{\alpha}_2,\vec{\alpha}_4$是向量组$\vec{\alpha}_1,\vec{\alpha}_2,\vec{\alpha}_3,\vec{\alpha}_4,\vec{\alpha}_5$的一个最（极）大线性无关组，且有$\vec{\alpha}_3=3\vec{\alpha}_1+$

$\vec{\alpha}_2$， $\vec{\alpha}_5=\vec{\alpha}_1+\vec{\alpha}_2+\vec{\alpha}_4$（请读者自行证明）.

可以证明，$\vec{\alpha}_1,\vec{\alpha}_3,\vec{\alpha}_4$；$\vec{\alpha}_1,\vec{\alpha}_2,\vec{\alpha}_5$；$\vec{\alpha}_1,\vec{\alpha}_3,\vec{\alpha}_5$ 也都是该向量组的最（极）大线性无关组.

例 3.3.2 证明向量组 $\vec{\alpha}_1,\vec{\alpha}_2,\cdots,\vec{\alpha}_r$ 与向量组 $\vec{\alpha}_1,\vec{\alpha}_2,\cdots,\vec{\alpha}_r,\vec{\alpha}_{r+1},\cdots,\vec{\alpha}_s$ 有相同的秩的充要条件是每个 $\vec{\alpha}_i(i=r+1,\cdots,s)$ 都可由 $\vec{\alpha}_1,\vec{\alpha}_2,\cdots,\vec{\alpha}_r$ 线性表出.

证 设 (I)：$\vec{\alpha}_1,\vec{\alpha}_2,\cdots,\vec{\alpha}_r$ 与

(II)：$\vec{\alpha}_1,\vec{\alpha}_2,\cdots,\vec{\alpha}_r,\vec{\alpha}_{r+1},\cdots,\vec{\alpha}_s$ 秩相等，

则当秩为 0 时，由（II）中均为 0 向量知结论成立.

若秩不为 0，由秩（I）= 秩（II）且（I）包含在（II）中知，

(I) 的极大线性无关组也是（II）的极大线性无关组. 因此每个 $\vec{\alpha}_i(i=r+1,\cdots,s)$ 都可由此极大线性无关组线性表出，从而可由（I）线性表出.

反之，若 $\vec{\alpha}_i(i=r+1,\cdots,s)$ 可由（I）线性表出，则显然（I）与（II）等价，故它们秩相等.

例 3.3.3 (1) 秩相等的两向量组是否一定等价？

(2) 若两向量组秩相等，且其中之一可由另一组线性表出，证明这两个向量组等价.

证 (1) 不一定. 例 $\vec{\alpha}_1=(1,0,0),\vec{\alpha}_2=(0,1,0)$ 与 $\vec{\beta}_1=(0,0,1)$，$\vec{\beta}_2=(0,2,0)$ 秩相等. 但 $\vec{\alpha}_1$ 不能由 $\vec{\beta}_1,\vec{\beta}_2$ 线性表出，故 $\vec{\alpha}_1,\vec{\alpha}_2$ 与 $\vec{\beta}_1,\vec{\beta}_2$ 不等价.

(2) 设（I）：$\vec{\alpha}_1,\vec{\alpha}_2,\cdots,\vec{\alpha}_s$；（II）$\vec{\beta}_1,\vec{\beta}_2,\cdots,\vec{\beta}_t$ 秩相等，均为 r，且（III）：$\vec{\alpha}_{i_1},\vec{\alpha}_{i_2},\cdots,\vec{\alpha}_{i_r}$；（IV）$\vec{\beta}_{j_1},\vec{\beta}_{j_2},\cdots,\vec{\beta}_{j_r}$，分别为（I）、（II）的极大线性无关组. 若（I）可由（II）线性表出，则（III）可由（IV）线性表出. 因（III）线性无关，据例 3.3.2 知（III）与（IV）等价，故（I）与（II）等价.

例 3.3.4 已知两组向量 (1) $\vec{\alpha}_1=\begin{pmatrix}1\\2\\-3\end{pmatrix}$，$\vec{\alpha}_2=\begin{pmatrix}3\\0\\1\end{pmatrix}$，$\vec{\alpha}_3=\begin{pmatrix}9\\6\\-7\end{pmatrix}$；

(2) $\vec{\beta}_1=\begin{pmatrix}0\\1\\-1\end{pmatrix}$，$\vec{\beta}_2=\begin{pmatrix}a\\2\\1\end{pmatrix}$，$\vec{\beta}_3=\begin{pmatrix}b\\1\\0\end{pmatrix}$. 两向量组的秩相同，且 $\vec{\beta}_3$ 可由（1）组线性表示，求 a,b.

解 $$(\vec{\alpha}_1,\vec{\alpha}_2,\vec{\alpha}_3\,|\,\vec{\beta}_1,\vec{\beta}_2,\vec{\beta}_3)=\left(\begin{array}{ccc|ccc}1&3&9&0&a&b\\2&0&6&1&2&1\\-3&1&-7&-1&1&0\end{array}\right)$$

$$\overset{r_3+r_2}{\sim}\left(\begin{array}{ccc|ccc}1&3&9&0&a&b\\2&0&6&1&2&1\\-1&1&-1&0&3&1\end{array}\right)\underset{r_2+2r_3}{\overset{r_1+r_3}{\sim}}\left(\begin{array}{ccc|ccc}0&4&8&0&a+3&b+1\\0&2&4&1&8&3\\-1&1&-1&0&3&1\end{array}\right)$$

$$\overset{r_1-2r_2}{\sim}\left(\begin{array}{ccc|ccc}0&0&0&-2&a-13&b-5\\0&2&4&1&8&3\\-1&1&-1&0&3&1\end{array}\right).$$

故 $r(\vec{\alpha}_1,\vec{\alpha}_2,\vec{\alpha}_3)=2$.

由 $\vec{\beta}_3$ 可由（1）组线性表示，必有 $b=5$.

由 $r(\vec{\beta}_1,\vec{\beta}_2,\vec{\beta}_3)=2$ 知,

$$\begin{pmatrix}-2 & a-13 & 0\\ 1 & 8 & 3\\ 0 & 3 & 1\end{pmatrix}\overset{r_1+2r_2}{\sim}\begin{pmatrix}0 & a+3 & 6\\ 1 & 8 & 3\\ 0 & 3 & 1\end{pmatrix}\underset{c_3-3c_1}{\overset{c_2-8c_1}{\sim}}\begin{pmatrix}0 & a+3 & 6\\ 1 & 0 & 0\\ 0 & 3 & 1\end{pmatrix}\underset{r_3-6r_2}{\overset{r_1\leftrightarrow r_2}{\underset{r_2\leftrightarrow r_3}{\sim}}}\begin{pmatrix}1 & 0 & 0\\ 0 & 3 & 1\\ 0 & a-15 & 0\end{pmatrix}.$$

故 $a=15$.

题型4：线性方程组求解

解题思路：

(1) 初等行变换法.

对方程组的增广矩阵施行初等行变换，将其化为行阶梯形矩阵，然后根据方程组系数矩阵与增广矩阵的秩的情况判断方程组是否有解：有解时求出方程组的通解（如例3.4.1）；如果所求线性方程组含有待定参数，还要进一步讨论参数方程组解的情况（如例3.4.2，例3.4.3）.

初等行变换法是求解线性方程组的最一般方法，而克莱姆法则只在特殊情况下才使用.

(2) 求两个线性方程组的公共解.

设有线性方程组（Ⅰ）$A\vec{x}=\vec{0}$,（Ⅱ）$B\vec{x}=\vec{0}$，其公共解可通过求解这两个方程组的联立方程组得到（如例3.4.4），亦可由上述两个方程组的通解表达式相等求得（如例3.4.5）.

(3) 线性方程组的应用题（如例3.4.6，例3.4.7）.

例3.4.1 求线性方程组的一般解：

$$\begin{cases}2x_1+x_2-x_3+x_4=1\\ x_1+2x_2+x_3-x_4=2\\ x_1+x_2+2x_3+x_4=3\end{cases}$$

解 (1) 对增广矩阵作初等行变换

$$\bar{A}=\left(\begin{array}{cccc|c}2 & 1 & -1 & 1 & 1\\ 1 & 2 & 1 & -1 & 2\\ 1 & 1 & 2 & 1 & 3\end{array}\right)\to\left(\begin{array}{cccc|c}1 & 2 & 1 & -1 & 2\\ 0 & 1 & 1 & -1 & 1\\ 0 & 0 & 2 & 1 & 2\end{array}\right),$$

因 $R(A)=R(\bar{A})=3<4$，故方程组有无穷多解，得同解方程组

$$\begin{cases}x_1+2x_2+x_3=2+x_4\\ x_2+x_3=1+x_4\\ 2x_3=2-x_4\end{cases}$$

取 $x_4=0$，得非齐次方程组特解 $\vec{\eta}_0=(1,0,1,0)^T$,

由对应齐次方程组

$$\begin{cases}x_1+2x_2+x_3=x_4\\ x_2+x_3=x_4\\ 2x_3=-x_4\end{cases}$$

取 $x_4=1$，得对应齐次方程组的基础解系 $\vec{\xi}=\left(-\dfrac{3}{2},\dfrac{3}{2},-\dfrac{1}{2},1\right)^T$

所以原方程组的一般解为 $\vec{x}=\vec{\eta}_0+k\vec{\xi},k\in R$.

例 3.4.2　已知线性方程组$\begin{pmatrix}1&2&1\\2&3&a+2\\1&a&-2\end{pmatrix}\begin{pmatrix}x_1\\x_2\\x_3\end{pmatrix}=\begin{pmatrix}1\\3\\0\end{pmatrix}$无解，求 a 的值．

解　对增广矩阵作初等行变换：

$$B=(A\ \vec{b})=\left(\begin{array}{ccc|c}1&2&1&1\\2&3&a+2&3\\1&a&-2&0\end{array}\right)\overset{\substack{r_3-r_1\\r_2-2r_1}}{\sim}\left(\begin{array}{ccc|c}1&2&1&1\\0&-1&a&1\\0&a-2&-3&-1\end{array}\right)$$

$$\overset{r_3+(a-2)r_2}{\sim}\left(\begin{array}{ccc|c}1&2&1&1\\0&-1&a&1\\0&0&a^2-2a-3&a-3\end{array}\right)$$

$$=\left(\begin{array}{ccc|c}1&2&1&1\\0&-1&a&1\\0&0&(a-3)(a+1)&a-3\end{array}\right).$$

因为该线性方程组无解，所以 $r(A)\neq r(A\ \vec{b})$，应有 $r(A)<3$. 故必有 $(a-3)(a+1)=0$，即 $a=3$ 或 $a=-1$.

当 $a=3$ 时，$r(A)=r(A\ \vec{b})=2$，方程组有解（舍去）；

当 $a=-1$ 时，$r(A)=2\neq r(A\ \vec{b})=3$，此时方程无解．

所以 $a=-1$.

例 3.4.3　已知非齐次方程组$\begin{cases}x_1+x_2-2x_3+3x_4=0\\2x_1+x_2-6x_3+4x_4=-1\\3x_1+2x_2+ax_3+7x_4=-1\\x_1-x_2-6x_3-x_4=b\end{cases}$，问 a，b 为何值时，方程组有解，并求出所有解．

解　对增广矩阵作初等行变换：

$$B=(A\,|\,\vec{b})=\left(\begin{array}{cccc|c}1&1&-2&3&0\\2&1&-6&4&-1\\3&2&a&7&-1\\1&-1&-6&-1&b\end{array}\right)\to\left(\begin{array}{cccc|c}1&0&-4&1&-1\\0&1&2&2&1\\0&0&a+8&0&0\\0&0&0&0&b+2\end{array}\right).$$

(1) 当 $b=-2$ 时，方程组有解.

(2) 当 $b=-2,a\neq-8$ 时，方程组的增广矩阵经初等行变换可化为：

$$\left(\begin{array}{cccc|c}1&0&-4&1&-1\\0&1&2&2&1\\0&0&1&0&0\\0&0&0&0&0\end{array}\right)\to\left(\begin{array}{cccc|c}1&0&0&1&-1\\0&1&0&2&1\\0&0&1&0&0\\0&0&0&0&0\end{array}\right),r(A)=r(A\ \vec{b})=3.$$

其通解为 $\vec{x}=c\begin{pmatrix}-1\\-2\\0\\1\end{pmatrix}+\begin{pmatrix}-1\\1\\0\\0\end{pmatrix}$（$c$ 为任意常数）.

(3) 当 $b=-2, a=-8$ 时，增广矩阵经初等行变换可化为：

$$\left(\begin{array}{cccc|c}1 & 0 & -4 & 1 & -1\\ 0 & 1 & 2 & 2 & 1\\ 0 & 0 & 0 & 0 & 0\\ 0 & 0 & 0 & 0 & 0\end{array}\right), r(A)=r(A\ \vec{b})=2.$$

其解为 $\vec{x}=c_1\begin{pmatrix}4\\-2\\1\\0\end{pmatrix}+c_2\begin{pmatrix}-1\\-2\\0\\1\end{pmatrix}+\begin{pmatrix}-1\\1\\0\\0\end{pmatrix}$ （c_1、c_2 为任意常数）.

例 3.4.4 求方程组 $\begin{cases}x_1+x_2=0\\ x_2-x_4=0\end{cases}$ 与 $\begin{cases}x_1-x_2+x_3=0\\ x_2-x_3+x_4=0\end{cases}$ 的非零公共解.

解 联立方程组 $\begin{cases}x_1+x_2=0\\ x_2-x_4=0\\ x_1-x_2+x_3=0\\ x_2-x_3+x_4=0\end{cases}$ （$*$）

由

$$\begin{pmatrix}1 & 1 & 0 & 0\\ 0 & 1 & 0 & -1\\ 1 & -1 & 1 & 0\\ 0 & 1 & -1 & 1\end{pmatrix}\sim\begin{pmatrix}1 & 0 & 0 & 1\\ 0 & 1 & 0 & -1\\ 0 & 0 & 1 & -2\\ 0 & 0 & 0 & 0\end{pmatrix},$$

得 $\begin{cases}x_1=-x_4\\ x_2=x_4\\ x_3=2x_4\\ x_4=x_4\end{cases}$，方程组（$*$）的通解为 $\begin{pmatrix}x_1\\x_2\\x_3\\x_4\end{pmatrix}=k\begin{pmatrix}-1\\1\\2\\1\end{pmatrix}$，

故题中两方程组的非零公共解为 $k\begin{pmatrix}-1\\1\\2\\1\end{pmatrix}$ （k 为任意常数，且 $k\neq 0$）.

例 3.4.5 设 4 元齐次线性方程组（I）$\begin{cases}x_1+x_2=0\\ x_2-x_4=0\end{cases}$，又已知某齐次线性方程组（II）的通解为 $k_1(0,1,1,0)^T+k_2(-1,2,2,1)^T$.

(1) 求线性方程组（I）的基础解系.

(2) 问（I）和（II）是否有非零公共解？若有，则求出所有的非零公共解；若没有，则说明理由.

解 (1) 方程组（I）的系数阵为

$$\begin{pmatrix}1 & 1 & 0 & 0\\ 0 & 1 & 0 & -1\end{pmatrix},$$

故(I) 的基础解系可取为 $(0,0,1,0)^T, (-1,1,0,1)^T$.

（2）有非零公共解.

将（II）的通解代入方程组（I），则

$$\begin{cases} -k_2+k_1+2k_2=0, \\ k_1+2k_2-k_2=0. \end{cases}$$

解得 $k_1=-k_2$.

当 $k_1=-k_2\neq 0$ 时，则

$$k_1(0,1,1,0)^T+k_2(-1,2,2,1)^T=k_2(-1,1,1,1)^T.$$

满足方程组（I）（显然是（II）的解）. 故（I）、（II）有非零公共解，所有非零公共解是 $k(-1,1,1,1)^T(k\neq 0,k\in R)$.

例 3.4.6　下图给出了我国某城市一个繁华街区几条单行道路网络某个中午的交通流量图（千辆/小时），图中 A、B、C、D 为交叉路口，约定在交叉路口处不得停车，并且各交叉路口流入量与流出量相等，试确定道路网络一般的流通情况.

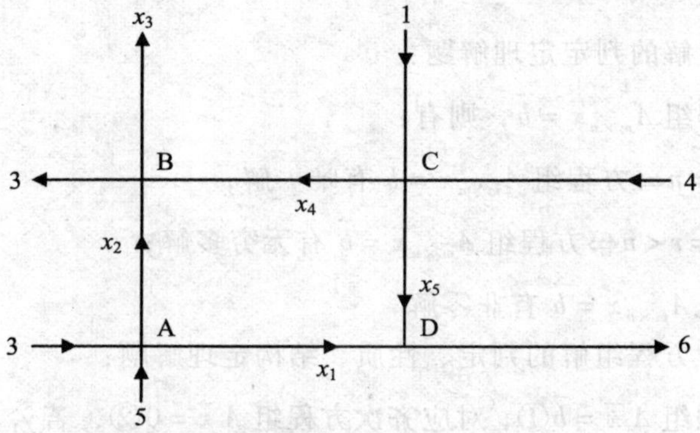

解　根据在每个交叉路口的车辆的流入量等于流出量的原则建立方程如下：

交叉路口	流入量　　流出量
A	$3+5=x_1+x_2$
B	$x_2+x_4=3+x_3$
C	$1+4=x_4+x_5$
D	$x_1+x_5=6$

解出通解

$$\begin{pmatrix} x_1 \\ x_2 \\ x_3 \\ x_4 \\ x_5 \end{pmatrix}=k\begin{pmatrix} -1 \\ 1 \\ 0 \\ -1 \\ 1 \end{pmatrix}+\begin{pmatrix} 6 \\ 2 \\ 4 \\ 5 \\ 0 \end{pmatrix}，其中 k\leqslant 5 为正整数，且 0\leqslant x_5\leqslant 5.$$

例 3.4.7　有甲、乙、丙三种化肥，甲种化肥每千克含氮 70 克，磷 8 克，钾 2 克；乙种化肥每千克含氮 64 克，磷 10 克，钾 0.6 克；丙种化肥每千克含氮 70 克，磷 5 克，钾 1.4 克. 若把此三种化肥混合，要求总重量 23 千克，且含磷 149 克，钾 30 克，问三种化肥各需多少千克？

解 设三种化肥分别各需 x_1,x_2,x_3 千克，根据题意有

$$\begin{cases}x_1+x_2+x_3=23\\8x_1+10x_2+5x_3=149\\2x_1+0.6x_2+1.4x_3=30\end{cases}$$

$$\begin{pmatrix}1&1&1&23\\8&10&5&149\\2&0.6&1.4&30\end{pmatrix}\to\begin{pmatrix}1&1&1&23\\0&2&-3&-35\\0&0&1&15\end{pmatrix}$$

则有 $\begin{cases}x_1+x_2+x_3=23\\2x_2-3x_3=-35\\x_3=15\end{cases}$，解出 $x_1=3,x_2=5,x_3=15$.

题型 5：利用线性方程组解的性质解题

解题思路：

(1) 用线性方程组解的判定定理解题：

设非齐次线性方程组 $A_{m\times n}\vec{x}=\vec{b}$，则有：

$R(A)=R(A\vdots\vec{b})=n\Leftrightarrow$方程组 $A_{m\times n}\vec{x}=\vec{b}$ 有唯一解；

$R(A)=R(A\vdots\vec{b})=r<n\Leftrightarrow$方程组 $A_{m\times n}\vec{x}=\vec{b}$ 有无穷多解；

$R(A)<n\Leftrightarrow$方程组 $A_{m\times n}\vec{x}=\vec{b}$ 有非零解 .

(2) 综合运用线性方程组解的判定、性质、结构定理解题：

设非齐次线性方程组 $A\vec{x}=\vec{b}$①，对应齐次方程组 $A\vec{x}=\vec{0}$②，若$\vec{\gamma}_1,\vec{\gamma}_2$ 是①的解，则$\vec{\gamma}_1-\vec{\gamma}_2$ 是②的解；若$\vec{\gamma}$是①的解，$\vec{\eta}$是②的解，则$\vec{\gamma}+\vec{\eta}$是①的解 .

例 3.5.1 设 4 元非齐次线性方程组 $A\vec{x}=\vec{b}$ 的系数矩阵 A 的秩为 3，$\vec{\eta}_1,\vec{\eta}_2,\vec{\eta}_3$ 为它的解，且

$$\vec{\eta}_1=\begin{pmatrix}2\\0\\0\\5\end{pmatrix},\vec{\eta}_2+\vec{\eta}_3=\begin{pmatrix}2\\0\\0\\6\end{pmatrix},$$

求方程组 $A\vec{x}=\vec{b}$ 的通解 .

解 因为 $R(A)=3$，$n=4$，故齐次线性方程组 $A\vec{x}=\vec{0}$ 的基础解系只有 $n-R(A)=4-3=1$ 个解向量，又$\vec{\eta}_1,\vec{\eta}_2,\vec{\eta}_3$ 为非齐次线性方程组 $A\vec{x}=\vec{b}$ 的解，所以有 $A[2\vec{\eta}_1-\vec{\eta}_2-\vec{\eta}_3]=\vec{0}$，可知 $\vec{\xi}=2\vec{\eta}_1-\vec{\eta}_2-\vec{\eta}_3$ 为齐次线性方程组 $A\vec{x}=\vec{0}$ 的解，而 $\vec{\xi}=2\vec{\eta}_1-\vec{\eta}_2-\vec{\eta}_3=\begin{pmatrix}4\\0\\0\\10\end{pmatrix}-\begin{pmatrix}2\\0\\0\\6\end{pmatrix}=\begin{pmatrix}2\\0\\0\\4\end{pmatrix}$.

由于 $\vec{\xi}\neq\vec{0}$，故可作为齐次线性方程组 $A\vec{x}=\vec{0}$ 的基础解系，从而非齐次线性方程组 $A\vec{x}=\vec{b}$ 的通解为

$$\vec{\eta}=k\vec{\xi}+\vec{\eta}_1=k\begin{pmatrix}2\\0\\0\\4\end{pmatrix}+\begin{pmatrix}2\\0\\0\\5\end{pmatrix}，其中 k 为任意实数.$$

例 3.5.2 已知 $\vec{x}_1=(-9,1,2,11)^T$，$\vec{x}_2=(1,-5,13,0)^T$，

$\vec{x}_3=(-7,-9,-24,11)^T$ 是方程组 $\begin{cases}a_1x_1+a_2x_2+a_3x_3+a_4x_4=d_1\\3x_1+b_2x_2+2x_3+b_4x_4=d_2\\9x_1+4x_2+x_3+c_4x_4=d_3\end{cases}$ 的解，求该方程组的通解.

解 $\vec{x}_1-\vec{x}_2=\begin{pmatrix}-10\\6\\-11\\11\end{pmatrix}$，$\vec{x}_2-\vec{x}_3=\begin{pmatrix}8\\4\\37\\-11\end{pmatrix}$ 是对应的齐次方程组的解，

且两解线性无关，因此该方程组对应的齐次方程组 $A\vec{x}=\vec{0}$ 至少有两个线性无关解. 又由 $4-R(A)\geqslant 2$ 知 $R(A)\leqslant 2$.

而 A 中至少有子式 $\begin{vmatrix}3&2\\9&1\end{vmatrix}\neq 0\Rightarrow R(A)=2$

因此其通解为 $\vec{x}=c_1\begin{pmatrix}-10\\6\\-11\\11\end{pmatrix}+c_2\begin{pmatrix}8\\4\\37\\-11\end{pmatrix}+\begin{pmatrix}1\\-5\\13\\0\end{pmatrix}$ （c_1、c_2 为任意常数）.

题型 6：有关线性方程组的证明

解题思路：

（1）有关线性方程组基础解系的证明.

根据定义，欲证某一向量组 $\vec{\alpha}_1,\vec{\alpha}_2,\cdots,\vec{\alpha}_s$ 为 n 元齐次方程组 $A\vec{x}=\vec{0}$ 的基础解系，要证明下面三个结论：

① $\vec{\alpha}_1,\vec{\alpha}_2,\cdots,\vec{\alpha}_s$ 均为 $A\vec{x}=\vec{0}$ 的解；

② $\vec{\alpha}_1,\vec{\alpha}_2,\cdots,\vec{\alpha}_s$ 线性无关；

③ $s=n-r(A)$.

（2）有关线性方程组的其他证明题.

熟悉线性方程组解的结构与性质，加以证明.

例 3.6.1 线性方程组 $\begin{cases}a_{11}x_1+a_{12}x_2+\cdots+a_{1n}x_n=0\\a_{21}x_1+a_{22}x_2+\cdots+a_{2n}x_n=0\\\cdots\cdots\\a_{n1}x_1+a_{n2}x_2+\cdots+a_{nn}x_n=0\end{cases}$ 的系数行列式 $|A|=0$，而系数矩阵 A 中某元素的代数余子式 $A_{ij}\neq 0$，试证明：$\vec{\xi}=(A_{i1},A_{i2},\cdots,A_{in})^T$ 是该方程组的一个基础解系.

证 因为 $|A|=0$，所以 $AA^*=|A|E=O$

$$A^*=\begin{pmatrix}A_{11}&A_{21}&\cdots&A_{n1}\\A_{12}&A_{22}&\cdots&A_{n2}\\\vdots&\vdots&\ddots&\vdots\\A_{1n}&A_{2n}&\cdots&A_{nn}\end{pmatrix}=(\vec{\alpha}_1\ \ \vec{\alpha}_2\ \ \cdots\ \ \vec{\alpha}_n)，其中\vec{\alpha}_i=\begin{pmatrix}A_{i1}\\A_{i2}\\\cdots\\A_{in}\end{pmatrix}，即$$

$$\vec{\xi}=\vec{\alpha}_i.$$

$AA^*=O$，即

$$A(\vec{\alpha}_1\ \ \vec{\alpha}_2\ \ \cdots\ \ \vec{\alpha}_n)=(A\vec{\alpha}_1\ \ A\vec{\alpha}_2\ \ \cdots\ \ A\vec{\alpha}_n)=(\vec{0}\ \ \vec{0}\ \ \cdots\ \ \vec{0}).$$

所以 $A\vec{\alpha}_i=A\vec{\xi}=\vec{0}$，$\vec{\xi}=\vec{\alpha}_i$ 为 $A\vec{x}=\vec{0}$ 的解．因为某 $A_{ij}\neq0$，所以 A 中有一个 $(n-1)$ 阶子式不为零，又 $|A|=0$，所以 $r(A)=n-1$，故 $A\vec{x}=\vec{0}$ 的基础解系含 $n-(n-1)=1$ 个解，而 $\vec{\xi}=\vec{\alpha}_i\neq\vec{0}$ 且 $A\vec{\xi}=\vec{0}$，所以 $\vec{\xi}$ 是该方程组的一个基础解系．

例 3.6.2 设 A 为 n 阶矩阵，试证：存在一个 n 阶非零矩阵 B，使得 $AB=O$ 的充分必要条件是 $|A|=0$.

证 设 $B=(\vec{b}_1,\vec{b}_2,\cdots,\vec{b}_n)$，其中 $\vec{b}_i(i=1,2,\cdots,n)$ 为 B 的列向量组．由 $AB=(A\vec{b}_1,A\vec{b}_2,\cdots,A\vec{b}_n)$ 易知，$AB=O$ 的充要条件是 $\vec{b}_i(i=1,2,\cdots,n)$ 均为齐次线性方程组 $A\vec{x}=\vec{0}$ 的解．

必要性：若存在 $B\neq O$，使 $AB=O$，则 $\vec{b}_1,\vec{b}_2,\cdots,\vec{b}_n$ 中必有非零向量，又 $\vec{b}_i(i=1,2,\cdots,n)$ 均为 $A\vec{x}=\vec{0}$ 的解，即 $A\vec{x}=\vec{0}$ 有非零解，故 $|A|=0$.

充分性：若 $|A|=0$，则 $A\vec{x}=\vec{0}$ 有非零解．取 n 个非零解为列向量，作矩阵 B，则 $B\neq O$ 且 $AB=O$.

例 3.6.3 设 D 为方程组 $\sum\limits_{j=1}^{n}a_{ij}x_j=b_j,i=1,2,\cdots,n$ 的系数行列式，D_j 是把 D 中第 j 列换成常数项 $b_1,b_2,\cdots,b_n$ 所得行列式．

(1) 证明：此方程组有唯一解的充分必要条件是 $D\neq0$；

(2) 当 $D=D_1=D_2=\cdots=D_n=0$ 时，此方程组一定有无穷多解，对不对？

证 (1) 若 $D\neq0$，则由克莱姆法则知，原方程组有唯一解．
反之，若原方程组有唯一解，则必有 $R(A)=R(\bar{A})=n$，所以 $D=|A|\neq0$.

(2) 当 $D=D_1=D_2=\cdots=D_n=0$ 时，方程组不一定有无穷多解．因为此时有 $R(A)<n$，$R(\bar{A})<n$，但不能保证 $R(A)=R(\bar{A})$．例如

$$\begin{cases}x_1+x_2+x_3=1\\2x_1+2x_2+2x_3=1,\\3x_1+3x_2+3x_3=0\end{cases}$$

显然 $D=D_1=D_2=D_3=0$，但是该方程组无解．

题型 7：应用问题

解题思路：把向量组的线性相关性和线性方程组的相关理论应用到实际问题中．

例 3.7.1 某公司用 7 种成分来制造 6 种调味品（如下表）.

每包调味品所需各成分的量 （单位：盎司）

调味品 / 成分	A	B	C	D	E	F
红辣椒	3	1.5	4.5	7.5	9	4.5
姜黄	2	4	0	8	1	6
胡椒	1	2	0	4	2	3
欧舐萝	1	2	0	4	1	3
大蒜粉	0.5	1	0	2	2	1.5
盐	0.5	1	0	2	2	1.5
丁香油	0.25	0.5	0	2	1	0.75

（1）一个顾客为了避免购买全部 6 种调味制品，他可以购买其中一部分并用它们配置出其余几种调味品，为了能配置出其余几种调味品，这位顾客必须购买的最少调味品的种类是多少？写出所需要的最少调味品的集合．

（2）由（1）中得到的最小调味品集合是否唯一？能否找到一个最小的调味品集合？

（3）由（1）中的最小调味品集合，按下列成分配置一种新调味品，写出需要的调味品的包数．红辣椒为 18，姜黄为 18，胡椒为 9，欧莳萝为 9，大蒜粉为 4.8，盐为 4.5，丁香油为 3.25.

（4）另一顾客希望按下列成分配置一种调味品，他要购买的最小调味品集合是什么？红辣椒为 12，姜黄为 14，胡椒为 7，欧莳萝为 7，大蒜粉为 35，盐为 35，丁香油为 175.

（5）在上述问题的解答中，用到了那些知识点？请列出所用知识点．

解 首先，将实际问题线性代数化，分别记 6 种调味品各自的成分列向量为：$\vec{\alpha}_1,\vec{\alpha}_2,\vec{\alpha}_3,\vec{\alpha}_4,\vec{\alpha}_5,\vec{\alpha}_6$.

（1）依题意，顾客必须购买的最少的调味品的种类即向量组 $\vec{\alpha}_1,\vec{\alpha}_2,\vec{\alpha}_3,\vec{\alpha}_4,\vec{\alpha}_5,\vec{\alpha}_6$ 的一个最大线性无关组；最少调味品的集合，即向量组 $\vec{\alpha}_1,\vec{\alpha}_2,\vec{\alpha}_3,\vec{\alpha}_4,\vec{\alpha}_5,\vec{\alpha}_6$ 全部最大线性无关组中符合实际意义的最大线性无关组．

故记 $A=(\vec{\alpha}_1,\vec{\alpha}_2,\vec{\alpha}_3,\vec{\alpha}_4,\vec{\alpha}_5,\vec{\alpha}_6)$. 对 A 作初等行变换，将其化成行最简型．

$$A=\begin{pmatrix} 3 & 1.5 & 4.5 & 7.5 & 9 & 4.5 \\ 2 & 4 & 0 & 8 & 1 & 6 \\ 1 & 2 & 0 & 4 & 2 & 3 \\ 1 & 2 & 0 & 4 & 1 & 3 \\ 0.5 & 1 & 0 & 2 & 2 & 1.5 \\ 0.5 & 1 & 0 & 2 & 2 & 1.5 \\ 0.25 & 0.5 & 0 & 2 & 1 & 0.75 \end{pmatrix} \sim \begin{pmatrix} 1 & 0 & 2 & 0 & 0 & 1 \\ 0 & 1 & -1 & 0 & 0 & 1 \\ 0 & 0 & 0 & 1 & 0 & 0 \\ 0 & 0 & 0 & 0 & 1 & 0 \\ 0 & 0 & 0 & 0 & 0 & 0 \\ 0 & 0 & 0 & 0 & 0 & 0 \\ 0 & 0 & 0 & 0 & 0 & 0 \end{pmatrix}.$$

由此知 $R(A)=4$，故向量组的最大线性无关组含有 4 个向量，最大无关组有 6 个：

$$\{\vec{\alpha}_1,\vec{\alpha}_2,\vec{\alpha}_4,\vec{\alpha}_5\};\{\vec{\alpha}_2,\vec{\alpha}_3,\vec{\alpha}_4,\vec{\alpha}_5\};\{\vec{\alpha}_1,\vec{\alpha}_3,\vec{\alpha}_4,\vec{\alpha}_5\};$$
$$\{\vec{\alpha}_1,\vec{\alpha}_4,\vec{\alpha}_5,\vec{\alpha}_6\};\{\vec{\alpha}_2,\vec{\alpha}_4,\vec{\alpha}_5,\vec{\alpha}_6\};\{\vec{\alpha}_3,\vec{\alpha}_4,\vec{\alpha}_5,\vec{\alpha}_6\}.$$

实际中，只有当其他向量在用最大线性无关组表示时，系数均为非负，才有意义．

经计算，取 $\vec{\alpha}_2,\vec{\alpha}_3,\vec{\alpha}_4,\vec{\alpha}_5$ 为最大线性无关组时，有：

$$\vec{\alpha}_1=0.5\,\vec{\alpha}_2+0.5\,\vec{\alpha}_3+0\,\vec{\alpha}_4+0\,\vec{\alpha}_5,$$
$$\vec{\alpha}_6=1.5\,\vec{\alpha}_2+0.5\,\vec{\alpha}_3+0\,\vec{\alpha}_4+0\,\vec{\alpha}_5.$$

即任何一种调味品均可由调味品 B,C,D,E 调出，故取 B,C,D,E 四种调味品作为最小调味品集合.

(2) 由 (1) 知，最大无关组中必含有 $\vec{\alpha}_4,\vec{\alpha}_5$，最大无关组中的另外两个向量需从 $\vec{\alpha}_1,\vec{\alpha}_2,\vec{\alpha}_3,\vec{\alpha}_6$ 中选取，选取的原则是剩下两个向量用最大无关组线性表示时，系数须均为非负. 经验证，只有当最大无关组取为 $\vec{\alpha}_2,\vec{\alpha}_3,\vec{\alpha}_4,\vec{\alpha}_5$ 时，才满足要求，故而，(1) 中的最小调味品集合唯一.

(3) 设 $\beta=(18\quad 18\quad 9\quad 9\quad 4.8\quad 4.5\quad 3.25)^T$，则问题转化为将 β 用 $\vec{\alpha}_2,\vec{\alpha}_3,\vec{\alpha}_4,\vec{\alpha}_5$ 线性表出且使表示系数全为正. 为此，记 $B=(\vec{\alpha}_2,\vec{\alpha}_3,\vec{\alpha}_4,\vec{\alpha}_5,\beta)$，对 B 作初等行变换，将其化为行最简单型. 从中可以发现：$\beta=2.5\vec{\alpha}_2+1.5\vec{\alpha}_3+\vec{\alpha}_4$. 即新调味品需由 2.5 包 B、1.5 包 C 及 1 包 D 配制而成.

(4) 记 $\vec{\gamma}=(12\quad 14\quad 7\quad 7\quad 35\quad 35\quad 175)^T$，$C=(\vec{\alpha}_2,\vec{\alpha}_3,\vec{\alpha}_4,\vec{\alpha}_5,\vec{\gamma})$，对 C 作初等行变换，从中可以发现，$\vec{\gamma}$ 不能由 $\vec{\alpha}_2,\vec{\alpha}_3,\vec{\alpha}_4,\vec{\alpha}_5$ 线性表示，即不能由 (1) 中最小调味品的集合配制该种调味品，从而此种调味品在已知条件下找不到最小调味品的集合.

(5) 本题用到的知识点有向量组的秩，向量组最大无关组的概念及计算，线性表示等.

例 3.7.2 电路分析中支路电流问题

电荷守恒和能量守恒是自然界的基本法则，把它们运用到电路分析中就得到基尔霍夫的两个定律：

(1) 对于电路中的任一节点，流入节点的支路电流之和等于流出节点的支路电流之和；

(2) 对于电路中的任一回路，沿着回路的某一方向，所有支路电压降的代数和等于内电压的代数和.

由基尔霍夫定律，我们可以决定如右图所示的电路中的支路电流 I_1,I_2,I_3.

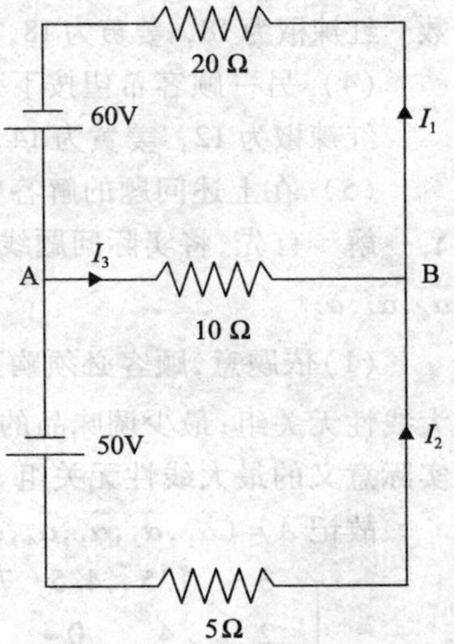

解 首先考虑每个节点的方程，

A 点 $I_1=I_2+I_3$，

B 点 $I_2+I_3=I_1$.

再考虑每个回路满足的方程

$$20I_1+10I_3=60,$$
$$5I_2-10I_3=50,$$
$$20I_1+5I_2=60+50.$$

删去多余的方程，并整理得线性方程组

$$\begin{cases} I_1-I_2-I_3=0 \\ 20I_1+10I_3=60 \\ 5I_2-10I_3=50 \end{cases}$$

解之得
$$I_1=4A,I_2=6A,I_3=-2A,$$

其中 $I_3=-2A$ 表示 I_3 的实际方向与图中所示方向相反.

例 3.7.3 一个兽医推荐狗的每天食谱中应该包含 100 个单位的蛋白质，200 个单位的卡路里，50 个单位的脂肪. 一个商店的宠物食品部有四种食品 A，B，C，D. 每 1kg 的这四种食品所包含的蛋白质、卡路里和脂肪的单位量如下：

食物	蛋白质	卡路里	脂肪
A	5	20	2
B	4	25	2
C	7	10	10
D	10	5	6

如果可能，找出狗一天食谱中食物 A、B、C、D 的单位量，使得狗的食谱满足兽医的推荐.

解　设狗一天食谱中食物 A、B、C、D 的量分别为 x_1,x_2,x_3,x_4，使得狗的食物满足兽医的推荐. 于是我们有下面线性方程组

$$\begin{cases}5x_1+4x_2+7x_3+10x_4=100\\20x_1+25x_2+10x_3+5x_4=200\\2x_1+2x_2+10x_3+6x_4=50\end{cases}$$

对该线性方程组的增广矩阵进行初等行变换，使之变为行阶梯形矩阵.

$$\begin{pmatrix}5&4&7&10&100\\20&25&10&5&200\\2&2&10&6&50\end{pmatrix}\xrightarrow[r_1\leftrightarrow r_3]{r_3\times\frac{1}{2},\ r_2\times\frac{1}{5}}\begin{pmatrix}1&1&5&3&25\\4&5&2&1&40\\5&4&7&10&100\end{pmatrix}$$

$$\xrightarrow[r_3-r_1\times 5]{r_2-r_1\times 4}\begin{pmatrix}1&1&5&3&25\\0&1&-18&-11&-60\\0&-1&-18&-5&-25\end{pmatrix}\xrightarrow[r_3\times(-1)]{r_3+r_2}\begin{pmatrix}1&1&5&3&25\\0&1&-18&-11&-60\\0&0&36&16&85\end{pmatrix}$$

上面最后一个矩阵是行阶梯矩阵，它对应的线性方程组为

$$\begin{cases}x_1+x_2+5x_3+3x_4=25\\x_2-18x_3-11x_4=-60\\36x_3+16x_4=85\end{cases}$$

现在我们通过回代的方法确定上述方程组的非负解.

对最后一个方程，令 $x_4=t$，则我们得

$$x_3=\frac{1}{36}(85-16t).$$

我们将 x_4,x_3 回代到第二个方程中，我们得

$$x_2=3t-\frac{35}{2}.$$

将 x_4,x_3,x_2 回代到第一个方程中，我们可以获得 x_1 的表达式. 在具体获得 x_1 的表达式之前，我们先看一看到目前为止，我们是否可以获得非负解.

首先，因为 $x_4=t$，故 $t\geqslant 0$.

其次，因为 $x_3=(85-16t)$，故 $85-16t\geqslant 0$，即 $t\leqslant\frac{85}{16}$.

再其次，为了使得 x_2 非负，则 $3t-\frac{35}{2}\geqslant 0$，即 $t\geqslant\frac{35}{6}$.

这就要求$\frac{35}{6}\leqslant t\leqslant\frac{85}{16}$，即要求 t 必须满足

$$\frac{280}{48}\leqslant t\leqslant\frac{255}{48}.$$

这是不可能的．也就是说，我们不可能找到该方程组的非负解．换句话说，我们不可能找到狗一天食谱中食物 A、B、C、D 的量，使得狗的食谱满足兽医的推荐．

但是应该强调一点：此问题中的线性方程组有无穷多解，只是没有非负解．

例 3.7.4 交通流量模型：

利用线性方程组的基本理论可以直接解决某种简单情况下的交通流量问题．例如：下图给出了某商业区单行街道的交通流量（每小时过车数）．

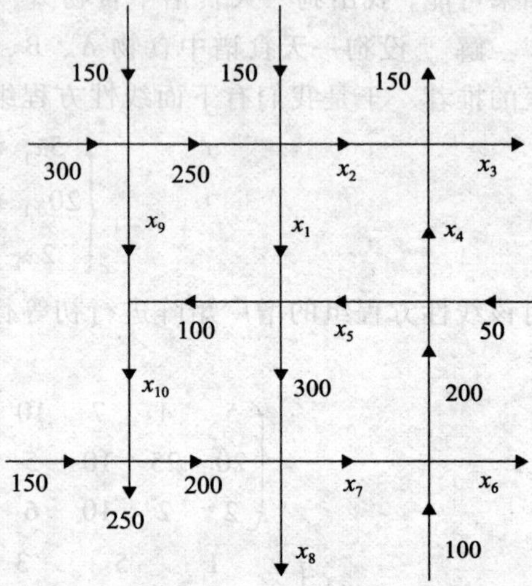

我们可以合理地假定：

（1）全部流入本街区的车流量等于全部流出的车流量；

（2）全部流入一个路口的流量等于全部流出此路口的流量．

依据此假设，我们可以建立数学模型来确定该交通网络未知部分（$x_1,x_2,\cdots,x_{10}$）的具体车流量．

由假设(1)我们可以得到整个街区总的车流量所满足的方程：

$$150+150+50+100+150+300=150+x_3+x_6+x_8+250,$$

即：$x_3+x_6+x_8=500$.

由假设（2）我们可以得到每个路口车流量满足的方程．例如右上角路口车流量应满足：$x_3+150=x_2+x_4$，

即 $x_2-x_3+x_4=150$.

由此可推知，所给问题满足如下线性方程组：

$$\begin{cases} x_2-x_3+x_4=150 \\ x_4+x_5=250 \\ x_7-x_6=100 \\ x_1+x_2=400 \\ x_1+x_5=400 \\ x_7+x_8=500 \\ x_9=200 \\ x_{10}-x_9=100 \\ x_{10}=300 \\ x_8+x_3+x_6=500 \end{cases}$$

我们只需解此方程组即可确定该交通网络未知部分（$x_1,x_2,\cdots,x_{10}$）的具体车流量．

方程组的系数矩阵为

$$A=\begin{pmatrix}0&1&-1&1&0&0&0&0&0&0\\0&0&0&1&1&0&0&0&0&0\\0&0&0&0&0&-1&1&0&0&0\\1&1&0&0&0&0&0&0&0&0\\1&0&0&0&1&0&0&0&0&0\\0&0&0&0&0&0&1&1&0&0\\0&0&0&0&0&0&0&0&1&0\\0&0&0&0&0&0&0&0&-1&1\\0&0&0&0&0&0&0&0&0&1\\0&0&1&0&0&1&0&1&0&0\end{pmatrix}.$$

增广矩阵的行最简形式为

$$B=\begin{pmatrix}1&0&0&0&1&0&0&0&0&0&400\\0&1&0&0&-1&0&0&0&0&0&0\\0&0&1&0&0&0&0&0&0&0&100\\0&0&0&1&1&0&0&0&0&0&250\\0&0&0&0&0&1&0&1&0&0&400\\0&0&0&0&0&0&1&1&0&0&500\\0&0&0&0&0&0&0&0&1&0&200\\0&0&0&0&0&0&0&0&0&1&300\\0&0&0&0&0&0&0&0&0&0&0\\0&0&0&0&0&0&0&0&0&0&0\end{pmatrix}.$$

其秩为 8，其对应的齐次线性方程组：

$$\begin{cases}x_1+x_5=0\\x_2-x_5=0\\x_3=0\\x_4+x_5=0\\x_6+x_8=0\\x_7+x_8=0\\x_9=0\\x_{10}=0\end{cases}$$

取（x_5,x_8）为自由变量，分别赋两组值为（1，0），（0，1），得齐次线性方程组基础解系中两个线性无关解向量

$$\vec{\xi}_1=(-1,1,0,-1,1,0,0,0,0,0)^T,$$

$$\vec{\xi}_2=(0,0,0,0,0,-1,-1,1,0,0)^T,$$

其对应的非齐次方程组为

$$\begin{cases}x_1+x_5=400\\x_2-x_5=0\\x_3=100\\x_4+x_5=250\\x_6+x_8=400\\x_7+x_8=500\\x_9=200\\x_{10}=300\end{cases}$$

赋值给自由未知量（x_5, x_8）为（0，0）得非齐次方程组的特解

$$\vec{x}^* = (400,0,100,250,0,400,500,0,200,300)^T.$$

于是方程组的通解为$\vec{x} = k_1\vec{\xi}_1 + k_2\vec{\xi}_2 + \vec{x}^*$，其中 k_1，k_2 为任意常数，$\vec{x}$的每一个分量即为交通网络未知部分的具体流量，它有无穷多解．

2. 考研真题

（1）（1994，数一）已知向量组$\vec{\alpha}_1,\vec{\alpha}_2,\vec{\alpha}_3,\vec{\alpha}_4$线性无关，则下面成立的是（　　）．

（A）$\vec{\alpha}_1+\vec{\alpha}_2,\vec{\alpha}_2+\vec{\alpha}_3,\vec{\alpha}_3+\vec{\alpha}_4,\vec{\alpha}_4+\vec{\alpha}_1$线性无关；

（B）$\vec{\alpha}_1-\vec{\alpha}_2,\vec{\alpha}_2-\vec{\alpha}_3,\vec{\alpha}_3-\vec{\alpha}_4,\vec{\alpha}_4-\vec{\alpha}_1$线性无关；

（C）$\vec{\alpha}_1+\vec{\alpha}_2,\vec{\alpha}_2+\vec{\alpha}_3,\vec{\alpha}_3+\vec{\alpha}_4,\vec{\alpha}_4-\vec{\alpha}_1$线性无关；

（D）$\vec{\alpha}_1+\vec{\alpha}_2,\vec{\alpha}_2+\vec{\alpha}_3,\vec{\alpha}_3-\vec{\alpha}_4,\vec{\alpha}_4-\vec{\alpha}_1$线性无关．

（2）（1994，数一）设四元齐次线性方程组（I）$\begin{cases}x_1+x_2=0\\x_2-x_4=0\end{cases}$，又已知某齐次线性方程组（II）的通解为$k_1(0,1,1,0)^T+k_2(-1,2,2,1)^T$.

①求线性方程组（I）的基础解系.

②问（I）和（II）是否有非零公共解？若有，则求出所有的非零公共解；若没有，则说明理由．

（3）（1994，数三）设有线性方程组$\begin{cases}x_1+a_1x_2+a_1^2x_3=a_1^3\\x_1+a_2x_2+a_2^2x_3=a_2^3\\x_1+a_3x_2+a_3^2x_3=a_3^3\\x_1+a_4x_2+a_4^2x_3=a_4^3\end{cases}$，

①证明：若 a_1,a_2,a_3,a_4 两两不相等，则此线性方程组无解；

②设 $a_1=a_3=k, a_2=a_4=-k\ (k\neq0)$，且已知$\vec{\beta}_1,\vec{\beta}_2$是该方程组的两个解，其中$\vec{\beta}_1=(-1,1,1)^T,\vec{\beta}_2=(1,1,-1)^T$，写出此方程组的通解．

（4）（1994，数四）设有向量组$\vec{\alpha}_1=(1,-1,2,4),\vec{\alpha}_2=(0,3,1,2)$，$\vec{\alpha}_3=(3,0,7,14)$，$\vec{\alpha}_4=(1,-2,2,0),\vec{\alpha}_5=(2,1,5,10)$，则该向量组的极大线性无关组是（　　）．

（A）$\vec{\alpha}_1,\vec{\alpha}_2,\vec{\alpha}_3$；（B）$\vec{\alpha}_1,\vec{\alpha}_2,\vec{\alpha}_4$；（C）$\vec{\alpha}_1,\vec{\alpha}_2,\vec{\alpha}_5$；（D）$\vec{\alpha}_1,\vec{\alpha}_2,\vec{\alpha}_4,\vec{\alpha}_5$.

（5）（1994，数四）设$\vec{\alpha}_1,\vec{\alpha}_2,\vec{\alpha}_3$是齐次线性方程组$A\vec{x}=\vec{0}$的一个基础解系，证明$\vec{\alpha}_1+\vec{\alpha}_2$，$\vec{\alpha}_2+\vec{\alpha}_3$，$\vec{\alpha}_3+\vec{\alpha}_1$也是该方程组的一基础解系．

（6）（1995，数三）设矩阵$A_{m\times n}$的秩为$R(A)=m<n, E_m$为 m 阶单位矩阵，下述结论中正确的是（　　）．

（A）A 的任意 m 个列向量必线性无关；

（B）A 的任意一个 m 阶子式必不等于零；

（C）若矩阵 B 满足 $BA=O$，则 $B=O$；

（D）A 通过初等行变换，必可化为$(E_m\quad O)$的形式．

(7)（1995，数三）已知向量组(I) $\vec{\alpha}_1,\vec{\alpha}_2,\vec{\alpha}_3$；(II) $\vec{\alpha}_1,\vec{\alpha}_2,\vec{\alpha}_3,\vec{\alpha}_4$；(III) $\vec{\alpha}_1,\vec{\alpha}_2,\vec{\alpha}_3,\vec{\alpha}_5$；如果各向量组的秩分别为：$R(\mathrm{I})=R(\mathrm{II})=3$，$R(\mathrm{III})=4$，证明：向量组 $\vec{\alpha}_1,\vec{\alpha}_2,\vec{\alpha}_3,\vec{\alpha}_5-\vec{\alpha}_4$ 的秩为 4.

(8)（1995，数四）设矩阵 $A_{m\times n}$ 的秩为 $R(A)=m<n$，E_m 为 m 阶单位矩阵，下述结论中正确的是（　　）.

(A) A 的任意 m 个列向量必线性无关；

(B) A 的任意一个 m 阶子式必不等于零；

(C) A 通过初等行变换，必可化为 $(E_m\quad O)$ 的形式；

(D) 非齐次线性方程组 $A\vec{x}=\vec{b}$ 一定有无穷多组解.

(9)（1995，数四）对于线性方程组 $\begin{cases}\lambda x_1+x_2+x_3=\lambda-3\\ x_1+\lambda x_2+x_3=-2\\ x_1+x_2+\lambda x_3=-2\end{cases}$，讨论 λ 取何值时，方程组无解、有唯一解和有无穷多组解. 在方程组有无穷多组解时，试用其导出的基础解系表示全部解.

(10)（1996，数三）设向量 $\vec{\alpha}_1,\vec{\alpha}_2,\cdots,\vec{\alpha}_t$ 是齐次线性方程组 $A\vec{x}=\vec{0}$ 的一个基础解系，向量 $\vec{\beta}$ 不是方程组 $A\vec{x}=\vec{0}$ 的解，即：$A\vec{\beta}\neq\vec{0}$，试证明：向量组 $\vec{\beta},\vec{\beta}+\vec{\alpha}_1,\vec{\beta}+\vec{\alpha}_2,\cdots,\vec{\beta}+\vec{\alpha}_t$ 线性无关.

(11)（1996，数三、四）设有任意两个 n 维向量组 $\vec{\alpha}_1,\vec{\alpha}_2,\cdots,\vec{\alpha}_m$ 和 $\vec{\beta}_1,\vec{\beta}_2,\cdots,\vec{\beta}_m$，若存在两组不全为零的数 $\lambda_1,\lambda_2,\cdots,\lambda_m$ 和 $k_1,k_2,\cdots,k_m$，使

$(\lambda_1+k_1)\vec{\alpha}_1+\cdots+(\lambda_m+k_m)\vec{\alpha}_m+(\lambda_1-k_1)\vec{\beta}_1+\cdots+(\lambda_m-k_m)\vec{\beta}_m=\vec{0}$，则（　　）.

(A) $\vec{\alpha}_1,\vec{\alpha}_2,\cdots,\vec{\alpha}_m$ 和 $\vec{\beta}_1,\vec{\beta}_2,\cdots,\vec{\beta}_m$ 都线性相关；

(B) $\vec{\alpha}_1,\vec{\alpha}_2,\cdots,\vec{\alpha}_m$ 和 $\vec{\beta}_1,\vec{\beta}_2,\cdots,\vec{\beta}_m$ 都线性无关；

(C) $\vec{\alpha}_1+\vec{\beta}_1,\cdots,\vec{\alpha}_m+\vec{\beta}_m,\vec{\alpha}_1-\vec{\beta}_1,\cdots,\vec{\alpha}_m-\vec{\beta}_m$ 线性无关；

(D) $\vec{\alpha}_1+\vec{\beta}_1,\cdots,\vec{\alpha}_m+\vec{\beta}_m,\vec{\alpha}_1-\vec{\beta}_1,\cdots,\vec{\alpha}_m-\vec{\beta}_m$ 线性相关.

(12)（1996，数四）已知线性方程组 $\begin{cases}x_1+x_2-2x_3+3x_4=0\\ 2x_1+x_2-6x_3+4x_4=-1\\ 3x_1+2x_2+px_3+7x_4=-1\\ x_1-x_2-6x_3-x_4=t\end{cases}$，讨论参数 p,t 取何值时，方程组有解、无解？当有解时，试用其导出的基础解系表示全部解.

(13)（1997，数一）设 $A=\begin{pmatrix}1&2&-2\\4&t&3\\3&-1&1\end{pmatrix}$，$B$ 为三阶非零矩阵，且 $AB=O$，则 $t=$______.

(14)（1997，数一）设 $\vec{\alpha}_1=\begin{pmatrix}a_1\\a_2\\a_3\end{pmatrix}$，$\vec{\alpha}_2=\begin{pmatrix}b_1\\b_2\\b_3\end{pmatrix}$，$\vec{\alpha}_3=\begin{pmatrix}c_1\\c_2\\c_3\end{pmatrix}$，则三直线 $\begin{cases}a_1x+b_1y+c_1=0\\ a_2x+b_2y+c_2=0\\ a_3x+b_3y+c_3=0\end{cases}$（其中 $a_i^2+b_i^2\neq0,i=1,2,3$）交于一点的充分必要条件是（　　）.

(A) $\vec{\alpha}_1,\vec{\alpha}_2,\vec{\alpha}_3$ 线性相关；(B) $\vec{\alpha}_1,\vec{\alpha}_2,\vec{\alpha}_3$ 线性无关；

(C) $r(\vec{\alpha}_1,\vec{\alpha}_2,\vec{\alpha}_3)=r(\vec{\alpha}_1,\vec{\alpha}_2)$；

(D) $\vec{\alpha}_1,\vec{\alpha}_2,\vec{\alpha}_3$ 线性相关，$\vec{\alpha}_1,\vec{\alpha}_2$ 线性无关．

(15)（1997，数一）设 B 是秩为 2 的 5×4 矩阵，$\vec{\alpha}_1=(1,1,2,3)^T$，$\vec{\alpha}_2=(-1,1,4,-1)^T$，$\vec{\alpha}_3=(5,-1,-8,9)^T$ 是齐次线性方程组 $B\vec{x}=\vec{0}$ 的解向量，求 $B\vec{x}=\vec{0}$ 的解空间的一个标准正交基．

(16)（1997，数二）λ取何值时，方程组 $\begin{cases}2x_1+\lambda x_2-x_3=1\\ \lambda x_1-x_2+x_3=2\\ 4x_1+5x_2-5x_3=-1\end{cases}$ 无解，有唯一解或有无穷多解？并在有无穷多解时写出方程组的通解．

(17)（1997，数二）已知向量组 $\vec{\alpha}_1=(1,2,-1,1)$，$\vec{\alpha}_2=(2,0,t,0)$，$\vec{\alpha}_3=(0,-4,5,-2)$ 的秩为 2，则 $t=$__________．

(18)（1997，数三、四）设向量组 $\vec{\alpha}_1,\vec{\alpha}_2,\vec{\alpha}_3$ 线性无关，则下列向量组中线性无关的是（　）．

(A) $\vec{\alpha}_1+\vec{\alpha}_2,\vec{\alpha}_2+\vec{\alpha}_3,\vec{\alpha}_3-\vec{\alpha}_1$；　(B) $\vec{\alpha}_1+\vec{\alpha}_2,\vec{\alpha}_2+\vec{\alpha}_3,\vec{\alpha}_1+2\vec{\alpha}_2+\vec{\alpha}_3$；

(C) $\vec{\alpha}_1+2\vec{\alpha}_2,2\vec{\alpha}_2+3\vec{\alpha}_3,3\vec{\alpha}_3+\vec{\alpha}_1$；(D) $\vec{\alpha}_1+\vec{\alpha}_2+\vec{\alpha}_3,2\vec{\alpha}_1-3\vec{\alpha}_2+22\vec{\alpha}_3,3\vec{\alpha}_1+5\vec{\alpha}_2-5\vec{\alpha}_3$.

(19)（1997，数四）非齐次线性方程组 $A\vec{x}=\vec{b}$ 中未知量个数为 n，方程个数为 m，系数矩阵 A 的秩为 r，则（　）．

(A) $r=m$ 时，方程组 $A\vec{x}=\vec{b}$ 有解；(B) $r=n$ 时，方程组 $A\vec{x}=\vec{b}$ 有唯一解；

(C) $m=n$ 时，方程组 $A\vec{x}=\vec{b}$ 有唯一解；

(D) $r<n$ 时，方程组 $A\vec{x}=\vec{b}$ 有无穷多解．

(20)（1998，数一）设矩阵 $\begin{pmatrix}a_1 & b_1 & c_1\\ a_2 & b_2 & c_2\\ a_3 & b_3 & c_3\end{pmatrix}$ 是满秩的，则直线 $\frac{x-a_3}{a_1-a_2}=\frac{y-b_3}{b_1-b_2}=\frac{z-c_3}{c_1-c_2}$ 与直线 $\frac{x-a_1}{a_2-a_3}=\frac{y-b_1}{b_2-b_3}=\frac{z-c_1}{c_2-c_3}$（　）．

(A) 相交于一点；　　(B) 重合；

(C) 平行但不重合；　　(D) 异面．

(21)（1998，数一）设 A 是 n 阶矩阵，若存在正整数 k，使线性方程组 $A^k\vec{x}=\vec{0}$ 有解向量 $\vec{\alpha}$，且 $A^{k-1}\vec{\alpha}\neq\vec{0}$. 证明：向量组 $\vec{\alpha},A\vec{\alpha},\cdots,A^{k-1}\vec{\alpha}$ 是线性无关的．

(22)（1998，数一）已知线性方程组(I) $\begin{cases}a_{11}x_1+a_{12}x_2+\cdots+a_{1,2n}x_{2n}=0\\ a_{21}x_1+a_{22}x_2+\cdots+a_{2,2n}x_{2n}=0\\ \cdots\cdots\\ a_{n1}x_1+a_{n2}x_2+\cdots+a_{n,2n}x_{2n}=0\end{cases}$ 的一个基础解系为：$\begin{pmatrix}b_{11}\\ b_{12}\\ \vdots\\ b_{1,2n}\end{pmatrix},\begin{pmatrix}b_{21}\\ b_{22}\\ \vdots\\ b_{2,2n}\end{pmatrix},\cdots,\begin{pmatrix}b_{n1}\\ b_{n2}\\ \vdots\\ b_{n,2n}\end{pmatrix}$. 试求出线性方程组(II) $\begin{cases}b_{11}y_1+b_{12}y_2+\cdots+b_{1,2n}y_{2n}=0\\ b_{21}y_1+b_{22}y_2+\cdots+b_{2,2n}y_{2n}=0\\ \cdots\cdots\\ b_{n1}y_1+b_{n2}y_2+\cdots+b_{n,2n}y_{2n}=0\end{cases}$ 的

一个基础解系.

(23)(1998，数二)已知

$\vec{\alpha}_1=(1,4,0,2)^T,\vec{\alpha}_2=(2,7,1,3)^T,\vec{\alpha}_3=(0,1,-1,a)^T$，$\vec{\beta}=(3,10,b,4)^T$，问

①a,b 取何值时，$\vec{\beta}$不能由$\vec{\alpha}_1,\vec{\alpha}_2,\vec{\alpha}_3$ 线性表示？

②a,b 取何值时，$\vec{\beta}$可由$\vec{\alpha}_1,\vec{\alpha}_2,\vec{\alpha}_3$ 线性表示？并写出此表示式.

(24)(1998，数三)齐次方程组$\begin{cases}\lambda x_1+x_2+\lambda^2x_3=0\\x_1+\lambda x_2+x_3=0\\x_1+x_2+\lambda x_3=0\end{cases}$ 的系数矩阵记为 A，

若存在三阶方阵 $B\neq O$，使得 $AB=O$，则(　　).

(A) $\lambda=-2$，且$|B|=0$;　　(B) $\lambda=-2$，且$|B|\neq0$;

(C) $\lambda=1$，且$|B|=0$;　　(D) $\lambda=1$，且$|B|\neq0$.

(25)(1998，数四)若向量组$\vec{\alpha},\vec{\beta},\vec{\gamma}$线性无关，$\vec{\alpha},\vec{\beta},\vec{\delta}$线性相关，则(　　).

(A) $\vec{\alpha}$必可由$\vec{\beta},\vec{\gamma},\vec{\delta}$线性表示；(B) $\vec{\beta}$必不可由$\vec{\alpha},\vec{\gamma},\vec{\delta}$线性表示；

(C) $\vec{\delta}$必可由$\vec{\alpha},\vec{\beta},\vec{\gamma}$线性表示；(D) $\vec{\delta}$必不可由$\vec{\alpha},\vec{\beta},\vec{\gamma}$线性表示.

(26)(1998，数四)已知下列非齐次线性方程组(Ⅰ)和(Ⅱ)

(Ⅰ) $\begin{cases}x_1+x_2-2x_4=-6\\4x_1-x_2-x_3-x_4=1\\3x_1-x_2-x_3=3\end{cases}$，　(Ⅱ) $\begin{cases}x_1+mx_2-x_3-x_4=-5\\nx_2-x_3-2x_4=-11\\x_3-2x_4=-t+1\end{cases}$.

①求解方程组(Ⅰ)，用其导出组的基础解系表示通解.

②当方程组(Ⅱ)中的参数 m,n,t 为何值时，方程组(Ⅰ)与(Ⅱ)同解.

(27)(1999，数二)设有向量组：$\vec{\alpha}_1=(1,1,1,3)^T$，$\vec{\alpha}_2=(-1,-3,5,1)^T$，$\vec{\alpha}_3=(3,2,-1,p+2)^T$，$\vec{\alpha}_4=(-2,-6,10,p)^T$，

①p 为何值时，该向量组线性无关？并在此时，将向量$\vec{\alpha}=(4,1,6,10)^T$ 用$\vec{\alpha}_1,\vec{\alpha}_2,\vec{\alpha}_3,\vec{\alpha}_4$ 线性表出；

②p 为何值时，该向量组线性相关？并在此时，求出它的秩和一个极大线性无关组.

(28)(1999，数三、四)设向量$\vec{\beta}$可由向量组$\vec{\alpha}_1,\vec{\alpha}_2,\cdots,\vec{\alpha}_m$ 线性表示，但不能由向量组(Ⅰ)：$\vec{\alpha}_1,\vec{\alpha}_2,\cdots,\vec{\alpha}_{m-1}$线性表示，记向量组(Ⅱ)：$\vec{\alpha}_1,\cdots,\vec{\alpha}_{m-1},\vec{\beta}$，则(　　).

(A) $\vec{\alpha}_m$ 不能由(Ⅰ)线性表示，也不能由(Ⅱ)线性表示；

(B) $\vec{\alpha}_m$ 不能由(Ⅰ)线性表示，但可由(Ⅱ)线性表示；

(C) $\vec{\alpha}_m$ 可由(Ⅰ)线性表示，也可由(Ⅱ)线性表示；

(D) $\vec{\alpha}_m$ 可由(Ⅰ)线性表示，但不可由(Ⅱ)线性表示.

(29)(1996，数一)求齐次方程组$\begin{cases}x_1+x_2+x_5=0\\x_1+x_2-x_3=0\\x_3+x_4+x_5=0\end{cases}$ 的基础解系.

(30)（2000，数一）n 维向量组 $\vec{\alpha}_1,\cdots,\vec{\alpha}_m\,(m<n)$ 线性无关，n 维向量组 $\vec{\beta}_1,\cdots,\vec{\beta}_m$ 线性无关的充分必要条件是（　　）.

(A) $\vec{\alpha}_1,\cdots,\vec{\alpha}_m$ 可由 $\vec{\beta}_1,\cdots,\vec{\beta}_m$ 线性表示；

(B) $\vec{\beta}_1,\cdots,\vec{\beta}_m$ 可由 $\vec{\alpha}_1,\cdots,\vec{\alpha}_m$ 线性表示；

(C) $\vec{\alpha}_1,\cdots,\vec{\alpha}_m$ 与 $\vec{\beta}_1,\cdots,\vec{\beta}_m$ 等价；

(D) 矩阵 $A=(\vec{\alpha}_1,\cdots,\vec{\alpha}_m)$ 与 $B=(\vec{\beta}_1,\cdots,\vec{\beta}_m)$ 等价.

(31)（2000，数一）已知方程组 $\begin{pmatrix}1&2&1\\2&3&a+2\\1&a&-2\end{pmatrix}\begin{pmatrix}x_1\\x_2\\x_3\end{pmatrix}=\begin{pmatrix}1\\3\\0\end{pmatrix}$ 无解，则 $a=$ ______.

(32)（2000，数二）设 $\vec{\alpha}=(1,2,1)^T,\vec{\beta}=(1,\frac{1}{2},0)^T,\vec{\gamma}=(0,0,8)^T$，$A=\vec{\alpha}\vec{\beta}^T$，$B=\vec{\beta}^T\vec{\alpha}$，其中 $\vec{\beta}^T$ 是 $\vec{\beta}$ 的转置，求解方程 $2B^2A^2\vec{x}=A^4\vec{x}+B^4\vec{x}+\vec{\gamma}$.

(33)（2000，数二）已知向量组 $\vec{\beta}_1=(0,1,-1)^T,\vec{\beta}_2=(a,2,1)^T,\vec{\beta}_3=(b,1,0)^T$ 与向量组 $\vec{\alpha}_1=(1,2,-3)^T,\vec{\alpha}_2=(3,0,1)^T,\vec{\alpha}_3=(9,6,-7)^T$ 具有相同的秩，且 $\vec{\beta}_3$ 可由 $\vec{\alpha}_1,\vec{\alpha}_2,\vec{\alpha}_3$ 线性表示，求 a,b 的值.

(34)（2000，数三）设 A 为 n 阶实矩阵，A^T 是 A 的转置矩阵，则对于线性方程组（Ⅰ）：$A\vec{x}=\vec{0}$ 和（Ⅱ）：$A^TA\vec{x}=\vec{0}$，必有（　　）.

(A)（Ⅱ）的解是（Ⅰ）的解，（Ⅰ）的解也是（Ⅱ）的解；

(B)（Ⅱ）的解是（Ⅰ）的解，但（Ⅰ）的解不是（Ⅱ）的解.

(C)（Ⅰ）的解不是（Ⅱ）的解，（Ⅱ）的解也不是（Ⅰ）的解；

(D)（Ⅰ）的解是（Ⅱ）的解，但（Ⅱ）的解不是（Ⅰ）的解.

(35)（2000，数三、四）设 $\vec{\alpha}_1,\vec{\alpha}_2,\vec{\alpha}_3$ 是四元非齐次方程 $A\vec{x}=\vec{b}$ 的三个解向量，$R(A)=3$，$\vec{\alpha}_1=(1,2,3,4)^T$，$\vec{\alpha}_2+\vec{\alpha}_3=(0,1,2,3)^T$，$k$ 为任意常数，则线性方程组 $A\vec{x}=\vec{b}$ 的通解为 $\vec{x}=$（　　）.

(A) $\begin{pmatrix}1\\2\\3\\4\end{pmatrix}+k\begin{pmatrix}1\\1\\1\\1\end{pmatrix}$；　　(B) $\begin{pmatrix}1\\2\\3\\4\end{pmatrix}+k\begin{pmatrix}0\\1\\2\\3\end{pmatrix}$；

(C) $\begin{pmatrix}1\\2\\3\\4\end{pmatrix}+k\begin{pmatrix}2\\3\\4\\5\end{pmatrix}$；　　(D) $\begin{pmatrix}1\\2\\3\\4\end{pmatrix}+k\begin{pmatrix}3\\4\\5\\6\end{pmatrix}$.

(36)（2000，数三、四）已知 $\vec{\alpha}_1=(a,2,10)^T$，$\vec{\alpha}_2=(-2,1,5)^T$，$\vec{\alpha}_3=(-1,1,4)^T$，$\vec{\beta}=(1,b,c)^T$，讨问：当 a,b,c 满足什么条件时，

①$\vec{\beta}$ 不能由 $\vec{\alpha}_1,\vec{\alpha}_2,\vec{\alpha}_3$ 线性表示；

②$\vec{\beta}$ 可由 $\vec{\alpha}_1,\vec{\alpha}_2,\vec{\alpha}_3$ 线性表示，且表示法唯一；

③$\vec{\beta}$可由$\vec{\alpha}_1,\vec{\alpha}_2,\vec{\alpha}_3$线性表示，但表示法不唯一．并求出一般表达式．

（37）（2001，数一）设$\vec{\alpha}_1,\vec{\alpha}_2,\cdots,\vec{\alpha}_s$为线性方程组$A\vec{x}=\vec{0}$的一个基础解系，$\vec{\beta}_1=t_1\vec{\alpha}_1+t_2\vec{\alpha}_2$，$\vec{\beta}_2=t_1\vec{\alpha}_2+t_2\vec{\alpha}_3$，…，$\vec{\beta}_s=t_1\vec{\alpha}_s+t_2\vec{\alpha}_1$，其中$t_1,t_2$为实常数，试问：$t_1,t_2$满足什么关系时，$\vec{\beta}_1,\vec{\beta}_2,\cdots,\vec{\beta}_s$也为线性方程组$A\vec{x}=\vec{0}$的一个基础解系．

（38）（2001，数二）设方程组$\begin{pmatrix}a&1&1\\1&a&1\\1&1&a\end{pmatrix}\begin{pmatrix}x_1\\x_2\\x_3\end{pmatrix}=\begin{pmatrix}1\\1\\-2\end{pmatrix}$有无穷多个解，则$a=$________.

（39）（2001，数二）已知$\vec{\alpha}_1,\vec{\alpha}_2,\vec{\alpha}_3,\vec{\alpha}_4$是线性方程组$A\vec{x}=\vec{0}$的一个基础解系，若$\vec{\beta}_1=\vec{\alpha}_1+t\vec{\alpha}_2$，$\vec{\beta}_2=\vec{\alpha}_2+t\vec{\alpha}_3$，$\vec{\beta}_3=\vec{\alpha}_3+t\vec{\alpha}_4$，$\vec{\beta}_4=\vec{\alpha}_4+t\vec{\alpha}_1$，讨论实数$t$满足什么条件时，$\vec{\beta}_1,\vec{\beta}_2,\vec{\beta}_3,\vec{\beta}_4$也是$A\vec{x}=\vec{0}$的基础解系．

（40）（2001，数三）设A是n阶矩阵，$\vec{\alpha}$是n维列向量，若$r\begin{pmatrix}A&\vec{\alpha}\\\vec{\alpha}^T&0\end{pmatrix}=r(A)$，则（　　）．

（A）$A\vec{x}=\vec{\alpha}$必有无穷多解；　（B）$A\vec{x}=\vec{\alpha}$必有唯一解；

（C）$\begin{pmatrix}A&\vec{\alpha}\\\vec{\alpha}^T&0\end{pmatrix}\begin{pmatrix}x\\y\end{pmatrix}=\vec{0}$仅有零解；　（D）$\begin{pmatrix}A&\vec{\alpha}\\\vec{\alpha}^T&0\end{pmatrix}\begin{pmatrix}x\\y\end{pmatrix}=\vec{0}$必有非零解．

（41）（2001，数四）设$\vec{\alpha}_i=(a_{i1},a_{i2},\cdots,a_{in})^T(i=1,2,\cdots,r;r<n)$是$n$维实向量，且$\vec{\alpha}_1,\vec{\alpha}_2,\cdots,\vec{\alpha}_r$线性无关．已知$\vec{\beta}=(b_1,b_2,\cdots,b_n)^T$是线性方程组

$$\begin{cases}a_{11}x_1+a_{12}x_2+\cdots+a_{1n}x_n=0\\a_{21}x_1+a_{22}x_2+\cdots+a_{2n}x_n=0\\\cdots\\a_{r1}x_1+a_{r2}x_2+\cdots+a_{rn}x_n=0\end{cases}$$

的非零解．试判断向量组$\vec{\alpha}_1,\vec{\alpha}_2,\cdots,\vec{\alpha}_r,\vec{\beta}$的线性相关性．

（42）（2002，数一）设有三张不同平面的方程$a_{i1}x+a_{i2}y+a_{i3}z=b_i$，$i=1,2,3$. 它们所组成的线性方程组的系数矩阵与增广矩阵的秩都为2，则这三张平面可能的位置关系为（　　）．

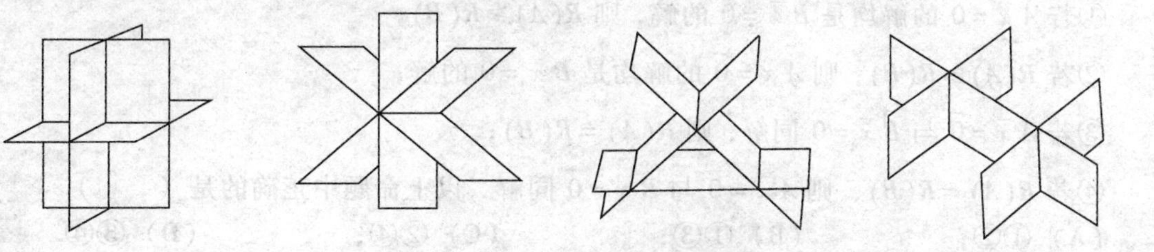

(A)　(B)　(C)　(D)

（43）（2002，数一、二）已知四阶方阵$A=(\vec{\alpha}_1\cdots\vec{\alpha}_4)$，$\vec{\alpha}_i$是四维列向量$(i=1,\cdots,4)$，其中$\vec{\alpha}_2,\vec{\alpha}_3,\vec{\alpha}_4$线性无关，$\vec{\alpha}_1=2\vec{\alpha}_2-\vec{\alpha}_3$. 若$\vec{\beta}=\sum_{i=1}^{4}\vec{\alpha}_i$，求线性方程组$A\vec{x}=\vec{\beta}$的通解．

（44）（2002，数二）设向量组$\vec{\alpha}_1,\vec{\alpha}_2,\vec{\alpha}_3$线性无关，向量$\vec{\beta}_1$可由$\vec{\alpha}_1,\vec{\alpha}_2,\vec{\alpha}_3$线性表示，而

向量$\vec{\beta}_2$不能由$\vec{\alpha}_1,\vec{\alpha}_2,\vec{\alpha}_3$线性表示，则任意$k$为常数，必有（ ）.

(A) $\vec{\alpha}_1,\vec{\alpha}_2,\vec{\alpha}_3,k\vec{\beta}_1+\vec{\beta}_2$线性无关； (B) $\vec{\alpha}_1,\vec{\alpha}_2,\vec{\alpha}_3,k\vec{\beta}_1+\vec{\beta}_2$线性相关；

(C) $\vec{\alpha}_1,\vec{\alpha}_2,\vec{\alpha}_3,\vec{\beta}_1+k\vec{\beta}_2$线性无关； (D) $\vec{\alpha}_1,\vec{\alpha}_2,\vec{\alpha}_3,\vec{\beta}_1+k\vec{\beta}_2$线性相关.

(45)（2002，数三）设矩阵$A_{m\times n}$，$B_{n\times m}$，则线性方程组$(AB)\vec{x}=\vec{0}$（ ）.

(A) 当$n>m$时仅有零解； (B) 当$n>m$时必有非零解；

(C) 当$m>n$时仅有零解； (D) 当$m>n$时必有非零解.

(46)（2002，数三）设三阶矩阵$A=\begin{pmatrix}1&2&-2\\2&1&2\\3&0&4\end{pmatrix}$，三维列向量$\vec{\alpha}=(a,1,1)^T$，已知$A\vec{\alpha}$与$\vec{\alpha}$线性相关，则$a=$________.

(47)（2002，数三）设齐次线性方程组$\begin{cases}ax_1+bx_2+\cdots+bx_n=0\\bx_1+ax_2+\cdots+bx_n=0\\\quad\cdots\cdots\\bx_1+bx_2+\cdots+ax_n=0\end{cases}$，$a\neq0$，$b\neq0$，$n\geqslant2$，讨论$a,b$为何值时，方程组仅有零解、有无穷多解？有无穷多解时，用基础解系表示全部解.

(48)（2002，数四）设向量组$\vec{\alpha}_1=(a,0,c),\vec{\alpha}_2=(b,c,0),\vec{\alpha}_3=(0,a,b)$线性无关，则$a$，$b,c$必满足关系式________.

(49)（2002，数四）设四元齐次线性方程组（Ⅰ）为$\begin{cases}2x_1+3x_2-x_3=0\\x_1+2x_2+x_3-x_4=0\end{cases}$，且已知另一四元齐次线性方程组（Ⅱ）的一个基础解系为$\vec{\alpha}_1=(2,-1,a+2,1)^T$，$\vec{\alpha}_2=(-1,2,4,a+8)^T$.

①求方程组（Ⅰ）的一个基础解系；

②当a为何值时，方程组（Ⅰ）与（Ⅱ）有非零公共解？并求出全部非零公共解.

(50)（2003，数一）设有齐次线性方程组$A\vec{x}=\vec{0}$和$B\vec{x}=\vec{0}$，其中A,B均为$m\times n$矩阵，现有4个命题：

①若$A\vec{x}=\vec{0}$的解均是$B\vec{x}=\vec{0}$的解，则$R(A)\geqslant R(B)$；

②若$R(A)\geqslant R(B)$，则$A\vec{x}=\vec{0}$的解均是$B\vec{x}=\vec{0}$的解；

③若$A\vec{x}=\vec{0}$与$B\vec{x}=\vec{0}$同解，则$R(A)=R(B)$；

④若$R(A)=R(B)$，则$A\vec{x}=\vec{0}$与$B\vec{x}=\vec{0}$同解. 以上命题中正确的是（ ）.

(A) ①②； (B) ①③； (C) ②④； (D) ③④.

(51)（2003，数学一、二）设向量组Ⅰ：$\vec{\alpha}_1,\vec{\alpha}_2,\cdots,\vec{\alpha}_r$可由向量组Ⅱ：$\vec{\beta}_1,\vec{\beta}_2,\cdots\vec{\beta}_s$线性表示，则（ ）.

(A) 当$r<s$时，向量组Ⅱ必线性相关； (B) 当$r>s$时，向量组Ⅱ必线性相关；

(C) 当$r<s$时，向量组Ⅰ必线性相关； (D) 当$r>s$时，向量组Ⅰ必线性相关.

(52)（2003，数一、二、三）已知平面上有三条不同直线的方程分别为：

$l_1: ax+2by+3c=0$，$l_2: bx+2cy+3a=0$，$l_3: cx+2ay+3b=0$. 试证这三条直线交于一点的充分必要条件是 $a+b+c=0$.

(53)（2003，数三）设 $\vec{\alpha}_1,\vec{\alpha}_2,\cdots,\vec{\alpha}_s$ 均为 n 维向量，下列结论不正确的是（　　）.

(A) 若对于任意一组不全为零的数 $k_1,k_2,\cdots,k_s$，都有 $k_1\vec{\alpha}_1+\cdots+k_s\vec{\alpha}_s=\vec{0}$，则 $\vec{\alpha}_1,\vec{\alpha}_2,\cdots,\vec{\alpha}_s$ 线性无关；

(B) 若 $\vec{\alpha}_1,\vec{\alpha}_2,\cdots,\vec{\alpha}_s$ 线性相关，则对于任意一组不全为零的数 $k_1,k_2,\cdots,k_s$，都有 $k_1\vec{\alpha}_1+\cdots+k_s\vec{\alpha}_s=\vec{0}$；

(C) $\vec{\alpha}_1,\vec{\alpha}_2,\cdots,\vec{\alpha}_s$ 线性无关的充分必要条件是此向量组的秩为 s；

(D) $\vec{\alpha}_1,\vec{\alpha}_2,\cdots,\vec{\alpha}_s$ 线性无关的必要条件是其中任意两个向量线性无关.

(54)（2003，数三）已知齐次线性方程组

$$\begin{cases}(a_1+b)x_1+a_2x_2+a_3x_3+\cdots+a_nx_n=0\\ a_1x_1+(a_2+b)x_2+a_3x_3+\cdots+a_nx_n=0\\ a_1x_1+a_2x_2+(a_3+b)x_3+\cdots+a_nx_n=0\\ \cdots\\ a_1x_1+a_2x_2+a_3x_3+\cdots+(a_n+b)x_n=0\end{cases}$$

，其中 $\sum\limits_{i=1}^{n}a_i\neq 0$. 试讨论 $a_1,a_2,\cdots,a_n$ 和 b 满足何种关系时，

①方程组仅有零解；

②方程组有非零解，在有非零解时，求此方程组的一个基础解系.

(55)（2003，数四）设有向量组（Ⅰ）：$\vec{\alpha}_1=(1,0,2)^T$，$\vec{\alpha}_2=(1,1,3)^T$，$\vec{\alpha}_3=(1,-1,a+2)^T$ 和向量组（Ⅱ）：$\vec{\beta}_1=(1,2,a+3)^T$，$\vec{\beta}_2=(2,1,a+6)^T$，$\vec{\beta}_3=(2,1,a+4)^T$，试问：当 a 为何值时，向量组（Ⅰ）与（Ⅱ）等价？当 a 为何值时，向量组（Ⅰ）与（Ⅱ）不等价？

(56)（2004，数一）设有齐次线性方程组

$$\begin{cases}(1+a)x_1+x_2+\cdots+x_n=0\\ 2x_1+(2+a)x_2+\cdots+2x_n=0\\ \cdots\\ nx_1+nx_2+\cdots+(n+a)x_n=0\end{cases}\quad(n\geqslant 2),$$

试问 a 取何值时，该方程组有非零解，并求出其通解.

(57)（2004，数一、二）设 A,B 满足 $AB=O$ 的任意两个非零矩阵，则必有（　　）.

(A) A 的列向量组线性相关，B 的行向量组线性相关；

(B) A 的列向量组线性相关，B 的列向量组线性相关；

(C) A 的行向量组线性相关，B 的行向量组线性相关；

(D) A 的行向量组线性相关，B 的列向量组线性相关.

(58)（2004，数二）设有齐次线性方程组

$$\begin{cases}(1+a)x_1+x_2+x_3+x_4=0\\2x_1+(2+a)x_2+2x_3+2x_4=0\\3x_1+3x_2+(3+a)x_3+3x_4=0\\4x_1+4x_2+4x_3+(4+a)x_4=0\end{cases}$$，试问 a 取何值时，该方程组有非零解，并求出其通解.

(59)(2004，数三)设 n 阶矩阵 A 的伴随矩阵 $A^*\neq O$，若 $\vec{\xi}_1,\vec{\xi}_2,\vec{\xi}_3,\vec{\xi}_4$ 是非齐次线性方程组 $A\vec{x}=\vec{b}$ 的互不相等的解，则对应的齐次线性方程组 $A\vec{x}=\vec{0}$ 的基础解系(　　).

(A)不存在；　　　　(B)仅有一个非零解向量；

(C)含有两个线性无关的解向量；　　　　(D)含有三个线性无关的解向量.

(60)(2004，数三)已知 $\vec{\alpha}_1=(1,2,0)^T$，$\vec{\alpha}_2=(1,a+2,-3a)^T$，

$\vec{\alpha}_3=(-1,-b-2,a+2b)^T$，$\vec{\beta}=(1,3,-3)^T$，讨论当 a,b 为何值时，

①$\vec{\beta}$ 不能由 $\vec{\alpha}_1,\vec{\alpha}_2,\vec{\alpha}_3$ 线性表示；

②$\vec{\beta}$ 可由 $\vec{\alpha}_1,\vec{\alpha}_2,\vec{\alpha}_3$ 唯一地线性表示，并求出其表达式；

③$\vec{\beta}$ 可由 $\vec{\alpha}_1,\vec{\alpha}_2,\vec{\alpha}_3$ 线性表示，但表示法不唯一，并求出表达式.

(61)(2004，数四)设线性方程组 $\begin{cases}x_1+\lambda x_2+\mu x_3+x_4=0\\2x_1+x_2+x_3+2x_4=0\\3x_1+(2+\lambda)x_2+(4+\mu)x_3+4x_4=1\end{cases}$.

已知 $(1,-1,1,-1)^T$ 是该方程组的一个解，试求：

①方程组的全解，并用对应的齐次线性方程组的基础解系表示全部解；

②该方程组满足 $x_2=x_3$ 的全部解.

(62)(1995，数一)设线性方程组 $\begin{cases}x_1+3x_2+2x_3+x_4=1\\x_2+ax_3-ax_4=-1\\x_1+2x_2+3x_4=3\end{cases}$，问 a 为何值时方程组有解？并在有解时求出方程组的通解.

(63)(1996，数三)

设 $A=\begin{pmatrix}1&1&1&\cdots&1\\a_1&a_2&a_3&\cdots&a_n\\a_1^2&a_2^2&a_3^2&\cdots&a_n^2\\\vdots&\vdots&\vdots&\ddots&\vdots\\a_1^{n-1}&a_2^{n-1}&a_3^{n-1}&\cdots&a_n^{n-1}\end{pmatrix}$ $\vec{x}=\begin{pmatrix}x_1\\x_2\\x_3\\\vdots\\x_n\end{pmatrix}$ $B=\begin{pmatrix}1\\1\\1\\\vdots\\1\end{pmatrix}$，其中

$a_i\neq a_j(i\neq j,i,j=1,2,\cdots,n)$. 则线性方程 $A^T\vec{x}=B$ 的解是________.

(64)(2005，数二)确定常数 a，使向量组 $\vec{\alpha}_1=(1,1,a)^T,\vec{\alpha}_2=(1,a,1)^T$，$\vec{\alpha}_3=(a,1,1)^T$ 可由向量组 $\vec{\beta}_1=(1,1,a)^T,\vec{\beta}_2=(-2,a,4)^T,\vec{\beta}_3=(-2,a,a)^T$ 线性表示，但向量组 $\vec{\beta}_1,\vec{\beta}_2,\vec{\beta}_3$ 不能由向量组 $\vec{\alpha}_1,\vec{\alpha}_2,\vec{\alpha}_3$ 线性表示.

(65)(2005，数三，四)设行向量组 $(2,1,1,1),(2,1,a,a),(3,2,1,a),(4,3,2,1)$ 线性相关，且 $a\neq1$，则 $a=$________.

(66)(2005，数一，二)已知 3 阶矩阵 A 的第 1 行是 (a,b,c)，且 a,b,c 不全为零；矩

阵 $B=\begin{pmatrix}1&2&3\\2&4&6\\3&6&k\end{pmatrix}$（$k$ 为常数），且 $AB=O$，求线性方程组 $A\vec{x}=\vec{0}$ 的通解.

（67）（2005，数三，四）已知齐次线性方程组（Ⅰ）$\begin{cases}x_1+2x_2+3x_3=0\\2x_1+3x_2+5x_3=0\\x_1+2x_2+ax_3=0\end{cases}$ 和（Ⅱ）$\begin{cases}x_1+bx_2+cx_3=0\\2x_1+b^2x_2+(c+1)x_3=0\end{cases}$ 同解，求 a,b,c 的值.

（68）（2006，数一，二，三）设 $\vec{\alpha}_1,\vec{\alpha}_2,\cdots,\vec{\alpha}_s$ 均为 n 维列向量，A 是 $m\times n$ 矩阵，下列选项正确的是（　　）.

（A）若 $\vec{\alpha}_1,\vec{\alpha}_2,\cdots,\vec{\alpha}_s$ 线性相关，则 $A\vec{\alpha}_1,A\vec{\alpha}_2,\cdots,A\vec{\alpha}_s$ 线性相关.

（B）若 $\vec{\alpha}_1,\vec{\alpha}_2,\cdots,\vec{\alpha}_s$ 线性相关，则 $A\vec{\alpha}_1,A\vec{\alpha}_2,\cdots,A\vec{\alpha}_s$ 线性无关.

（C）若 $\vec{\alpha}_1,\vec{\alpha}_2,\cdots,\vec{\alpha}_s$ 线性无关，则 $A\vec{\alpha}_1,A\vec{\alpha}_2,\cdots,A\vec{\alpha}_s$ 线性相关.

（D）若 $\vec{\alpha}_1,\vec{\alpha}_2,\cdots,\vec{\alpha}_s$ 线性无关，则 $A\vec{\alpha}_1,A\vec{\alpha}_2,\cdots,A\vec{\alpha}_s$ 线性无关.

（69）（2006，数三，四）设 4 维向量组 $\vec{\alpha}_1=(1+a,1,1,1)^T$，$\vec{\alpha}_2=(2,2+a,2,2)^T$，$\vec{\alpha}_3=(3,3,3+a,3)^T$，$\vec{\alpha}_4=(4,4,4,4+a)^T$，问 a 为何值时，$\vec{\alpha}_1,\vec{\alpha}_2,\vec{\alpha}_3,\vec{\alpha}_4$ 线性相关？当 $\vec{\alpha}_1,\vec{\alpha}_2,\vec{\alpha}_3,\vec{\alpha}_4$ 线性相关时，求其一个极大线性无关组，并将其余向量用该极大线性无关组线性表出.

（70）（2006，数一，二）已知非齐次线性方程组 $\begin{cases}x_1+x_2+x_3+x_4=-1\\4x_1+3x_2+5x_3-x_4=-1\\ax_1+x_2+3x_3+bx_4=1\end{cases}$ 有 3 个线性无关的解．①证明方程组系数矩阵 A 的秩 $r(A)=2$；②求 a,b 的值及方程组的通解.

（71）（2007，数一，二，三，四）设向量组 $\vec{\alpha}_1,\vec{\alpha}_2,\vec{\alpha}_3$ 线性无关，则下列向量组线性相关的是（　　）.

（A）$\vec{\alpha}_1-\vec{\alpha}_2,\vec{\alpha}_2-\vec{\alpha}_3,\vec{\alpha}_3-\vec{\alpha}_1$；　　（B）$\vec{\alpha}_1+\vec{\alpha}_2,\vec{\alpha}_2+\vec{\alpha}_3,\vec{\alpha}_3+\vec{\alpha}_1$；

（C）$\vec{\alpha}_1-2\vec{\alpha}_2,\vec{\alpha}_2-2\vec{\alpha}_3,\vec{\alpha}_3-2\vec{\alpha}_1$；　　（D）$\vec{\alpha}_1+2\vec{\alpha}_2,\vec{\alpha}_2+2\vec{\alpha}_3,\vec{\alpha}_3+2\vec{\alpha}_1$.

（72）（2007，数一，二，三，四）设线性方程组 $\begin{cases}x_1+x_2+x_3=0\\x_1+2x_2+ax_3=0\\x_1+4x_2+a^2x_3=0\end{cases}$ 与方程 $x_1+2x_2+x_3=a-1$ 有公共解，求 a 的值及所有公共解.

（73）（2008，数一）设 $\vec{\alpha}$，$\vec{\beta}$ 为 3 维列向量，矩阵 $A=\vec{\alpha}\vec{\alpha}^T+\vec{\beta}\vec{\beta}^T$，其中 $\vec{\alpha}^T,\vec{\beta}^T$ 分别为 $\vec{\alpha},\vec{\beta}$ 的转置．证明

①秩 $r(A)\leqslant 2$；

②若 $\vec{\alpha},\vec{\beta}$ 线性相关，则秩 $r(A)<2$.

（74）（2008，数一，二，三，四）设 n 元线性方程组 $A\vec{x}=\vec{b}$，其中

$$A=\begin{pmatrix}2a & 1 & 0 & \cdots & 0 & 0 & 0\\ a^2 & 2a & 1 & \cdots & 0 & 0 & 0\\ 0 & a^2 & 2a & \cdots & 0 & 0 & 0\\ \vdots & \vdots & \vdots & \ddots & \vdots & \vdots & \vdots\\ 0 & 0 & 0 & \cdots & 2a & 1 & 0\\ 0 & 0 & 0 & \cdots & a^2 & 2a & 1\\ 0 & 0 & 0 & \cdots & 0 & a^2 & 2a\end{pmatrix}_{n\times n},\ \vec{x}=\begin{pmatrix}x_1\\ x_2\\ \vdots\\ x_n\end{pmatrix},\ \vec{b}=\begin{pmatrix}1\\ 0\\ \vdots\\ 0\end{pmatrix}.$$

①证明行列式 $|A|=(n+1)a^n$；

②当 a 为何值时，该方程组有唯一解，并求 x_1；

③当 a 为何值时，该方程组有无穷多解，并求通解．

(75)(2009,数一,二,三)设 $A=\begin{pmatrix}1 & -1 & -1\\ -1 & 1 & 1\\ 0 & -4 & -2\end{pmatrix}$，$\vec{\xi}_1=\begin{pmatrix}-1\\ 1\\ -2\end{pmatrix}$，

①求满足 $A\vec{\xi}_2=\vec{\xi}_1$，$A^2\vec{\xi}_3=\vec{\xi}_1$ 的所有向量 $\vec{\xi}_2,\vec{\xi}_3$.

②对①中的任意向量 $\vec{\xi}_2,\vec{\xi}_3$，证明 $\vec{\xi}_1,\vec{\xi}_2,\vec{\xi}_3$ 线性无关．

(76)(2010，数二，三) 设向量组 I：$\vec{\alpha}_1,\vec{\alpha}_2,\cdots,\vec{\alpha}_r$ 可由向量组 II：$\vec{\beta}_1,\vec{\beta}_2,\cdots,\vec{\beta}_s$ 线性表示，则下列命题正确的是（　　）.

(A) 若向量组 I 线性无关，则 $r\leqslant s$；

(B) 若向量组 I 线性相关，则 $r>s$；

(C) 若向量组 II 线性无关，则 $r\leqslant s$；

(D) 若向量组 II 线性相关，则 $r>s$.

(77)(2010，数一，二，三) 设 $A=\begin{pmatrix}\lambda & 1 & 1\\ 0 & \lambda-1 & 0\\ 1 & 1 & \lambda\end{pmatrix}$，$b=\begin{pmatrix}a\\ 1\\ 1\end{pmatrix}$，

已知线性方程组 $A\vec{x}=\vec{b}$ 存在 2 个不同的解，

①求 λ，a；②求方程组 $A\vec{x}=\vec{b}$ 的通解．

(78)(2011，数一、二) 设 $A=(\vec{\alpha}_1,\vec{\alpha}_2,\vec{\alpha}_3,\vec{\alpha}_4)$ 是 4 阶矩阵，A^* 为 A 的伴随矩阵，若 $(1,0,1,0)^T$ 是线性方程组 $A\vec{x}=\vec{0}$ 的一个基础解系，则 $A^*\vec{x}=\vec{0}$ 的基础解系可为（　　）.

(A) $\vec{\alpha}_1,\vec{\alpha}_3$；

(B) $\vec{\alpha}_1,\vec{\alpha}_2$；

(C) $\vec{\alpha}_1,\vec{\alpha}_2,\vec{\alpha}_3$；

(D) $\vec{\alpha}_2,\vec{\alpha}_3,\vec{\alpha}_4$.

(79)(2011，数一、二、三) 设向量组 $\vec{\alpha}_1=(1,0,1)^T$，$\vec{\alpha}_2=(0,1,1)^T$，$\vec{\alpha}_3=(1,3,5)^T$ 不能由向量组 $\vec{\beta}_1=(1,1,1)^T$，$\vec{\beta}_2=(1,2,3)^T$，$\vec{\beta}_3=(3,4,a)^T$ 线性表示．

①求 a 的值；

②将 $\vec{\beta}_1,\vec{\beta}_2,\vec{\beta}_3$ 用 $\vec{\alpha}_1,\vec{\alpha}_2,\vec{\alpha}_3$ 线性表示．

(80)(2011，数三) 设 A 为 4×3 矩阵，$\vec{\eta}_1,\vec{\eta}_2,\vec{\eta}_3$ 是非齐次线性方程组 $A\vec{x}=\vec{\beta}$ 的 3 个线性无关的解，k_1,k_2 为任意常数，则 $A\vec{x}=\vec{\beta}$ 的通解为（　　）.

(A) $\dfrac{\vec{\eta}_2+\vec{\eta}_3}{2}+k_1(\vec{\eta}_2-\vec{\eta}_1)$；

(B) $\dfrac{\vec{\eta}_2-\vec{\eta}_3}{2}+k_1(\vec{\eta}_2-\vec{\eta}_1)$；

(C) $\dfrac{\vec{\eta}_2+\vec{\eta}_3}{2}+k_1(\vec{\eta}_2-\vec{\eta}_1)+k_2(\vec{\eta}_3-\vec{\eta}_1)$；　(D) $\dfrac{\vec{\eta}_2-\vec{\eta}_3}{2}+k_1(\vec{\eta}_2-\vec{\eta}_1)+k_2(\vec{\eta}_3-\vec{\eta}_1)$.

四、习题三 (A)

1. 填空题

(1) 若$\vec{\alpha}=(1,1,0,-1)$，$\vec{\beta}=(-2,1,0,0)$，$\vec{\gamma}=(-1,-2,0,1)$，则 $3\vec{\alpha}-\vec{\beta}+5\vec{\gamma}=$________.

(2) 若 $3\vec{\alpha}+4\vec{\beta}=(2,1,1,2)$，$2\vec{\alpha}+3\vec{\beta}=(-1,2,3,1)$，则$\vec{\alpha}=$________，$\vec{\beta}=$________.

(3) 向量组$\vec{\alpha}_1=(1,-1,2,4)$，$\vec{\alpha}_2=(0,3,1,2)$，$\vec{\alpha}_3=(3,0,7,14)$，$\vec{\alpha}_4=(1,-1,2,0)$，线性________（相关、无关）.

(4) 若向量组$\vec{\alpha}_1=(\lambda,1,1)$，$\vec{\alpha}_2=(1,\lambda,1)$，$\vec{\alpha}_3=(1,1,\lambda)$线性相关，则数 $\lambda=$________.

(5) 设 3 阶矩阵 $A=\begin{pmatrix}1&2&-2\\2&1&2\\3&0&4\end{pmatrix}$，3 维列向量$\vec{\alpha}=\begin{pmatrix}a\\1\\1\end{pmatrix}$，已知 $A\vec{\alpha}$与$\vec{\alpha}$线性相关，则 $a=$________.

(6) 已知向量组$\vec{\alpha}_1=(1,2,3,4)$，$\vec{\alpha}_2=(2,3,4,5)$，$\vec{\alpha}_3=(3,4,5,6)$，$\vec{\alpha}_4=(4,5,6,7)$，则该向量组的秩为________.

(7) 在 n 元齐次线性方程组 $A_{m\times n}\vec{x}=\vec{0}$ 中，若 $R(A)=r$ 且 $\vec{\xi}_1,\vec{\xi}_2,\cdots,\vec{\xi}_s$ 是它的一个基础解系，则 $s=$________；当 $r=$________时，此方程组只有零解.

(8) 设 $A=\begin{pmatrix}-1&2&-1\\1&-1&0\\-2&1&1\end{pmatrix}$，则 $A\vec{x}=\vec{0}$ 的通解为________.

(9) 齐次线性方程组$\begin{cases}x_1+kx_2+x_3=0\\2x_1+x_2+x_3=0\\kx_2+3x_3=0\end{cases}$ 只有零解，则 k 应满足________.

(10) 已知方程组 $\begin{cases}x_1+2x_2+x_3=1,\\2x_1+3x_2+(a+2)x_3=3,\\x_1+ax_2-2x_3=0\end{cases}$ 无解，则 $a=$________.

(11) 设$\vec{\alpha}_1,\vec{\alpha}_2$是非齐次线性方程组 $A\vec{x}=\vec{b}$的解，k_1,k_2 是常数，若 $k_1\vec{\alpha}_1+k_2\vec{\alpha}_2$ 也是 $A\vec{x}=\vec{b}$的一个解，则 $k_1+k_2=$________.

2. 单项选择题

(1) 向量组$\vec{\alpha}_1,\vec{\alpha}_2,\cdots,\vec{\alpha}_s$ 线性无关的充分条件是（　）.

(A) $\vec{\alpha}_1,\vec{\alpha}_2,\cdots,\vec{\alpha}_s$ 均为非零向量；

(B) $\vec{\alpha}_1,\vec{\alpha}_2,\cdots,\vec{\alpha}_s$ 中任意两个向量的分量不成比例；

(C) $\vec{\alpha}_1,\vec{\alpha}_2,\cdots,\vec{\alpha}_s$ 中任意一个向量不能被其余向量线性表示；

(D) $\vec{\alpha}_1,\vec{\alpha}_2,\cdots,\vec{\alpha}_s$ 中有一个部分组线性无关.

(2) 设$\vec{\alpha}_1,\vec{\alpha}_2,\cdots,\vec{\alpha}_m$ 均为 n 维向量，则下列结论正确的是（　　）.

(A) 若 $k_1\vec{\alpha}_1+k_2\vec{\alpha}_2+\cdots+k_m\vec{\alpha}_m=\vec{0}$,则 $\vec{\alpha}_1,\vec{\alpha}_2,\cdots,\vec{\alpha}_m$线性相关；

(B) 若对任意一组不全为零的数 $k_1,k_2,\cdots,k_m$，都有 $k_1\vec{\alpha}_1+k_2\vec{\alpha}_2+\cdots+k_m\vec{\alpha}_m\neq\vec{0}$,则$\vec{\alpha}_1,\vec{\alpha}_2,\cdots,\vec{\alpha}_m$ 线性无关；

(C) 若 $\vec{\alpha}_1,\vec{\alpha}_2,\cdots,\vec{\alpha}_m$ 线性相关，则对任意一组不全为零的数 $k_1,k_2,\cdots,k_m$，都有 $k_1\vec{\alpha}_1+k_2\vec{\alpha}_2+\cdots+k_m\vec{\alpha}_m=\vec{0}$；

(D) 若 $0\vec{\alpha}_1+0\vec{\alpha}_2+\cdots+0\vec{\alpha}_m=\vec{0}$，则$\vec{\alpha}_1,\vec{\alpha}_2,\cdots,\vec{\alpha}_m$ 线性无关.

(3) 设向量组$\vec{\alpha}_1=(1,2,1,1)$，$\vec{\alpha}_2=(-1,-1,-1,-1)$，$\vec{\alpha}_3=(1,-1,0,0)$，$\vec{\alpha}_4=(0,0,1,-1)$，则向量组$\vec{\alpha}_1$，$\vec{\alpha}_2$，$\vec{\alpha}_3$，$\vec{\alpha}_4$ 的一个极大线性无关组是（　　）.

(A) $\vec{\alpha}_1$，$\vec{\alpha}_2$；　　(B) $\vec{\alpha}_1$，$\vec{\alpha}_2$，$\vec{\alpha}_3$；

(C) $\vec{\alpha}_1$，$\vec{\alpha}_2$，$\vec{\alpha}_4$；　　(D) $\vec{\alpha}_1$，$\vec{\alpha}_2$，$\vec{\alpha}_3$，$\vec{\alpha}_4$.

(4) 已知$\vec{\alpha}_1=(1,2,-3)$，$\vec{\alpha}_2=(-4,-3,3)$，$\vec{\alpha}_3=(1,-3,-2)$，$\vec{\beta}_1=(0,1,-1)$，$\vec{\beta}_2=(a,2,1)$，$\vec{\beta}_3=(5,1,0)$，向量组$\vec{\alpha}_1$，$\vec{\alpha}_2$，$\vec{\alpha}_3$ 与向量组$\vec{\beta}_1$，$\vec{\beta}_2$，$\vec{\beta}_3$ 的秩不相同，则 $a=$（　）.

(A) 5；　(B) 10；　(C) 15；　(D) 20.

(5) 设 A 为 $m\times n$ 矩阵，齐次线性方程组 $A\vec{x}=\vec{0}$ 有非零解的充分必要条件是（　　）.

(A) A 的列向量组线性相关；　　(B) A 的列向量组线性无关；

(C) A 的行向量组线性相关；　　(D) A 的行向量组线性无关.

(6) 设 A 是 $m\times n$ 矩阵，若非齐次线性方程组 $A\vec{x}=\vec{b}$ 的解不唯一，则结论（　　）成立.

(A) $m\leqslant n$；　　(B) $m=n$；

(C) $m>n$；　　(D) 系数矩阵 A 的秩小于 n.

(7) 若线性方程组$\begin{cases}2x+y+z=0\\ax+y+z=0\\x-y+z=0\end{cases}$,有非零解，则（　　）.

(A) $a=1$；　　(B) $a=2$；

(C) $a=-1$；　　(D) $a=-2$.

(8) 设 A 为 $m\times n$ 矩阵，下面结论正确的是（　　）.

(A) 若 $A\vec{x}=\vec{0}$ 仅有零解，则 $A\vec{x}=\vec{b}$ 有无穷多解；

(B) 若 $A\vec{x}=\vec{0}$ 有非零解，则 $A\vec{x}=\vec{b}$ 有无穷多解；

(C) 若 $A\vec{x}=\vec{b}$ 有无穷多解，则 $A\vec{x}=\vec{0}$ 仅有零解；

(D) 若 $A\vec{x}=\vec{b}$ 有无穷多解，则 $A\vec{x}=\vec{0}$ 有非零解.

(9) 若 $\vec{\xi}_0$ 是线性方程组 $A\vec{x}=\vec{0}$ 的解，$\vec{\eta}_1$ 是线性方程组 $A\vec{x}=\vec{b}$ 的解，则有（　　）.

(A) $\vec{\eta}_1-\vec{\xi}_0$ 是 $A\vec{x}=\vec{0}$ 的解；　　(B) $\vec{\eta}_1+\vec{\xi}_0$ 是 $A\vec{x}=\vec{0}$ 的解；

(C) $\vec{\eta}_1+\vec{\xi}_0$ 是 $A\vec{x}=\vec{b}$ 的解；　　(D) $\vec{\xi}_0-\vec{\eta}_1$ 是 $A\vec{x}=\vec{0}$ 的解.

3. 判断下列向量组是否线性相关.

(1) $\vec{\alpha}_1=(2,2,7,-1)$，$\vec{\alpha}_2=(3,-1,2,4)$，$\vec{\alpha}_3=(1,1,3,1)$；

(2) $\vec{\alpha}_1=(1,4,2,7)$，$\vec{\alpha}_2=(3,2,4,5)$，$\vec{\alpha}_3=(1,-1,2,2)$，$\vec{\alpha}_4=(1,4,2,-7)$.

4. 问 k 取何值时下列向量组线性相关？线性无关？

$\vec{\alpha}_1=(k,2,1)$，$\vec{\alpha}_2=(2,k,0)$，$\vec{\alpha}_3=(1,-1,1)$.

5. 判断向量$\vec{\beta}$能否由其余向量线性表示？若能，写出表示式.

(1) $\vec{\beta}=(0,10,8,7)$，$\vec{\alpha}_1=(-1,2,3,9)$，$\vec{\alpha}_2=(1,3,1,0)$，$\vec{\alpha}_3=(1,8,5,-2)$；

(2) $\vec{\beta}=(1,2,1,1)$，$\vec{\alpha}_1=(1,1,1,1)$，$\vec{\alpha}_2=(1,1,-1,-1)$，$\vec{\alpha}_3=(1,-1,1,-1)$，$\vec{\alpha}_4=(1,-1,-1,1)$.

6. 设$\vec{\alpha}_1=(1+k,1,1,1)$，$\vec{\alpha}_2=(1,1+k,1,1)$，$\vec{\alpha}_3=(1,1,1+k,1)$，$\vec{\beta}=(1,5,2,1)$，试问 k 取何值时，$\vec{\beta}$可由$\vec{\alpha}_1,\vec{\alpha}_2,\vec{\alpha}_3$ 线性表示？并写出表示式.

7. 设向量组$\vec{\alpha}_1,\vec{\alpha}_2,\vec{\alpha}_3$ 线性无关，$\vec{\beta}_1=\vec{\alpha}_1-2\vec{\alpha}_2-3\vec{\alpha}_3$，$\vec{\beta}_2=\vec{\alpha}_1+\vec{\alpha}_2+2\vec{\alpha}_3$，$\vec{\beta}_3=\vec{\alpha}_1-\vec{\alpha}_2+\vec{\alpha}_3$，讨论向量组$\vec{\beta}_1$，$\vec{\beta}_2,\vec{\beta}_3$ 的线性相关性.

8. 设向量组$\vec{\alpha}_1,\vec{\alpha}_2,\cdots,\vec{\alpha}_n$ 线性无关，令$\vec{\beta}_1=\vec{\alpha}_2+\vec{\alpha}_3+\cdots+\vec{\alpha}_n$，$\vec{\beta}_2=\vec{\alpha}_1+\vec{\alpha}_3+\cdots+\vec{\alpha}_n$，$\cdots$，$\vec{\beta}_n=\vec{\alpha}_1+\vec{\alpha}_2+\cdots+\vec{\alpha}_{n-1}$，证明向量组$\vec{\beta}_1,\vec{\beta}_2,\cdots,\vec{\beta}_n$ 线性无关.

9. 判断下列向量组的线性相关性，并求向量组的秩和一个极大无关组.

(1) $\vec{\alpha}_1=(1,2,-1,4)$，$\vec{\alpha}_2=(9,100,10,4)$，$\vec{\alpha}_3=(-2,-4,2,-8)$；

(2) $\vec{\alpha}_1=(1,2,1,3)$，$\vec{\alpha}_2=(4,-1,-5,-6)$，$\vec{\alpha}_3=(1,-3,-4,-7)$，$\vec{\alpha}_4=(2,1,-1,0)$；

(3) $\vec{\alpha}_1=(1,1,1,1)$，$\vec{\alpha}_2=(1,1,-1,-1)$，$\vec{\alpha}_3=(1,-1,-1,1)$，$\vec{\alpha}_4=(-1,-1,-1,1)$.

10. 设向量$\vec{\beta}$可由向量组$\vec{\alpha}_1,\vec{\alpha}_2,\cdots,\vec{\alpha}_m$ 线性表示，但不能由$\vec{\alpha}_1,\vec{\alpha}_2,\cdots,\vec{\alpha}_{m-1}$线性表示，证明：向量组$\vec{\alpha}_1,\vec{\alpha}_2,\cdots,\vec{\alpha}_m$ 与向量组$\vec{\alpha}_1,\vec{\alpha}_2,\cdots,\vec{\alpha}_{m-1},\vec{\beta}$等价.

11. 设秩$(\vec{\alpha}_1,\vec{\alpha}_2,\cdots,\vec{\alpha}_m)$ = 秩$(\vec{\beta}_1,\vec{\beta}_2,\cdots,\vec{\beta}_t)$，且$\vec{\alpha}_1,\vec{\alpha}_2,\cdots,\vec{\alpha}_m$ 可由$\vec{\beta}_1,\vec{\beta}_2,\cdots,\vec{\beta}_t$ 线性表示，证明：向量组$\vec{\alpha}_1,\vec{\alpha}_2,\cdots,\vec{\alpha}_m$ 与向量组$\vec{\beta}_1,\vec{\beta}_2,\cdots,\vec{\beta}_t$ 等价.

12. 已知向量组$\vec{\beta}_1=(0,1,-1)$，$\vec{\beta}_2=(a,3,1)$，$\vec{\beta}_3=(b,1,0)$与向量组$\vec{\alpha}_1=(1,2,-3)$，$\vec{\alpha}_2=(2,1,-1)$，$\vec{\alpha}_3=(3,0,1)$具有相同的秩，且$\vec{\beta}_3$ 可由$\vec{\alpha}_1,\vec{\alpha}_2$，$\vec{\alpha}_3$ 线性表示，求 a,b.

13. 求下列齐次线性方程组的一个基础解系：

(1) $\begin{cases}x_1+x_2+2x_3=0\\2x_1-x_2-3x_3+x_4=0\\-3x_1+x_3-x_4=0\end{cases}$；　　(2) $\begin{cases}x_1+x_2+x_5=0\\x_1+x_2-x_3=0\\x_3+x_4+x_5=0\end{cases}$.

14. 求解下列齐次线性方程组：

(1) $\begin{cases}x_1+x_2+2x_3-x_4=0\\2x_1+x_2+x_3-x_4=0\\2x_1+2x_2+x_3+2x_4=0\end{cases}$；（2）$\begin{cases}x_1+2x_2+x_3-x_4=0\\3x_1+6x_2-x_3-3x_4=0\\5x_1+10x_2+x_3-5x_4=0\end{cases}$；

(3) $\begin{cases}2x_1+3x_2-x_3+5x_4=0\\3x_1+x_2+2x_3-7x_4=0\\4x_1+x_2-3x_3+6x_4=0\\x_1-2x_2+4x_3-7x_4=0\end{cases}$；（4）$\begin{cases}3x_1+4x_2-5x_3+7x_4=0\\2x_1-3x_2+3x_3-2x_4=0\\4x_1+11x_2-13x_3+16x_4=0\\7x_1-2x_2+x_3+3x_4=0\end{cases}$.

15. 已知两个齐次线性方程组$\begin{cases}x_1+x_2=0\\x_2-x_4=0\end{cases}$和$\begin{cases}x_1-x_2+x_3=0\\x_2-x_3+x_4=0\end{cases}$，求出它们所有的公共解．

16. 当k取何值时，齐次线性方程组$\begin{cases}x_1+x_2+x_3=0\\x_1+2x_2+x_3=0\\kx_1+x_2+x_3=0\end{cases}$，有非零解？并求出它的通解．

17. 求下列线性方程组的通解：

(1) $\begin{cases}2x_1+x_2-x_3+x_4=1\\3x_1-2x_2+2x_3-3x_4=2\\5x_1+x_2-x_3+2x_4=-1\\2x_1-x_2+x_3-3x_4=4\end{cases}$；（2）$\begin{cases}2x_1-3x_2+x_3-5x_4=1\\-5x_1-10x_2-2x_3+x_4=-21\\x_1+4x_2+3x_3+2x_4=1\\2x_1-4x_2+9x_3-3x_4=-16\end{cases}$

(3) $\begin{cases}2x_1+x_2-x_3+x_4=1\\3x_1-2x_2+x_3-3x_4=4\\x_1+4x_2-3x_3+5x_4=-2\end{cases}$.

18. 当λ取何值时，非齐次线性方程组$\begin{cases}-2x_1+x_2+x_3=-2\\x_1-2x_2+x_3=\lambda\\x_1+x_2-2x_3=\lambda^2\end{cases}$，有解？并求出它的解．

19. λ取何值时，非齐次线性方程组$\begin{cases}\lambda x_1+x_2+x_3=1\\x_1+\lambda x_2+x_3=\lambda\\x_1+x_2+\lambda x_3=\lambda^2\end{cases}$，

（1）有唯一解；（2）无解；（3）有无穷多解．

20. 设$\vec{\eta}_1,\vec{\eta}_2,\cdots,\vec{\eta}_s$是非齐次线性方程组$A\vec{x}=\vec{b}$的$s$个解，$k_1,k_2,\cdots k_s$为实数且满足$k_1+k_2+\cdots+k_s=1$. 证明：$\vec{x}=k_1\vec{\eta}_1+k_2\vec{\eta}_2+\cdots+k_s\vec{\eta}_s$也是该方程组$A\vec{x}=\vec{b}$的解．

21. 求证：非齐次线性方程组$A\vec{x}=\vec{b}$有唯一解当且仅当它对应的齐次线性方程组$A\vec{x}=\vec{0}$只有零解．

五、习题三（B）

1. 填空题

（1）已知向量组$\vec{\alpha}_1=(1,2,-1,1)$，$\vec{\alpha}_2=(2,0,t,0)$，$\vec{\alpha}_3=(0,-4,5,-2)$的秩为2，则$t$ = ________.

（2）设4元线性方程组$A\vec{x}=\vec{b}$的系数矩阵A的秩$R(A)=3$，$\vec{\eta}_1,\vec{\eta}_2,\vec{\eta}_3$均为此方程组的解，$\vec{\eta}_1+\vec{\eta}_2=(2,0,4,6)^T$，$\vec{\eta}_1+\vec{\eta}_3=(1,-2,1,2)^T$，则方程组$A\vec{x}=\vec{b}$的通解为________.

（3）设方程组$A_{(n+1)\times n}\vec{x}=\vec{b}$有解，则其增广矩阵的行列式$|A\quad\vec{b}|$ = ________.

（4）若$\begin{cases}x_1+x_2=-a_1\\x_2+x_3=a_2\\x_3+x_4=-a_3\\x_4+x_1=a_4\end{cases}$有解，则常数$a_1,a_2,a_3,a_4$应满足条件________.

2. 单项选择题

（1）若向量组$\vec{\alpha},\vec{\beta},\vec{\gamma}$线性无关，向量组$\vec{\alpha},\vec{\beta},\vec{\delta}$线性相关，则（　　）.

（A）$\vec{\alpha}$必可由$\vec{\beta},\vec{\gamma},\vec{\delta}$线性表示；　（B）$\vec{\beta}$必不可由$\vec{\alpha},\vec{\gamma},\vec{\delta}$线性表示；

（C）$\vec{\delta}$必可由$\vec{\alpha},\vec{\beta},\vec{\gamma}$线性表示；　（D）$\vec{\delta}$必不可由$\vec{\alpha},\vec{\beta},\vec{\gamma}$线性表示.

（2）已知向量组$\vec{\alpha}_1,\vec{\alpha}_2,\vec{\alpha}_3,\vec{\alpha}_4$线性无关，则向量组（　　）.

（A）$\vec{\alpha}_1+\vec{\alpha}_2,\vec{\alpha}_2+\vec{\alpha}_3,\vec{\alpha}_3+\vec{\alpha}_4,\vec{\alpha}_4+\vec{\alpha}_1$线性无关；

（B）$\vec{\alpha}_1-\vec{\alpha}_2,\vec{\alpha}_2-\vec{\alpha}_3,\vec{\alpha}_3-\vec{\alpha}_4,\vec{\alpha}_4-\vec{\alpha}_1$线性无关；

（C）$\vec{\alpha}_1+\vec{\alpha}_2,\vec{\alpha}_2+\vec{\alpha}_3,\vec{\alpha}_3+\vec{\alpha}_4,\vec{\alpha}_4-\vec{\alpha}_1$线性无关；

（D）$\vec{\alpha}_1+\vec{\alpha}_2,\vec{\alpha}_2+\vec{\alpha}_3,\vec{\alpha}_3-\vec{\alpha}_4,\vec{\alpha}_4-\vec{\alpha}_1$线性无关.

（3）设A为$n(n\geqslant 2)$阶奇异方阵，A中有一元素a_{ij}的代数余子式$A_{ij}\neq 0$，则方程组$A\vec{x}=\vec{0}$的基础解系所含向量个数为（　　）.

（A）i；　（B）1；　（C）j；　（D）n.

（4）设A为5阶方阵，且$R(A)=4$，$\vec{\alpha}_1,\vec{\alpha}_2$是$A\vec{x}=\vec{0}$的两个不同的解向量，$k$为任意常数，则$A\vec{x}=\vec{0}$的通解为（　　）.

（A）$k\vec{\alpha}_1$；　（B）$k\vec{\alpha}_2$；　（C）$k(\vec{\alpha}_1-\vec{\alpha}_2)$；　（D）$k(\vec{\alpha}_1+\vec{\alpha}_2)$.

3. 设向量组$\vec{\alpha}_1,\vec{\alpha}_2,\cdots,\vec{\alpha}_s$线性无关，向量$\vec{\beta}_1$可由它线性表示，而向量$\vec{\beta}_2$不能由它线性表示．求证：$\vec{\alpha}_1,\vec{\alpha}_2,\cdots,\vec{\alpha}_s,\vec{\beta}_1+\vec{\beta}_2$线性无关.

4. 设A为n阶方阵，$\vec{\alpha}_1,\vec{\alpha}_2,\cdots,\vec{\alpha}_n$为$n$个线性无关的$n$维列向量，证明：$R(A)=n$的充要条件是$A\vec{\alpha}_1,A\vec{\alpha}_2,\cdots,A\vec{\alpha}_n$线性无关.

5. 设$\vec{\beta}_1=\vec{\alpha}_2+\vec{\alpha}_3+\cdots+\vec{\alpha}_s$，$\vec{\beta}_2=\vec{\alpha}_1+\vec{\alpha}_3+\cdots+\vec{\alpha}_s$，…，$\vec{\beta}_s=\vec{\alpha}_1+\vec{\alpha}_2+\cdots+\vec{\alpha}_{s-1}$，求证：向量组$\vec{\beta}_1,\vec{\beta}_2,\cdots,\vec{\beta}_s$与向量组$\vec{\alpha}_1,\vec{\alpha}_2,\cdots,\vec{\alpha}_s$有相同的秩．

6. 设有 n 元$(n>2)$齐次线性方程组：

$$\begin{cases}bx_1+x_2+x_3+\cdots+x_n=0\\x_1+bx_2+x_3+\cdots+x_n=0\\x_1+x_2+bx_3+\cdots+x_n=0\\\qquad\cdots\cdots\\x_1+x_2+x_3+\cdots+bx_n=0\end{cases}$$

问：(1) b 取何值时，方程组有非零解；

(2) 当方程组有非零解时，求其通解．

7. 证明：齐次线性方程组 $AB\vec{x}=\vec{0}$ 与 $B\vec{x}=\vec{0}$ 的解相同的充要条件是 $R(AB)=R(B)$．

8. 设$\vec{\xi}_1,\vec{\xi}_2,\cdots,\vec{\xi}_t$是齐次线性方程组 $A\vec{x}=\vec{0}$ 的一个基础解系．$\vec{\eta}_0,\vec{\eta}_1,\cdots,\vec{\eta}_t$ 是线性方程组 $A\vec{x}=\vec{b}$（其中 $\vec{b}\neq\vec{0}$）的线性无关解，证明：向量组$\vec{\eta}_1-\vec{\eta}_0,\vec{\eta}_2-\vec{\eta}_0,\cdots,\vec{\eta}_t-\vec{\eta}_0$与$\vec{\xi}_1,\vec{\xi}_2,\cdots,\vec{\xi}_t$等价．

9. 设有齐次线性方程组

$$\begin{cases}x_1+\lambda x_2+\mu x_3+x_4=0\\2x_1+x_2+x_3+2x_4=0\\3x_1+(2+\lambda)x_2+(4+\mu)x_3+x_4=0\end{cases},$$

已知$(1,-1,1,-1)^T$是该方程组的一个解，试求

(1) 方程组的全部解；(2) 该方程组满足 $x_2=x_3$ 的全部解．

10. a,b 取何值时，方程组

$$\begin{cases}x_1+x_2+x_3+x_4=0\\x_2+2x_3+2x_4=1\\-x_2+(a-3)x_3-2x_4=b\\3x_1+2x_2+x_3+ax_4=-1\end{cases},$$

(1) 有唯一解；(2) 有无穷多解，并求出有无穷多解时的一般解．

11. 某城市部分路段的交通流量如图 3.4 所示（单位：辆/小时），写出路段交通流量 x_1，x_2，x_3 满足的线性方程组并求解．再由所得的方程组的解讨论 x_3 的取值范围．

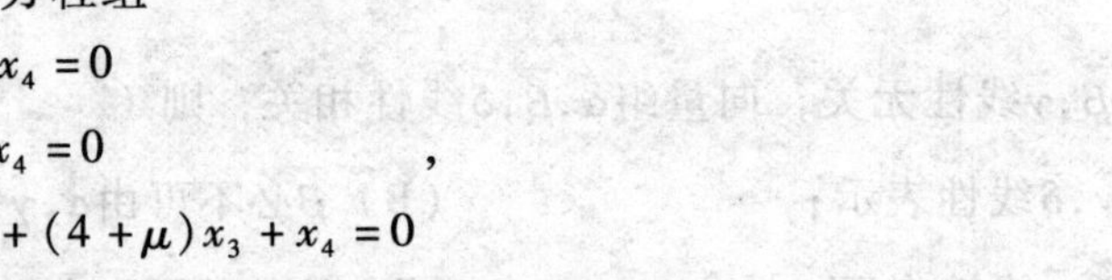

图 3.4

12. 一个幼儿园的营养师安排幼儿的食谱由 4 种食物 A，B，C，D 构成．幼儿的食谱要求包含 70 单位的钙，35 单位的铁，35 单位的维生素 A，50 单位的维生素 B. 下表给出的是每 500g 食物 A，B，C，D 所含的钙、铁、维生素 A、维生素 B 的量（单位）．

食物	钙	铁	维生素 A	维生素 B
A	20	5	5	8
B	10	5	15	10
C	10	10	5	10
D	15	15	10	20

（1）写出由幼儿食谱中所含食物 A，B，C，D 的量所满足的方程组.

（2）求解该线性方程组.

六、习题三（A）解答

1. 填空题

（1）$(0,-8,0,2)$；（2）$(10,-5,-9,2)$，$(-7,4,7,-1)$；（3）相关；（4）1，-2；（5）-1；（6）2；（7）$m-r$，m；（8）$k(1,1,1)^T$；（9）$k=\frac{3}{5}$；（10）-1；（11）1.

2. 单项选择题

（1）（C）；（2）（B）；（3）（D）；（4）（C）；（5）（A）；（6）（D）；（7）（B）；（8）（D）；（9）（C）.

3. （1）线性无关；（2）线性无关.

4. 因为 $\begin{vmatrix} k & 2 & 1 \\ 2 & k & 0 \\ 1 & -1 & 1 \end{vmatrix}=(k-3)(k+2)$，所以当 $k=3$，或 $k=-2$ 时，线性相关；当 $k\neq 3$，且 $k\neq -2$ 时，线性无关.

5. （1）$\vec{\beta}=\vec{\alpha}_1+\vec{\alpha}_3$；（2）$\vec{\beta}=\frac{5}{4}\vec{\alpha}_1+\frac{1}{4}\vec{\alpha}_2-\frac{1}{4}\vec{\alpha}_3-\frac{1}{4}\vec{\alpha}_4$.

6. 因为 $\begin{vmatrix} 1+k & 1 & 1 & 1 \\ 1 & 1+k & 1 & 1 \\ 1 & 1 & 1+k & 1 \\ 1 & 5 & 2 & 1 \end{vmatrix}=k^2(k-5)$，并且 $k=0$ 时，$\vec{\alpha}_1=\vec{\alpha}_2=\vec{\alpha}_3$，与 $\vec{\beta}$ 线性无关；当 $k=5$ 时，$\vec{\beta}$ 可由 $\vec{\alpha}_1$，$\vec{\alpha}_2$，$\vec{\alpha}_3$ 线性表示，$\vec{\beta}=\frac{5}{4}\vec{\alpha}_2+\frac{1}{5}\vec{\alpha}_3$.

7. 因为 $\begin{vmatrix} 1 & -2 & -3 \\ 1 & 1 & 2 \\ 1 & -1 & 1 \end{vmatrix}\neq 0$，所以，$\vec{\beta}_1$，$\vec{\beta}_2$，$\vec{\beta}_3$ 线性无关.

8. 因为 $\begin{pmatrix}\vec{\beta}_1\\ \vec{\beta}_2\\ \vec{\beta}_3\\ \vdots\\ \vec{\beta}_n\end{pmatrix}=\begin{pmatrix}0&1&1&\cdots&1\\1&0&1&\cdots&1\\ \vdots&\vdots&\ddots&\vdots&\vdots\\1&\cdots&1&0&1\\1&1&\cdots&1&0\end{pmatrix}\begin{pmatrix}\vec{\alpha}_1\\ \vec{\alpha}_1\\ \vec{\alpha}_1\\ \vdots\\ \vec{\alpha}_1\end{pmatrix}$，并且 $\begin{vmatrix}0&1&1&\cdots&1\\1&0&1&\cdots&1\\ \vdots&\vdots&\ddots&\vdots&\vdots\\1&\cdots&1&0&1\\1&1&\cdots&1&0\end{vmatrix}\neq 0$

所以向量组$\vec{\beta}_1,\vec{\beta}_2,\cdots,\vec{\beta}_n$ 线性无关．

9．(1) 因为

$$\begin{pmatrix}1&2&-1&4\\9&100&10&4\\-2&-4&2&-8\end{pmatrix}\to\begin{pmatrix}1&2&-1&4\\0&82&19&32\\0&0&0&0\end{pmatrix},$$

所以向量组的秩为 2，极大无关组为$\vec{\alpha}_1,\vec{\alpha}_2$ 或$\vec{\alpha}_1,\vec{\alpha}_3$ 或$\vec{\alpha}_1,\vec{\alpha}_4$ 等．

(2) $\begin{pmatrix}1&2&1&3\\4&-1&-5&-6\\1&-3&-4&-7\\2&1&-1&0\end{pmatrix}\to\begin{pmatrix}1&2&1&3\\0&-9&-9&-18\\0&0&0&0\\0&0&0&0\end{pmatrix}$,

所以向量组的秩为 2，极大无关组为$\vec{\alpha}_1,\vec{\alpha}_2$ 或$\vec{\alpha}_1,\vec{\alpha}_3$ 或$\vec{\alpha}_1,\vec{\alpha}_4$ 等．

(3) 因为 $\begin{pmatrix}1&1&1&1\\1&1&-1&-1\\1&-1&-1&1\\-1&-1&-1&1\end{pmatrix}\to\begin{pmatrix}1&1&1&1\\0&2&0&0\\0&0&-2&0\\0&0&0&2\end{pmatrix}$,

所以向量组的秩为 4，极大无关组为$\vec{\alpha}_1,\vec{\alpha}_2,\vec{\alpha}_3,\vec{\alpha}_4$.

10. 假设$\vec{\beta}=k_1\vec{\alpha}_1+k_2\vec{\alpha}_2+\cdots+k_m\vec{\alpha}_m$，因$\vec{\beta}$不能由$\vec{\alpha}_1,\vec{\alpha}_2,\cdots,\vec{\alpha}_{m-1}$线性表示，所以 $k_m\neq 0$，从而有 $\vec{\alpha}_m=(\vec{\beta}+k_1\vec{\alpha}_1+k_2\vec{\alpha}_2+\cdots+k_{m-1}\vec{\alpha}_{m-1})/k_m$

即有，向量组$\vec{\alpha}_1,\vec{\alpha}_2,\cdots,\vec{\alpha}_m$ 和 $\vec{\alpha}_1,\vec{\alpha}_2,\cdots,\vec{\alpha}_{m-1},\vec{\beta}$中的向量可以互相线性表示．

11. 假设 秩$(\vec{\alpha}_1,\vec{\alpha}_2,\cdots,\vec{\alpha}_m)=$秩$(\vec{\beta}_1,\vec{\beta}_2,\cdots,\vec{\beta}_t)=r$，则$\vec{\alpha}_1,\vec{\alpha}_2,\cdots,\vec{\alpha}_m$ 中存在 r 个线性无关的向量，组成极大线性无关组记为$\vec{\alpha}_1,\vec{\alpha}_2,\cdots\vec{\alpha}_r$，$\vec{\beta}_1,\vec{\beta}_2,\cdots,\vec{\beta}_t$中也存在一极大线性无关组记为$\vec{\beta}_1,\vec{\beta}_2,\cdots,\vec{\beta}_r$，因为$\vec{\alpha}_1,\vec{\alpha}_2,\cdots,\vec{\alpha}_m$ 可由$\vec{\beta}_1,\vec{\beta}_2,\cdots,\vec{\beta}_t$ 线性表示，则

$$\vec{\alpha}_1=k_{11}\vec{\beta}_1+k_{12}\vec{\beta}_2+\cdots k_{1r}\vec{\beta}_r$$
$$\vec{\alpha}_2=k_{21}\vec{\beta}_1+k_{22}\vec{\beta}_2+\cdots k_{2r}\vec{\beta}_r$$
$$\cdots\quad\cdots\quad\cdots$$
$$\vec{\alpha}_r=k_{r1}\vec{\beta}_1+k_{r2}\vec{\beta}_2+\cdots k_{r1}\vec{\beta}_r$$

即
$$\begin{pmatrix}\vec{\alpha}_1\\ \vec{\alpha}_2\\ \vdots\\ \vec{\alpha}_r\end{pmatrix}=\begin{pmatrix}k_{11} & k_{12} & \cdots & k_{1r}\\ k_{21} & k_{22} & \cdots & k_{2r}\\ \vdots & \vdots & \ddots & \vdots\\ k_{r1} & k_{r2} & \cdots & k_{rr}\end{pmatrix}\begin{pmatrix}\vec{\beta}_1\\ \vec{\beta}_2\\ \vdots\\ \vec{\beta}_r\end{pmatrix}.$$

因为$\vec{\alpha}_1,\vec{\alpha}_2,\cdots\vec{\alpha}_r$　$\vec{\beta}_1,\vec{\beta}_2,\cdots,\vec{\beta}_r$是线性无关，则有矩阵
$$K=\begin{pmatrix}k_{11} & k_{12} & \cdots & k_{1r}\\ k_{21} & k_{22} & \cdots & k_{2r}\\ \vdots & \vdots & \ddots & \vdots\\ k_{r1} & k_{r2} & \cdots & k_{rr}\end{pmatrix}$$

的秩为 r，从而有 $\begin{pmatrix}\vec{\beta}_1\\ \vec{\beta}_2\\ \vdots\\ \vec{\beta}_r\end{pmatrix}=K^{-1}\begin{pmatrix}\vec{\alpha}_1\\ \vec{\alpha}_2\\ \vdots\\ \vec{\alpha}_r\end{pmatrix}$.

即向量组$\vec{\alpha}_1,\vec{\alpha}_2,\cdots,\vec{\alpha}_m$与向量组$\vec{\beta}_1,\vec{\beta}_2,\cdots,\vec{\beta}_r$等价.

12. 因为$\begin{pmatrix}1 & 2 & -3\\ 2 & 1 & -1\\ 3 & 0 & 1\end{pmatrix}\to\begin{pmatrix}1 & 2 & -3\\ 0 & -3 & 5\\ 0 & 0 & 0\end{pmatrix}$秩为 2，则有$\begin{vmatrix}0 & 1 & -1\\ a & 3 & 1\\ b & 1 & 0\end{vmatrix}=a-4b=0.$

取$\vec{\alpha}_2=(2,1,-1)$，$\vec{\alpha}_3=(3,0,1)$为极大线性无关组，则$\vec{\beta}_3$可唯一由$\vec{\alpha}_2$和$\vec{\alpha}_3$线性表示，因为$\vec{\alpha}_2+\vec{\alpha}_3=(5,1,0)$，所以有 $b=5$. 从而 $a=20$.

13. (1) 系数矩阵为 $A=\begin{pmatrix}1 & 1 & 2 & 0\\ 2 & -1 & -3 & 1\\ -3 & 1 & 0 & -1\\ 0 & 0 & 0 & 0\end{pmatrix}\to\begin{pmatrix}1 & 0 & 0 & 3/10\\ 0 & 1 & 0 & -1/10\\ 0 & 0 & 1 & -1/10\\ 0 & 0 & 0 & 0\end{pmatrix}$，则其基础解系为$(3/10,-1/10,-1/10,1)^T$.

(2) 系数矩阵为$\begin{pmatrix}1 & 1 & 0 & 0 & 1\\ 1 & 1 & -1 & 0 & 0\\ 0 & 0 & 1 & 1 & 1\\ 0 & 0 & 0 & 0 & 0\\ 0 & 0 & 0 & 0 & 0\end{pmatrix}\to\begin{pmatrix}1 & 1 & 0 & 0 & 1\\ 0 & 0 & -1 & 0 & -1\\ 0 & 0 & 0 & 1 & 0\\ 0 & 0 & 0 & 0 & 0\\ 0 & 0 & 0 & 0 & 0\end{pmatrix}$

则有$\begin{cases}x_1+x_2=-x_5\\ x_3=-x_5\\ x_4=0\end{cases}$，其基础解系为$(1,0,1,0,-1)^T,(0,1,1,0,-1)^T$.

14. (1) 系数矩阵为 $\begin{pmatrix}1&1&2&-1\\2&1&1&-1\\2&2&1&2\\0&0&0&0\end{pmatrix}\to\begin{pmatrix}1&0&0&-4/3\\0&1&0&3\\0&0&1&-4/3\\0&0&0&0\end{pmatrix}$,

则解为，$k(-4/3,3,-4/3,1)^T,k\in R$.

(2) 系数矩阵为 $\begin{pmatrix}1&2&1&-1\\3&6&-1&-3\\5&10&1&-5\\0&0&0&0\end{pmatrix}\to\begin{pmatrix}1&2&0&-1\\0&0&1&0\\0&0&0&0\\0&0&0&0\end{pmatrix}$

则基础解系为 $(1,0,0,1)^T,(0,\frac{1}{2},0,1)^T$，解为 $k_1(1,0,0,1)^T+k_2(0,\frac{1}{2},0,1)^T,k_1,k_2\in R$.

(3) 系数矩阵

$\begin{vmatrix}2&3&-1&5\\3&1&2&-7\\4&1&-3&6\\1&-2&4&-7\end{vmatrix}\neq 0$，所以方程组只有零解.

(4) $\begin{pmatrix}3&4&-5&7\\2&-3&3&-2\\4&11&-13&16\\7&-2&1&3\end{pmatrix}\to\begin{pmatrix}1&0&117/17&173/17\\0&1&-19/17&-20/17\\0&0&0&0\\0&0&0&0\end{pmatrix}$

得基础解系为 $(117/17,-19/17,1,0)^T,(173/17,-20/17,0,1)^T$,
则解为 $k_1(117/17,-19/17,1,0)^T+k_2(173/17,-20/17,0,1)^T,k_1,k_2\in R$.

15. 方程组 $\begin{cases}x_1+x_2=0\\x_2-x_4=0\end{cases}$ 的基础解系为 $(0,0,1,0)^T,(-1,1,0,1)^T$.

方程组 $\begin{cases}x_1-x_2+x_3=0\\x_2-x_3+x_4=0\end{cases}$ 的基础解系为 $(0,1,1,0)^T,(-1,1,0,1)^T$,

则两方程组的公共解为 $k(-1,1,0,1)^T,k\in R$.

16. 系数矩阵的行列式为 $\begin{vmatrix}1&1&1\\1&2&1\\k&1&1\end{vmatrix}=1-k$,

当 $k=1$ 时，方程组有非零解，解为 $c(1,0,-1)^T,c\in R$.

17. (1) 增广矩阵为

$$\left(\begin{array}{cccc|c}2&1&-1&1&1\\3&-2&2&-3&2\\5&1&-1&2&-1\\2&-1&1&-3&4\end{array}\right)\to\left(\begin{array}{cccc|c}2&1&-1&1&1\\0&-7&7&-9&1\\0&2&-2&4&-4\\0&0&0&0&1\end{array}\right)$$

则方程组无解.

(2) 增广矩阵为

$$\left(\begin{array}{cccc|c}2 & -3 & 1 & -5 & 1\\ -5 & -10 & -2 & 1 & -21\\ 1 & 4 & 3 & 2 & 1\\ 2 & -4 & 9 & -3 & 16\end{array}\right)\to\left(\begin{array}{cccc|c}2 & -3 & 1 & -5 & 1\\ 0 & -1 & 8 & 2 & -17\\ 0 & 11 & 5 & 9 & 1\\ 0 & 0 & 0 & 0 & 2\end{array}\right)$$

则方程组无解．

（3）增广矩阵为

$$\left(\begin{array}{cccc|c}2 & 1 & -1 & 1 & 1\\ 3 & -2 & 1 & -3 & 4\\ 1 & 4 & -3 & 5 & -2\end{array}\right)\to\left(\begin{array}{cccc|c}1 & 0 & -1/7 & -1/7 & 6/7\\ 0 & 1 & -5/7 & 9/7 & -5/7\\ 0 & 0 & 0 & 0 & 0\end{array}\right)$$

则方程组的解为

$$x_1=6/7+1/7x_3+1/7x_4$$
$$x_2=-5/7+5/7x_3-9/7x_4$$

18. 增广矩阵为

$$\left(\begin{array}{ccc|c}-2 & 1 & 1 & -2\\ 1 & -2 & 1 & \lambda\\ 1 & 1 & -2 & \lambda^2\end{array}\right)\to\left(\begin{array}{ccc|c}-2 & 1 & 1 & -2\\ 0 & -3 & 3 & 2\lambda-2\\ 0 & 0 & 0 & \lambda^2+\lambda-2\end{array}\right)$$

则有解的条件为 $\lambda^2+\lambda-2=0$，并且 $2\lambda-2\neq0$. 得 $\lambda=-2$. 方程组的解为

$$x_1=2+x_3$$
$$x_2=2+x_3.$$

19. 增广矩阵为

$$\left(\begin{array}{ccc|c}\lambda & 1 & 1 & 1\\ 1 & \lambda & 1 & \lambda\\ 1 & 1 & \lambda & \lambda^2\end{array}\right)\to\left(\begin{array}{ccc|c}1 & 1 & \lambda & \lambda^2\\ 0 & \lambda-1 & 1-\lambda & \lambda-\lambda^2\\ 0 & 0 & 2-\lambda^2-\lambda & 1-\lambda^3+\lambda-\lambda^2\end{array}\right)$$

并且 $\begin{vmatrix}\lambda & 1 & 1\\ 1 & \lambda & 1\\ 1 & 1 & \lambda\end{vmatrix}=(\lambda-1)^2(\lambda+2)$，

$$\left(\begin{array}{ccc|c}1 & 1 & \lambda & \lambda^2\\ 0 & \lambda-1 & 1-\lambda & \lambda-\lambda^2\\ 0 & 0 & 2-\lambda^2-\lambda & 1-\lambda^3+\lambda-\lambda^2\end{array}\right)=\left(\begin{array}{ccc|c}1 & 1 & 1 & 1\\ 0 & 0 & 0 & 0\\ 0 & 0 & 0 & 0\end{array}\right)$$

方程组有无穷多解；则当 $\lambda=-2$ 时

$$\left(\begin{array}{ccc|c}1 & 1 & \lambda & \lambda^2\\ 0 & \lambda-1 & 1-\lambda & \lambda-\lambda^2\\ 0 & 0 & 2-\lambda^2-\lambda & 1-\lambda^3+\lambda-\lambda^2\end{array}\right)=\left(\begin{array}{ccc|c}1 & 1 & -2 & 4\\ 0 & -3 & 3 & -2\\ 0 & 0 & 0 & 3\end{array}\right)$$

方程组无解；当 $\lambda\neq1,-2$ 时，方程组有唯一解．

20. 证明：

$$A\vec{x}=A(k_1\vec{\eta}_1+k_2\vec{\eta}_2+\cdots+k_s\vec{\eta}_s)$$
$$=Ak_1\vec{\eta}_1+Ak_2\vec{\eta}_2+\cdots+Ak_s\vec{\eta}_s$$

$$= (k_1\vec{b} + k_2\vec{b} + \cdots + k_s\vec{b})$$
$$= (k_1 + k_2 + \cdots + k_s)\vec{b}$$
$$= \vec{b}$$

21. 证：必要性：

因为 $A\vec{x} = \vec{b}$，所以有 $rank(A) = rank(A, \vec{b}) = n$，所以 $A\vec{x} = \vec{0}$ 只有零解.

充分性：

若 $A\vec{x} = \vec{0}$ 只有零解，则 $rank(A) = n$，又因为 $n \geqslant rank(A, \vec{b}) \geqslant rank(A) = n$，所以有 $rank(A) = rank(A, \vec{b}) = n$，即方程组有唯一解.

七、习题三（B）解答

1. 填空题

(1) 3；(2) $k(1,2,3,4)^T + (1,0,2,3)^T$；(3) 0；(4) $a_1 + a_2 + a_3 + a_4 = 0$.

2. 单项选择题

(1)（D）；(2)（C）；(3)（B）；(4)（C）.

3. 由于 $\vec{\beta}_2$ 不能由 $\vec{\alpha}_1, \vec{\alpha}_2, \vec{\alpha}_3, \cdots, \vec{\alpha}_s$ 线性表示，所以 $\vec{\alpha}_1, \vec{\alpha}_2, \vec{\alpha}_3, \cdots, \vec{\alpha}_s, \vec{\beta}_2$ 线性无关（否则，若线性相关，则由 $\vec{\alpha}_1, \vec{\alpha}_2, \vec{\alpha}_3, \cdots, \vec{\alpha}_s$ 线性无关知，$\vec{\beta}_2$ 可以由 $\vec{\alpha}_1, \vec{\alpha}_2, \vec{\alpha}_3, \cdots, \vec{\alpha}_s$ 线性表示）.

设 $k_1\vec{\alpha}_1 + k_2\vec{\alpha}_2 + k_3\vec{\alpha}_3 + \cdots + k_{s+1}(\vec{\beta}_2 + \vec{\beta}_1) = 0$

由假设知 $\vec{\beta}_1 = l_1\vec{\alpha}_1 + l_2\vec{\alpha}_2 + l_3\vec{\alpha}_3 + \cdots + l_s\vec{\alpha}_s$，代入上式：

$$(k_1 + k_4 l_1)\vec{\alpha}_1 + (k_2 + k_4 l_2)\vec{\alpha}_2 + (k_3 + k_4 l_3)\vec{\alpha}_3 + \cdots + (k_s + k_{s+1} l_s)\vec{\alpha}_s + k_{s+1}\vec{\beta}_2 = 0$$

由 $\vec{\alpha}_1, \vec{\alpha}_2, \vec{\alpha}_3, \cdots, \vec{\alpha}_s, \vec{\beta}_2$ 线性无关，知 $k_1 + k_4 l_1 = 0$，$k_2 + k_4 l_2 = 0$，$k_3 + k_4 l_3 = 0$，$\cdots k_4 = 0$

只有 $k_1 = k_2 = k_3 = \cdots k_{s+1} = 0$，故得证.

4. 令 $B = (\vec{\alpha}_1, \vec{\alpha}_2, \vec{\alpha}_3, \cdots, \vec{\alpha}_n)$，那么 $|B| \neq 0$

必要性：$R(A) = n$，$|A| \neq 0$

令 $k_1(A\vec{\alpha}_1) + k_2(A\vec{\alpha}_2) + \cdots + k_n(A\vec{\alpha}_n) = 0$.

用 A^{-1} 左乘上式，得：$k_1\vec{\alpha}_1 + k_2\vec{\alpha}_2 + k_3\vec{\alpha}_3 + \cdots + k_n\vec{\alpha}_n = 0$

$k_1 = k_2 = k_3 = \cdots = k_n = 0$，得证.

充分性：设 $A\vec{\alpha}_1, A\vec{\alpha}_2, \cdots, A\vec{\alpha}_n$ 线性无关，

$|A\vec{\alpha}_1, A\vec{\alpha}_2, \cdots, A\vec{\alpha}_n| = |AB| \neq 0$，所以 $|A| \neq 0$. 故 $R(A) = n$.

5. 由题设得 $(\vec{\beta}_1, \vec{\beta}_2, \cdots, \vec{\beta}_s) = (\vec{\alpha}_1, \vec{\alpha}_2, \cdots, \vec{\alpha}_s)\begin{pmatrix} 0 & 1 & \cdots & 1 \\ 1 & 0 & \cdots & 1 \\ \vdots & \vdots & \ddots & \vdots \\ 1 & 1 & \cdots & 0 \end{pmatrix}$，$\begin{vmatrix} 0 & 1 & \cdots & 1 \\ 1 & 0 & \cdots & 1 \\ \vdots & \vdots & \ddots & \vdots \\ 1 & 1 & \cdots & 0 \end{vmatrix} \neq$

0，故与$\vec{\alpha}_1,\vec{\alpha}_2,\cdots,\vec{\alpha}_s$可以相互表出，因而有相同的秩.

6. (1) 方程组的系数行列式$|A| = \begin{vmatrix} b & 1 & \cdots & 1 \\ 1 & b & \cdots & 1 \\ \vdots & \vdots & \ddots & \vdots \\ 1 & 1 & \cdots & b \end{vmatrix} = (b+n-1)(b-1)^{n-1}$，故当$b=1$或$b=1-n$时有非零解.

(2) 当$b=1$时，

$$A = \begin{pmatrix} 1 & 1 & \cdots & 1 \\ 1 & 1 & \cdots & 1 \\ \vdots & \vdots & \ddots & \vdots \\ 1 & 1 & \cdots & 1 \end{pmatrix} \to \begin{pmatrix} 1 & 1 & \cdots & 1 \\ 0 & 0 & \cdots & 0 \\ \vdots & \vdots & \ddots & \vdots \\ 0 & 0 & \cdots & 0 \end{pmatrix}$$

原方程组的同解方程为

$$x_1 + x_2 + \cdots + x_n = 0$$

其基础解系为

$\vec{\alpha}_1 = (-1,1,0,\cdots,0)^T$，$\vec{\alpha}_2 = (-1,0,1,\cdots,0)^T$，$\cdots$，$\vec{\alpha}_n = (-1,0,0,\cdots,1)^T$，

故原方程组全部解为

$$\vec{x} = c_1\vec{\alpha}_1 + c_2\vec{\alpha}_2 + \cdots + c_n\vec{\alpha}_n,\ c_1,c_2,\cdots,c_n \text{为任意常数}.$$

当$b=1-n$时，

$$A = \begin{pmatrix} 1-n & 1 & \cdots & 1 \\ 1 & 1-n & \cdots & 1 \\ \vdots & \vdots & \ddots & \vdots \\ 1 & 1 & \cdots & 1 \end{pmatrix} \to \begin{pmatrix} 1 & 0 & \cdots & 0 & -1 \\ 0 & 1 & \cdots & 0 & -1 \\ \vdots & \vdots & \ddots & \vdots & \vdots \\ 0 & 0 & 0 & 1 & -1 \\ 0 & 0 & 0 & 0 & 0 \end{pmatrix}$$

原方程组的同解方程为

$$\begin{cases} x_1 = x_n \\ x_2 = x_n \\ \vdots \\ x_{n-1} = x_n \end{cases}$$

其基础解系为$\vec{\beta} = (1,1,\cdots,1)^T$，

故原方程组全部解为$\vec{x} = c\vec{\beta}$，c 为任意常数.

7. 必要性：$AB\vec{x} = \vec{0}$与$B\vec{x} = \vec{0}$的解相同，则$n - R(AB) = n - R(B)$，故$R(AB) = R(B)$.

充分性：设w_1,w_2分别为$AB\vec{x} = \vec{0}$与$B\vec{x} = \vec{0}$的解空间. 显然$w_2 \subseteq w_1$. 又

$$\dim w_2 = \dim w_1 = n - R(AB) = n - R(B),\ \text{所以}\ w_2 = w_1$$

所以$AB\vec{x} = \vec{0}$与$B\vec{x} = \vec{0}$的解相同.

8. 因为$A(\vec{\eta}_i - \vec{\eta}_0) = b - b = 0$，所以$\vec{\eta}_i - \vec{\eta}_0$是$A\vec{x} = \vec{0}$的解.

而$\vec{\xi}_1,\vec{\xi}_2,\cdots,\vec{\xi}_t$是$A\vec{x} = \vec{0}$的基础解系，

故$\vec{\eta}_1-\vec{\eta}_0,\vec{\eta}_2-\vec{\eta}_0,\cdots,\vec{\eta}_t-\vec{\eta}_0$可由$\vec{\xi}_1,\vec{\xi}_2,\cdots,\vec{\xi}_t$线性表出.

令$k_1(\vec{\eta}_1-\vec{\eta}_0)+\cdots+k_t(\vec{\eta}_t-\vec{\eta}_0)=0$

则$-(k_1+\cdots+k_t)\vec{\eta}_0+k_1\vec{\eta}_1+\cdots+k_t\vec{\eta}_t=0$

因为$\vec{\eta}_0,\vec{\eta}_1,\cdots,\vec{\eta}_t$线性无关，从而$k_1=k_2=\cdots=k_t=0$，

所以$\vec{\eta}_1-\vec{\eta}_0,\vec{\eta}_2-\vec{\eta}_0,\cdots,\vec{\eta}_t-\vec{\eta}_0$线性无关. 故它们是$A\vec{x}=\vec{0}$的一个基础解系.

所以$\vec{\xi}_1,\vec{\xi}_2,\cdots,\vec{\xi}_t$也可由$\vec{\eta}_0,\vec{\eta}_1,\cdots,\vec{\eta}_t$线性表出，

故它们等价.

9. (1) 将$(1,-1,1,-1)^T$代入方程组得，$\mu=\lambda=2$，

其全部解为：$k(1,-1,1,-1)^T$（k为任意数）；

(2) $(0,0,0,0)$.

10. $$\bar{A}=\begin{pmatrix}1&1&1&1&0\\0&1&2&2&1\\0&-1&a-3&-2&b\\3&2&1&a&-1\end{pmatrix}\to\begin{pmatrix}1&1&1&1&0\\0&1&2&2&1\\0&0&a-1&0&b+1\\0&-1&-2&a-3&-1\end{pmatrix}$$

$$\to\begin{pmatrix}1&0&-1&-1&-1\\0&1&2&2&1\\0&0&a-1&0&b+1\\0&0&0&a-1&0\end{pmatrix},$$

当$a\neq1$时，$r(\bar{A})=r(A)=4$，有唯一解.

当$a=1$且$b=-1$时，$r(\bar{A})=r(A)=2<4$有无穷多解.

同解方程组为$\begin{cases}x_1=-1+x_3+x_4\\x_2=1-2x_3-2x_4\end{cases}$，

一般解为$$\begin{pmatrix}x_1\\x_2\\x_3\\x_4\end{pmatrix}=\begin{pmatrix}-1\\1\\0\\0\end{pmatrix}+k_1\begin{pmatrix}0\\0\\0\\0\end{pmatrix}+k_2\begin{pmatrix}1\\-2\\0\\0\end{pmatrix}+k_3\begin{pmatrix}1\\-2\\0\\0\end{pmatrix}.$$

11. 线性方程组

$$\begin{cases}x_1+x_2=300\\200+x_1=x_3\\x_2+x_3=500\end{cases}$$

解得通解

$$\begin{pmatrix}x_1\\x_2\\x_3\end{pmatrix}=k\begin{pmatrix}1\\-1\\1\end{pmatrix}+\begin{pmatrix}-200\\500\\0\end{pmatrix}\quad 且\ 200\leqslant x_3\leqslant500.$$

12. 设幼儿食谱中所含食物A、B、C、D的量分别为x_1、x_2、x_3、x_4（Kg），使得幼儿的食物满足食谱要求. 于是我们有下面线性方程组

$$\begin{cases}40x_1+20x_2+20x_3+30x_4=70\\10x_1+10x_2+20x_3+30x_4=35\\10x_1+30x_2+10x_3+20x_4=35\\16x_1+20x_2+20x_3+40x_4=50\end{cases}$$

得方程组有唯一解

$$\begin{pmatrix}x_1\\x_2\\x_3\\x_4\end{pmatrix}=\begin{pmatrix}30/29\\23/58\\9/29\\14/29\end{pmatrix}.$$

八、考研真题解答

(1) C

对各选项中的 4 个向量依次乘以 k_1,k_2,k_3,k_4 后相加，并令其为 0.

(2) ①由（I），有$\begin{cases}x_1=-x_2\\x_4=x_2\end{cases}$，取$\begin{pmatrix}x_2\\x_3\end{pmatrix}=\begin{pmatrix}0\\1\end{pmatrix}$，$\begin{pmatrix}1\\0\end{pmatrix}$，得（I）的基础解系$(0,0,1,0)^T$，$(-1,1,0,1)^T$.

② 求非零公共解，有（I）的基础解系可构造出（I）的通解

$$k_3(0,0,1,0)^T+k_4(-1,1,0,1)^T.$$

令 $k_1(0,1,1,0)^T+k_2(-1,2,2,1)^T=k_3(0,0,1,0)^T+k_4(-1,1,0,1)^T$，

解得 $k_1=-k_4,k_2=k_3=k_4$. 代入上面等式中的任意一边（例如右边），得

$$k_3(0,0,1,0)^T+k_4(-1,1,0,1)^T=k_4(-1,1,1,1)^T$$

因此，$k(-1,1,1,1)^T$ 为非零公共解.

(3) 要证明线性方程组无解，只需证明系数矩阵 A 的秩不等于增广矩阵 $\bar{A}$ 的秩，证明中注意利用范德蒙行列式的性质以及矩阵的秩小于或等于行数和列数的性质.

①增广矩阵 $\bar{A}$ 的行列式

$$|\bar{A}|=\begin{vmatrix}1&a_1&a_1^2&a_1^3\\1&a_2&a_2^2&a_2^3\\1&a_3&a_3^2&a_3^3\\1&a_4&a_4^2&a_4^3\end{vmatrix}=\prod_{1\leqslant i<j\leqslant 4}(a_j-a_i)$$

由 a_1，a_2，a_3，a_4 两两不相等，知 $|\bar{A}|\neq 0$，从而矩阵 $\bar{A}$ 的秩 $R(|\bar{A}|)=4$. 但系数矩阵 A 的秩 $R(A)\leqslant 3$. 故 $R(A)\neq R(|\bar{A}|)$，因此方程组无解.

②当 $a_1=a_3=k,a_2=a_4=-k(k\neq 0)$ 时，方程组为

$$\begin{cases}x_1+kx_2+k^2x_3=k^3\\x_1-kx_2+k^2x_3=-k^3\\x_1+kx_2+k^2x_3=k^3\\x_1-kx_2+k^2x_3=-k^3\end{cases}$$

而$\begin{cases}x_1+kx_2+k^2x_3=k^3\\x_1-kx_2+k^2x_3=-k^3\end{cases}$,

因为$\begin{vmatrix}1 & k\\1 & -k\end{vmatrix}=-2k\neq0$,

故 $R(A)=R(|\bar{A}|)=2$，从而方程组有解，且对应地，导出方程组的基础解系应含有 $3-2=1$ 个解向量.

因为$\vec{\beta}_1$、$\vec{\beta}_2$ 是原非齐次方程组的两个解，故

$$\vec{\xi}=\vec{\beta}_2-\vec{\beta}_1=\begin{pmatrix}1\\1\\-1\end{pmatrix}-\begin{pmatrix}-1\\1\\1\end{pmatrix}=\begin{pmatrix}2\\0\\-2\end{pmatrix},$$

是对应齐次线性方程组的解，且$\vec{\xi}\neq\vec{0}$，故$\vec{\xi}$是导出方程组的基础解系.

于是，原非齐次线性方程组的通解为

$$\vec{x}=\vec{\beta}_1+c\vec{\xi}=\begin{pmatrix}-1\\1\\1\end{pmatrix}+c\begin{pmatrix}2\\0\\-2\end{pmatrix}\text{（c 为任意常数）}.$$

(4) 对以$\vec{\alpha}_1,\vec{\alpha}_2,\vec{\alpha}_3,\vec{\alpha}_4,\vec{\alpha}_5$ 作为列向量的矩阵施以初等行变换：

$$\begin{matrix}\vec{\alpha}_1 & \vec{\alpha}_2 & \vec{\alpha}_3 & \vec{\alpha}_4 & \vec{\alpha}_5\end{matrix}$$
$$\begin{pmatrix}1 & 0 & 3 & 1 & 2\\-1 & 3 & 0 & -2 & 1\\2 & 1 & 7 & 2 & 5\\4 & 2 & 14 & 0 & 10\end{pmatrix}\to\cdots\to\begin{pmatrix}1 & 0 & 3 & 1 & 2\\0 & 1 & 1 & 0 & 1\\0 & 0 & 0 & 1 & 0\\0 & 0 & 0 & 0 & 0\end{pmatrix}$$

由于不同阶梯上对应向量组均线性无关，而含有同一个阶梯上的两个以上的向量必线性相关，对比四个选项知，(B) 成立.

(5) 首先应指出$\vec{\alpha}_1+\vec{\alpha}_2,\vec{\alpha}_2+\vec{\alpha}_3,\vec{\alpha}_3+\vec{\alpha}_1$ 为 $A\vec{x}=\vec{0}$的解，其次用定义证明这组解还是线性无关的.

由题意知$\vec{\alpha}_1+\vec{\alpha}_2$ 是 $A\vec{x}=\vec{0}$的解.

同理可证$\vec{\alpha}_2+\vec{\alpha}_3$，$\vec{\alpha}_3+\vec{\alpha}_1$ 也都是 $A\vec{x}=\vec{0}$的解.

设 $k_1(\vec{\alpha}_1+\vec{\alpha}_2)+k_2(\vec{\alpha}_2+\vec{\alpha}_3)+k_3(\vec{\alpha}_3+\vec{\alpha}_1)=\vec{0}$

则有$(k_1+k_3)\vec{\alpha}_1+(k_1+k_2)\vec{\alpha}_2+(k_2+k_3)\vec{\alpha}_3=\vec{0}$

由于$\vec{\alpha}_1$，$\vec{\alpha}_2$，$\vec{\alpha}_3$ 线性无关，故得$\begin{cases}k_1+k_3=0\\k_1+k_2=0\\k_2+k_3=0\end{cases}$.

由$\begin{vmatrix}1&0&1\\1&1&0\\0&1&1\end{vmatrix}=2\neq0$，可见 $k_1=k_2=k_3=0$，

从而$\vec{\alpha}_1+\vec{\alpha}_2$，$\vec{\alpha}_2+\vec{\alpha}_3$，$\vec{\alpha}_3+\vec{\alpha}_1$ 线性无关．

根据题设，$A\vec{x}=\vec{0}$的基础解系含有三个线性无关的向量．

所以$\vec{\alpha}_1+\vec{\alpha}_2$，$\vec{\alpha}_2+\vec{\alpha}_3$，$\vec{\alpha}_3+\vec{\alpha}_1$ 是方程组 $A\vec{x}=\vec{0}$的基础解系．

(6) C

(A)(B) 中“任意”应改为“存在”；(D) 中可改为通过初等变换（包括行、列变换），则必可化为 (I_m, O) 的形式．只有 (C) 为正确答案．事实上，由 $BA=O$，有 $A^TB^T=O$，即 B^T 的每列均为 $A^T\vec{x}=\vec{0}$ 的解，而 A^T 是列满秩的，所以 $A^T\vec{x}=\vec{0}$ 只有零解，从而 B^T 的每列均为零，即 $B=O$.

(7) 要证明$\vec{\alpha}_1$，$\vec{\alpha}_2$，$\vec{\alpha}_3$，$\vec{\alpha}_5-\vec{\alpha}_4$ 的秩为 4，即要证明向量组$\vec{\alpha}_1$，$\vec{\alpha}_2$，$\vec{\alpha}_3$，$\vec{\alpha}_5-\vec{\alpha}_4$ 线性无关．因 $R(\mathrm{I})=R(\mathrm{II})=3$，所以$\vec{\alpha}_1$，$\vec{\alpha}_2$，$\vec{\alpha}_3$ 线性无关，而$\vec{\alpha}_1$，$\vec{\alpha}_2$，$\vec{\alpha}_3$，$\vec{\alpha}_4$ 线性相关，故存在数 $\lambda_1,\lambda_2,\lambda_3$使得

$$\vec{\alpha}_4=\lambda_1\vec{\alpha}_1+\lambda_2\vec{\alpha}_2+\lambda_3\vec{\alpha}_3.$$

设有数 k_1,k_2,k_3,k_4 使得

$$k_1\vec{\alpha}_1+k_2\vec{\alpha}_2+k_3\vec{\alpha}_3+k_4(\vec{\alpha}_5-\vec{\alpha}_4)=\vec{0}.$$

代入$\vec{\alpha}_4$，化简得

$$(k_1-\lambda_1k_4)\vec{\alpha}_1+(k_2-\lambda_2k_4)\vec{\alpha}_2+(k_3-\lambda_3k_4)\vec{\alpha}_3+k_4\vec{\alpha}_5=\vec{0}.$$

由 $R(\mathrm{III})=4$，知$\vec{\alpha}_1$，$\vec{\alpha}_2$，$\vec{\alpha}_3$，$\vec{\alpha}_5$ 线性无关．

所以有方程组$\begin{cases}k_1 & & & -\lambda_1k_1=0\\ & k_2 & & -\lambda_1k_1=0\\ & & k_3 & -\lambda_1k_1=0\\ & & & k_4=0\end{cases}$，

得　$k_1=k_2=k_3=k_4=0$

故向量组$\vec{\alpha}_1$，$\vec{\alpha}_2$，$\vec{\alpha}_3$，$\vec{\alpha}_5-\vec{\alpha}_4$ 线性无关．

(8) (D). 对于 $A_{m\times n}$，若 $R(A)=m$，则每个行向量添加一个分向量后得$(A\vdots b)$，其秩仍为 m，即 $R(A)=R(A\vdots b)=m$，所以 $A\vec{x}=\vec{b}$一定有解．又 $m<n$，故还有无穷多解．

(9) 对方程组的增广矩阵进行初等变换

$$\bar{A}=\begin{pmatrix}\lambda&1&1&\lambda-3\\1&\lambda&1&-2\\1&1&\lambda&-2\end{pmatrix}\rightarrow\begin{pmatrix}1&1&\lambda&-2\\0&\lambda-1&1-\lambda&0\\0&0&-(\lambda+2)(\lambda-1)&3(\lambda-1)\end{pmatrix}$$

当 $\lambda\neq-2$ 且 $\lambda\neq1$ 时，

$R(\bar{A})=R(A)=3$，从而方程组有唯一解．

当 $\lambda=2$ 时，$R(\bar{A})\neq R(A)$，方程组无解．

当 $\lambda=1$ 时，有

$$\bar{A}=\begin{pmatrix}1&1&1&-2\\0&0&0&0\\0&0&0&0\end{pmatrix}$$

可见 $R(\bar{A})=R(A)=1<3$，方程组有无穷多组解．

令 $x_2=x_3=0$，得其特解为 $u_0=(-2,0,0)^T$. 其对齐次方程组的基础解系为：$v_1=(-1,1,0)^T,v_2=(-1,0,1)^T$

对应的全解为：

$$x=u_0+c_1v_1+c_2v_2=\begin{pmatrix}-2\\0\\0\end{pmatrix}+c_1\begin{pmatrix}-1\\1\\0\end{pmatrix}+c_2\begin{pmatrix}-1\\0\\1\end{pmatrix}，其中 c_1，\ c_2 为任意常数．$$

(10) 证明一组向量线性无关，最基本的方法是依据定义．

设有一组数 $k,k_1,k_2,\cdots,k_t$，使得

$$k\vec{\beta}+\sum_{i=1}^{t}k_i(\vec{\beta}+\vec{\alpha}_i)=\vec{0},$$

即 $\quad (k+\sum_{i=1}^{t}k_i)\vec{\beta}=\sum_{i=1}^{t}(-k_i\vec{\alpha}_i)$.

上式两边同时左乘矩阵 A，有

$$(k+\sum_{i=1}^{t}k_i)A\vec{\beta}=\sum_{i=1}^{t}(-k_iA\vec{\alpha}_i)=\vec{0},$$

因为 $A\vec{\beta}\neq 0$，故有 $k+\sum_{i=1}^{t}k_i=0$. 从而 $\quad \sum_{i=1}^{t}(-k_i\vec{\alpha}_i)=\vec{0}$.

由于，向量组 $\vec{\alpha}_1,\cdots,\vec{\alpha}_t$ 是基础解系，所以 $k_1=k_2=\cdots=k_t=0$，

因而 $\quad k=0$.

即向量组 $\vec{\beta},\vec{\beta}+\vec{\alpha}_1,\cdots,\vec{\beta}+\vec{\alpha}_t$ 线性无关．

(11) 应选 (D)．

由题意知 $\lambda_1,\lambda_2,\cdots,\lambda_m$ 和 $k_1,k_2,\cdots,k_m$ 两组数均不全为零，将已知条件整理后得：

$$\lambda_1(\vec{\alpha}_1+\vec{\beta}_1)+\cdots+\lambda_m(\vec{\alpha}_m+\vec{\beta}_m)+k_1(\vec{\alpha}_1-\vec{\beta}_1)+\cdots+k_m(\vec{\alpha}_m-\vec{\beta}_m)=\vec{0}.$$

由向量组的线性相关性定义知

$\vec{\alpha}_1+\vec{\beta}_1,\cdots,\vec{\alpha}_m+\vec{\beta}_m,\vec{\alpha}_1-\vec{\beta}_1,\cdots,\vec{\alpha}_m-\vec{\beta}_m$ 线性相关．

(12) 含有参变量的线性方程组求解，最一般方法是化增广矩阵为阶梯形，然后对参数再进行讨论．

对增广矩阵作初等行变换，有

$$\bar{A}=\begin{pmatrix}1&1&-2&3&0\\2&1&-6&4&-1\\3&2&p&7&-1\\1&-1&-6&-1&t\end{pmatrix}\to\begin{pmatrix}1&0&-4&1&-1\\0&1&2&2&1\\0&0&p+8&0&0\\0&0&0&0&t+2\end{pmatrix}$$

①当 $t\neq-2$ 时，秩（A）$\neq$ 秩（$\bar{A}$），方程组无解．

②当 $t=-2$ 时，秩（A）= 秩（$\bar{A}$），方程组有解．

若 $p=-8$ 得通解：$\begin{pmatrix}-1\\1\\0\\0\end{pmatrix}+k_1\begin{pmatrix}4\\-2\\0\\1\end{pmatrix}+k_2\begin{pmatrix}-1\\-2\\0\\1\end{pmatrix}$，$k_1,k_2$ 为任意常数；

若 $p\neq-8$ 得通解：$\begin{pmatrix}-1\\1\\0\\0\end{pmatrix}+k\begin{pmatrix}-1\\-2\\0\\1\end{pmatrix}$，$k$ 为任意常数．

（13）$t=-3$.

（14）三条直线交于一点，即齐次线性方程组

$$\begin{cases}a_1x+b_1y+c_1z=0\\a_2x+b_2y+c_2z=0\\a_3x+b_3y+c_3z=0\end{cases}$$

有非零解$(x_0,y_0,1)$，则系数行列式等于零，该方程组系数列向量必线性相关，排除（B）.

假设$\vec{\alpha}_1$，$\vec{\alpha}_2$ 也线性相关，则$\vec{\alpha}_1$ 和$\vec{\alpha}_2$ 的对应分量成比例，在几何上三条直线平行，而这与“交于一点”相矛盾．故$\vec{\alpha}_1$，$\vec{\alpha}_2$ 线性无关，应选（D）．

选项（C）错误是因为有可能秩 $r(\vec{\alpha}_1,\vec{\alpha}_2)=1$，$\vec{\alpha}_1$ 和$\vec{\alpha}_2$ 线性无关．

（15）因为方程组 $B\vec{x}=0$ 的解空间的维数等于未知量的个数 4 与秩（B）$=2$ 之差（即等于 2），又因为$\vec{\alpha}_1$，$\vec{\alpha}_2$ 是 $B\vec{x}=0$ 的解空间的一个基，先将$\vec{\alpha}_1$，$\vec{\alpha}_2$ 正交化．取$\vec{\beta}_1=\vec{\alpha}_1=(1,1,2,3)^T$，

$$\vec{\beta}_2=\vec{\alpha}_2-\frac{(\vec{\alpha}_2,\vec{\beta}_1)}{(\vec{\beta}_1,\vec{\beta}_1)}\vec{\beta}_1=(-1,1,4,-1)^T-\frac{5}{15}(1,1,2,3)^T=\left(-\frac{4}{3},\frac{2}{3},\frac{10}{3},-2\right)^T.$$

再把$\vec{\beta}_1$，$\vec{\beta}_2$ 标准化，得

$$\vec{\xi}_1=\frac{\vec{\beta}_1}{\|\vec{\beta}_1\|}=\frac{1}{\sqrt{15}}(1,1,2,3)^T,\ \vec{\xi}_2=\frac{\vec{\beta}_2}{\|\vec{\beta}_2\|}=\frac{1}{\sqrt{39}}(-2,1,5,-3)^T.$$

此即为所求的标准正交基．

（16）对方程组的增广矩阵 $\bar{A}=(A\,|\,b)$ 作初等变换，使其化为行阶梯形：

$$\bar{A}=\begin{pmatrix}2&\lambda&-1&1\\\lambda&-1&1&2\\4&5&-5&-1\end{pmatrix}\to\begin{pmatrix}2&\lambda&-1&1\\\lambda+2&\lambda-1&0&3\\-6&-5\lambda+5&0&-6\end{pmatrix}\to\begin{pmatrix}2&\lambda&-1&1\\\lambda+2&\lambda-1&0&3\\5\lambda+4&0&0&9\end{pmatrix}$$

①当 $\lambda=-\frac{4}{5}$时，秩$(A)=2\neq$秩$(\bar{A})=3$，原方程组无解．

②当 $\lambda\neq1$，且 $\lambda\neq-\frac{4}{5}$时，秩$(A)=$ 秩$(\bar{A})=3$，原方程组有唯一解．

③当 $\lambda=1$ 时，有

$$\overline{A}\to\begin{pmatrix}2&1&-1&1\\3&0&0&3\\9&0&0&9\end{pmatrix}\to\begin{pmatrix}2&1&-1&1\\1&0&0&1\\0&0&0&0\end{pmatrix}\to\begin{pmatrix}0&1&-1&-1\\1&0&0&1\\0&0&0&0\end{pmatrix}$$

由此可见，秩（A）=秩（$\overline{A}$）=2<3，原方程组有无穷多解.

同解方程组为$\begin{cases}x_1=1\\x_2=-1+x_3\end{cases}$.

令 $x_3=k$（k 为任意常数），则原方程组的通解为$\begin{pmatrix}x_1\\x_2\\x_3\end{pmatrix}=\begin{pmatrix}1\\-1\\0\end{pmatrix}+k\begin{pmatrix}0\\1\\1\end{pmatrix}$.

(17) 由于矩阵 $A=\begin{pmatrix}\vec{\alpha}_1\\\vec{\alpha}_2\\\vec{\alpha}_3\end{pmatrix}=\begin{pmatrix}1&2&-1&1\\2&0&t&0\\0&-4&5&-2\end{pmatrix}$的一个二阶子式

$D=\begin{vmatrix}1&2\\2&0\end{vmatrix}\neq0$，含 D 的三阶子式$\begin{vmatrix}1&2&-1\\2&0&t\\0&-4&5\end{vmatrix}=0$，可得 $4t-12=0$，

由此解得 t=3.

(18) C

判断一组向量的线性相关性，基本方法是定义. 对于此类选择题，往往可直接观察到某一组或几组向量的线性组合为零（系数不全为零），从而判定这些向量线性相关. 若无法观察出，只能用定义讨论.

(A) $(\vec{\alpha}_1+\vec{\alpha}_2)-(\vec{\alpha}_2+\vec{\alpha}_3)+(\vec{\alpha}_3-\vec{\alpha}_1)=0$

(B) $(\vec{\alpha}_1+\vec{\alpha}_2)+(\vec{\alpha}_2+\vec{\alpha}_3)-(\vec{\alpha}_1+2\vec{\alpha}_2+\vec{\alpha}_3)=0$

可见（A）、(B) 中向量组线性相关.

(C)、(D) 不便直接观察到，对于 (C)，令

$$k_1(\vec{\alpha}_1+2\vec{\alpha}_2)+k_2(2\vec{\alpha}_2+3\vec{\alpha}_3)+k_3(3\vec{\alpha}_3+\vec{\alpha}_1)=0,$$

即：$(k_1+k_3)\vec{\alpha}_1+(2k_1+2k_2)\vec{\alpha}_2+(3k_2+3k_3)\vec{\alpha}_3=0.$

由于$\vec{\alpha}_1$，$\vec{\alpha}_2$，$\vec{\alpha}_3$ 线性无关，故$\begin{cases}k_1+k_3=0\\2k_1+2k_2=0\\3k_2+3k_3=0\end{cases}$

因上述齐次线性方程组的系数行列式$\begin{vmatrix}1&0&1\\2&2&0\\0&3&3\end{vmatrix}=12\neq0$,

故方程组有唯一零解，即 $k_1=k_2=k_3=0$，故（C）中向量组线性无关.

(19) A

$A\vec{x}=\vec{b}$ 有解的充要条件为：秩 $r(A)=$ 秩 $r(A|b)$. 题设 A 为 m×n 矩阵，若秩 $r(A)=m$，相当于 A 的 m 个行向量线性无关，因此添加一个分量后得$(A|b)$的 m 个行向量仍线性无关，即有秩 $r(A)=$ 秩 $r(A|b)$，所以 $A\vec{x}=\vec{b}$ 有解. 故（A）成立. 对于（B），(C)，(D) 均不能

保证秩 r(A) = 秩 r$(A|b)$，也即不能保证有解，更谈不上有唯一解或有无穷多解．

（20）首先判定两条直线是否平行．设题给矩阵用 A 表示，$s_1=(a_1-a_2,b_1-b_2,c_1-c_2)$，$s_2=(a_2-a_3,b_2-b_3,c_2-c_3)$，假设两条直线平行，即 $s_1//s_2$，则$\frac{a_1-a_2}{a_2-a_3}=\frac{b_1-b_2}{b_2-b_3}=\frac{c_1-c_2}{c_2-c_3}$.

$$因此|A|=\begin{pmatrix}a_1&b_1&c_1\\a_2&b_2&c_2\\a_3&b_3&c_3\end{pmatrix}=\begin{pmatrix}a_1-a_2&b_1-b_2&c_1-c_2\\a_2-a_3&b_2-b_3&c_2-c_3\\a_3&b_3&c_3\end{pmatrix}=0,$$

这与 A 为满秩矩阵相矛盾，表明两直线不平行，故排除（B)，（C）．

设 $M_1=(a_1,b_1,c_1),M_3=(a_3,b_3,c_3)$．因为“两条直线为异面直线的充要条件是混合积

$$(s_1\times s_2)\cdot\overrightarrow{M_1M_3}=\begin{pmatrix}a_1-a_2&b_1-b_2&c_1-c_2\\a_2-a_3&b_2-b_3&c_2-c_3\\a_3-a_1&b_3-b_1&c_3-c_1\end{pmatrix}=0,$$

所以两条直线共面，又因不平行，则必相交于一点，故选（A）．

（21）设有常数 $\lambda_1,\lambda_2,\cdots,\lambda_k$，使得 $\lambda_1\vec{\alpha}+\lambda_2A\vec{\alpha}+\cdots+\lambda_kA^{k-1}\vec{\alpha}=0$，等式两边同时左乘 A^{k-1}，可得 $\lambda_1A^{k-1}\vec{\alpha}+\lambda_2A^k\vec{\alpha}+\cdots+\lambda_kA^{2(k-1)}\vec{\alpha}=0$，从第 2 项起的各项皆为 0，因此由题设 $A^{k-1}\vec{\alpha}\neq0$，可推得 $\lambda_1=0$.

类似可证得 $\lambda_2=\lambda_3=\cdots=\lambda_k=0$，因此向量组$\vec{\alpha},A\vec{\alpha},\cdots,A^{k-1}\vec{\alpha}$线性无关．

（22）（II）的通解为

$$y=\begin{pmatrix}y_1\\y_2\\\vdots\\y_{2n}\end{pmatrix}=k_1\begin{pmatrix}a_{11}\\a_{12}\\\vdots\\a_{1,2n}\end{pmatrix}+k_2\begin{pmatrix}a_{21}\\a_{22}\\\vdots\\a_{2,2n}\end{pmatrix}+\cdots+k_n\begin{pmatrix}a_{n1}\\a_{n2}\\\vdots\\a_{n,2n}\end{pmatrix}(k_1,k_2,\cdots,k_n\text{ 为任意常数})$$

理由：方程（I)、(II）的系数矩阵分别为 A,B．将 A 的基础解系依次代入（I）中，用矩阵形式可以写成 $AB^T=0$．两边取转置，得 $BA^T=(AB^T)^T=0$. 此式表明，A 的 n 个行向量的转置向量为（II）的 n 个解向量．

因为秩$(B)=n$，所以（II）的解空间维数为 $2n-n=n$，又秩$(A)=2n-n=n$，表明 A 的 n 个行向量线性无关，从而它们的转置向量构成（II）的一个基础解系．于是得到（II）的上述通解．

（23）设$\vec{\beta}=x_1\vec{\alpha}_1+x_2\vec{\alpha}_2+x_3\vec{\alpha}_3$，即$\begin{cases}x_1+2x_2=3\\4x_1+7x_2+x_3=10\\x_2-x_3=b\\2x_1+3x_2+ax_3=4\end{cases}$

对方程组的增广矩阵 $\bar{A}=(A|b)$作初等行变换，使之化为阶梯形．

①$b\neq2$ 时，$\vec{\beta}$不能由$\vec{\alpha}_1,\vec{\alpha}_2,\vec{\alpha}_3$ 线性表出．

②$b=2,a\neq1\Rightarrow\vec{\beta}=-\vec{\alpha}_1+2\vec{\alpha}_2$

$b=2,a=1$ 时，方程组$(\vec{\alpha}_1,\vec{\alpha}_2,\vec{\alpha}_3)\vec{x}=\vec{\beta}$有无穷多个解，

$$\vec{x}=k\begin{pmatrix}-2\\1\\1\end{pmatrix}+\begin{pmatrix}-1\\2\\0\end{pmatrix}$$ 即：$\vec{\beta}=-(2k+1)\vec{\alpha}_1+(k+2)\vec{\alpha}_2+k\vec{\alpha}_3$.

(24) 应选 (C).

由题设条件：AB =0，且 $B\neq 0$ 知，方程组 Ax =0 存在非零解，于是 $|A|=0$，即 $\begin{vmatrix}\lambda & 1 & \lambda^2\\1 & \lambda & 1\\1 & 1 & \lambda\end{vmatrix}=0$，解得 $\lambda=1$. 于是 $A=\begin{pmatrix}1&1&1\\1&1&1\\1&1&1\end{pmatrix}$，由 AB =0 知 $B^TA^T=0$. 故方程组 $B^Tx=0$ 存在非零解，故 $|B|=|B^T|=0$.

(25) 应选 (C).

由题设$\vec{\alpha},\vec{\beta},\vec{\gamma}$线性无关，因此$\vec{\alpha},\vec{\beta}$也线性无关，而题设$\vec{\alpha},\vec{\beta},\vec{\delta}$线性相关，故$\vec{\delta}$必可由$\vec{\alpha},\vec{\beta}$线性表示，且表示方法唯一．从而 $\vec{\delta}$更可以由$\vec{\alpha},\vec{\beta},\vec{\gamma}$线性表示．

(26) ① 设方程组 (I) 的系数矩阵为 A_1，增广矩阵为 $\bar{A}_1$，对 $\bar{A}_1$ 作初等行变换，得

$$\bar{A}_1=\left(\begin{array}{cccc|c}1&1&0&-2&-6\\4&-1&-1&-1&1\\3&-1&-1&0&3\end{array}\right)\to\left(\begin{array}{cccc|c}1&0&0&-1&-2\\0&1&0&-1&-4\\0&0&1&-2&-5\end{array}\right)$$

由于秩(A_1) = 秩$(\bar{A}_1)=3<4$，所以方程组有无穷多组解，且通解为

$$x=\begin{pmatrix}-2\\-4\\-5\\0\end{pmatrix}+k\begin{pmatrix}1\\1\\2\\1\end{pmatrix}\quad (k\text{ 为任意常数}).$$

②将 x 代入 (II) 的第一个方程，得

$$(-2+k)+m(-4+k)-(-5+2k)-k=-5$$

解得 $m=2$

将 x 代入 (II) 的第二个方程，得

$$n(-4+k)-(-5+2k)-2k=-11$$

从而 $n=4$

将 x 代入 (II) 的第三个方程，得

$$(-5+2k)-2k=-t+1$$

解得 $t=6$

即当 $m=2,n=4,t=6$ 时方程组 (I) 的全部解都是方程 (II) 的解．这时方程组 (II) 化为

$$\text{(II)}\begin{cases}x_1+2x_2-x_3-x_4=-5\\4x_2-x_3-2x_4=-11\\x_3-2x_4=-5\end{cases}$$

设方程组 (I) 的系数矩阵为 A_2，增广矩阵为 $\bar{A}_2$，对 $\bar{A}_2$ 作初等行变换，得

$$\overline{A}_2=\left(\begin{array}{cccc|c}1&2&-1&-1&-5\\0&4&-1&-2&-11\\0&0&1&-2&-5\end{array}\right)\to\left(\begin{array}{cccc|c}1&0&0&-1&-2\\0&1&0&-1&-4\\0&0&1&-2&-5\end{array}\right)$$

于是方程（II）的通解为

$$x=\begin{pmatrix}-2\\-4\\-5\\0\end{pmatrix}+k\begin{pmatrix}1\\1\\2\\1\end{pmatrix}\quad(k\text{ 为任意常数}).$$

显然，方程组（I）、（II）的解完全相同，即方程组（I）、（II）同解．

（27）①设 $x_1\vec{\alpha}_1+x_2\vec{\alpha}_2+x_3\vec{\alpha}_3+x_4\vec{\alpha}_4=\alpha$，因为初等行变换不改变列向量的线性相关性，

$$\text{令 }B=(A\quad\alpha)=\begin{pmatrix}1&-1&3&-2&4\\1&-3&2&-6&1\\1&5&-1&10&6\\3&1&p+2&p&10\end{pmatrix}\begin{matrix}r_3-r_1\\r_2-r_1\\r_4-3r_1\end{matrix}$$

$$\begin{pmatrix}1&-1&3&-2&4\\0&-2&-1&-4&-3\\0&6&-4&12&2\\0&4&p-7&p+6&-2\end{pmatrix}\begin{matrix}r_3+3r_2\\r_4+2r_2\end{matrix}$$

$$\begin{pmatrix}1&-1&3&-2&4\\0&-2&-1&-4&-3\\0&0&-7&0&-7\\0&0&p-9&p-2&-8\end{pmatrix}\sim\begin{pmatrix}1&-1&3&-2&4\\0&-2&-1&-4&-3\\0&0&1&0&1\\0&0&p-9&p-2&-8\end{pmatrix}$$

$$\sim\begin{pmatrix}1&-1&3&-2&4\\0&-2&-1&-4&-3\\0&0&1&0&1\\0&0&0&p-2&1-p\end{pmatrix}$$

所以 $p\neq2$ 时，$\vec{\alpha}_1,\vec{\alpha}_2,\vec{\alpha}_3,\vec{\alpha}_4$ 线性无关．

当 $p\neq2$ 时，

$$(A\quad\alpha)\sim\begin{pmatrix}1&-1&3&-2&4\\0&-2&-1&-4&-3\\0&0&1&0&1\\0&0&0&p-2&1-p\end{pmatrix}\begin{matrix}r_1-3r_3\\r_2+r_3\end{matrix}$$

$$\sim\begin{pmatrix}1&-1&0&-2&1\\0&-2&0&-4&-2\\0&0&1&0&1\\0&0&0&p-2&1-p\end{pmatrix}\begin{matrix}r_2\times\left(-\frac{1}{2}\right)\\r_1+r_2\end{matrix}$$

$$\sim\begin{pmatrix}1&0&0&0&2\\0&1&0&2&1\\0&0&1&0&1\\0&0&0&p-2&1-p\end{pmatrix}\sim\begin{pmatrix}1&0&0&0&2\\0&1&0&0&\dfrac{3p-4}{p-2}\\0&0&1&0&1\\0&0&0&1&\dfrac{1-p}{p-2}\end{pmatrix}$$

所以 $\alpha=2\alpha_1+\dfrac{3p-4}{p-2}\alpha_2+\alpha_3+\dfrac{1-p}{p-2}\alpha_4$.

②$p=2$ 时，$(A\ \ \alpha)\sim\begin{pmatrix}1&0&0&0&2\\0&1&0&2&1\\0&0&1&0&1\\0&0&0&0&-1\end{pmatrix}$,

$r(A)=R(\vec{\alpha}_1,\vec{\alpha}_2,\vec{\alpha}_3,\vec{\alpha}_4)=3$，所以$\vec{\alpha}_1,\vec{\alpha}_2,\vec{\alpha}_3,\vec{\alpha}_4$ 线性相关，且$\vec{\alpha}_1,\vec{\alpha}_2,\vec{\alpha}_3$ 为一个极大无关组.

(28) 应选 (B).

由题设存在 $k_1,k_2,\cdots,k_m$ 使得$\vec{\beta}=k_1\vec{\alpha}_1+k_2\vec{\alpha}_2+\cdots+k_m\vec{\alpha}_m$，这里 $k_m\neq0$，否则，与$\vec{\beta}$不能由$\vec{\alpha}_1,\vec{\alpha}_2,\cdots,\vec{\alpha}_{m-1}$线性表示矛盾，从而有$\vec{\alpha}_m=\dfrac{1}{k_m}\vec{\beta}-\dfrac{k_1}{k_m}\alpha_1-\cdots-\dfrac{k_{m-1}}{k_m}\vec{\alpha}_{m-1}$，即$\vec{\alpha}_m$ 可由$\vec{\alpha}_1,\vec{\alpha}_2,\cdots,\vec{\alpha}_{m-1}$线性表示，可排除 (A) 和 (D).

若 α_m 可由 (I) 线表示，即存在 $l_1,\cdots,l_{m-1}$，使得$\vec{\alpha}_m=l_1\vec{\alpha}_1+\cdots+l_{m-1}\vec{\alpha}_{m-1}$，

则有$\vec{\beta}=k_1\vec{\alpha}_1+k_2\vec{\alpha}_2+\cdots+k_{m-1}\vec{\alpha}_{m-1}+k_m(l_1\vec{\alpha}_1+\cdots+l_{m-1}\vec{\alpha}_{m-1})$

$=(k_1+k_ml_1)\alpha_1+\cdots+(k_{m-1}+k_ml_{m-1})\vec{\alpha}_{m-1}$.

即$\vec{\beta}$可由$\vec{\alpha}_1,\vec{\alpha}_2,\cdots,\vec{\alpha}_{m-1}$线性表示，矛盾，可排除 (C)

(29) $\vec{\eta}_1=(-1,1,0,0,0)^T,\vec{\eta}_2=(-1,0,-1,0,1)^T$.

(30) 特殊值，取$\vec{\alpha}_1=\begin{pmatrix}1\\0\end{pmatrix},\vec{\beta}_1=\begin{pmatrix}0\\1\end{pmatrix}$. 因为这两个向量不能互相线性表示，所以排除了 (A)，(B)，(C). 但矩阵 $A=\alpha_1=\begin{pmatrix}1\\0\end{pmatrix},B=\beta_1=\begin{pmatrix}0\\1\end{pmatrix}$是等价的，因为交换 B 的第 1 行，第 2 行即可得到 A. 故选 (D).

(31) $a=-1$.

对增广矩阵 $\overline{A}=[A|b]$作初等行变换，使之成为阶梯形：

$$\overline{A}=\left(\begin{array}{ccc|c}1&2&1&1\\2&3&a+2&3\\1&a&-2&0\end{array}\right)\to\left(\begin{array}{ccc|c}1&2&1&1\\0&1&-a&-1\\0&0&a^2-2a-3&a-3\end{array}\right)$$

当 $a=-1$ 时，$a^2-2a-3=(a+1)(a-3)=0$，而 $a-3=-4$，有秩$(A)=2\neq$秩$(\overline{A})=3$，故无解.

(32) 由题设得

$$A=\begin{pmatrix}1\\2\\1\end{pmatrix}\left(1,\frac{1}{2},0\right)=\begin{pmatrix}1&\frac{1}{2}&0\\2&1&0\\1&\frac{1}{2}&0\end{pmatrix},B=\left(1,\frac{1}{2},0\right)\begin{pmatrix}1\\2\\1\end{pmatrix}=2,$$

$$A^2=\alpha\beta^T\alpha\beta^T=\alpha(\beta^T\alpha)\beta^T=2A,A^4=8A$$

把上式代入原方程，经化简可得：

$$8(A-2E)x=\gamma\quad(\text{其中 }E\text{ 是 3 阶单位矩阵}),$$

可得非齐次线性方程组 $\begin{cases}-8x_1+4x_2=0\\16x_1-8x_2=0\\8x_1+4x_2-16x_3=8\end{cases}$

对增广矩阵作初等行变换

$$\left(\begin{array}{ccc|c}-8&4&0&0\\16&-8&0&0\\8&4&-16&8\end{array}\right)\to\left(\begin{array}{ccc|c}1&0&-1&\frac{1}{2}\\0&0&0&0\\0&1&-2&1\end{array}\right)$$

由此知秩$(A|b)$=秩$(A)=2$，原方程组有解，其同解方程组为

$$\begin{cases}x_1=x_3+\frac{1}{2}\\x_2=2x_3+1\end{cases}$$

令 $x_3=k$，可得通解为 $x=\begin{pmatrix}k+\frac{1}{2}\\2k+1\\k\end{pmatrix}=k\begin{pmatrix}1\\2\\1\end{pmatrix}+\begin{pmatrix}\frac{1}{2}\\1\\0\end{pmatrix}$（$k$ 为任意常数）.

(33) 因$\vec{\beta}_3$ 可由$\vec{\alpha}_1,\vec{\alpha}_2,\vec{\alpha}_3$ 线性表示，故线性方程组

$$\begin{pmatrix}1&3&9\\2&0&6\\-3&1&-7\end{pmatrix}\begin{pmatrix}x_1\\x_2\\x_3\end{pmatrix}=\begin{pmatrix}b\\1\\0\end{pmatrix}\quad\text{有解}.$$

对增广矩阵进行初等行变换，使之化为阶梯形：

$$\left(\begin{array}{ccc|c}1&3&9&b\\2&0&6&1\\-3&1&-7&0\end{array}\right)\to\left(\begin{array}{ccc|c}1&3&9&b\\0&1&2&(2b-1)/6\\0&0&0&(5-b)/10\end{array}\right).$$

因为非齐次线性方程组有解，所以必须有$(b-5)/10=0$，即 $b=5$.

由上面初等变换的结果还可得知，$\vec{\alpha}_1,\vec{\alpha}_2,\vec{\alpha}_3$ 的秩为 2，由题设知，向量组$\vec{\beta}_1,\vec{\beta}_2,\vec{\beta}_3$ 的秩也是 2，因此 $\begin{vmatrix}0&a&5\\1&2&1\\-1&1&0\end{vmatrix}=0$，由此解得 $a=15$.

(34) 显然 (I) 的解是 (II) 的解. 反过来, 设 x 为 (II) 的解, 即 $A^TAx=0$, 则 $x^TA^TAx=(Ax)^TAx=0$, 即 x 也为 (I) 的解, 也就是 (II) 的解是 (I) 的解. 因此选 (A).

(35) 应选 (C).

由题设$\vec{\alpha}_1-\frac{1}{2}(\vec{\alpha}_2+\vec{\alpha}_3)=\begin{pmatrix}1\\2\\3\\4\end{pmatrix}-\frac{1}{2}\begin{pmatrix}0\\1\\2\\3\end{pmatrix}=\begin{pmatrix}1\\\frac{3}{2}\\2\\\frac{5}{2}\end{pmatrix}$是$A\vec{x}=\vec{0}$的基础解系, 故$A\vec{x}=\vec{b}$的通解为

$$x=\begin{pmatrix}1\\2\\3\\4\end{pmatrix}+k\begin{pmatrix}1\\\frac{3}{2}\\2\\\frac{5}{2}\end{pmatrix}=\begin{pmatrix}1\\2\\3\\4\end{pmatrix}+c\begin{pmatrix}2\\3\\4\\5\end{pmatrix}\text{ (其中 }c=\frac{k}{2}\text{为任意常数)}.$$

(36) $\vec{\beta}$是否可由$\vec{\alpha}_1,\vec{\alpha}_2,\vec{\alpha}_3$线性表示, 相当于对应非齐次线性方程组是否有解的问题, 可转化为方程组的解的情形进行讨论.

设有一组数 k_1,k_2,k_3, 使得 $k_1\vec{\alpha}_1+k_2\vec{\alpha}_2+k_3\vec{\alpha}_3=\vec{\beta}$, 该方程组的系数行列式 $|A|=\begin{vmatrix}a&-2&-1\\2&1&1\\10&5&4\end{vmatrix}=-a-4$,

①当 $a\neq-4$ 时, $|A|\neq0$, 方程组有唯一解, $\vec{\beta}$可由$\vec{\alpha}_1,\vec{\alpha}_2,\vec{\alpha}_3$线性表出, 且表示唯一.

②当 $a=-4$ 时, 对增广矩阵作行的初等变换, 有

$$\bar{A}=\begin{pmatrix}-4&-2&-1&1\\2&1&1&b\\10&5&4&c\end{pmatrix}\to\begin{pmatrix}2&1&0&-b-1\\0&0&0&2b+1\\0&0&0&3b-c-1\end{pmatrix}$$

若 $3b-c\neq1$, 则秩 (A) ≠秩 ($\bar{A}$), 方程组无解, $\vec{\beta}$不能由$\vec{\alpha}_1,\vec{\alpha}_2,\vec{\alpha}_3$线性表出.

③当 $a=-4$ 且 $3b-c=1$ 时, 秩(A) = 秩($\bar{A}$) $=2<3$, 方程组有无穷多组解, $\vec{\beta}$可由$\vec{\alpha}_1$, $\vec{\alpha}_2,\vec{\alpha}_3$线性表出, 但表示不唯一.

解得 $k_1=t,k_2=-2t-b-1,k_3=2b+1$ (t 为任意常数)

因此, 有$\vec{\beta}=t\vec{\alpha}_1-(2t+b+1)\vec{\alpha}_2+(2b+1)\vec{\alpha}_3$.

(37) 由于齐次线性方程组解的线性组合仍是该方程组的解, 故$\vec{\beta}_1,\vec{\beta}_2,\vec{\beta}_3,\vec{\beta}_4$是$A\vec{X}=\vec{0}$的解. 因此$\vec{\beta}_1,\vec{\beta}_2,\vec{\beta}_3,\vec{\beta}_4$是$A\vec{X}=\vec{0}$的基础解系当且仅当$\vec{\beta}_1,\vec{\beta}_2,\vec{\beta}_3,\vec{\beta}_4$线性无关. 以下用两种方法来推导这个条件.

方法 1 (用线性变换的性质) 由于

$$(\vec{\beta}_1,\vec{\beta}_2,\vec{\beta}_3,\vec{\beta}_4)=(\vec{\alpha}_1,\vec{\alpha}_2,\vec{\alpha}_3,\vec{\beta}_4)\begin{pmatrix}1&0&0&t\\t&1&0&0\\0&t&1&0\\0&0&t&1\end{pmatrix},$$

故$\vec{\beta}_1,\vec{\beta}_2,\vec{\beta}_3,\vec{\beta}_4$线性无关当且仅当

$$\begin{vmatrix}1&0&0&t\\t&1&0&0\\0&t&1&0\\0&0&t&1\end{vmatrix}\neq 0$$

即 $t^4-1\neq 0$. 所以 $t\neq\pm 1$ 时，$\vec{\beta}_1,\vec{\beta}_2,\vec{\beta}_3,\vec{\beta}_4$ 是 $A\vec{X}=\vec{0}$的基础解系．

方法 2 （用线性无关定义）$\vec{\beta}_1,\vec{\beta}_2,\vec{\beta}_3,\vec{\beta}_4$ 线性无关当且仅当下式中的 k_1,k_2,k_3,k_4 全部为零，$k_1\vec{\beta}_1+k_2\vec{\beta}_2+k_3\vec{\beta}_3+k_4\vec{\beta}_4=0$

即$k_1(\vec{\alpha}_1+t\vec{\alpha}_2)+k_2(\vec{\alpha}_2+t\vec{\alpha}_3)+k_3(\vec{\alpha}_3+t\vec{\alpha}_4)+k_4(\vec{\alpha}_4+t\vec{\alpha}_1)=0$,

$(k_1+tk_4)\vec{\alpha}_1+(tk_1+k_2)\vec{\alpha}_2+(tk_2+k_3)\vec{\alpha}_3+(tk_3+k_4)\vec{\alpha}_4=0$,

由$\vec{\alpha}_1,\vec{\alpha}_2,\vec{\alpha}_3,\vec{\alpha}_4$ 的线性无关性得到下列齐次方程组：

$(k_1+tk_4)=0,(tk_1+k_2)=0,(tk_2+k_3)=0,(tk_3+k_4)=0.$

此方程组只有零解，所以系数行列式不等于零．以下与“方法 1”相同．

(38) $a=-2$.

解 方程组有无穷多组解的充要条件为秩$(A)=$秩$(A\,|\,b)<3$. 因此，令$|A|=0$，即

$$|A|=\begin{vmatrix}a&1&1\\1&a&1\\1&1&a\end{vmatrix}=(a+2)(a-1)^2=0.$$

当 $a=1$ 时，增广矩阵为

$$\bar{A}=\left(\begin{array}{ccc|c}1&1&1&1\\1&1&1&1\\1&1&1&-2\end{array}\right)\to\left(\begin{array}{ccc|c}1&1&1&1\\0&0&0&0\\0&0&0&-3\end{array}\right)$$

因为秩$(A)=1\neq$秩$(\bar{A})=2$，所以方程组无解．

当 $a=-2$ 时，增广矩阵为

$$\bar{A}=\left(\begin{array}{ccc|c}1&1&1&1\\1&1&1&1\\1&1&1&-2\end{array}\right)\to\left(\begin{array}{ccc|c}-2&1&1&1\\3&-3&0&0\\0&0&0&0\end{array}\right)$$

因为秩$(A)=$秩$(\bar{A})=2$，所以方程组有无穷多解．故应填 $a=-2$.

(39) 由于齐次线性方程组解的线性组合是该方程组的解，故$\vec{\beta}_1,\vec{\beta}_2,\vec{\beta}_3,\vec{\beta}_4$ 是 $A\vec{x}=\vec{0}$的解．因此$\vec{\beta}_1,\vec{\beta}_2,\vec{\beta}_3,\vec{\beta}_4$ 是 $Ax=0$ 的基础解系当且仅当$\vec{\beta}_1,\vec{\beta}_2,\vec{\beta}_3,\vec{\beta}_4$ 线性无关．

由于$(\vec{\beta}_1,\vec{\beta}_2,\vec{\beta}_3,\vec{\beta}_4)=(\vec{\alpha}_1,\vec{\alpha}_2,\vec{\alpha}_3,\vec{\alpha}_4)\begin{pmatrix}1&0&0&t\\t&1&0&0\\0&t&1&0\\0&0&t&1\end{pmatrix}$,

故$\vec{\beta}_1,\vec{\beta}_2,\vec{\beta}_3,\vec{\beta}_4$线性无关当且仅当$\begin{vmatrix}1&0&0&t\\t&1&0&0\\0&t&1&0\\0&0&t&1\end{vmatrix}\neq 0$，即$t^4-1\neq 0$，

亦即$t\neq\pm 1$时，$\vec{\beta}_1,\vec{\beta}_2,\vec{\beta}_3,\vec{\beta}_4$是$A\vec{X}=\vec{0}$的基础解系.

(40) 应选（D）.

由题设秩$\begin{pmatrix}A&\alpha\\\alpha^T&0\end{pmatrix}$=秩$(A)\leqslant n$，知系数矩阵$\begin{pmatrix}A&\alpha\\\alpha^T&0\end{pmatrix}$的秩小于未知量的个数$(n+1)$，故方程组$\begin{pmatrix}A&\alpha\\\alpha^T&0\end{pmatrix}\begin{pmatrix}X\\y\end{pmatrix}=0$必有非零解.

(41) 用定义法.

设有一组数$k_1,k_2,\cdots,k_r,k$，使得$k_1\vec{\alpha}_1+k_2\vec{\alpha}_2+\cdots+k_r\vec{\alpha}_r+k\vec{\beta}=0$（*）成立，因$\vec{\beta}=(b_1,b_2,\cdots,b_n)^T$是线性方程组

$$\begin{cases}a_{11}x_1+a_{12}x_2+\cdots+a_{1n}x_n=0\\a_{21}x_1+a_{22}x_2+\cdots+a_{2n}x_n=0\\\cdots\quad\cdots\quad\cdots\\a_{r1}x_1+a_{r2}x_2+\cdots+a_{rn}x_n=0\end{cases}$$

的解，且$\vec{\beta}\neq\vec{0}$，故有$\vec{\alpha}_i^T\vec{\beta}=0$（$i=1,2,\cdots,r$），

即$\vec{\beta}^T\vec{\alpha}_i=0\quad(i=1,2,\cdots,r)$.

于是，由$k_1\vec{\beta}^T\vec{\alpha}_1+k_2\vec{\beta}^T\vec{\alpha}_2+\cdots+k_r\vec{\beta}^T\vec{\alpha}_r+k\vec{\beta}^T\vec{\beta}=0$得$k\vec{\beta}^T\vec{\beta}=0$. 但$\vec{\beta}^T\vec{\beta}\neq 0$，故$k=0$.

从而（*）式为$k_1\vec{\alpha}_1+k_2\vec{\alpha}_2+\cdots+k_r\vec{\alpha}_r=0$.

由于向量组$\vec{\alpha}_1,\vec{\alpha}_2,\cdots,\vec{\alpha}_r$线性无关. 所以有$k_1=k_2=\cdots=k_r=0$.

因此，向量组$\vec{\alpha}_1,\vec{\alpha}_2,\cdots,\vec{\alpha}_r,\vec{\beta}$线性无关.

(42) 设用$\bar{A}$表示线性方程组

$$\begin{cases}a_{11}x+a_{12}y+a_{13}z=b_1 & ①\\a_{21}x+a_{22}y+a_{23}z=b_2 & ②\\a_{31}x+a_{32}y+a_{33}z=b_3 & ③\end{cases}$$

的增广矩阵，由题设，秩$(\bar{A})=2$. 不妨设$\bar{A}$的前两行向量线性无关，则第3行必是前两行的线性组合.

在几何上，相当于平面①和平面②有一条交线. 因为方程③可由方程①和②的线性组合而得到，所以交线上的任一点必在平面③上，即三平面共线. 故选（B）.

(43) 所求通解等于$A\vec{x}=\vec{0}$的通解与$A\vec{x}=\vec{\beta}$的一个特解之和.

设$x=(x_1,x_2,x_3,x_4)^T$，则$Ax=0$为

$(2\vec{\alpha}_2-\vec{\alpha}_3)x_1+\vec{\alpha}_2x_2+\vec{\alpha}_3x_3+\vec{\alpha}_4x_4=0$,

即$(2x_1+x_2)\vec{\alpha}_2+(-x_1+x_3)\vec{\alpha}_3+x_4\vec{\alpha}_4=0$.

由$\vec{\alpha}_2$，$\vec{\alpha}_3$，$\vec{\alpha}_4$线性无关，知$\begin{cases}2x_1+x_2=0\\-x_1+x_3=0,\\x_4=0\end{cases}$

其通解为$\begin{pmatrix}x_1\\x_2\\x_3\\x_4\end{pmatrix}=k\begin{pmatrix}1\\-2\\1\\0\end{pmatrix}$，其中$k$为任意常数．

用观察法，立即得知$(1,1,1,1)^T$是$A\vec{x}=\vec{\beta}$的一个特解．

故所求通解为

$$x=\begin{pmatrix}1\\1\\1\\1\end{pmatrix}+k\begin{pmatrix}1\\-2\\1\\0\end{pmatrix}，其中 k 为任意常数．$$

(44) 取$k=0$，(B)，(C) 错，被排除；取$k=1$，(D) 错，被排除．故选 (A)．

(45) (D)．

(46) $a=-1$．

(47) ①$a\neq b$且$a\neq(1-n)b$时，只有零解．

②$a=b$时，通解为：$k_1\begin{pmatrix}-1\\1\\0\\\vdots\\0\end{pmatrix}+k_2\begin{pmatrix}-1\\0\\1\\\vdots\\0\end{pmatrix}+\cdots+k_{n-1}\begin{pmatrix}-1\\0\\0\\\vdots\\1\end{pmatrix}$，$k_1,k_2,\cdots,k_{n-1}$为任意常数．

③$a=(1-n)b$时，通解为：$k\begin{pmatrix}1\\1\\\vdots\\1\end{pmatrix}$，$k$为任意常数．

(48) $abc\neq0$．

(49) ① $\vec{\beta}_1=\begin{pmatrix}5\\-3\\1\\0\end{pmatrix}$，$\vec{\beta}_2=\begin{pmatrix}-3\\2\\0\\1\end{pmatrix}$．

②$a+1=0$时，有非零公共解$l_1\begin{pmatrix}2\\-1\\1\\1\end{pmatrix}+l_2\begin{pmatrix}-1\\2\\4\\7\end{pmatrix}$，$l_1,l_2$是不全为零的常数．

(50) B．

若$Ax=0$与$Bx=0$同解，则$n-秩(A)=n-秩(B)$，即$秩(A)=秩(B)$，命题③成立，可

排除 (A), (C); 但反过来, 若秩(A) = 秩(B), 则不能推出 $Ax=0$ 与 $Bx=0$ 同解, 如 $A=\begin{bmatrix}1&0\\0&0\end{bmatrix}$, $B=\begin{bmatrix}0&0\\0&1\end{bmatrix}$, 则秩(A) = 秩(B) = 1, 但 $Ax=0$ 与 $Bx=0$ 不同解, 可见命题④不成立, 排除 (D), 故正确选项为 (B).

(51) D.

用排除法: 如 $\vec{\alpha}_1=\begin{pmatrix}0\\0\end{pmatrix},\vec{\beta}_1=\begin{pmatrix}1\\0\end{pmatrix},\vec{\beta}_2=\begin{pmatrix}0\\1\end{pmatrix}$, 则 $\vec{\alpha}_1=0\cdot\vec{\beta}_1+0\cdot\vec{\beta}_2$, 但 $\vec{\beta}_1,\vec{\beta}_2$ 线性无关, 排除 (A); $\vec{\alpha}_1=\begin{pmatrix}0\\0\end{pmatrix},\vec{\alpha}_2=\begin{pmatrix}1\\0\end{pmatrix},\vec{\beta}_1=\begin{pmatrix}1\\0\end{pmatrix}$, 则 $\vec{\alpha}_1,\vec{\alpha}_2$ 可由 $\vec{\beta}_1$ 线性表示, 但 $\vec{\beta}_1$ 线性无关, 排除 (B); $\vec{\alpha}_1=\begin{pmatrix}1\\0\end{pmatrix},\vec{\beta}_1=\begin{pmatrix}1\\0\end{pmatrix},\vec{\beta}_2=\begin{pmatrix}0\\1\end{pmatrix}$, $\vec{\alpha}_1$ 可由 $\vec{\beta}_1,\vec{\beta}_2$ 线性表示, 但 $\vec{\alpha}_1$ 线性无关, 排除 (C). 故正确选项为 (D).

(52) 方法 1: 必要性

设三条直线 l_1,l_2,l_3 交于一点, 则线性方程组

$$\begin{cases}ax+2by=-3c,\\bx+2cy=-3a,\\cx+2ay=-3b,\end{cases}\qquad(*)$$

有唯一解, 故系数矩阵 $A=\begin{pmatrix}a&2b\\b&2c\\c&2a\end{pmatrix}$ 与增广矩阵 $\bar{A}=\begin{pmatrix}a&2b&-3c\\b&2c&-3a\\c&2a&-3b\end{pmatrix}$ 的秩均为 2, 于是 $|\bar{A}|=0$.

由于 $|\bar{A}|=\begin{vmatrix}a&2b&-3c\\b&2c&-3a\\c&2a&-3b\end{vmatrix}=6(a+b+c)[a^2+b^2+c^2-ab-ac-bc]$

$$=3(a+b+c)[(a-b)^2+(b-c)^2+(c-a)^2],$$

但根据题设 $(a-b)^2+(b-c)^2+(c-a)^2\neq0$, 故

$$a+b+c=0.$$

充分性: 由 $a+b+c=0$, 则从必要性的证明可知, $|\bar{A}|=0$, 故秩$(\bar{A})<3$.

由于

$$\begin{vmatrix}a&2b\\b&2c\end{vmatrix}=2(ac-b^2)=-2[a(a+b)+b^2]$$

$$=-2[(a+\frac{1}{2}b)^2+\frac{3}{4}b^2]\neq0,$$

故秩 (A) =2. 于是,

$$秩(A)=秩(\bar{A})=2.$$

因此方程组 (*) 有唯一解, 即三直线 l_1,l_2,l_3 交于一点.

方法 2: 必要性

设三直线交于一点 (x_0,y_0), 则 $\begin{pmatrix}x_0\\y_0\\1\end{pmatrix}$ 为 $Ax=0$ 的非零解, 其中

$$A=\begin{pmatrix} a & 2b & 3c \\ b & 2c & 3a \\ c & 2a & 3b \end{pmatrix}.$$

于是 $|A|=0$.

而

$$|A|=\begin{vmatrix} a & 2b & 3c \\ b & 2c & 3a \\ c & 2a & 3b \end{vmatrix}=-6(a+b+c)[a^2+b^2+c^2-ab-ac-bc]$$

$$=-3(a+b+c)[(a-b)^2+(b-c)^2+(c-a)^2],$$

但根据题设 $(a-b)^2+(b-c)^2+(c-a)^2\neq 0$，故

$$a+b+c=0.$$

充分性：考虑线性方程组

$$\begin{cases} ax+2by=-3c, \\ bx+2cy=-3a, \\ cx+2ay=-3b, \end{cases} \qquad (*)$$

将方程组（*）的三个方程相加，并由 $a+b+c=0$ 可知，方程组（*）等价于方程组

$$\begin{cases} ax+2by=-3c, \\ bx+2cy=-3a. \end{cases} \qquad (**)$$

因为 $\begin{vmatrix} a & 2b \\ b & 2c \end{vmatrix}=2(ac-b^2)=-2[a(a+b)+b^2]$

$$=-[a^2+b^2+(a+b)^2]\neq 0,$$

故方程组（**）有唯一解，所以方程组（*）有唯一解，即三直线 l_1,l_2,l_3 交于一点.

(53) B.

①若对于任意一组不全为零的数 $k_1,k_2,\cdots,k_s$，都有 $k_1\vec{\alpha}_1+k_2\vec{\alpha}_2+\cdots+k_s\vec{\alpha}_s\neq 0$，则 $\vec{\alpha}_1,\vec{\alpha}_2,\cdots,\vec{\alpha}_s$ 必线性无关. 因为若 $\vec{\alpha}_1,\vec{\alpha}_2,\cdots,\vec{\alpha}_s$ 线性相关，则存在一组不全为零的数 $k_1,k_2,\cdots,k_s$，使得 $k_1\vec{\alpha}_1+k_2\vec{\alpha}_2+\cdots+k_s\vec{\alpha}_s=0$，矛盾. 可见（A）成立.

②若 $\vec{\alpha}_1,\vec{\alpha}_2,\cdots,\vec{\alpha}_s$ 线性相关，则存在一组，而不是对任意一组不全为零的数 $k_1,k_2,\cdots,k_s$，都有 $k_1\vec{\alpha}_1+k_2\vec{\alpha}_2+\cdots+k_s\vec{\alpha}_s=0$.（B）不成立.

③$\vec{\alpha}_1,\vec{\alpha}_2,\cdots,\vec{\alpha}_s$ 线性无关，则此向量组的秩为 s；反过来，若向量组 $\vec{\alpha}_1,\vec{\alpha}_2,\cdots,\vec{\alpha}_s$ 的秩为 s，则 $\vec{\alpha}_1,\vec{\alpha}_2,\cdots,\vec{\alpha}_s$ 线性无关，因此（C）成立.

④$\vec{\alpha}_1,\vec{\alpha}_2,\cdots,\vec{\alpha}_s$ 线性无关，则其任一部分组线性无关，当然其中任意两个向量线性无关，可见（D）也成立.

综上所述，应选（B）.

(54) 方程组的系数行列式

$$|A|=\begin{vmatrix} a_1+b & a_2 & a_3 & \cdots & a_n \\ a_1 & a_2+b & a_3 & \cdots & a_n \\ a_1 & a_2 & a_3+b & \cdots & a_n \\ \vdots & \vdots & \vdots & \ddots & \vdots \\ a_1 & a_2 & a_3 & \cdots & a_n+b \end{vmatrix}$$

$$=b^{n-1}(b+\sum_{i=1}^{n}a_i).$$

①当 $b\neq 0$，且 $b+\sum\limits_{i=1}^{n}a_i\neq 0$ 时，秩$(A)=n$，方程组仅有零解．

②当 $b=0$ 时，原方程组的同解方程组为

$$a_1x_1+a_2x_2+\cdots+a_nx_n=0.$$

由 $\sum\limits_{i=1}^{n}a_i\neq 0$ 可知，$a_i(i=1,2,\cdots,n)$不全为零．不妨设 $a_1\neq 0$，得原方程组的一个基础解系为

$$\vec{\alpha}_1=(-\frac{a_2}{a_1},1,0,\cdots,0)^T,\ \vec{\alpha}_2=(-\frac{a_3}{a_1},0,1,\cdots,0)^T,\ \cdots,\vec{\alpha}_n=(-\frac{a_n}{a_1},0,0,\cdots,1)^T.$$

当 $b=-\sum\limits_{i=1}^{n}a_i$ 时，有 $b\neq 0$，原方程组的系数矩阵可化为

$$\begin{pmatrix} a_1-\sum\limits_{i=1}^{n}a_i & a_2 & a_3 & \cdots & a_n \\ a_1 & a_2-\sum\limits_{i=1}^{n}a_i & a_3 & \cdots & a_n \\ a_1 & a_2 & a_3-\sum\limits_{i=1}^{n}a_i & \cdots & a_n \\ \vdots & \vdots & \vdots & \ddots & \vdots \\ a_1 & a_2 & a_3 & \cdots & a_n-\sum\limits_{i=1}^{n}a_i \end{pmatrix}$$

（将第 1 行的 -1 倍加到其余各行，再从第 2 行到第 n 行同乘以 $-\frac{1}{\sum\limits_{i=1}^{n}a_i}$ 倍）

$$\to\begin{pmatrix} a_1-\sum\limits_{i=1}^{n}a_i & a_2 & a_3 & \cdots & a_n \\ -1 & 1 & 0 & \cdots & 0 \\ -1 & 0 & 1 & \cdots & 0 \\ \vdots & \vdots & \vdots & \ddots & \vdots \\ -1 & 0 & 0 & \cdots & 1 \end{pmatrix}$$

（将第 n 行 $-a_n$ 倍到第 2 行的 $-a_2$ 倍加到第 1 行，再将第 1 行移到最后一行）

$$\rightarrow\begin{pmatrix}-1&1&0&\cdots&0\\-1&0&1&\cdots&0\\\vdots&\vdots&\vdots&\ddots&\vdots\\-1&0&0&\cdots&1\\0&0&0&\cdots&0\end{pmatrix}.$$

由此得原方程组的同解方程组为

$$x_2=x_1,\ x_3=x_1,\ \cdots,x_n=x_1.$$

原方程组的一个基础解系为 $\vec{\alpha}=(1,1,\cdots,1)^T$.

(55) 作初等行变换，有

$$(\vec{\alpha}_1,\vec{\alpha}_2,\vec{\alpha}_3\vdots\vec{\beta}_1,\vec{\beta}_2,\vec{\beta}_3)=\begin{pmatrix}1&1&1&\vdots&1&2&2\\0&1&-1&\vdots&2&1&1\\2&3&a+2&\vdots&a+3&a+6&a+4\end{pmatrix}$$

$$\rightarrow\begin{pmatrix}1&0&2&\vdots&-1&1&1\\0&1&-1&\vdots&2&1&1\\0&0&a+1&\vdots&a-1&a+1&a-1\end{pmatrix}.$$

①当 $a\neq-1$ 时，有行列式 $\left|\begin{pmatrix}\vec{\alpha}_1&\vec{\alpha}_2&\vec{\alpha}_3\end{pmatrix}\right|=a+1\neq0$，秩 $(\vec{\alpha}_1,\vec{\alpha}_2,\vec{\alpha}_3)=3$，故线性方程组 $x_1\vec{\alpha}_1+x_2\vec{\alpha}_2+x_3\vec{\alpha}_3=\vec{\beta}_i(i=1,2,3)$ 均有唯一解. 所以，$\vec{\beta}_1,\vec{\beta}_2,\vec{\beta}_3$ 可由向量组（I）线性表示.

同样，行列式 $\left|\begin{pmatrix}\vec{\beta}_1&\vec{\beta}_2&\vec{\beta}_3\end{pmatrix}\right|=6\neq0$，秩 $(\vec{\beta}_1,\vec{\beta}_2,\vec{\beta}_3)=3$，故 $\vec{\alpha}_1,\vec{\alpha}_2,\vec{\alpha}_3$ 可由向量组（II）线性表示. 因此向量组（I）与（II）等价.

②当 a = −1 时，有

$$(\vec{\alpha}_1,\vec{\alpha}_2,\vec{\alpha}_3\vdots\vec{\beta}_1,\vec{\beta}_2,\vec{\beta}_3)\rightarrow\begin{pmatrix}1&0&2&\vdots&-1&1&1\\0&1&-1&\vdots&2&1&1\\0&0&0&\vdots&-2&0&-2\end{pmatrix}.$$

由于秩 $(\vec{\alpha}_1,\vec{\alpha}_2,\vec{\alpha}_3)\neq$ 秩 $(\vec{\alpha}_1,\vec{\alpha}_2,\vec{\alpha}_3\ \vdots\ \vec{\beta}_1)$，线性方程组 $x_1\vec{\alpha}_1+x_2\vec{\alpha}_2+x_3\vec{\alpha}_3=\vec{\beta}_1$ 无解，故向量 $\vec{\beta}_1$ 不能由 $\vec{\alpha}_1,\vec{\alpha}_2,\vec{\alpha}_3$ 线性表示. 因此，向量组（I）与（II）不等价.

(56) 对方程组的系数矩阵 A 作初等行变换，有

$$A=\begin{pmatrix}1+a&1&1&\cdots&1\\2&2+a&2&\cdots&2\\\vdots&\vdots&\vdots&\ddots&\vdots\\n&n&n&\cdots&n+a\end{pmatrix}\rightarrow\begin{pmatrix}1+a&1&1&\cdots&1\\-2a&a&0&\cdots&0\\\vdots&\vdots&\vdots&\ddots&\vdots\\-na&0&0&\cdots&a\end{pmatrix}=B.$$

当 $a=0$ 时，$r(A)=1<n$，故方程组有非零解，其同解方程组为

$$x_1+x_2+\cdots+x_n=0,$$

由此得基础解系为

$$\vec{\eta}_1=(-1,1,0,\cdots,0)^T,\ \vec{\eta}_2=(-1,0,1,\cdots,0)^T,\cdots,\vec{\eta}_{n-1}=(-1,0,0,\cdots,1)^T,$$

于是方程组的通解为

$x=k_1\vec{\eta}_1+\cdots+k_{n-1}\vec{\eta}_{n-1}$，其中 $k_1,\cdots,k_{n-1}$ 为任意常数.

当 $a\neq 0$ 时，对矩阵 B 作初等行变换，有

$$B\to\begin{pmatrix}1+a & 1 & 1 & \cdots & 1\\ -2 & 1 & 0 & \cdots & 0\\ \vdots & \vdots & \vdots & \ddots & \vdots\\ -n & 0 & 0 & \cdots & 1\end{pmatrix}\to\begin{pmatrix}a+\frac{n(n+1)}{2} & 0 & 0 & \cdots & 0\\ -2 & 1 & 0 & \cdots & 0\\ \vdots & \vdots & \vdots & \ddots & \vdots\\ -n & 0 & 0 & \cdots & 1\end{pmatrix}.$$

可知 $a=-\frac{n(n+1)}{2}$ 时，$r(A)=n-1<n$，故方程组也有非零解，其同解方程组为

$$\begin{cases}-2x_1+x_2=0\\ -3x_1+x_3=0\\ \cdots\cdots\cdots\\ -nx_1+x_n=0\end{cases},$$

由此得基础解系为 $\vec{\eta}=(1,2,\cdots,n)^T$，

于是方程组的通解为 $x=k\vec{\eta}$，其中 k 为任意常数．

(57) A．

设 $A=(a_{ij})_{l\times m}, B=(b_{ij})_{m\times n}$，记

$$A=(A_1\quad A_2\quad \cdots\quad A_m)$$

$$AB=0\Rightarrow (A_1\quad A_2\quad \cdots\quad A_m)\begin{pmatrix}b_{11} & b_{12} & \cdots & b_{1n}\\ b_{21} & b_{22} & \cdots & b_{2n}\\ \vdots & \vdots & \ddots & \vdots\\ b_{m1} & b_{m2} & \cdots & b_{mn}\end{pmatrix}$$

$$=(b_{11}A_1+\cdots+b_{m1}A_m\quad \cdots\quad b_{1n}A_1+\cdots+b_{mn}A_m)=0 \qquad ①$$

由于 $B\neq 0$，所以至少有一 $b_{ij}\neq 0$ $(1\leqslant i\leqslant m, 1\leqslant j\leqslant n)$，

从而由①知，$b_{1j}A_1+b_{2j}A_2+\cdots+b_{ij}A_i+\cdots+b_{m1}A_m=0$，

于是 $A_1, A_2, \cdots, A_m$ 线性相关．

又记 $B=\begin{pmatrix}B_1\\ B_2\\ \vdots\\ B_m\end{pmatrix}$，则 $AB=0\Rightarrow$

$$\begin{pmatrix}a_{11} & a_{12} & \cdots & a_{1m}\\ a_{21} & a_{22} & \cdots & a_{2m}\\ \vdots & \vdots & \ddots & \vdots\\ a_{l1} & a_{l2} & \cdots & a_{lm}\end{pmatrix}\begin{pmatrix}B_1\\ B_2\\ \vdots\\ B_m\end{pmatrix}=\begin{pmatrix}a_{11}B_1+a_{12}B_2+\cdots+a_{1m}B_m\\ a_{21}B_1+a_{22}B_2+\cdots+a_{2m}B_m\\ \cdots\\ a_{l1}B_1+a_{l2}B_2+\cdots+a_{lm}B_m\end{pmatrix}=0$$

由于 $A\neq 0$，则至少存在一 $a_{ij}\neq 0$ $(1\leqslant i\leqslant l, 1\leqslant j\leqslant m)$，使

$$a_{i1}\vec{B}_1+a_{i2}\vec{B}_2+a_{ij}\vec{B}_j+\cdots+a_{im}\vec{B}_m=0,$$

从而 $\vec{B}_1, \vec{B}_2, \cdots, \vec{B}_m$ 线性相关，故应选（A）．

(58) 对方程组的系数矩阵 A 作初等行变换，有

$$\begin{pmatrix}1+a & 1 & 1 & 1\\ 2 & 2+a & 2 & 2\\ 3 & 3 & 3+a & 3\\ 4 & 4 & 4 & 4+a\end{pmatrix}\rightarrow\begin{pmatrix}1+a & 1 & 1 & 1\\ -2a & a & 0 & 0\\ -3a & 0 & a & 0\\ -4a & 0 & 0 & a\end{pmatrix}=B$$

当 $a=0$ 时，$r(A)=1<4$，故方程组有非零解，其同解方程组为

$$x_1+x_2+x_3+x_4=0.$$

由此得基础解系为

$$\vec{\eta}_1=(-1,1,0,0)^T,\ \vec{\eta}_2=(-1,0,1,0)^T,\ \vec{\eta}_3=(-1,0,0,1)^T,$$

于是所求方程组的通解为

$$x=k_1\vec{\eta}_1+k_2\vec{\eta}_2+k_3\vec{\eta}_3\text{，其中 }k_1,k_2,k_3\text{ 为任意常数}.$$

当 $a\neq 0$ 时，

$$B\rightarrow\begin{pmatrix}1+a & 1 & 1 & 1\\ -2 & 1 & 0 & 0\\ -3 & 0 & 1 & 0\\ -4 & 0 & 0 & 1\end{pmatrix}\rightarrow\begin{pmatrix}a+10 & 0 & 0 & 0\\ -2 & 1 & 0 & 0\\ -3 & 0 & 1 & 0\\ -4 & 0 & 0 & 1\end{pmatrix}$$

当 $a=-10$ 时，$r(A)=3<4$，故方程组也有非零解，其同解方程组为

$$\begin{cases}-2x_1+x_2=0\\ -3x_1+x_3=0\\ -4x_1+x_4=0\end{cases}$$

由此得基础解系为 $\vec{\eta}=(1,2,3,4)^T$，

所以所求方程组的通解为 $\vec{x}=k\vec{\eta}$，其中 k 为任意常数．

(59) B.

因为基础解系含向量的个数 $=n-r(A)$，而且

$$r(A^*)=\begin{cases}n, & r(A)=n,\\ 1, & r(A)=n-1,\\ 0, & r(A)<n-1.\end{cases}$$

根据已知条件 $A^*\neq 0$，于是 $r(A)$ 等于 n 或 $n-1$. 又 $Ax=b$ 有互不相等的解，即解不唯一，故 $r(A)=n-1$. 从而基础解系仅含一个解向量，即选（B）.

(60) 设有数 k_1,k_2,k_3，使得

$$k_1\vec{\alpha}_1+k_2\vec{\alpha}_2+k_3\vec{\alpha}_3=\vec{\beta}.\qquad (*)$$

记 $A=(\vec{\alpha}_1,\vec{\alpha}_2,\vec{\alpha}_3)$. 对矩阵 (A,β) 施以初等行变换，有

$$(A,\beta)=\begin{pmatrix}1 & 1 & -1 & 1\\ 2 & a+2 & -b-2 & 3\\ 0 & -3a & a+2b & -3\end{pmatrix}\rightarrow\begin{pmatrix}1 & 1 & -1 & 1\\ 0 & a & -b & 1\\ 0 & 0 & a-b & 0\end{pmatrix}.$$

①当 $a=0$ 时，有

$$(A,\beta)\rightarrow\begin{pmatrix}1 & 1 & -1 & 1\\ 0 & 0 & -b & 1\\ 0 & 0 & 0 & -1\end{pmatrix}.$$

可知 $r(A)\neq r(A,\beta)$. 故方程组（*）无解，$\vec{\beta}$不能由$\vec{\alpha}_1,\vec{\alpha}_2,\vec{\alpha}_3$ 线性表示.

②当 $a\neq 0$，且 $a\neq b$ 时，有

$$(A,\beta)\to\begin{pmatrix}1&1&-1&1\\0&a&-b&1\\0&0&a-b&0\end{pmatrix}\to\begin{pmatrix}1&0&0&1-\dfrac{1}{a}\\0&1&0&\dfrac{1}{a}\\0&0&1&0\end{pmatrix}$$

$r(A)=r(A,\beta)=3$， 方程组（*）有唯一解：

$$k_1=1-\frac{1}{a},\ k_2=\frac{1}{a},\ k_3=0.$$

此时$\vec{\beta}$可由$\vec{\alpha}_1,\vec{\alpha}_2,\vec{\alpha}_3$ 唯一地线性表示，其表示式为

$$\vec{\beta}=(1-\frac{1}{a})\vec{\alpha}_1+\frac{1}{a}\vec{\alpha}_2.$$

③当 $a=b\neq 0$ 时，对矩阵$(A,\vec{\beta})$施以初等行变换，有

$$(A,\vec{\beta})\to\begin{pmatrix}1&1&-1&1\\0&a&-b&1\\0&0&a-b&0\end{pmatrix}\to\begin{pmatrix}1&0&0&1-\dfrac{1}{a}\\0&1&-1&\dfrac{1}{a}\\0&0&0&0\end{pmatrix},$$

$r(A)=r(A,\vec{\beta})=2$，方程组（*）有无穷多解，其全部解为

$$k_1=1-\frac{1}{a},\ k_2=\frac{1}{a}+c,\ k_3=c,\text{其中 } c \text{ 为任意常数}.$$

$\vec{\beta}$可由$\vec{\alpha}_1,\vec{\alpha}_2,\vec{\alpha}_3$ 线性表示，但表示式不唯一，其表示式为

$$\vec{\beta}=(1-\frac{1}{a})\vec{\alpha}_1+(\frac{1}{a}+c)\vec{\alpha}_2+c\,\vec{\alpha}_3.$$

(61) 将$(1,-1,1,-1)^T$ 代入方程组，得 $\lambda=\mu$. 对方程组的增广矩阵$\overline{A}$施以初等行变换，得

$$\overline{A}=\begin{pmatrix}1&\lambda&\lambda&1&0\\2&1&1&2&0\\3&2+\lambda&2+\lambda&4&1\end{pmatrix}\to\begin{pmatrix}1&0&-2\lambda&1-\lambda&-\lambda\\0&1&3&1&1\\0&0&2(2\lambda-1)&2\lambda-1&2\lambda-1\end{pmatrix},$$

①当 $\lambda\neq\frac{1}{2}$时，有 $\overline{A}\to\begin{pmatrix}1&0&0&1&0\\0&1&0&-\dfrac{1}{2}&-\dfrac{1}{2}\\0&0&1&\dfrac{1}{2}&\dfrac{1}{2}\end{pmatrix}$,

$r(A)=r(\overline{A})=3<4$，故方程组有无穷多解，且 $\vec{\xi}_0=(0,-\frac{1}{2},\frac{1}{2},0)^T$ 为其一个特解，对应的齐次线性方程组的基础解系为 $\vec{\eta}=(-2,1,-1,2)^T$，故方程组的全部解为

$$\vec{\xi}=\vec{\xi}_0+k\vec{\eta}=(0,-\frac{1}{2},\frac{1}{2},0)^T+k(-2,1,-1,2)^T\ (k\text{ 为任意常数}).$$

当 $\lambda=\dfrac{1}{2}$时，有 $\overline{A}\to\begin{pmatrix}1&0&-1&\frac{1}{2}&-\frac{1}{2}\\0&1&3&1&1\\0&0&0&0&0\end{pmatrix}$，

$r(A)=r(\overline{A})=2<4$，故方程组有无穷多解，且 $\vec{\xi}_0=(-\frac{1}{2},1,0,0)^T$ 为其一个特解，对应的齐次线性方程组的基础解系为 $\vec{\eta}_1=(1,-3,1,0)^T$，$\vec{\eta}_2=(-1,-2,0,2)^T$，故方程组的全部解为

$$\vec{\xi}=\vec{\xi}_0+k_1\vec{\eta}_1+k_2\vec{\eta}_2=(-\frac{1}{2},1,0,0)^T+k_1(1,-3,1,0)^T+k_2(-1,-2,0,2)^T$$

（k_1,k_2 为任意常数）.

②当 $\lambda\neq\dfrac{1}{2}$时，由于 $x_2=x_3$，即

$$-\frac{1}{2}+k=\frac{1}{2}-k,$$

解得　$k=\dfrac{1}{2}$，　故方程组的解为

$$\vec{\xi}=(1,-\frac{1}{2},\frac{1}{2},0)^T+\frac{1}{2}(-2,1,-1,2)^T=(-1,0,0,1)^T.$$

当 $\lambda=\dfrac{1}{2}$时，　由于 $x_2=x_3$，即 $1-3k_1-2k_2=k_1$，

解得　$k_1=\dfrac{1}{4}-\dfrac{1}{2}k_2$，故方程组的全部解为

$$\vec{\xi}=(-\frac{1}{2},1,0,0)^T+(\frac{1}{4}-\frac{1}{2}k_2)(1,-3,1,0)^T+k_2(-1,-2,0,2)^T$$

$$=(-\frac{1}{4},\frac{1}{4},\frac{1}{4},0)^T+k_2(-\frac{3}{2},-\frac{1}{2},-\frac{1}{2},2)^T,\quad (k_2 \text{ 为任意常数}).$$

（62）系数的矩阵为

$$A=\begin{pmatrix}1&3&2&1\\0&1&a&-a\\1&2&0&3\end{pmatrix}\to\begin{pmatrix}1&3&2&1\\0&1&a&-a\\0&-1&-2&2\end{pmatrix}\to\begin{pmatrix}1&3&2&1\\0&1&a&-a\\0&0&a-2&2-a\end{pmatrix}$$

增广矩阵为

$$B=\begin{pmatrix}1&3&2&1&1\\0&1&a&-a&-1\\1&2&0&3&3\end{pmatrix}\to\begin{pmatrix}1&3&2&1&1\\0&1&a&-a&-1\\0&-1&-2&2&2\end{pmatrix}\to\begin{pmatrix}1&3&2&1&1\\0&1&a&-a&-1\\0&0&a-2&2-a&1\end{pmatrix}$$

因方程组有解的充要条件是系数矩阵和增广矩阵有相同的秩.

故 $a\neq2$ 时，秩相同.

$R(A)=3$，故基础解系的个数为 $4-3=1$.

令 $x_4=1$，解得 $x_1=\dfrac{4a-4}{a-2}$，$x_2=\dfrac{2-2a}{a-2}$，$x_3=\dfrac{1-a}{2-a}$

故通解为 $c(\dfrac{4a-4}{a-2},\dfrac{2-2a}{a-2},\dfrac{1-a}{2-a},1)^T$，$c$ 为任意常数.

(63) 由于$|A^T| = |A| \neq 0$，故知$A^T x = B$有唯一解，且由克莱姆法则知唯一解为$x_j = \frac{D_j}{D} = \frac{D_j}{|A^T|}$，其中$D_j$是把$|A^T|$中第$j$列元素用$B$代替后所得行列式，显然$D_1 = |A^T|, D_2 = D_3 = \cdots = D_n = 0$.

故解为$x = (1, 0, \cdots, 0)^T$.

(64) 对矩阵$\bar{A} = (\vec{\beta}_1, \vec{\beta}_2, \vec{\beta}_3 \vdots \vec{\alpha}_1, \vec{\alpha}_2, \vec{\alpha}_3)$作初等行变换，有

$$\bar{A} = (\vec{\beta}_1, \vec{\beta}_2, \vec{\beta}_3 \vdots \vec{\alpha}_1, \vec{\alpha}_2, \vec{\alpha}_3) = \begin{pmatrix} 1 & -2 & -2 & \vdots & 1 & 1 & a \\ 1 & a & a & \vdots & 1 & a & 1 \\ a & 4 & a & \vdots & a & 1 & 1 \end{pmatrix}$$

$$\rightarrow \begin{pmatrix} 1 & -2 & -2 & \vdots & 1 & 1 & a \\ 0 & a+2 & a+2 & \vdots & 0 & a-1 & 0 \\ 0 & 4+2a & 3a & \vdots & 0 & 1-a & 1-a \end{pmatrix}$$

$$\rightarrow \begin{pmatrix} 1 & -2 & -2 & \vdots & 1 & 1 & a \\ 0 & a+2 & a+2 & \vdots & 0 & a-1 & 0 \\ 0 & 0 & a-4 & \vdots & 0 & 3(1-a) & 1-a \end{pmatrix},$$

当$a = -2$时，$\bar{A} \rightarrow \begin{pmatrix} 1 & -2 & -2 & \vdots & 1 & 1 & -2 \\ 0 & 0 & 0 & \vdots & 0 & -3 & 0 \\ 0 & 0 & -6 & \vdots & 0 & 3 & 3 \end{pmatrix}$，显然$\vec{\alpha}_2$不能由$\vec{\beta}_1, \vec{\beta}_2, \vec{\beta}_3$线性表示，因此$a \neq -2$；

当$a = 4$时，$\bar{A} \rightarrow \begin{pmatrix} 1 & -2 & -2 & \vdots & 1 & 1 & 4 \\ 0 & 6 & 6 & \vdots & 0 & 3 & 0 \\ 0 & 0 & 0 & \vdots & 0 & -9 & -3 \end{pmatrix}$，然而$\vec{\alpha}_2, \vec{\alpha}_3$均不能由$\vec{\beta}_1, \vec{\beta}_2, \vec{\beta}_3$线性表示，因此$a \neq 4$.

当$a \neq -2$且$a \neq 4$时，秩$r(\vec{\beta}_1, \vec{\beta}_2, \vec{\beta}_3) = 3$，此时向量组$\vec{\alpha}_1, \vec{\alpha}_2, \vec{\alpha}_3$可由向量组$\vec{\beta}_1, \vec{\beta}_2, \vec{\beta}_3$线性表示.

又$\bar{B} = (\vec{\alpha}_1, \vec{\alpha}_2, \vec{\alpha}_3 \vdots \vec{\beta}_1, \vec{\beta}_2, \vec{\beta}_3) = \begin{pmatrix} 1 & 1 & a & \vdots & 1 & -2 & -2 \\ 1 & a & 1 & \vdots & 1 & a & a \\ a & 1 & 1 & \vdots & a & 4 & a \end{pmatrix}$

$$\rightarrow \begin{pmatrix} 1 & 1 & a & \vdots & 1 & -2 & -2 \\ 0 & a-1 & 1-a & \vdots & 0 & a+2 & a+2 \\ 0 & 1-a & 1-a^2 & \vdots & 0 & 4+2a & 3a \end{pmatrix}$$

$$\rightarrow \begin{pmatrix} 1 & 1 & a & \vdots & 1 & -2 & -2 \\ 0 & a-1 & 1-a & \vdots & 0 & a+2 & a+2 \\ 0 & 0 & 2-a-a^2 & \vdots & 0 & 6+3a & 4a+2 \end{pmatrix},$$

由题设向量组$\vec{\beta}_1, \vec{\beta}_2, \vec{\beta}_3$不能由向量组$\vec{\alpha}_1, \vec{\alpha}_2, \vec{\alpha}_3$线性表示，必有$a - 1 = 0$或$2 - a - a^2 = 0$，即$a = 1$或$a = -2$.

综上所述，满足题设条件的a只能是：$a = 1$.

(65) 由题设，有

$$\begin{vmatrix}2&1&1&1\\2&1&a&a\\3&2&1&a\\4&3&2&1\end{vmatrix}=(a-1)(2a-1)=0,\text{ 得 } a=1,a=\frac{1}{2},$$

但题设 $a\neq1$，故 $a=\frac{1}{2}$.

(66) 由 $AB=O$ 知，B 的每一列均为 $Ax=0$ 的解，且 $r(A)+r(B)\leqslant3$.

①若 $k\neq9$，则 $r(B)=2$，于是 $r(A)\leqslant1$，显然 $r(A)\geqslant1$，故 $r(A)=1$. 可见此时 $Ax=0$ 的基础解系所含解向量的个数为 $3-r(A)=2$，矩阵 B 的第一、第三列线性无关，可作为其基础解系，故 $A\vec{x}=\vec{0}$ 的通解为：$\vec{x}=k_1\begin{pmatrix}1\\2\\3\end{pmatrix}+k_2\begin{pmatrix}3\\6\\k\end{pmatrix}$，$k_1,k_2$ 为任意常数.

②若 $k=9$，则 $r(B)=1$，从而 $1\leqslant r(A)\leqslant2$.

当 $r(A)=2$，则 $A\vec{x}=\vec{0}$ 的通解为：$\vec{x}=k_1\begin{pmatrix}1\\2\\3\end{pmatrix}$，$k_1$ 为任意常数.

当 $r(A)=1$，则 $A\vec{x}=\vec{0}$ 的同解方程为：$ax_1+bx_2+cx_3=0$，不妨设 $a\neq0$，则其通解为

$$\vec{x}=k_1\begin{pmatrix}-\frac{b}{a}\\1\\0\end{pmatrix}+k_2\begin{pmatrix}-\frac{c}{a}\\0\\1\end{pmatrix},k_1,k_2\text{ 为任意常数}.$$

(67) 方程组（Ⅱ）的未知量个数大于方程的个数，故方程组（Ⅱ）有无穷多解. 因为方程组（Ⅰ）与（Ⅱ）同解，所以方程组（Ⅰ）的系数矩阵的秩小于3.

对方程组（Ⅰ）的系数矩阵施以初等行变换

$$\begin{pmatrix}1&2&3\\2&3&5\\1&1&a\end{pmatrix}\to\begin{pmatrix}1&0&1\\0&1&1\\0&0&a-2\end{pmatrix},$$

从而 $a=2$. 此时，方程组（Ⅰ）的系数矩阵可化为

$$\begin{pmatrix}1&2&3\\2&3&5\\1&1&2\end{pmatrix}\to\begin{pmatrix}1&0&1\\0&1&1\\0&0&0\end{pmatrix},$$

故 $(-1,-1,1)^T$ 是方程组（Ⅰ）的一个基础解系.

将 $x_1=-1,x_2=-1,x_3=1$ 代入方程组（Ⅱ）可得

$$b=1,c=2\text{ 或 }b=0,c=1.$$

当 $b=1,c=2$ 时，对方程组（Ⅱ）的系数矩阵施以初等行变换，有

$$\begin{pmatrix}1&1&2\\2&1&3\end{pmatrix}\to\begin{pmatrix}1&0&1\\0&1&1\end{pmatrix},$$

显然此时方程组（Ⅰ）与（Ⅱ）同解.

当 $b=0,c=1$ 时，对方程组（Ⅱ）的系数矩阵施以初等行变换，有

$$\begin{pmatrix}1&0&1\\2&0&2\end{pmatrix}\to\begin{pmatrix}1&0&1\\0&0&0\end{pmatrix},$$

显然此时方程组（Ⅰ）与（Ⅱ）的解不相同.

综上所述，当 $a=2$，$b=1$，$c=2$ 时，方程组（Ⅰ）与（Ⅱ）同解.

(68) A.

记 $B=(\vec{\alpha}_1,\vec{\alpha}_2,\cdots,\vec{\alpha}_s)$，则 $(A\vec{\alpha}_1,A\vec{\alpha}_2,\cdots,A\vec{\alpha}_s)=AB$.

所以，若向量组 $\vec{\alpha}_1,\vec{\alpha}_2,\cdots,\vec{\alpha}_s$ 线性相关，则 $r(B)<s$，从而 $r(AB)\leqslant r(B)<s$，向量组 $A\vec{\alpha}_1,A\vec{\alpha}_2,\cdots,A\vec{\alpha}_s$ 也线性相关，故应选（A）.

(69) 记以 $\vec{\alpha}_1,\vec{\alpha}_2,\vec{\alpha}_3,\vec{\alpha}_4$ 为列向量的矩阵为 A，则

$$|A|=\begin{vmatrix}1+a&2&3&4\\1&2+a&3&4\\1&2&3+a&4\\1&2&3&4+a\end{vmatrix}=(10+a)a^3.$$

于是当 $|A|=0$，即 $a=0$ 或 $a=-10$ 时，$\vec{\alpha}_1,\vec{\alpha}_2,\vec{\alpha}_3,\vec{\alpha}_4$ 线性相关.

当 $a=0$ 时，显然 α_1 是一个极大线性无关组，且 $\vec{\alpha}_2=2\vec{\alpha}_1,\vec{\alpha}_3=3\vec{\alpha}_1,\vec{\alpha}_4=4\vec{\alpha}_1$；

当 $a=-10$ 时，

$$A=\begin{matrix}\alpha_1&\alpha_2&\alpha_3&\alpha_4\end{matrix}\\\begin{pmatrix}-9&2&3&4\\1&-8&3&4\\1&2&-7&4\\1&2&3&-6\end{pmatrix},$$

由于此时 A 有三阶非零行列式 $\begin{vmatrix}-9&2&3\\1&-8&3\\1&2&-7\end{vmatrix}=-400\neq0$，所以 $\vec{\alpha}_1,\vec{\alpha}_2,\vec{\alpha}_3$ 为极大线性无关组，且

$$\vec{\alpha}_1+\vec{\alpha}_2+\vec{\alpha}_3+\vec{\alpha}_4=0,\text{即 }\vec{\alpha}_4=-\vec{\alpha}_1-\vec{\alpha}_2-\vec{\alpha}_3.$$

(70) ① 设 $\vec{\alpha}_1,\vec{\alpha}_2,\vec{\alpha}_3$ 是方程组 $A\vec{x}=\vec{\beta}$ 的 3 个线性无关的解，其中

$$A=\begin{pmatrix}1&1&1&1\\4&3&5&-1\\a&1&3&b\end{pmatrix},\beta=\begin{pmatrix}-1\\-1\\1\end{pmatrix}.$$

则有 $A(\vec{\alpha}_1-\vec{\alpha}_2)=0,A(\vec{\alpha}_1-\vec{\alpha}_3)=0$.

即 $\vec{\alpha}_1-\vec{\alpha}_2,\vec{\alpha}_1-\vec{\alpha}_3$ 是对应齐次线性方程组 $A\vec{x}=\vec{0}$ 的解，且线性无关.（否则，易推出 $\vec{\alpha}_1,\vec{\alpha}_2,\vec{\alpha}_3$ 线性相关，矛盾）.

所以 $n-r(A)\geqslant2$，即 $4-r(A)\geqslant2\Rightarrow r(A)\leqslant2$.

又矩阵 A 中有一个 2 阶子式 $\begin{vmatrix}1&1\\4&3\end{vmatrix}=-1\neq0$，所以 $r(A)\leqslant2$.

因此 $r(A)=2$.

②因为

$$A=\begin{pmatrix}1&1&1&1\\4&3&5&-1\\a&1&3&b\end{pmatrix}\to\begin{pmatrix}1&1&1&1\\0&-1&1&-5\\0&1-a&3-a&b-a\end{pmatrix}\to\begin{pmatrix}1&1&1&1\\0&-1&1&-5\\0&0&4-2a&b+4a-5\end{pmatrix}$$

又 $r(A)=2$，则

$$\begin{cases}4-2a=0\\b+4a-5=0\end{cases}\Rightarrow\begin{cases}a=2\\b=-3\end{cases}.$$

对原方程组的增广矩阵 $\bar{A}$ 施行初等行变换，

$$\bar{A}=\begin{pmatrix}1&1&1&1&-1\\4&3&5&-1&-1\\2&1&3&-3&1\end{pmatrix}\to\begin{pmatrix}1&0&2&-4&2\\0&1&-1&5&-3\\0&0&0&0&0\end{pmatrix},$$

故原方程组与下面的方程组同解．

$$\begin{cases}x_1=-2x_3+4x_4+2\\x_2=x_3-5x_4-3\end{cases}.$$

选 x_3,x_4 为自由变量，则

$$\begin{cases}x_1=-2x_3+4x_4+2\\x_2=x_3-5x_4-3\\x_3=x_3\\x_4=x_4\end{cases}.$$

故所求通解为

$$\vec{x}=k_1\begin{pmatrix}-2\\1\\1\\0\end{pmatrix}+k_2\begin{pmatrix}4\\-5\\0\\1\end{pmatrix}+\begin{pmatrix}2\\-3\\0\\0\end{pmatrix}，k_1,k_2 \text{ 为任意常数}.$$

(71)（A）．

由 $(\vec{\alpha}_1-\vec{\alpha}_2)+(\vec{\alpha}_2-\vec{\alpha}_3)+(\vec{\alpha}_3-\vec{\alpha}_1)=0$ 可知应选（A）．

或者因为

$$(\vec{\alpha}_1-\vec{\alpha}_2,\vec{\alpha}_2-\vec{\alpha}_3,\vec{\alpha}_3-\vec{\alpha}_1)=(\vec{\alpha}_1,\vec{\alpha}_2,\vec{\alpha}_3)\begin{pmatrix}1&0&-1\\-1&1&0\\0&-1&1\end{pmatrix},$$

而 $\begin{vmatrix}1&0&-1\\-1&1&0\\0&-1&1\end{vmatrix}=0$，所以 $\vec{\alpha}_1-\vec{\alpha}_2,\vec{\alpha}_2-\vec{\alpha}_3,\vec{\alpha}_3-\vec{\alpha}_1$ 线性相关，故选（A）．

(72) 将方程组和方程合并后可得线性方程组

$$\begin{cases}x_1+x_2+x_3=0\\x_1+2x_2+ax_3=0\\x_1+4x_2+a^2x_3=0\\x_1+2x_2+x_3=a-1\end{cases}$$

其系数矩阵

$$\bar{A}=\begin{pmatrix}1&1&1&0\\1&2&a&0\\1&4&a^2&0\\1&2&1&a-1\end{pmatrix}\to\begin{pmatrix}1&1&1&0\\0&1&a-1&0\\0&3&a^2-1&0\\0&1&0&a-1\end{pmatrix}.$$

$$\to\begin{pmatrix}1&1&1&0\\0&1&a-1&0\\0&0&a^2-3a+2&0\\0&0&1-a&a-1\end{pmatrix}\to\begin{pmatrix}1&1&1&0\\0&1&a-1&0\\0&0&1-a&a-1\\0&0&(a-1)(a-2)&0\end{pmatrix}.$$

显然，当 $a\neq1,a\neq2$ 时无公共解．

当 $a=1$ 时，可求得公共解为 $\vec{\xi}=k(1,0,-1)^T$，k 为任意常数；

当 $a=2$ 时，可求得公共解为 $\vec{\xi}=(0,1,-1)^T$.

(73) ① 因为 $r(\alpha\alpha^T)\leqslant r(\alpha)\leqslant1$，$r(\beta\beta^T)\leqslant r(\beta)\leqslant1$，于是

$$r(A)=r(\alpha\alpha^T+\beta\beta^T)\leqslant r(\alpha\alpha^T)+r(\beta\beta^T)\leqslant2.$$

②若 $\vec{\alpha},\vec{\beta}$ 线性相关，不妨设 $\vec{\beta}=k\vec{\alpha}$，$k$ 为常数，则有

$$A=\alpha\alpha^T+\beta\beta^T=(1+k^2)\alpha\alpha^T.$$

故 $$r(A)=r(\alpha\alpha^T+\beta\beta^T)=r[(1+k^2)\alpha\alpha^T]=r(\alpha\alpha^T)\leqslant1<2.$$

(74) ① 方法 1：数学归纳法

当 $n=1$ 时， $|A|=|2a|=2a$．结论成立；

当 $n=2$ 时， $|A|=\begin{vmatrix}2a&1\\a^2&2a\end{vmatrix}=3a^2$. 结论成立；

假设结论对 $n-2$，$n-1$ 阶行列式成立，即 $|A|_{n-2}=(n-1)a^{n-2}$，$|A|_{n-1}=na^{n-1}$．

将 $|A|_n$ 按第一行展开有

$$|A|_n=2a|A|_{n-1}-a^2|A|_{n-2}=2a\cdot na^{n-1}-a^2\cdot(n-1)a^{n-2}=(n+1)a^n.$$

即结论对 n 阶行列式仍成立．因此由数学归纳原理知，对任何正整数 n，有

$$|A|=(n+1)a^n.$$

方法 2：化三角形

$$|A|=\begin{vmatrix}2a&1&0&\cdots&0&0&0\\a^2&2a&1&\cdots&0&0&0\\0&a^2&2a&\cdots&0&0&0\\\cdots&\cdots&\cdots&\cdots&\cdots&\cdots&\cdots\\0&0&0&\cdots&2a&1&0\\0&0&0&\cdots&a^2&2a&1\\0&0&0&\cdots&0&a^2&2a\end{vmatrix}_n$$

$$\xlongequal{r_2-\frac{1}{2}ar_1}\begin{vmatrix}2a & 1 & 0 & \cdots & 0 & 0 & 0\\0 & \frac{3}{2}a & 1 & \cdots & 0 & 0 & 0\\0 & a^2 & 2a & \cdots & 0 & 0 & 0\\\cdots & \cdots & \cdots & \cdots & \cdots & \cdots & \cdots\\0 & 0 & 0 & \cdots & 2a & 1 & 0\\0 & 0 & 0 & \cdots & a^2 & 2a & 1\\0 & 0 & 0 & \cdots & 0 & a^2 & 2a\end{vmatrix}_n$$

$$\xlongequal{r_3-\frac{2}{3}ar_2}\begin{vmatrix}2a & 1 & 0 & \cdots & 0 & 0 & 0\\0 & \frac{3}{2}a & 1 & \cdots & 0 & 0 & 0\\0 & 0 & \frac{4}{3}a & \cdots & 0 & 0 & 0\\\cdots & \cdots & \cdots & \cdots & \cdots & \cdots & \cdots\\0 & 0 & 0 & \cdots & 2a & 1 & 0\\0 & 0 & 0 & \cdots & a^2 & 2a & 1\\0 & 0 & 0 & \cdots & 0 & a^2 & 2a\end{vmatrix}_n$$

$$=\cdots\cdots$$

$$\xlongequal{r_n-\frac{n-1}{n}ar_{n-1}}\begin{vmatrix}2a & 1 & 0 & \cdots & 0 & 0 & 0\\0 & \frac{3}{2}a & 1 & \cdots & 0 & 0 & 0\\0 & 0 & \frac{4}{3}a & \cdots & 0 & 0 & 0\\\cdots & \cdots & \cdots & \cdots & \cdots & \cdots & \cdots\\0 & 0 & 0 & \cdots & \frac{n-1}{n-2}a & 1 & 0\\0 & 0 & 0 & \cdots & 0 & \frac{n}{n-1}a & 1\\0 & 0 & 0 & \cdots & 0 & 0 & \frac{n+1}{n}a\end{vmatrix}_n$$

$$=(n+1)a^n.$$

②当 $|A|=(n+1)a^n\neq 0$，即 $a\neq 0$ 时，由克莱姆法则得 $x_1=\frac{D_1}{|A|}$，其中

$$D_1=\begin{vmatrix}1 & 1 & 0 & & & \\0 & 2a & 1 & & & \\0 & a^2 & 2a & & & \\ & & & \ddots & & \\ & & & & 2a & 1\\ & & & & a^2 & 2a\end{vmatrix}_{n\times n}=|A|_{n-1}=na^{n-1},$$

故 $$x_1=\frac{n}{(n+1)a}.$$

③当 $(n+1)a^n=0$，即 $a=0$ 时，方程组有无穷多解，此时增广矩阵为

$$\bar{A}=(A,b)=\left(\begin{array}{cccccc|c}0&1&0&\cdots&0&0&1\\0&0&1&\cdots&0&0&0\\0&0&0&\cdots&0&0&0\\\cdots&\cdots&\cdots&\ddots&\cdots&\cdots&\cdots\\0&0&0&\cdots&0&1&0\\0&0&0&\cdots&0&0&0\end{array}\right).$$

易得特解为 $\begin{pmatrix}0\\1\\0\\\vdots\\0\end{pmatrix}$，

对应的齐次方程组的基础解系只有一个解向量，且可取为 $\begin{pmatrix}1\\0\\0\\\vdots\\0\end{pmatrix}$，

故 $A\vec{x}=\vec{b}$ 的通解为：$\vec{x}=\begin{pmatrix}0\\1\\0\\\vdots\\0\end{pmatrix}+k\begin{pmatrix}1\\0\\0\\\vdots\\0\end{pmatrix}$，$k$ 为任意常数．

(75) 方法1：①解方程 $A\vec{\xi}_2=\vec{\xi}_1$，

$$(A\mid\xi_1)=\left(\begin{array}{ccc|c}1&-1&-1&-1\\-1&-1&1&1\\0&-4&-2&-2\end{array}\right)\to\left(\begin{array}{ccc|c}1&-1&-1&-1\\0&0&0&0\\0&2&1&1\end{array}\right)\to\left(\begin{array}{ccc|c}1&1&0&0\\0&2&1&1\\0&0&0&0\end{array}\right)$$

由于秩 $r(A)=r(\bar{A})=2$，取 x_2 为自由未知量，

由 $x_2=0$ 得特解为 $\vec{\eta}^*=\begin{pmatrix}0\\0\\1\end{pmatrix}$．

取 $x_2=1$ 得对应齐次方程组的基础解系为 $\vec{\eta}=\begin{pmatrix}-1\\1\\-2\end{pmatrix}$，

故所求 $\vec{\xi}_2=k_1\vec{\eta}+\vec{\eta}^*=k_1\begin{pmatrix}-1\\1\\2\end{pmatrix}+\begin{pmatrix}0\\0\\1\end{pmatrix}$，其中 k_1 为任意常数．

$$A^2=\begin{pmatrix}2&2&0\\-2&-2&0\\4&4&0\end{pmatrix},$$

$$(A^2\mid\xi_1)=\left(\begin{array}{ccc|c}2&2&0&-1\\-2&-2&0&1\\4&4&0&-2\end{array}\right)\to\left(\begin{array}{ccc|c}1&1&0&-\frac{1}{2}\\0&0&0&0\\0&0&0&0\end{array}\right)$$

解得 $\vec{\xi}_3=k_2\begin{pmatrix}-1\\1\\0\end{pmatrix}+k_3\begin{pmatrix}0\\0\\1\end{pmatrix}+\begin{pmatrix}-\frac{1}{2}\\0\\0\end{pmatrix}$，其中 k_2，k_3 为任意常数．

②由①知 $|\xi_1,\xi_2,\xi_3|=\begin{vmatrix}-1&k_1&-k_2-\frac{1}{2}\\1&-k_1&k_2\\-2&2k_1+1&k_3\end{vmatrix}=-\frac{1}{2}\neq0$，

所以 $\vec{\xi}_1,\vec{\xi}_2,\vec{\xi}_3$ 线性无关．

方法 2：①解方程 $A\xi_2=\xi_1$，

$$(A\mid\xi_1)=\left(\begin{array}{ccc|c}1&-1&-1&-1\\-1&-1&1&1\\0&-4&-2&-2\end{array}\right)\to\left(\begin{array}{ccc|c}1&-1&-1&-1\\0&0&0&0\\0&2&1&1\end{array}\right)$$

$$\to\left(\begin{array}{ccc|c}1&0&-\frac{1}{2}&-\frac{1}{2}\\0&1&\frac{1}{2}&\frac{1}{2}\\0&0&0&0\end{array}\right)$$

由于秩 $r(A)=r(\bar{A})=2$，取 x_3 自由未知量，

由 $x_3=0$ 得特解为 $\vec{\eta}^*=\begin{pmatrix}-\frac{1}{2}\\\frac{1}{2}\\0\end{pmatrix}$，

取 $x_3=1$ 得对应齐次方程组的基础解系为 $\vec{\eta}^*=\begin{pmatrix}\frac{1}{2}\\-\frac{1}{2}\\1\end{pmatrix}$，

故所求 $\vec{\xi}_2=k_1\vec{\eta}+\vec{\eta}^*=k_1\begin{pmatrix}\frac{1}{2}\\-\frac{1}{2}\\1\end{pmatrix}+\begin{pmatrix}-\frac{1}{2}\\\frac{1}{2}\\0\end{pmatrix}=\begin{pmatrix}\frac{-1+k_1}{2}\\\frac{1-k_1}{2}\\k_1\end{pmatrix}$，其中 k_1 为任意常数．

$$A^2=\begin{pmatrix}2&2&0\\-2&-2&0\\4&4&0\end{pmatrix},$$

$$(A^2\mid\xi_1)=\left(\begin{array}{ccc|c}2&2&0&-1\\-2&-2&0&1\\4&4&0&-2\end{array}\right)\to\left(\begin{array}{ccc|c}1&1&0&-\frac{1}{2}\\0&0&0&0\\0&0&0&0\end{array}\right)$$

解得 $\vec{\xi}_3=k_2\begin{pmatrix}-1\\1\\0\end{pmatrix}+k_3\begin{pmatrix}0\\0\\1\end{pmatrix}+\begin{pmatrix}-\frac{1}{2}\\0\\0\end{pmatrix}=\begin{pmatrix}-\frac{1}{2}-k_2\\k_2\\k_3\end{pmatrix}$,

其中 k_2, k_3 为任意常数.

②设存在数 k_1, k_2, k_3 使得 $k_1\vec{\xi}_1+k_2\vec{\xi}_2+k_3\vec{\xi}_3=0$ （Ⅰ）

由题设可得 $A\vec{\xi}_1=\vec{0}$,

（Ⅰ）式两端左乘 A 得 $k_2A\vec{\xi}_2+k_3A\vec{\xi}_3=0$, 即 $k_2\vec{\xi}_1+k_3A\vec{\xi}_3=0$ （Ⅱ）

（Ⅱ）式两端左乘 A 得 $k_3A^2\vec{\xi}_3=0$, 即 $k_3\vec{\xi}_3=0$, 于是 $k_3=0$,

将 $k_3=0$ 代入（Ⅱ）式得 $k_2\vec{\xi}_1=0$, 故 $k_2=0$, 将 $k_2=k_3=0$ 代入（Ⅰ）式得 $k_1=0$, 从而 $\vec{\xi}_1$, $\vec{\xi}_2$, $\vec{\xi}_3$线性无关.

(76)（A）.

因向量组Ⅰ能由向量组Ⅱ线性表示，所以 $r(\text{Ⅰ})\leqslant r(\text{Ⅱ})$, 即

$$r(\vec{\alpha}_1,\vec{\alpha}_2,\cdots,\vec{\alpha}_r)\leqslant r(\vec{\beta}_1,\vec{\beta}_2,\cdots,\vec{\beta}_s)\leqslant s,$$

而向量组Ⅰ线性无关，于是 $r(\vec{\alpha}_1,\vec{\alpha}_2,\cdots,\vec{\alpha}_r)=r$,所以 $r\leqslant s$. 选（A）.

(77)（Ⅰ）方法1：

$$\overline{A}=\left(\begin{array}{ccc|c}\lambda&1&1&a\\0&\lambda-1&0&1\\1&1&\lambda&1\end{array}\right)\to\left(\begin{array}{ccc|c}1&1&\lambda&1\\0&\lambda-1&0&1\\0&0&1-\lambda^2&a-\lambda+1\end{array}\right).$$

由线性方程组 $A\vec{x}=\vec{b}$ 存在2个不同解，得 $\lambda=-1$, $a=-2$.

方法2：①由线性方程组 $A\vec{x}=\vec{b}$ 有2个不同的解，知 $r(A)=r(A,b)<3$，因此方程组的系数行列式

$$|A|=\begin{vmatrix}\lambda&1&1\\0&\lambda-1&0\\1&1&\lambda\end{vmatrix}=(\lambda-1)^2(\lambda+1)=0,$$

得 $\lambda=1$ 或 -1；而当 $\lambda=1$ 时，$r(A)=1\neq r(A,b)=2$，此时，$A\vec{x}=\vec{b}$无解，所以 $\lambda=-1$.

由 $r(A)=r(A,b)$ 得 $a=-2$.

②当 $\lambda=-1$, $a=-2$ 时，

$$\overline{A}\to\left(\begin{array}{ccc|c}1&1&-1&1\\0&-2&0&1\\0&0&0&0\end{array}\right)\to\left(\begin{array}{ccc|c}1&0&-1&\frac{3}{2}\\0&1&0&-\frac{1}{2}\\0&0&0&0\end{array}\right),$$

故方程组 $A\vec{x}=\vec{b}$ 的通解：$\vec{x}=\frac{1}{2}\begin{pmatrix}3\\-1\\0\end{pmatrix}+k\begin{pmatrix}1\\0\\1\end{pmatrix}$，$k$ 为任意常数.

（78）因为$(1,0,1,0)^T$为方程组 $A\vec{x}=\vec{0}$ 的一个基础解系，故 $rank(A)=3$，$rank(A^*)=1$. 于是 $A^*x=0$ 的基础解系含线性无关向量个数为3.

又$(1,0,1,0)^T$为 $Ax=0$ 的解，从而 $\vec{\alpha}_1+\vec{\alpha}_3=0$.

由 $A^*A=|A|E=0$ 得：$\vec{\alpha}_1,\vec{\alpha}_2,\vec{\alpha}_3,\vec{\alpha}_4$ 均为 $A^*\vec{x}=\vec{0}$ 的解.

故 $\vec{\alpha}_2,\vec{\alpha}_3,\vec{\alpha}_4$ 可作为 $A^*\vec{x}=\vec{0}$ 的基础解系. 因此应选（D）.

（79）①易知向量组 $\vec{\alpha}_1,\vec{\alpha}_2,\vec{\alpha}_3$ 线性无关，又向量组 $\vec{\alpha}_1,\vec{\alpha}_2,\vec{\alpha}_3$ 不能由向量组 $\vec{\beta}_1,\vec{\beta}_2,\vec{\beta}_3$ 线性表示，故 $\vec{\beta}_1,\vec{\beta}_2,\vec{\beta}_3$ 线性相关（否则，$\vec{\alpha}_1,\vec{\alpha}_2,\vec{\alpha}_3$ 均可由向量组 $\vec{\beta}_1,\vec{\beta}_2,\vec{\beta}_3$ 线性表示）. 于是，行列式 $|\vec{\beta}_1,\vec{\beta}_2,\vec{\beta}_3|=0$，即 $\begin{vmatrix}1&1&1\\1&2&4\\1&3&a\end{vmatrix}=0$，解之得：$a=5$.

②对矩阵 $A=(\vec{\alpha}_1,\vec{\alpha}_2,\vec{\alpha}_3,\vec{\beta}_1,\vec{\beta}_2,\vec{\beta}_3)$ 作初等行变换得

$$A=\left(\begin{array}{ccc|ccc}1&0&1&1&1&3\\0&1&3&1&2&4\\1&1&5&1&3&5\end{array}\right)\to\left(\begin{array}{ccc|ccc}1&0&1&1&1&3\\0&1&3&1&2&4\\0&1&4&0&2&2\end{array}\right)$$

$$\to\left(\begin{array}{ccc|ccc}1&0&1&1&1&3\\0&1&3&1&2&4\\0&0&1&-1&0&-2\end{array}\right)\to\left(\begin{array}{ccc|ccc}1&0&0&2&1&5\\0&1&0&4&2&10\\0&0&1&-1&0&-2\end{array}\right)$$

故 $\vec{\beta}_1=2\vec{\alpha}_1+4\vec{\alpha}_2-\vec{\alpha}_3,\vec{\beta}_2=\vec{\alpha}_1+2\vec{\alpha}_2,\vec{\beta}_3=5\vec{\alpha}_1+10\vec{\alpha}_2-2\vec{\alpha}_3$.

（80）由已知条件知：$\vec{\eta}_3-\vec{\eta}_1,\vec{\eta}_3-\vec{\eta}_2$ 为对应齐次线性方程组 $A\vec{x}=\vec{0}$ 的2个线性无关的解，又 $\frac{\vec{\eta}_2+\vec{\eta}_3}{2}$ 为 $A\vec{x}=\vec{\beta}$ 的一个解. 因此应选（C）.

九、练习三

1. 证明：若 $\vec{x}_0$ 是 $A\vec{x}=\vec{b}$ 的一个特解，$\vec{x}_1,\cdots,\vec{x}_p$ 是 $A\vec{x}=\vec{0}$ 的基础解系，则 $\vec{x}_0,\vec{x}_0+\vec{x}_1,\cdots,\vec{x}_0+\vec{x}_p$ 线性无关，且 $A\vec{x}=\vec{b}$ 的任一个解可表示为 $\vec{x}=k_0\vec{x}_0+\sum_{i=1}^{p}k_i(\vec{x}_0+\vec{x}_i)$，其中 $k_0+k_1+\cdots+k_p=1$.

2. A 中的某元素的代数余子式 $A_{ij}\neq0$，证明：$\vec{x}=(A_{j1},A_{j2},\cdots,A_{jn})^T$ 是该方程组的一个基础解系.

3. 设4阶方阵 $A=(\vec{\alpha}_1,\vec{\alpha}_2,\vec{\alpha}_3,\vec{\alpha}_4)$，$\vec{\alpha}_i$ 均为4维列向量，其中 $\vec{\alpha}_2,\vec{\alpha}_3,\vec{\alpha}_4$ 线性无关，且 $\vec{\alpha}_1=2\vec{\alpha}_2-4\vec{\alpha}_4$，如果 $\vec{b}=\vec{\alpha}_1+2\vec{\alpha}_2+3\vec{\alpha}_3+4\vec{\alpha}_4$，求线性方程组 $A\vec{x}=\vec{b}$ 的通解.

4. 试证：向量组 $\vec{a}_1,\vec{a}_2,\cdots,\vec{a}_r$ 线性无关的充要条件是向量组 $\vec{a}_1,\vec{a}_1+\vec{a}_2,\cdots,\vec{a}_1+\vec{a}_2+\cdots+\vec{a}_r$

线性无关.

5. 设向量组Ⅰ：$\vec{\alpha}_1,\vec{\alpha}_2,\cdots,\vec{\alpha}_m$ 的秩为 $r(r>1)$，证明：向量组Ⅱ：

$$\vec{\beta}_1=\vec{\alpha}_2+\vec{\alpha}_3+\cdots+\vec{\alpha}_m,\vec{\beta}_2=\vec{\alpha}_1+\vec{\alpha}_3+\cdots+\vec{\alpha}_m,\vec{\beta}_m=\vec{\alpha}_1+\vec{\alpha}_2+\cdots+\vec{\alpha}_{m-1}$$

的秩也为 r.

6. 设 A 是 $n\times n$ 矩阵，证明：存在一个 $n\times n$ 非零矩阵 B，使 $AB=0$ 的充分必要条件是 $|A|=0$.

7. 证明 $rank(A+B)\leqslant rankA+rankB$.

8. 设 A,B 为 $n\times n$ 矩阵，证明：如果 $AB=0$，那么 $rankA+rankB\leqslant n$.

9. 方程组（Ⅰ）：$\begin{cases}a_{11}x_1+a_{12}x_2+\cdots+a_{1n}x_n=b_1\\a_{21}x_1+a_{22}x_2+\cdots+a_{2n}x_n=b_2\\\cdots\cdots\cdots\cdots\cdots\cdots\cdots\cdots\\a_{m1}x_1+a_{m2}x_2+\cdots+a_{mn}x_n=b_m\end{cases}$

有解的充要条件是齐次线性方程组（Ⅱ）：

$$\begin{cases}a_{11}y_1+a_{21}y_2+\cdots+a_{m1}y_m=0\\a_{12}y_1+a_{22}y_2+\cdots+a_{m2}y_m=0\\\cdots\cdots\cdots\cdots\cdots\cdots\cdots\cdots\\a_{1n}y_1+a_{2n}y_2+\cdots+a_{mn}y_m=0\end{cases}$$

的每组解 $c_1,c_2,\cdots,c_m$ 都适合 $\sum\limits_{j=1}^{n}c_ib_i=0$.

10. 求向量组 $\vec{\alpha}_1=(1,-1,2,2,0)$，$\vec{\alpha}_2=(2,-2,4,-2,0)$，$\vec{\alpha}_3=(3,0,6,-1,1)$，$\vec{\alpha}_4=(0,3,0,0,1)$ 的一个极大无关组，并把每个向量都用极大无关组表示出来.

11. λ 取何值时下面方程组有解？并求其解.

$$\begin{cases}\lambda x_1+x_2+x_3=1\\x_1+\lambda x_2+x_3=\lambda\\x_1+x_2+\lambda x_3=\lambda^2\end{cases}$$

12. 设 A，B 分别为 $m\times n$ 与 $m\times s$ 矩阵，而 X 为 $n\times s$ 未知矩阵，证明：矩阵方程 $AX=B$ 有解的充要条件是 $r(A)=r(A,B)$.

又当 $r(A)=r(A,B)=r=n$ 时，$AX=B$ 有唯一解；当 $r<n$ 时，$AX=B$ 有无穷多解.

13. 问向量 $\vec{\beta}=(2,3,-1)$ 是否为向量组 $\vec{\alpha}_1=(1,-1,2)$，$\vec{\alpha}_2=(-1,2,-3)$，$\vec{\alpha}_3=(2,-3,5)$ 的线性组合？如果是，求其组合系数.

14. 证明：向量组 $\vec{\alpha}_1,\vec{\alpha}_2,\cdots,\vec{\alpha}_n$（其中 $\vec{\alpha}_1\neq0$）线性相关的充分必要条件是，至少有一个 $\alpha_i(1<i\leqslant s)$ 可由其前面的向量 $\vec{\alpha}_1,\vec{\alpha}_2,\cdots,\vec{\alpha}_{i-1}$ 线性表示.

15. 证明：向量组 $\vec{\alpha}_1,\vec{\alpha}_2,\cdots,\vec{\alpha}_r$ (1)

与向量组 $\vec{\alpha}_1,\vec{\alpha}_2,\cdots,\vec{\alpha}_r,\vec{\alpha}_{r+1},\cdots,\vec{\alpha}_s$ (2)

有相同的秩的充分必要条件是每个 $\vec{\alpha}_i(i=r+1,\cdots,s)$ 都可由组 (1) 线性表示.

16. 设两组向量① $\vec{\alpha}_1,\vec{\alpha}_2,\cdots,\vec{\alpha}_l$；② $\vec{\beta}_1,\vec{\beta}_2,\cdots,\vec{\beta}_m$,

证明：（1）如果组①可由组②线性表示，则组①的秩不超过组②的秩；

（2）如果组①与组②等价，则组① 与组②的秩相等.

17. 给定 R^4 内向量组 $\vec{\alpha}_1=(1,1,4,2)$，$\vec{\alpha}_2=(1,-1,-2,4)$，$\vec{\alpha}_3=(0,2,6,-2)$，$\vec{\alpha}_4=(-3,-1,3,4)$，$\vec{\alpha}_5=(-1,0,-4,-7)$，$\vec{\alpha}_6=(-2,1,7,1)$，求它的一个极大线性无关组.

十、练习三解答

1. 略.

2. 略.

3. $x=k\begin{bmatrix}1\\-2\\0\\4\end{bmatrix}+\begin{bmatrix}1\\2\\3\\4\end{bmatrix}$，（$k$ 为任意常数）.

4. 略.

5. 略.

6. 略.

7. 略.

8. 略.

9. 略.

10. $\vec{\alpha}_1,\vec{\alpha}_2,\vec{\alpha}_3$；$\vec{\alpha}_4=-\vec{\alpha}_1-\vec{\alpha}_2+\vec{\alpha}_3$.

11. ①当 $\lambda\neq1$ 且 $\lambda\neq-2$ 时，$x_1=\dfrac{-\lambda-1}{\lambda+2},x_2=\dfrac{1}{\lambda+2},x_3=\dfrac{(\lambda+1)^2}{\lambda+2}$；

②当 $\lambda=1$ 时，$r(A)=r(\bar{A})=1<3$，原方程组有无穷多解，$x_1=1-x_2-x_3$（x_2,x_3 为任意数）；

③当 $\lambda=-2$ 时，$r(A)=2,r(\bar{A})=3$，故此时方程组无解.

12. 略.

13. 向量 β 是向量组 $\vec{\alpha}_1,\vec{\alpha}_2,\vec{\alpha}_3$ 的线性组合；$x_1=7-c,x_2=5+c,x_3=c$（c 为任意常数）是全部的组合系数.

14. 略.

15. 略.

16. 略.

17. $\vec{\alpha}_1,\vec{\alpha}_2,\vec{\alpha}_3,\vec{\alpha}_4,\vec{\alpha}_5,\vec{\alpha}_6$ 的一个极大线性无关部分组是 $\vec{\alpha}_1,\vec{\alpha}_2\ \vec{\alpha}_4$.

第四章

相似矩阵与二次型

一、内容小结

本章的核心内容是方阵相似对角化问题．具体要求包括：了解内积的概念，理解标准正交基、正交矩阵的概念，掌握线性无关向量组正交规范化的施密特（Schmidt）方法；理解矩阵的特征值、特征向量的概念，掌握求矩阵特征值和特征向量的方法；理解矩阵相似的概念，掌握相似矩阵的性质及矩阵可相似对角化的充分必要条件，掌握将矩阵化为相似对角矩阵的方法；熟悉实对称矩阵的特征值和特征向量的性质；了解二次型及其秩的概念，会用矩阵形式表示二次型，了解惯性定理；会用正交变换和配方法化二次型为标准形；理解正定二次型、正定矩阵的概念，并掌握其判别方法．

二、知识框架

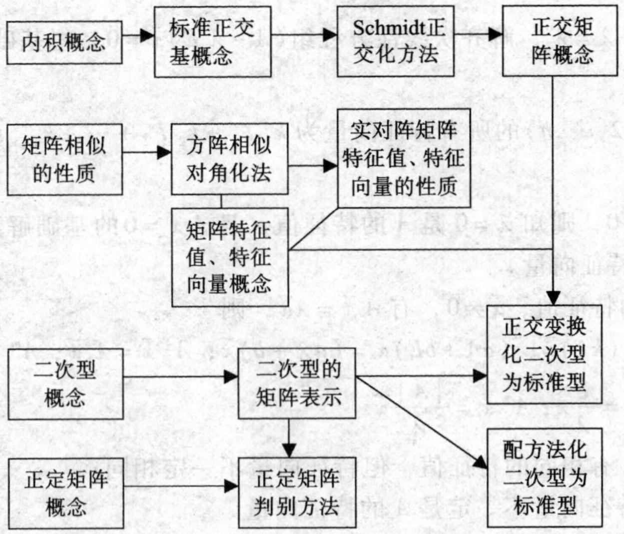

三、知识要点与典型例题

（一）知识要点

1. 方阵的特征值与特征向量的概念、性质及求法

（1）设 A 是 n 阶方阵，如果存在数 λ 和 n 维非零向量 $\vec{x}$，使

$$A\vec{x}=\lambda\vec{x}$$

成立，则称数 λ 为方阵 A 的特征值，称 $\vec{x}$ 为 A 的属于特征值 λ 的特征向量；

$A\vec{x}=\lambda\vec{x}$ 等价于 $(\lambda E-A)\vec{x}=\vec{0}$.

称矩阵 $\lambda E-A$ 为 A 的特征矩阵，行列式 $f_A(\lambda)=|\lambda E-A|$ 为 A 的特征多项式．由于 $(\lambda E-A)\vec{x}=\vec{0}$ 存在非零解的充分必要条件为 $|\lambda E-A|=0$，所以 $|\lambda E-A|=0$ 为 A 的特征方程，它的根就是 A 的特征值（根）．

（2）特征值的性质．

①若 $\vec{x}_1,\vec{x}_2$ 均为 A 的属于特征值 λ 的特征向量，则 $\vec{x}_1,\vec{x}_2$ 的线性组合 $k_1\vec{x}_1+k_2\vec{x}_2(\neq\vec{0})$ 仍是属于特征值 λ 的特征向量；

②若 $\vec{x}\neq\vec{0}$ 使 $A\vec{x}=\lambda\vec{x}$，则对于常数 $k(k\neq0)$ 有 $A(k\vec{x})=\lambda(k\vec{x})$；

③矩阵 A 的所有特征值的和等于矩阵主对角线上元素的和，所有特征值的乘积等于矩阵 A 的行列式的值，即

$\lambda_1+\lambda_2+\cdots+\lambda_n=a_{11}+a_{22}+\cdots+a_{nn}$（矩阵的迹），$\lambda_1\lambda_2\cdots\lambda_n=|A|$；

④若 $\lambda_1\neq\lambda_2$ 是 A 的两个不同的特征值，$\vec{\alpha}_i\neq 0(i=1,2)$ 使 $A\vec{\alpha}_i=\lambda_i\vec{\alpha}_i$，则 $\vec{\alpha}_1,\vec{\alpha}_2$ 线性无关，且 $\vec{\alpha}_1+\vec{\alpha}_2$ 不是 A 的特征向量.

（3）求方阵 A 特征值与特征向量的步骤.

①解特征方程 $|A-\lambda E|=0$，得特征值 λ_1，λ_2，…，λ_n；

②对每个特征值 $\lambda=\lambda_i$，解齐次线性方程组 $(A-\lambda_iE)\vec{x}=\vec{0}$，得基础解系 $\vec{\xi}_1,\vec{\xi}_2,\cdots,\vec{\xi}_{n-r_i}$，$r_i=r(A-\lambda_iE)$；

③属于 $\lambda_i(i=1,2,\cdots,n)$ 的所有特征向量为 $k_1\vec{\xi}_1+k_2\vec{\xi}_2+\cdots+k_{n-r_i}\vec{\xi}_{n-r_i}$，其中 $k_1,k_2,\cdots,k_{n-r_i}$ 不全为零.

特别：若 $|A|=0$，则知 $\lambda=0$ 是 A 的特征值，且 $A\vec{x}=\vec{0}$ 的基础解系就是 A 的属于特征值 $\lambda=0$ 的线性无关特征向量.

（4）若 λ 是 A 的特征值，$\vec{x}\neq\vec{0}$，有 $A\vec{x}=\lambda\vec{x}$，则

$$(kA)\vec{x}=(k\lambda)\vec{x};\ (aA+bE)\vec{x}=(a\lambda+b)\vec{x};\ A^2\vec{x}=\lambda^2\vec{x};\ A^m\vec{x}=\lambda^m\vec{x};$$

A 可逆时，$A^{-1}\vec{x}=\dfrac{1}{\lambda}\vec{x}$；$A^*\vec{x}=\dfrac{|A|}{\lambda}\vec{x}$.

注意：①A^T 与 A 有相同的特征值，但特征向量不一定相同；

②A^m 的特征向量不一定是 A 的特征向量.

2. 相似变换的概念及性质

（1）对于 n 阶方阵 A，B，若存在可逆方阵 P，使 $P^{-1}AP=B$，则称为由 A 到 B 的相似变换，B 是 A 的相似矩阵，也称矩阵 A 与 B 相似.

（2）若矩阵 $A=(a_{ij})_{n\times n}$ 与 $B=(b_{ij})_{n\times n}$ 相似，则

①A^T 与 B^T 相似；

②A^{-1} 与 B^{-1} 相似（若 A，B 均可逆时）；

③A^k 与 B^k 相似（k 为正整数）；

④$\lambda E-A$ 与 $\lambda E-B$ 相似，$|\lambda E-A|=|\lambda E-B|$ $(f_A(\lambda)=f_B(\lambda))$，从而 A 与 B 有相同的特征值；

⑤$f(x)=a_0x^m+a_1x^{m-1}+\cdots+a_{m-1}x+a_m$，则 $f(A)$ 与 $f(B)$ 相似，$|f(A)|=|f(B)|$；

⑥$r(A)=r(B)$；

⑦$a_{11}+a_{22}+\cdots+a_{nn}=b_{11}+b_{22}+\cdots+b_{nn}$；

⑧$|A|=|B|$，从而 A 与 B 同时可逆或同时不可逆；

⑨一般地，若 $|\lambda E-A|=|\lambda E-B|$ 时，A 与 B 未必相似.

（3）若 $B_1=P^{-1}A_1P$，$B_2=P^{-1}A_2P$，则 A_1+A_2 与 B_1+B_2 相似，A_1A_2 与 B_1B_2 相似. 此时 $B_1B_2=B_2B_1\Leftrightarrow A_1A_2=A_2A_1$.

3. 方阵可相似对角化的条件

（1）定义：若 n 阶方阵 A 与对角阵 Λ 相似，则称 A 可以相似对角化，并称 Λ 为 A 的相似标准形.

（2）n 阶方阵 A 可对角化的充分必要条件是：A 有 n 个线性无关的特征向量.

（3）n 阶方阵 A 可对角化的充分必要条件是：对于任意的 k_i 重特征值 λ_i，有 $r(A-\lambda_iE)$

$=n-k_i$.

(4) 若 n 阶方阵 A 有 n 个不同的特征值，则 A 与对角阵相似.

4. 方阵相似对角化的方法

设 $\vec{p}_1$，$\vec{p}_2$，…，$\vec{p}_n$ 是 A 的分别属于特征值 $\lambda_1,\lambda_2,\cdots,\lambda_n$ 的 n 个线性无关特征向量，令 $P=(\vec{p}_1,\vec{p}_2,\cdots,\vec{p}_n)$，则

$$P^{-1}AP=\Lambda=\begin{pmatrix}\lambda_1 & & & \\ & \lambda_2 & & \\ & & \ddots & \\ & & & \lambda_n\end{pmatrix}.$$

5. 实对称矩阵的特征值与特征向量的性质

(1) 设 A 为 n 阶实方阵，若 $A=A^T$，称 A 为 n 阶实对称阵.

(2) 实对称阵 A 的特征值必为实数，且 A 的特征向量为实向量.

(3) 实对称阵 A 不同的特征值对应的特征向量不仅线性无关且必定正交.

(4) 若 λ_0 是 n 阶实对称阵 A 的 n_0 重特征值，则 $r(\lambda_0E-A)=n-n_0$，即：A 有与 λ_0 对应的 n_0 个线性无关的特征向量.

(5) n 阶实对称阵 A 一定有 n 个线性无关的特征向量，从而，A 必相似于对角阵，且存在正交矩阵 P，使

$$P^{-1}AP=P^TAP=diag\{\lambda_1,\lambda_2,\cdots,\lambda_n\},$$

其中 λ_1，λ_2，…，λ_n 为 A 的特征值.

①当 n 阶实对称阵 A 有 n 个不同的特征值 λ_1，λ_2，…，λ_n 时，则对应的特征向量 $\vec{\alpha}_1$，$\vec{\alpha}_2$，…，$\vec{\alpha}_n$ 两两正交，将其单位化得：

$$\vec{\beta}_1=\frac{\vec{\alpha}_1}{|\vec{\alpha}_1|},\vec{\beta}_2=\frac{\vec{\alpha}_2}{|\vec{\alpha}_2|},\cdots,\vec{\beta}_n=\frac{\vec{\alpha}_n}{|\vec{\alpha}_n|},$$

此时，令 $P=(\vec{\beta}_1,\vec{\beta}_2,\cdots,\vec{\beta}_n)$，则 P 为正交矩阵，使：

$$P^{-1}AP=P^TAP=diag\{\lambda_1,\lambda_2,\cdots,\lambda_n\}.$$

②当 A 的特征值有重根 λ_i 时，需要先将重根对应的特征向量正交化，再单位化，则由所有特征值对应的单位正交化的特征向量可构造得所求正交矩阵 P.

6. 实对称矩阵的相似对角化

(1) 实对称矩阵必与对角阵相似.

(2) 设 A 为 n 阶实对称矩阵，则必存在正交矩阵 P，使 $P^{-1}AP=P^TAP=\Lambda$，其中 Λ 是以 A 的 n 个特征值为对角元素的对角阵.

(3) 用正交矩阵将实对称矩阵相似对角化的方法.

①解特征方程 $|A-\lambda E|=0$，得 A 互不相同的特征值 λ_1，λ_2，…，λ_s，其中 λ_i 是 n_i 重特征值，$n_1+n_2+\cdots+n_s=n$；

②对于 n_i 重特征值 $\lambda=\lambda_i$，有 $r(A-\lambda_iE)=n-n_i$，解齐次线性方程组 $(A-\lambda_iE)\vec{x}=\vec{0}$，可得基础解系 $\vec{\xi}_{i1},\vec{\xi}_{i2},\cdots,\vec{\xi}_{in_i}$，将其正交化、单位化得：

$$\vec{p}_{i1},\vec{p}_{i2},\cdots,\vec{p}_{in_i};$$

③令 $P=(\vec{p}_1,\ \vec{p}_2,\ \cdots,\ \vec{p}_n)$，则 P 是正交阵，使得 $P^{-1}AP=P^TAP=\Lambda$ 为对角阵，其中 Λ 是以 A 的 n 个特征值为对角元素的对角阵．

7. 化二次型为标准形

（1）合同变换．

设 $\vec{x}=(x_1,x_2,\cdots,x_n)^T,\vec{y}=(y_1,y_2,\cdots,y_n)^T$，$C=(c_{ij})_{n\times n}$ 为 n 阶可逆矩阵，则可逆线性变换 $\vec{x}=C\vec{y}(|C|\neq 0)$ 称为合同变换．

设 A、B 均为 n 阶实对称矩阵，C 为 n 阶可逆（满秩）矩阵，若：$C^TAC=B$，称矩阵 A 与 B 合同．从 A 到 C^TAC 称为对 A 进行合同变换，C 为合同变换矩阵．

①合同的矩阵秩相等，但行列式不一定相等；

②两方阵相似不一定合同，合同也不一定相似；

③两实对称矩阵相似必合同，合同必等价．

（2）二次型的标准形．

二次型 $f(x_1,\cdots,x_n)=\vec{x}^TA\vec{x}$ 经过合同变换 $x=Cy$ 化为：

$$f=\vec{x}^TA\vec{x}=(C\vec{y})^TA(C\vec{y})=\vec{y}^T(C^TAC)\vec{y}=\sum_{i=1}^{r}d_iy_i^2,(r=r(A)\leqslant n),$$

若 C^TAC 为对角阵，则称为是 f 的标准形．

二次型的标准形不是唯一的，与所作的合同变换有关，但系数不为零的平方项的个数由 $r=r(A)$ 唯一确定．

化二次型为标准形的方法有：配方法、正交变换法．

（3）惯性定理．

任一实二次型 f 都可经过合同变换化为规范形：

$$f=z_1^2+z_2^2+\cdots+z_p^2-z_{p+1}^2-\cdots-z_{p+q}^2.$$

其中 $p+q=r=r(A)$，p 为正惯性指数，q 为负惯性指数，且规范形唯一．

结论：

①任一实对称矩阵合同于一个对角阵．

②实对称矩阵 A、B 合同的充分必要条件是二次型 $\vec{x}^TA\vec{x}$ 和 $\vec{x}^TB\vec{x}$ 有相同的正、负惯性指数．

8. 用正交变换法化二次型为标准形

二次型 $f(x_1,\cdots,x_n)=\vec{x}^TA\vec{x}$ 经过正交变换 $\vec{x}=P\vec{y}$（P 为正交阵）化为：$f=\vec{x}^TA\vec{x}=\vec{y}^T(P^TAP)\vec{y}=\sum\limits_{i=1}^{n}\lambda_iy_i^2$，称为化二次型为标准形的正交变换法，其中 $\lambda_1,\lambda_2,\cdots,\lambda_n$ 是 f 的矩阵 $A=(a_{ij})$ 的 n 个特征值．

正交变换矩阵 P 的求法（设 A 为 n 阶实对称矩阵）：

（1）求出 A 的全部特征值 $\lambda_1,\lambda_2,\cdots,\lambda_t$（$\lambda_i$ 为 n_i 重特征值，$n_1+\cdots+n_t=n$）．

（2）对每个 $\lambda_i(i=1,2,\cdots,t)$，求出 $(\lambda_iE-A)\vec{x}=\vec{0}$ 的一个基础解系 $\vec{\alpha}_{i1},\vec{\alpha}_{i2},\cdots,\vec{\alpha}_{in_i}$．

（3）将 $\vec{\alpha}_{i1},\vec{\alpha}_{i2},\cdots,\vec{\alpha}_{in_i}$ 正交化、单位化，得：

$$\vec{p}_{i1},\ \vec{p}_{i2},\ \cdots,\ \vec{p}_{in_i},$$

它们是单位正交向量组，且是 A 的属于特征值 λ_i 的特征向量.

即 $\vec{p}_{i1},\vec{p}_{i2},\cdots,\vec{p}_{in_i}$ 是 A 的属于特征值 λ_i 的单位正交特征向量.

(4) 以 $\lambda_1,\lambda_2,\cdots,\lambda_t$ 的单位正交特征向量为列向量，可构造出正交矩阵 P，$P=(\vec{p}_{11},\vec{p}_{12},\cdots,\vec{p}_{t1},\cdots,\vec{p}_{tn_t})$，$P$ 就是所求的正交变换矩阵，使：$P^{-1}AP=P^TAP=\Lambda$ 为对角阵，其中

$$\Lambda=diag\ \{\lambda_1,\ \cdots,\ \lambda_i,\ \cdots,\ \lambda_t\},$$

Λ 中有 n_i 个 λ_i，为 n 阶对角阵；

对二次型 $f=\vec{x}^TA\vec{x}$，令 $\vec{x}=P\vec{y}$，则 $f=\vec{x}^TA\vec{x}$ 可化为标准形

$$f=\vec{y}^T(P^TAP)\vec{y}=\vec{y}^T\Lambda\vec{y}.$$

9. 二次型和矩阵的正定性及其判别

(1) 定义.

如果实二次型 $f(x_1,\cdots,x_n)=\vec{x}^TA\vec{x}$，对于任意一组不全为零的实数 $\vec{x}=(x_1,\cdots,x_n)^T$，都有 $f(x_1,\cdots,x_n)=\vec{x}^TA\vec{x}>0(<0)$，则称该二次型为正（负）定二次型，正（负）定二次型的矩阵 A 称为正（负）定矩阵.

如果实二次型 $f(x_1,\cdots,x_n)=\vec{x}^TA\vec{x}$，对于任意一组不全为零的实数 $\vec{x}=(x_1,\cdots,x_n)^T$，都有 $f(x_1,\cdots,x_n)=\vec{x}^TA\vec{x}\geqslant 0(\leqslant 0)$，则称该二次型为半正（负）定二次型，半正（负）定二次型的矩阵 A 称为半正（负）定矩阵.

合同变换不改变二次型的正定性. 因为：对于可逆矩阵 C，$\vec{y}\neq\vec{0}$，由 $\vec{x}=C\vec{y}$，有 $\vec{x}\neq\vec{0}$，故：

$$f=(C\vec{y})^TA(C\vec{y})=\vec{y}^T(C^TAC)\vec{y}=\vec{x}^TA\vec{x}>0.$$

即若 A 为正定矩阵，C 为可逆矩阵，则 C^TAC 也为正定矩阵.

(2) 实二次型 $f(x_1,\cdots,x_n)=\vec{x}^TA\vec{x}$ 正（负）定的充分必要条件.

①$f=\vec{x}^TA\vec{x}$ 正定（A 正定）$\Leftrightarrow$ 正惯性指数为 $p=n$；

$f=\vec{x}^TA\vec{x}$ 负定（A 负定）$\Leftrightarrow$ 负惯性指数为 $q=n$.

②A 正定 $\Leftrightarrow$ 特征值全正 $\Leftrightarrow$ 一切顺序主子式全 $>0\Leftrightarrow A$ 与 E 合同

$\Leftrightarrow A^{-1}$ 正定 $\Leftrightarrow$ 存在可逆矩阵 C，使 $A=C^TC$

$\Leftrightarrow$ 存在正交阵 P，使 A 合同、相似于对角阵 Λ，即：

$P^TAP=P^{-1}AP=diag\{\lambda_1,\lambda_2,\cdots,\lambda_n\}$，其中 $\lambda_i>0(i=1,2,\cdots,n)$.

③A 负定 $\Leftrightarrow$ 特征值全负

$\Leftrightarrow$ 一切奇数阶顺序主子式全 <0 且一切偶数阶顺序主子式全 >0；

$\Leftrightarrow A$ 与 $-E$ 合同 $\Leftrightarrow A^{-1}$ 负定 $\Leftrightarrow$ $-A$ 正定.

(3) 结论.

①若 A 是正定矩阵，则 $kA(k>0)$，A^{-1}，A^* 也是正定的；

②若 A 是正定矩阵，则 $|A|>0$，即 A 可逆；

③若 A 是正定矩阵，则 A 的主对角线上的元素为正数.

(二) 典型例题

1. 题型分析

题型 1：求矩阵的特征值与特征向量

解题思路：

（1）数值型矩阵的特征值与特征向量．

一般可由特征方程 $|A-\lambda E|=0$ 直接解出矩阵的特征值 $\lambda_i(i=1,\cdots,n)$，再由线性方程组$(A-\lambda_i E)\vec{x}=\vec{0}$求出相应的特征向量（如例 4.1.1，例 4.1.2）．

（2）含待定参数的矩阵的特征值与特征向量．

首先要利用题目给定的条件，根据有关矩阵特征值、特征向量以及矩阵相似等的结论确定矩阵中的待定参数，再按上述步骤求出特征值和特征向量（如例 4.1.3，例 4.1.4）．

例 4.1.1 求矩阵 $A=\begin{pmatrix}1&-2&2\\-2&-2&4\\2&4&-2\end{pmatrix}$的特征值与特征向量．

解 A 的特征多项式为：

$$|A-\lambda E|=\begin{vmatrix}1-\lambda&-2&2\\-2&-2-\lambda&4\\2&4&-2-\lambda\end{vmatrix}\underline{\underline{r_2+r_1}}\begin{vmatrix}1-\lambda&-2&2\\-2&-2-\lambda&4\\0&2-\lambda&2-\lambda\end{vmatrix}$$

$$=(2-\lambda)\begin{vmatrix}1-\lambda&-2&2\\-2&-2-\lambda&4\\0&1&1\end{vmatrix}\underline{\underline{c_2-c_3}}(2-\lambda)\begin{vmatrix}1-\lambda&-4&2\\-2&-6-\lambda&4\\0&0&1\end{vmatrix}$$

$$=(2-\lambda)(\lambda^2+5\lambda-14)=-(\lambda-2)^2(\lambda+7),$$

所以 A 的特征值为 $\lambda_1=\lambda_2=2$，$\lambda_3=-7$.

对于 $\lambda_1=\lambda_2=2$，解齐次线性方程组$(A-2E)\vec{x}=\vec{0}$，由

$$A-2E=\begin{pmatrix}-1&-2&2\\-2&-4&4\\2&4&-4\end{pmatrix}\sim\begin{pmatrix}1&2&-2\\0&0&0\\0&0&0\end{pmatrix},$$

得

$$\begin{cases}x_1=-2x_2+2x_3\\x_2=\quad x_2\\x_3=\qquad\quad x_3\end{cases}$$

求得基础解系为

$$\vec{p}_1=\begin{pmatrix}-2\\1\\0\end{pmatrix},\vec{p}_2=\begin{pmatrix}2\\0\\1\end{pmatrix},$$

所以 A 的属于特征值 $\lambda_1=\lambda_2=2$ 的全部特征向量为：

$$k_1\vec{p}_1+k_2\vec{p}_2\ (k_1,\ k_2\ \text{是不同时为零的实数}).$$

对于 $\lambda_3=-7$，解齐次线性方程组$(A+7E)\vec{x}=\vec{0}$，由

$$A+7E=\begin{pmatrix}8&-2&2\\-2&5&4\\2&4&5\end{pmatrix}\sim\begin{pmatrix}1&0&\frac{1}{2}\\0&1&1\\0&0&0\end{pmatrix},$$

解同解方程组

$$\begin{cases}x_1+\frac{1}{2}x_3=0\\x_2+x_3=0\end{cases},$$

求得基础解系为

$$\vec{p}_3=\begin{pmatrix}-\frac{1}{2}\\-1\\1\end{pmatrix},$$

所以 A 的属于特征值 $\lambda_3=-7$ 的特征向量为：

$$k_3\vec{p}_3(k_3\in R,\quad k_3\neq 0).$$

注：特征向量是属于某个特征值的，并且一定是非零向量，属于某个特征值的特征向量有无穷多个.

例 4.1.2 求 n 阶方阵 $A=\begin{pmatrix}a&a&\cdots&a\\a&a&\cdots&a\\\vdots&\vdots&\ddots&\vdots\\a&a&\cdots&a\end{pmatrix}(a\neq 0)$ 的特征值.

解 A 的特征多项式 $f(\lambda)=|A-\lambda E|=\begin{vmatrix}a-\lambda&a&\cdots&a\\a&a-\lambda&\cdots&a\\\vdots&\vdots&\ddots&\vdots\\a&a&\cdots&a-\lambda\end{vmatrix}$

$$=\begin{vmatrix}na-\lambda&na-\lambda&\cdots&na-\lambda\\a&a-\lambda&\cdots&a\\\vdots&\vdots&\ddots&\vdots\\a&a&\cdots&a-\lambda\end{vmatrix}$$

$$=(na-\lambda)\cdot\begin{vmatrix}1&1&\cdots&1\\a&a-\lambda&\cdots&a\\\vdots&\vdots&\ddots&\vdots\\a&a&\cdots&a-\lambda\end{vmatrix}$$

$$=(na-\lambda)\cdot\begin{vmatrix}1&1&\cdots&1\\0&-\lambda&\cdots&0\\\vdots&\vdots&\ddots&\vdots\\0&0&\cdots&-\lambda\end{vmatrix}=(-\lambda)^{n-1}(na-\lambda),$$

所以，A 的特征值：$\lambda_1=\lambda_2=\cdots=\lambda_{n-1}=0,\lambda_n=na.$

例 4.1.3 矩阵 $A=\begin{pmatrix}0&\alpha&1\\0&2&0\\4&\beta&0\end{pmatrix}$ 有 3 个线性无关特征向量，求 α，β 之间的关系.

解 因为 $|\lambda E-A|=\begin{vmatrix}\lambda&-\alpha&-1\\0&\lambda-2&0\\-4&-\beta&\lambda\end{vmatrix}=(\lambda-2)^2(\lambda+2),$

所以 $\lambda_1=\lambda_2=2,\lambda_3=-2$.

依题意，对 $\lambda_1=\lambda_2=2$，必有 $R(2E-A)=1$.

由 $E-2A=\begin{pmatrix}2 & -\alpha & -1\\0 & 0 & 0\\-4 & -\beta & 2\end{pmatrix}\to\begin{pmatrix}2 & -\alpha & -1\\0 & 0 & 0\\0 & 0 & 0\end{pmatrix}$，得 $-2(-\alpha)=-\beta$，

即 $2\alpha=-\beta$.

而对 $\lambda_3=-2,R(-2E-A)=2$，

$$-2E-A=\begin{pmatrix}-2 & -\alpha & -1\\0 & -4 & 0\\-4 & 2\alpha & -2\end{pmatrix}\to\begin{pmatrix}-2 & -\alpha & -1\\0 & 1 & 0\\0 & 4\alpha & 0\end{pmatrix}\to\begin{pmatrix}-2 & 0 & -1\\0 & 1 & 0\\0 & 0 & 0\end{pmatrix},$$

所以 $\forall\alpha\in R,\beta=-2\alpha$.

例 4.1.4 若 $A=\begin{pmatrix}1 & -1 & 1\\x & 4 & y\\-3 & -3 & 5\end{pmatrix}$有 3 个线性无关特征向量，$\lambda=2$ 是二重特征值，求 P，使 $P^{-1}AP=\Lambda$.

解 依题意，二重特征值 $\lambda=2$ 对应于两个线性无关特征向量，所以有

$$R(\lambda E-A)\big|_{\lambda=2}=1.$$

又
$$(2E-A)=\begin{pmatrix}1 & 1 & -1\\-x & -2 & -y\\3 & 3 & -3\end{pmatrix}\to\begin{pmatrix}1 & 1 & -1\\-x & -2 & -y\\0 & 0 & 0\end{pmatrix}.$$

因此，$x=2$，$y=-2$. 故 $A=\begin{pmatrix}1 & -1 & 1\\2 & 4 & -2\\-3 & -3 & 5\end{pmatrix}$.

对 $\lambda_1=\lambda_2=2,(2E-A)\vec{x}=0\Rightarrow\vec{x}_1=\begin{pmatrix}-1\\1\\0\end{pmatrix},\vec{x}_2=\begin{pmatrix}1\\0\\1\end{pmatrix}$.

因为 $A\sim\begin{pmatrix}2 & & \\ & 2 & \\ & & \lambda_3\end{pmatrix}$，有 $4\lambda_3=|A|=24\Rightarrow\lambda_3=6$.

对 $\lambda_3=6,(6E-A)\vec{x}=0\Rightarrow\vec{x}_3=(1,-2,3)^T$.

因此 $P=(\vec{x}_1\ \vec{x}_2\ \vec{x}_3)=\begin{pmatrix}-1 & 1 & 1\\1 & 0 & 2\\0 & 1 & -3\end{pmatrix},P^{-1}AP=\Lambda=\begin{pmatrix}2 & & \\ & 2 & \\ & & 6\end{pmatrix}$.

题型 2：关于抽象矩阵的特征值与特征向量的问题

解题思路：对于没有给出具体元素的抽象矩阵，其特征值可按如下思路求解：

（1）利用矩阵特征值的定义 $A\vec{x}=\lambda\vec{x},\vec{x}\neq\vec{0}$，满足该定义式的值 λ 即为矩阵 A 的特征值，满足该定义式的非零向量 $\vec{x}$ 即为属于 λ 的特征向量，由此求解或证明有关抽象矩阵特征值和特征向量的命题（如例 4.2.1，例 4.2.2）.

(2) 利用矩阵的特征方程 $|A-\lambda E|=0$. 满足该特征方程的值 λ 即为矩阵 A 的特征值，再进一步确定对应的特征向量（如例4.2.3，例4.2.4）.

(3) 综合运用有关向量组线性相关性及矩阵的特征值与特征向量的已知结论解题（如例4.2.5，例4.2.6）.

例 4.2.1 已知可逆方阵 A 的特征值 λ 及其对应的特征向量 $\vec{\alpha}\neq\vec{0}$，求 A^{-1} 与 A^* 的特征值与特征向量.

解 因为 λ 是 A 的特征值，$\vec{\alpha}$ 是 A 的对应于 λ 的特征向量，则由 A 可逆，且 $\vec{\alpha}\neq\vec{0}$ 可知：$A\vec{\alpha}=\lambda\vec{\alpha}\neq\vec{0}$，于是 $\lambda\neq0$，且 $A^{-1}(A\vec{\alpha})=A^{-1}(\lambda\vec{\alpha})$，即：$(\lambda A^{-1})\vec{\alpha}=\vec{\alpha}$，$A^{-1}\vec{\alpha}=\frac{1}{\lambda}\vec{\alpha}$，故 $\frac{1}{\lambda}$ 是 A^{-1} 的特征值，$\vec{\alpha}$ 是 A^{-1} 的与 $\frac{1}{\lambda}$ 对应的特征向量.

又，$A^{-1}=\frac{1}{|A|}A^*$，$A^*=|A|A^{-1}$，所以，$A^*\vec{\alpha}=|A|A^{-1}\vec{\alpha}=\frac{1}{\lambda}|A|\vec{\alpha}$，即 $\frac{1}{\lambda}|A|$ 是 A^* 的特征值，$\vec{\alpha}$ 是 A^* 的与 $\frac{1}{\lambda}|A|$ 对应的特征向量.

例 4.2.2 设 λ 是方阵 A 的特征值，$\varphi(x)$ 是 x 的多项式，试证：$\varphi(\lambda)$ 是 $\varphi(A)$ 的特征值.

证 首先证明：若 λ 是 A 的特征值，则 λ^m 是 A^m 的特征值（m 为自然数）.

设 $\vec{\alpha}\neq\vec{0}$，使 $A\vec{\alpha}=\lambda\vec{\alpha}$，则，$A^2\vec{\alpha}=A(A\vec{\alpha})=A(\lambda\vec{\alpha})=\lambda(A\vec{\alpha})=\lambda^2\vec{\alpha}$，假设 $A^{m-1}\vec{\alpha}=\lambda^{m-1}\vec{\alpha}$ 成立，则

$$A^m\vec{\alpha}=A(A^{m-1}\vec{\alpha})=A(\lambda^{m-1}\vec{\alpha})=\lambda^{m-1}(A\vec{\alpha})=\lambda^m\vec{\alpha}.$$

其次，设 $\varphi(x)=a_nx^n+\cdots+a_1x+a_0$，则：

$$\varphi(A)=a_nA^n+\cdots+a_1A+a_0E,\ \varphi(\lambda)=a_n\lambda^n+\cdots+a_1\lambda+a_0,$$

从而，$\varphi(A)\cdot\vec{\alpha}=a_nA^n\vec{\alpha}+\cdots+a_1A\vec{\alpha}+a_0E\vec{\alpha}=a_n\lambda^n\vec{\alpha}+\cdots+a_1\lambda\vec{\alpha}+a_0\vec{\alpha}=(a_n\lambda^n+\cdots+a_1\lambda+a_0)\vec{\alpha}=\varphi(\lambda)\vec{\alpha}$.
所以，$\varphi(\lambda)$ 是 $\varphi(A)$ 的特征值.

例 4.2.3 设 A 为正交阵，若 $|A|=-1$，求证：A 一定有特征值 -1.

证 因为 A 为正交阵，即有：$AA^T=E$. 从而

$$\begin{aligned}|A+E|&=|A+AA^T|=|A|\,|E+A^T|\ (\text{因为 } |A|=-1)\\&=-|E+A^T|=-|(E+A)^T|=-|E+A|,\end{aligned}$$

所以 $2|A+E|=0$，即 $|A+E|=0$，可知 -1 为 A 的特征值.

例 4.2.4 A 是4阶实矩阵，满足 $|A+\sqrt{3}E|=0$，且 $|A|=9$，求 A^* 与 $|A|^2A^{-1}$ 的各一个特征值.

解 因为 $|A+\sqrt{3}E|=(-1)^4|-\sqrt{3}E-A|=0$，所以 A 的一个特征值为 $\lambda_0=-\sqrt{3}$.
设 $A\vec{x}_0=\lambda_0\vec{x}_0,\vec{x}\neq\vec{0},A^*A\vec{x}_0=\lambda_0A^*\vec{x}_0\quad |A|\vec{x}_0=\lambda_0A^*\vec{x}_0$

$$A^*\vec{x}_0=\frac{|A|}{\lambda_0}\vec{x}_0\Rightarrow\lambda_0^*=\frac{|A|}{\lambda_0}=-\frac{9}{\sqrt{3}}=-3\sqrt{3}.$$

$$A\vec{x}_0=\lambda_0\vec{x}_0,\ |A|^2A^{-1}A\vec{x}_0=\lambda_0|A|^2A^{-1}\vec{x}_0,\ |A|^2A^{-1}\vec{x}_0=\frac{1}{\lambda_0}|A|^2\vec{x}_0.$$

所以，$|A|^2A^{-1}$的特征值 $\lambda_1=\frac{1}{\lambda_0}|A|^2=-\frac{81}{\sqrt{3}}=-27\sqrt{3}$.

例 4.2.5 设 A 是 3 阶方阵，且 $E-A,3E-A,E+A$ 都不可逆，证明：A 相似于对角阵.

证 $E-A,3E-A,E+A$ 都是 3 阶方阵，由于它们都不可逆，故

$$|E-A|=0,\ |3E-A|=0,\ |E+A|=0.$$

由此得 A 有 3 个不同的特征值 $\lambda_1=1,\lambda_2=3,\lambda_3=-1$.

因此 A 相似于对角阵.

例 4.2.6 设 A 是 3 阶方阵，λ_1，λ_2，λ_3是 A 的 3 个不同的特征值，对应的特征向量为 $\vec{\alpha}_1,\vec{\alpha}_2,\vec{\alpha}_3$，令$\vec{\beta}=\vec{\alpha}_1+\vec{\alpha}_2+\vec{\alpha}_3$.

(1) 证明：$\vec{\beta},A\vec{\beta},A^2\vec{\beta}$线性无关；

(2) 若 $A^3\vec{\beta}=A\vec{\beta}$，求 $r(A-E)$及$|A+2E|$.

解 (1) 因$\vec{\beta}=\vec{\alpha}_1+\vec{\alpha}_2+\vec{\alpha}_3$

$$A\vec{\beta}=A\vec{\alpha}_1+A\vec{\alpha}_2+A\vec{\alpha}_3=\lambda_1\vec{\alpha}_1+\lambda_2\vec{\alpha}_2+\lambda_3\vec{\alpha}_3,$$

$$A^2\vec{\beta}=A^2\vec{\alpha}_1+A^2\vec{\alpha}_2+A^2\vec{\alpha}_3=\lambda_1^2\vec{\alpha}_1+\lambda_2^2\vec{\alpha}_2+\lambda_3^2\vec{\alpha}_3,$$

于是

$$(\vec{\beta},A\vec{\beta},A^2\vec{\beta})=(\vec{\alpha}_1,\vec{\alpha}_2,\vec{\alpha}_3)\begin{pmatrix}1&\lambda_1&\lambda_1^2\\1&\lambda_2&\lambda_2^2\\1&\lambda_3&\lambda_3^2\end{pmatrix}.$$

因 $\lambda_1,\lambda_2,\lambda_3$互异，故$\vec{\alpha}_1,\vec{\alpha}_2,\vec{\alpha}_3$ 线性无关，且

$$\begin{vmatrix}1&\lambda_1&\lambda_1^2\\1&\lambda_2&\lambda_2^2\\1&\lambda_3&\lambda_3^2\end{vmatrix}=(\lambda_3-\lambda_1)(\lambda_2-\lambda_1)(\lambda_3-\lambda_2)\neq 0,$$

于是

$$|\vec{\beta},A\vec{\beta},A^2\vec{\beta}|=|\vec{\alpha}_1,\vec{\alpha}_2,\vec{\alpha}_3|\begin{vmatrix}1&\lambda_1&\lambda_1^2\\1&\lambda_2&\lambda_2^2\\1&\lambda_3&\lambda_3^2\end{vmatrix}\neq 0,$$

所以$\vec{\beta}$，$A\vec{\beta}$，$A^2\vec{\beta}$线性无关.

(2) 由 $A^3\vec{\beta}=A\vec{\beta},\vec{\beta}=\vec{\alpha}_1+\vec{\alpha}_2+\vec{\alpha}_3$ 得

$$A^3\vec{\beta}=A^3\vec{\alpha}_1+A^3\vec{\alpha}_2+A^3\vec{\alpha}_3=\lambda_1^3\vec{\alpha}_1+\lambda_2^3\vec{\alpha}_2+\lambda_3^3\vec{\alpha}_3,$$

$$A\vec{\beta}=A\vec{\alpha}_1+A\vec{\alpha}_2+A\vec{\alpha}_3=\lambda_1\vec{\alpha}_1+\lambda_2\vec{\alpha}_2+\lambda_3\vec{\alpha}_3,$$

$$\lambda_1^3\vec{\alpha}_1+\lambda_2^3\vec{\alpha}_2+\lambda_3^3\vec{\alpha}_3=\lambda_1\vec{\alpha}_1+\lambda_2\vec{\alpha}_2+\lambda_3\vec{\alpha}_3,$$

又$\vec{\alpha}_1,\vec{\alpha}_2,\vec{\alpha}_3$ 线性无关，因此 $\lambda_1^3=\lambda_1,\lambda_2^3=\lambda_2,\lambda_3^3=\lambda_3$，

即 $\lambda_1,\lambda_2,\lambda_3$是方程 $x^3-x=0$ 的解，又 $\lambda_1,\lambda_2,\lambda_3$互异，$\lambda_1,\lambda_2,\lambda_3$是方程

$x^3-x=0$ 的全部根 -1，0，1，因此 A 与 $B=\begin{pmatrix}-1&0&0\\0&0&0\\0&0&1\end{pmatrix}$ 相似，

$A-E$ 与 $B-E=\begin{pmatrix}-2&0&0\\0&-1&0\\0&0&0\end{pmatrix}$ 相似，$A+2E$ 与 $B+2E=\begin{pmatrix}1&0&0\\0&2&0\\0&0&3\end{pmatrix}$ 相似，

故 $r(A-E)=r(B-E)=2$，$|A+2E|=|B+2E|=6$.

题型 3：求解特征值与特征向量的逆问题

解题思路：

（1）已知特征向量或特征值反求矩阵中的参数．若题设条件中给出了特征向量，可用定义 $A\vec{x}=\lambda\vec{x},\vec{x}\neq\vec{0}$ 得到关于待求参数的方程组，解出所求参数（如例 4. 3. 1）；若题设条件中仅给出了矩阵的特征值，则可用特征方程 $|A-\lambda E|=0$ 求解（如例 4. 3. 2）．

（2）已知矩阵的全部特征值、特征向量反求矩阵本身，可通过特征值的定义表达式 $A\vec{x}=\lambda\vec{x},\vec{x}\neq\vec{0}$，利用向量组与矩阵的运算求出所求矩阵（如例 4. 3. 3）．

（3）已知矩阵的部分特征值、特征向量，反求矩阵的另一部分特征值、特征向量以及矩阵本身，此类问题主要针对实对称矩阵来讨论，涉及的结论是：实对称矩阵属于不同特征值的特征向量相互正交．利用此结论可得到关于所求特征向量满足的方程组，解得特征向量，进而确定所求矩阵（如例 4. 3. 4）．

例 4. 3. 1　设 $A=\begin{pmatrix}a&-1&c\\c+1&-3&a-1\\b&0&-4\end{pmatrix}$，$|A|=1$，又 $\vec{\alpha}=(-1,-1,1)^T$ 是 A^{-1} 的特征向量，求 $P^{-1}AP$.

解　对 A^{-1}，$A^{-1}\vec{\alpha}=\lambda\vec{\alpha}\Rightarrow\vec{\alpha}=\lambda A\vec{\alpha}$.

$$\lambda\begin{pmatrix}a&-1&c\\c+1&-3&a-1\\b&0&-4\end{pmatrix}\begin{pmatrix}-1\\-1\\1\end{pmatrix}=\begin{pmatrix}-1\\-1\\1\end{pmatrix},$$

$$\begin{cases}\lambda(-a+1+c)=-1\\\lambda(-c-1+3+a-1)=-1\Rightarrow c-a+1=a-c+1,\Rightarrow a=c\Rightarrow\lambda=-1,b=-3.\\\lambda(-b-4)=1\end{cases}$$

$$|A|=1\Rightarrow 1=\begin{vmatrix}a&-1&a\\a+1&-3&a-1\\-3&0&-4\end{vmatrix}=2a-7\Rightarrow a=4=c.$$

例 4. 3. 2　设 $A=\begin{pmatrix}0&1&0&0\\1&0&0&0\\0&0&y&1\\0&0&1&2\end{pmatrix}$，

（1）已知 A 有特征值 3，求 y；

（2）求 P，使得 $(AP)^T(AP)$ 为对角形．

解 $|3E-A| = \begin{vmatrix} 3 & -1 & & \\ -1 & 3 & & O \\ & & 3-y & -1 \\ O & & -1 & 1 \end{vmatrix} = 8(2-y) = 0 \Rightarrow y = 2.$

其次，$(AP)^T(AP) = P^TA^2P$.

设 $A\vec{x}_0 = \lambda\vec{x}_0 \Rightarrow A^2\vec{x}_0 = \lambda A\vec{x}_0 = \lambda^2\vec{x}_0$，故 A^2 与 A 相同特征向量，特征根 $\mu = \lambda^2$，

又 $A = \begin{pmatrix} 0 & 1 & & \\ 1 & 0 & & O \\ & & 2 & 1 \\ O & & 1 & 2 \end{pmatrix}$，$A$ 为实对称阵.

$$|\lambda E - A| = \begin{vmatrix} \lambda & -1 & & \\ -1 & \lambda & & O \\ & & \lambda-2 & -1 \\ O & & -1 & \lambda-2 \end{vmatrix} = (\lambda-1)^2(\lambda+1)(\lambda-3)$$

$$\Rightarrow \lambda_1 = \lambda_2 = 1, \lambda_3 = -1, \lambda_4 = 3.$$

求 A 之特征向量，

$$\lambda_1 = \lambda_2 = 1, \begin{pmatrix} 1 & -1 & & \\ -1 & 1 & & O \\ & & -1 & -1 \\ O & & -1 & -1 \end{pmatrix} \to \begin{pmatrix} 1 & -1 & 0 & 0 \\ 0 & 0 & 1 & 1 \end{pmatrix},$$

$$\vec{x}_1 = (1,1,0.0)^T, \vec{x}_2 = (0,0,1,-1)^T.$$

$$\lambda_3 = -1, \begin{pmatrix} -1 & -1 & & \\ -1 & -1 & & O \\ & & -3 & -1 \\ O & & -1 & -3 \end{pmatrix} \to \begin{pmatrix} 1 & 1 & & O \\ 0 & 0 & & \\ & & 0 & 8 \\ O & & 1 & 3 \end{pmatrix} \to \begin{pmatrix} 1 & 1 & 0 & 0 \\ 0 & 0 & 1 & 0 \\ 0 & 0 & 0 & 1 \\ 0 & 0 & 0 & 0 \end{pmatrix}, \vec{x}_3 = \begin{pmatrix} -1 \\ 1 \\ 0 \\ 0 \end{pmatrix}.$$

$$\lambda_4 = 3, \begin{pmatrix} 3 & -1 & & \\ -1 & 3 & & O \\ & & 1 & -1 \\ O & & -1 & 1 \end{pmatrix} \to \begin{pmatrix} 0 & 1 & & O \\ 1 & 0 & & \\ & & 1 & -1 \\ O & & 0 & 0 \end{pmatrix} \to \begin{pmatrix} 1 & 0 & 0 & 0 \\ 0 & 1 & 0 & 0 \\ 0 & 0 & 1 & -1 \\ 0 & 0 & 0 & 0 \end{pmatrix}, \vec{x}_4 = \begin{pmatrix} 0 \\ 0 \\ 1 \\ 1 \end{pmatrix}.$$

$\vec{x}_1, \vec{x}_2, \vec{x}_3, \vec{x}_4$ 是正交向量组，再单位化后，有正交矩阵

$$P = \frac{1}{\sqrt{2}}\begin{pmatrix} 1 & 0 & -1 & 0 \\ 1 & 0 & 1 & 0 \\ 0 & 1 & 0 & 1 \\ 0 & -1 & 0 & 1 \end{pmatrix}, P^T = P^{-1}, \text{使 } (AP)^T(AP) = P^TA^2P = \begin{pmatrix} 1 & & & 0 \\ & 1 & & \\ & & 1 & \\ 0 & & & 9 \end{pmatrix}.$$

例 4.3.3 已知 $A\vec{\alpha}_i = i\vec{\alpha}_i (i = 1,2,3)$，其中 $\vec{\alpha}_1 = (1\ \ 2\ \ 2)^T$，$\vec{\alpha}_2 = (2\ \ -2\ \ 1)^T$，$\vec{\alpha}_3 = (-2\ \ -1\ \ 2)^T$，求 A.

解 依题意，$A\begin{pmatrix} 1 & 2 & -2 \\ 2 & -2 & -1 \\ 2 & 1 & 2 \end{pmatrix} = \begin{pmatrix} 1 & 4 & -6 \\ 2 & -4 & -3 \\ 2 & 2 & 6 \end{pmatrix}$.

$$\left(\begin{array}{ccc|ccc}1&2&-2&1&0&0\\2&-2&-1&0&1&0\\2&1&2&0&0&1\end{array}\right)\to\left(\begin{array}{ccc|c}1&0&0&\\0&1&0&\frac{1}{9}\begin{pmatrix}1&2&2\\2&-2&1\\-2&-1&2\end{pmatrix}\\0&0&1&\end{array}\right).$$

故
$$A=\begin{pmatrix}1&4&-6\\2&-4&-3\\2&2&6\end{pmatrix}\begin{pmatrix}1&2&2\\2&-2&1\\-2&-1&2\end{pmatrix}\frac{1}{9}=\frac{1}{3}\begin{pmatrix}7&0&-2\\0&5&-2\\-2&-2&6\end{pmatrix}.$$

例 4.3.4 已知 A 是 3 阶实对称矩阵，特征值为 1，1，-1，$\lambda_3=-1$ 对应特征向量 $\vec{\eta}_3=(1,0,1)^T$，求矩阵 A.

解 $\lambda_1=\lambda_2=1$ 对应特征向量 $(x_1,x_2,x_3)^T$ 必与 $\vec{\eta}_3$ 正交，则

$$x_1+x_3=0\Rightarrow\vec{\eta}_1=(0,1,0)^T,\vec{\eta}_2=(1,0,-1)^T.$$

$\vec{\eta}_1$，$\vec{\eta}_2$，$\vec{\eta}_3$ 是正交向量组，再单位化，有正交阵

$$P=\begin{pmatrix}0&\frac{1}{\sqrt{2}}&\frac{1}{\sqrt{2}}\\1&0&0\\0&-\frac{1}{\sqrt{2}}&\frac{1}{\sqrt{2}}\end{pmatrix}\quad P^TAP=\Lambda=\begin{pmatrix}1&&0\\&1&\\0&&-1\end{pmatrix}.$$

$$A=P\Lambda P^T=\begin{pmatrix}0&0&-1\\0&1&0\\-1&0&0\end{pmatrix}.$$

显然 A 是不唯一的.

题型 4：特征值与特征向量有关命题的证明

解题思路：涉及特征值、特征向量问题，若所给矩阵是抽象矩阵，则往往直接从定义 $A\vec{x}=\lambda\vec{x}$，$\vec{x}\neq\vec{0}$ 着手分析，有时也用反证法加以说明.

例 4.4.1 设 $\vec{\alpha}_1$，$\vec{\alpha}_2$ 是矩阵 A 的对应于不同特征值 $\lambda_1,\lambda_2(\lambda_1\lambda_2\neq0)$ 的特征向量，试证：$\lambda_1\vec{\alpha}_1+\lambda_2\vec{\alpha}_2$ 不是 A 的特征向量.

证 用反证法.

假设 $\lambda_1\vec{\alpha}_1+\lambda_2\vec{\alpha}_2$ 是 A 对应于特征值 λ 的特征向量，则有：$A(\lambda_1\vec{\alpha}_1+\lambda_2\vec{\alpha}_2)=\lambda(\lambda_1\vec{\alpha}_1+\lambda_2\vec{\alpha}_2)$，而，

$$A(\lambda_1\vec{\alpha}_1+\lambda_2\vec{\alpha}_2)=\lambda_1(A\vec{\alpha}_1)+\lambda_2(A\vec{\alpha}_2)=\lambda_1^2\vec{\alpha}_1+\lambda_2^2\vec{\alpha}_2.\qquad(*)$$

$$\lambda(\lambda_1\vec{\alpha}_1+\lambda_2\vec{\alpha}_2)=\lambda\lambda_1\vec{\alpha}_1+\lambda\lambda_2\vec{\alpha}_2,\qquad(**)$$

比较（$*$），（$**$）式得：$\lambda_1^2\vec{\alpha}_1+\lambda_2^2\vec{\alpha}_2=\lambda\lambda_1\vec{\alpha}_1+\lambda\lambda_2\vec{\alpha}_2$，

即
$$(\lambda_1^2-\lambda\lambda_1)\vec{\alpha}_1+(\lambda_2^2-\lambda\lambda_2)\vec{\alpha}_2=\vec{0},$$

由于 $\vec{\alpha}_1$，$\vec{\alpha}_2$ 是矩阵 A 的对应于不同特征值 λ_1，λ_2 的特征向量，

所以，$\vec{\alpha}_1$，$\vec{\alpha}_2$ 线性无关. 因此，必有：

$\lambda_1^2-\lambda\lambda_1=\lambda_2^2-\lambda\lambda_2=0$，又 $\lambda_1\lambda_2\neq0$，即 $\lambda_1=\lambda_2=\lambda$.

这与 $\lambda_1\neq\lambda_2$ 矛盾，

从而，$\lambda_1\vec{\alpha}_1+\lambda_2\vec{\alpha}_2$ 不是 A 的特征向量.

例 4.4.2 A 是 n 阶方阵，$\vec{x}_1$，…，$\vec{x}_n$ 是非零 n 维实向量，若 $A\vec{x}_1=\vec{x}_2,\cdots,A\vec{x}_{n-1}=\vec{x}_n$，$A\vec{x}_n=\vec{0}$. 证明：$\vec{x}_1,\cdots,\vec{x}_n$ 线性无关.

证 对$\vec{x}_1,\vec{x}_2=A\vec{x}_1,\vec{x}_3=A\vec{x}_2=A^2\vec{x}_1,\cdots,\vec{x}_n=A^{n-1}\vec{x}_1 A\vec{x}_n=A^n\vec{x}_1$,

设有 $k_1\vec{x}_1+k_2\vec{x}_2+\cdots+k_n\vec{x}_n=\vec{0}$.

上式两边同时乘 A^{n-1}，得 $k_1A^{n-1}\vec{x}_1=\vec{0},A^{n-1}\vec{x}_1=\vec{x}_n\neq 0\Rightarrow k_1=0$.

上式两边同时乘 A^{n-2}，得 $k_2A^{n-1}\vec{x}_1=\vec{0}\Rightarrow k_2=0.\cdots$,

上式两边同时乘 A^2，得 $k_{n-2}=0$，上式化为

$$k_{n-1}\vec{x}_{n-1}+k_n\vec{x}_n=\vec{0},$$

两边同时乘 A，得 $k_{n-1}=0,\Rightarrow k_n\vec{x}_n=\vec{0},\vec{x}_n\neq\vec{0}\Rightarrow k_n=0$.

所以 $\vec{x}_1,\cdots,\vec{x}_n$ 线性无关.

例 4.4.3 设 A 是 n 阶实对称矩阵，且 $A^2=A$，证明：存在正交矩阵 P，使

$$P^TAP=\begin{pmatrix}1&&&&&\\&\ddots&&&&\\&&1&&&\\&&&0&&\\&&&&\ddots&\\&&&&&0\end{pmatrix},$$其中对角线上 1 的个数等于 A 的秩.

证 设 λ 是 A 的任一特征值，$\vec{\alpha}\neq\vec{0}$是 A 的对应于 λ 的特征向量，则有：$A\vec{\alpha}=\lambda\vec{\alpha},A^2\vec{\alpha}=A(A\vec{\alpha})=A(\lambda\vec{\alpha})=\lambda(A\vec{\alpha})=\lambda^2\vec{\alpha}$,

而 $A^2=A$，故 $A^2\vec{\alpha}=A\vec{\alpha}$，有：$(\lambda^2-\lambda)\vec{\alpha}=\vec{0}$，由$\vec{\alpha}\neq\vec{0}$，所以，$\lambda^2-\lambda=0$. 从而，$\lambda=0$，或 $\lambda=1$.

又因为 A 是实对称矩阵，所以存在正交矩阵 P，使

$$P^{-1}AP=P^TAP=\Lambda=\begin{pmatrix}1&&&&&\\&\ddots&&&&\\&&1&&&\\&&&0&&\\&&&&\ddots&\\&&&&&0\end{pmatrix}.$$

由于 $R(P^{-1}AP)=R(P^TAP)=R(A)$，所以，主对角线上 1 的个数等于 A 的秩.

题型 5：矩阵对角化的讨论及矩阵的相似关系

解题思路：

（1）判断矩阵 A 是否可对角化，在可对角化的情况下，求出相似变换矩阵（如例 4.5.1，例 4.5.2），基本步骤如下：

①求出矩阵 A 的全部特征值；

②求出对应于每一个特征值的特征向量；

③若每个特征值的重数与属于该特征值的线性无关的特征向量的个数相同，则该矩阵可对角化；

④在矩阵可对角化的情况下，把它的 n 个线性无关特征向量作为新矩阵 P 的列向量，则 P 就是所求相似变换矩阵，它使 $P^{-1}AP$ 为对角矩阵．

（2）判断两个同阶方阵的相似性：若 A，B 相似，则这两个矩阵的特征多项式、特征方程、特征值、行列式、秩及迹均相等，其逆命题常用来判断两矩阵不相似（如例 4.5.3，例 4.5.4）．

（3）由已知矩阵 A、B 相似，反求矩阵中的参数．此类问题一般均从 $|A-\lambda E|=|B-\lambda E|$ 着手进行分析（如例 4.5.5）．

例 4.5.1　下列矩阵哪个可以相似对角化？若可以，将其化为对角阵．

（1）$A=\begin{pmatrix}2&-1&2\\5&-3&3\\-1&0&-2\end{pmatrix}$；（2）$A=\begin{pmatrix}7&-12&6\\10&-19&10\\12&-24&13\end{pmatrix}$.

解　（1）A 的特征多项式为：

$$|A-\lambda E|=\begin{vmatrix}2-\lambda&-1&2\\5&-3-\lambda&3\\-1&0&-2-\lambda\end{vmatrix}=-(1+\lambda)^3,$$

所以，A 的特征值 $\lambda_1=\lambda_2=\lambda_3=-1$. 下面求 A 的特征向量．

由 $(A+E)\vec{x}=\vec{0}$，即 $\begin{cases}3x_1-x_2+2x_3=0\\5x_1-2x_2+3x_3=0\\-x_1-x_3=0\end{cases}$，解得基础解系为

$$\vec{\xi}=\begin{pmatrix}1\\1\\-1\end{pmatrix}.$$

即矩阵 A 只有一个线性无关的特征向量，故 A 不能对角化．

（2）A 的特征多项式为：

$$|A-\lambda E|=\begin{vmatrix}7-\lambda&-12&6\\10&-19-\lambda&10\\12&-24&13-\lambda\end{vmatrix}=-(1+\lambda)(1-\lambda)^2,$$

所以，A 的特征值 $\lambda_1=-1$，$\lambda_2=\lambda_3=1$. 下面求对应于每个特征值的特征向量．

对于 $\lambda_1=-1$，由 $(A+E)\vec{x}=\vec{0}$，即

$$\begin{cases}8x_1-12x_2+6x_3=0\\10x_1-18x_2+10x_3=0,\\12x_1-24x_2+14x_3=0\end{cases}$$

解得基础解系为 $\vec{p}_1=\begin{pmatrix}3\\5\\6\end{pmatrix}$. 所以，对应于 $\lambda_1=-1$ 的特征向量为 $\vec{p}_1$.

对于 $\lambda_2=\lambda_3=1$，由 $(A-E)\vec{x}=\vec{0}$，即

$$\begin{cases}6x_1-12x_2+6x_3=0\\10x_1-20x_2+10x_3=0,\\12x_1-24x_2+12x_3=0\end{cases}$$

解得基础解系为$\vec{p}_2=\begin{pmatrix}2\\1\\0\end{pmatrix}$，$\vec{p}_3=\begin{pmatrix}-1\\0\\1\end{pmatrix}$. 所以，对应于 $\lambda_2=\lambda_3=1$ 两个线性无关的特征向量为 $\vec{p}_2,\vec{p}_3$.

A 有三个线性无关的特征向量，故可对角化. 记 $P=(\vec{p}_1,\vec{p}_2,\vec{p}_3)$，则有

$$P^{-1}AP=\begin{pmatrix}-1&&\\&1&\\&&1\end{pmatrix}.$$

例 4.5.2 设 $A=\begin{pmatrix}0&0&6&-5\\0&0&-5&4\\0&0&\frac{7}{2}&-\frac{3}{2}\\0&0&5&-2\end{pmatrix}$，求可逆矩阵 P，使 $P^{-1}AP$ 为对角阵.

解 A 的特征多项式

$$|A-\lambda E|=\begin{vmatrix}-\lambda&0&6&-5\\0&-\lambda&-5&4\\0&0&\frac{7}{2}-\lambda&-\frac{3}{2}\\0&0&5&-2-\lambda\end{vmatrix}=\lambda^2(\lambda-1)\left(\lambda-\frac{1}{2}\right),$$

所以，A 的特征值为：$\lambda_1=\lambda_2=0$，$\lambda_3=1$，$\lambda_4=\frac{1}{2}$.

对于 $\lambda_1=\lambda_2=0$，解方程组 $(A-0E)\vec{x}=\vec{0}$，由

$$A-0E=\begin{pmatrix}0&0&6&-5\\0&0&-5&4\\0&0&\frac{7}{2}&-\frac{3}{2}\\0&0&5&-2\end{pmatrix}\sim\begin{pmatrix}0&0&1&0\\0&0&0&1\\0&0&0&0\\0&0&0&0\end{pmatrix},$$

得基础解系：$\vec{\xi}_1=(1,0,0,0)^T,\vec{\xi}_2=(0,1,0,0)^T$.

对于 $\lambda_3=1$，解方程组 $(A-E)\vec{x}=\vec{0}$，由

$$A-E=\begin{pmatrix}-1&0&6&-5\\0&-1&-5&4\\0&0&\frac{5}{2}&-\frac{3}{2}\\0&0&5&-3\end{pmatrix}\sim\begin{pmatrix}1&0&0&\frac{7}{5}\\0&1&0&-\frac{4}{5}\\0&0&1&-\frac{3}{5}\\0&0&0&0\end{pmatrix},$$得基础解系：$\vec{\xi}_3=(-7,5,3,5)^T$.

对于 $\lambda_4=\frac{1}{2}$，解方程组 $\left(A-\frac{1}{2}E\right)\vec{x}=\vec{0}$，可得基础解系：$\vec{\xi}_4=(-8,6,1,2)^T$. 则，$\vec{\xi}_1,\vec{\xi}_2,\vec{\xi}_3,\vec{\xi}_4$ 为 A 的线性无关特征向量，令

$$P=(\vec{\xi}_1,\vec{\xi}_2,\vec{\xi}_3,\vec{\xi}_4)=\begin{pmatrix}1&0&-7&-8\\0&1&5&6\\0&0&3&1\\0&0&5&2\end{pmatrix},$$

则
$$P^{-1}AP=\begin{pmatrix}0&&&\\&0&&\\&&1&\\&&&\frac{1}{2}\end{pmatrix}.$$

例 4.5.3 设 A 为 n 阶下三角形矩阵，证明：

(1) 若 $a_{ii}\neq a_{jj}(i\neq j,i,j=1,2,\cdots,n)$,则 A 与对角阵相似；

(2) 若 $a_{11}=a_{22}=\cdots=a_{nn}$，且至少有一个 $a_{ij}\neq 0(i>j)$，则 A 不能与对角阵相似.

证 (1) A 的特征多项式

$$|A-\lambda E|=(a_{11}-\lambda)(a_{22}-\lambda)\cdots(a_{nn}-\lambda),$$

因为 $a_{ii}\neq a_{jj}(i\neq j,i,j=1,2,\cdots,n)$，所以 A 有 n 个互不相同的特征值：$\lambda_i=a_{ii}(i=1,2,\cdots,n)$，故 A 可与对角阵相似.

(2) 证法一：若 $a_{11}=a_{22}=\cdots=a_{nn}$，且至少有一个 $a_{ij}\neq 0(i>j)$，假设 A 可与对角阵 B 相似，则 B 的特征值，也即主对角线上的元素与 A 的特征值相同，故

$$B=\begin{pmatrix}a_{11}&&&\\&a_{22}&&\\&&\ddots&\\&&&a_{nn}\end{pmatrix}=a_{11}E,$$

且存在可逆矩阵 Q，使 $Q^{-1}AQ=B$，即

$$A=QBQ^{-1}=Q(a_{11}E)Q^{-1}=a_{11}E=B$$

为对角阵，这与 A 至少有一个 $a_{ij}\neq 0(i>j)$ 矛盾，故 A 不能与对角阵相似.

(2) 证法二：因为 A 的特征值只有 a_{11}（n 重），且 A 至少有一个 $a_{ij}\neq 0(i>j)$，故对应于特征值 a_{11} 的齐次线性方程组 $(A-a_{11}E)\vec{x}=\vec{0}$ 有，$r(A-a_{11}E)\geqslant 1$,故齐次线性方程组的基础解系所含向量个数 $n-r<n$，即 A 不可能有 n 个线性无关的特征向量. 所以，A 不能与对角形矩阵相似.

例 4.5.4 设 n 阶矩阵 A 有 n 个互异的特征值，B 与 A 的特征值相同，证明：存在矩阵 R 及可逆矩阵 Q，使 $A=QR$，$B=RQ$.

证 设 $\lambda_1,\lambda_2,\cdots,\lambda_n$ 是 A 的 n 个互异特征值，则 B 与 A 都与对角矩阵 Λ 相似，

$$\Lambda=\begin{pmatrix}\lambda_1&&&\\&\lambda_2&&\\&&\ddots&\\&&&\lambda_n\end{pmatrix}.$$

从而 A 与 B 相似．所以，存在可逆矩阵 Q，使 $Q^{-1}AQ=B$，即 $Q^{-1}A=BQ^{-1}$，令 $Q^{-1}A=BQ^{-1}=R$，则：$A=QR, B=RQ$.

例 4.5.5 设矩阵 A 与 B 相似，其中：

$$A=\begin{pmatrix}-2&0&0\\2&x&2\\3&1&1\end{pmatrix}, B=\begin{pmatrix}-1&0&0\\0&2&0\\0&0&y\end{pmatrix},$$

(1) 求 x 和 y 的值；(2) 求可逆矩阵 P，使 $P^{-1}AP=B$.

解 (1) 因为矩阵 A 与 B 相似，所以 $|\lambda E-A|=|\lambda E-B|$.

即
$$(\lambda+2)[(\lambda-x)(\lambda-1)-2]=(\lambda+1)(\lambda-2)(\lambda-y),$$
取 $\lambda=-1$，得 $x=0$；取 $\lambda=-2$，得 $y=-2$. 所以，$x=0, y=-2$.

(2) A 的特征值为 $\lambda_1=-1$，$\lambda_2=2$，$\lambda_3=-2$，下面求对于 A 分别对应于 $\lambda_1=-1$，$\lambda_2=2$，$\lambda_3=-2$ 的特征向量．

分别解方程组 $(A+E)\vec{x}=\vec{0}$，$(A-2E)\vec{x}=\vec{0}$，$(A+2E)\vec{x}=\vec{0}$，得

$$\vec{p}_1=\begin{pmatrix}0\\2\\-1\end{pmatrix}, \vec{p}_2=\begin{pmatrix}0\\1\\1\end{pmatrix}, \vec{p}_3=\begin{pmatrix}1\\0\\-1\end{pmatrix},$$

令 $P=(\vec{p}_1,\vec{p}_2,\vec{p}_3)=\begin{pmatrix}0&0&1\\2&1&0\\-1&1&-1\end{pmatrix}$，则

$$P^{-1}AP=B=\Lambda=\begin{pmatrix}-1&0&0\\0&2&0\\0&0&-2\end{pmatrix}.$$

题型 6：矩阵对角化的应用

解题思路：

(1) 求矩阵 A 的高次幂（如例 4.6.1，例 4.6.2）．

①将矩阵 A 对角化，若存在可逆矩阵 P，使

$$P^{-1}AP=\Lambda \Rightarrow A=P\Lambda P^{-1} \Rightarrow A^m=P\Lambda^m P^{-1},$$

其中 Λ 为对角阵，从而可方便地求出矩阵的幂 A^m；

②利用矩阵特征值的定义 $A\vec{x}=\lambda\vec{x}$，则

$A^m\vec{x}=A^{m-1}(A\vec{x})=\lambda A^{m-1}\vec{x}=\cdots=\lambda^m\vec{x}$，若 $\vec{x}$ 不是特征向量，可将其表示为特征向量的线性组合，从而方便地计算出 $A^m x$.

(2) 求方阵的行列式（如例 4.6.3）．

①利用特征多项式．设 $\lambda_1,\lambda_2,\cdots,\lambda_n$ 是 A 的特征值，则

$$|\lambda E-A|=(\lambda-\lambda_1)\cdots(\lambda-\lambda_n), \ |A|=\lambda_1\cdot\lambda_2\cdot\cdots\cdot\lambda_n,$$

又有，$|aE+bA|=|(-b)[(-a/b)E-A|=(-b)^n|[(-a/b)E-A|$.

②利用相似矩阵的性质计算行列式．相似矩阵有相同的特征值和相同的特征多项式．

例 4.6.1 设三阶方阵 A 的特征值为：$\lambda_1=1$，$\lambda_2=2$，$\lambda_3=3$，对应的特征向量依次为：$\vec{\xi}_1=(1,1,1)^T$，$\vec{\xi}_2=(1,2,4)^T$，$\vec{\xi}_3=(1,3,9)^T$，又有向量 $\vec{\beta}_1=(1,1,3)^T$.

(1) 将$\vec{\beta}$用$\vec{\xi}_1$，$\vec{\xi}_2$，$\vec{\xi}_3$线性表出；(2) 求$A^n\vec{\beta}$（n为自然数）.

解　(1) 设$\vec{\beta}=x_1\vec{\xi}_1+x_2\vec{\xi}_2+x_3\vec{\xi}_3$，即：

$$\begin{cases}x_1+x_2+x_3=1\\x_1+2x_2+3x_3=1.\\x_1+4x_2+9x_3=3\end{cases}$$

由增广矩阵$(A,\vec{b})=\begin{pmatrix}1&1&1&1\\1&2&3&1\\1&4&9&3\end{pmatrix}\sim\begin{pmatrix}1&1&1&1\\0&1&2&0\\0&3&8&2\end{pmatrix}\sim\begin{pmatrix}1&1&1&1\\0&1&2&0\\0&0&2&2\end{pmatrix}\sim\begin{pmatrix}1&0&0&2\\0&1&0&-2\\0&0&1&1\end{pmatrix}$，

得唯一解：$(x_1,x_2,x_3)=(2,-2,1)$. 故

$$\vec{\beta}=2\vec{\xi}_1-2\vec{\xi}_2+\vec{\xi}_3.$$

(2) 方法一　由于$A\vec{\xi}_i=\lambda_i\vec{\xi}_i$，有$A^n\vec{\xi}_i=\lambda_i^n\vec{\xi}_i(i=1,2,3)$，

所以，$A^n\vec{\beta}=A^n(2\vec{\xi}_1-2\vec{\xi}_2+\vec{\xi}_3)$

$$=2A^n\vec{\xi}_1-2A^n\vec{\xi}_2+A^n\vec{\xi}_3=2\lambda_1^n\vec{\xi}_1-2\lambda_2^n\vec{\xi}_2+\lambda_3^n\vec{\xi}_3$$

$$=2\begin{pmatrix}1\\1\\1\end{pmatrix}-2\cdot2^n\begin{pmatrix}1\\2\\4\end{pmatrix}+3^n\begin{pmatrix}1\\3\\9\end{pmatrix}=\begin{pmatrix}2-2^{n+1}+3^n\\2-2^{n+2}+3^{n+1}\\2-2^{n+3}+3^{n+2}\end{pmatrix}.$$

方法二　令$P=(\vec{\xi}_1,\vec{\xi}_2,\vec{\xi}_3)$，则有$P^{-1}AP=\Lambda$，

其中$\Lambda=\begin{pmatrix}1&0&0\\0&2&0\\0&0&3\end{pmatrix}$. 从而，$A=P\Lambda P^{-1}$，

$$A^n=P\Lambda^nP^{-1}=P\begin{pmatrix}1&0&0\\0&2^n&0\\0&0&3^n\end{pmatrix}P^{-1},\text{所以},$$

$$A^n\vec{\beta}=P\Lambda^nP^{-1}\vec{\beta}=P\begin{pmatrix}1&0&0\\0&2^n&0\\0&0&3^n\end{pmatrix}P^{-1}\vec{\beta},$$

又$\vec{\beta}=2\vec{\xi}_1-2\vec{\xi}_2+\vec{\xi}_3=(\vec{\xi}_1,\vec{\xi}_2,\vec{\xi}_3)\begin{pmatrix}2\\-2\\1\end{pmatrix}=P\begin{pmatrix}2\\-2\\1\end{pmatrix}$,

得$A^n\vec{\beta}=P\begin{pmatrix}1&0&0\\0&2^n&0\\0&0&3^n\end{pmatrix}P^{-1}\vec{\beta}$

$$=P\begin{pmatrix}1&0&0\\0&2^n&0\\0&0&3^n\end{pmatrix}P^{-1}P\begin{pmatrix}2\\-2\\1\end{pmatrix}=P\begin{pmatrix}1&0&0\\0&2^n&0\\0&0&3^n\end{pmatrix}\begin{pmatrix}2\\-2\\1\end{pmatrix}$$

$$=\begin{pmatrix}1&1&1\\1&2&3\\1&4&9\end{pmatrix}\begin{pmatrix}1&0&0\\0&2^n&0\\0&0&3^n\end{pmatrix}\begin{pmatrix}2\\-2\\1\end{pmatrix}=\begin{pmatrix}2-2^{n+1}+3^n\\2-2^{n+2}+3^{n+1}\\2-2^{n+3}+3^{n+2}\end{pmatrix}.$$

例 4.6.2 已知方程组$\begin{cases}x_1+2x_2+x_3=3,\\2x_1+(a+4)x_2-5x_3=6,\\-x_1-2x_2+ax_3=-3\end{cases}$有无穷多解，当矩阵 A 有特征值 1，-1，0，对应的特征向量依次是$(1,2a,-1)^T,(a-2,-1,a+1)^T,(a,a+3,a+2)^T$ 时，求 A 及 A^{10}.

解 a 之值必须满足使方程组有无穷多解，

$$\left(\begin{array}{ccc|c}1&2&1&3\\2&a+4&-5&6\\-1&-2&a&-3\end{array}\right)\rightarrow\left(\begin{array}{ccc|c}1&2&1&3\\0&a&-7&0\\0&0&a+1&0\end{array}\right),$$

$$\begin{vmatrix}1&2&1\\0&a&-7\\0&0&a+1\end{vmatrix}=a(a+1)=0\Rightarrow a_1=0,a_2=-1.$$

都能满足使方程组有无穷多解．

（1）$a_1=0$，特征值为 $1,-1,0$，其对应特征向量为

$$\begin{pmatrix}1\\0\\-1\end{pmatrix},\begin{pmatrix}-2\\-1\\1\end{pmatrix},\begin{pmatrix}0\\3\\2\end{pmatrix}\Rightarrow A=P\Lambda P^{-1},\Lambda=\begin{pmatrix}1&&0\\&-1&\\0&&0\end{pmatrix}.$$

$$P=\begin{pmatrix}1&-2&0\\0&-1&3\\-1&1&2\end{pmatrix},P^{-1}=\begin{pmatrix}-5&4&-6\\-3&2&-3\\-1&1&-1\end{pmatrix},A=\begin{pmatrix}-11&8&-10\\-3&2&-3\\8&-6&9\end{pmatrix}.$$

$$A^{10}=P\Lambda^{10}P^{-1}=P\begin{pmatrix}1&&0\\&1&\\0&&0\end{pmatrix}P^{-1}=\begin{pmatrix}1&0&0\\3&-2&3\\2&-2&3\end{pmatrix}$$

（2）$a=-1$，其特征值为 $1,-1,0\rightarrow\begin{pmatrix}1\\-2\\-1\end{pmatrix},\begin{pmatrix}-3\\-1\\0\end{pmatrix},\begin{pmatrix}-1\\2\\1\end{pmatrix}$为特征向量．

而特征向量$\vec{p}_1=-\vec{p}_3$与特征值 $\lambda_1\neq\lambda_3$对应的特征向量线性无关矛盾．故 $a=-1$ 舍去．

例 4.6.3 已知三阶矩阵 A 的特征值为 1，-1，2，设矩阵 $B=A^3-5A^2$，试计算：(1) $|B|$；(2) $|A-5E|$.

解 （1）方法一：设 λ 是 A 的一个特征值，由于 $B=A^3-5A^2$，因此 B 有一特征值为$\lambda^3-5\lambda^2$，于是根据 A 的特征值为 1，-1，2 知，B 的特征值为 -4，-6，-12. 于是 $|B|=(-4)(-6)(-12)=-288$.

方法二：A 有三个不同的特征值，所以存在可逆矩阵 P，使

$$P^{-1}AP=\begin{pmatrix}1&&\\&-1&\\&&2\end{pmatrix}，即\ A=P\begin{pmatrix}1&&\\&-1&\\&&2\end{pmatrix}P^{-1},$$

于是

$$B=A^3-5A^2=P\left[\begin{pmatrix}1&&\\&-1&\\&&2\end{pmatrix}^3-5\begin{pmatrix}1&&\\&-1&\\&&2\end{pmatrix}^2\right]P^{-1}$$

$$=P\begin{pmatrix}1^3-5\cdot1^2&&\\&(-1)^3-5\cdot(-1)^2&\\&&2^3-5\cdot2^2\end{pmatrix}P^{-1}=P\begin{pmatrix}-4&&\\&-6&\\&&-12\end{pmatrix}P^{-1},$$

从而 $|B|=\left|P\begin{pmatrix}-4&&\\&-6&\\&&-12\end{pmatrix}P^{-1}\right|=(-4)(-6)(-12)=-288.$

(2) 方法一：A 有三个特征值 1，-1，2，故

$|\lambda E-A|=(\lambda-1)(\lambda+1)(\lambda-2)$. 令 $\lambda=5$，由上式得

$$|5E-A|=(5-1)(5+1)(5-2)=72,$$

故 $|A-5E|=(-1)^3|5E-A|=-72.$

方法二：设 λ 是 A 的特征值，则 $A-5E$ 的一个特征值为 $\lambda-5$，又题设 A 的特征值为 1，-1，2，于是 $A-5E$ 的特征值分别为 -4，-6，-3，故 $|A-5E|=(-4)(-6)(-3)=-72.$

题型 7：化二次型为标准型

解题思路：

(1) 利用有关二次型的基本概念解题．熟悉二次型的矩阵表示，二次型与其矩阵之间存在一一对应关系，定义二次型矩阵的秩为二次型的秩．理解矩阵合同的概念，任一实对称矩阵必合同于一个对角矩阵，两矩阵合同的充要条件是这两个矩阵对应的二次型有相同的正、负惯性指数．

(2) 化二次型为标准型的基本方法：

①配方法（如例 4.7.1）；

②正交变换法（如例 4.7.2）．

(3) 求解二次型标准型的逆问题．

①已知二次型通过正交变换化为标准型，反求二次型中的参数：若矩阵 A 经正交变换化为标准型 B，则有 A，B 相似，从而它们的特征多项式相等，由此可求出二次型中的待定参数（如例 4.7.3）；

②由二次型的惯性指数或秩等，反求其中参数（如例 4.7.4）．

例 4.7.1 用配方法将二次型

$$f(x_1,x_2,x_3)=x_1x_2+x_2x_3+4x_1x_3$$

化为标准型，并求出线性变换 $\vec{x}=P\vec{y}$ 之矩阵 P.

解 令 $\begin{cases}x_1=y_1+y_2\\x_2=y_1-y_2\\x_3=y_3\end{cases}$，即 $\begin{pmatrix}x_1\\x_2\\x_3\end{pmatrix}=\begin{pmatrix}1&1&0\\1&-1&0\\0&0&1\end{pmatrix}\begin{pmatrix}y_1\\y_2\\y_3\end{pmatrix}$，

$$
\begin{aligned}
f(\vec{x}) &= x_1x_2 + x_2x_3 + 4x_1x_3 \\
&= (y_1+y_2)(y_1-y_2) + (y_1-y_2)y_3 + 4(y_1+y_2)y_3 \\
&= y_1^2 - y_2^2 + 5y_1y_3 + 3y_2y_3 \\
&= (y_1^2 + 2\cdot y_1\frac{5}{2}y_3 + \frac{25}{4}y_3^2) - \frac{25}{4}y_3^2 - y_2^2 + 3y_2y_3 \\
&= (y_1 + \frac{5}{2}y_3)^2 - (y_2 - \frac{3}{2}y_3)^2 - 4y_3^2.
\end{aligned}
$$

令$\begin{cases} z_1 = y_1 + \frac{5}{2}y_3 \\ z_2 = y_2 - \frac{3}{2}y_3 \\ z_3 = y_3 \end{cases}$，即：

$$
\begin{pmatrix} z_1 \\ z_2 \\ z_3 \end{pmatrix} = \begin{pmatrix} 1 & 0 & \frac{5}{2} \\ 0 & 1 & -\frac{3}{2} \\ 0 & 0 & 1 \end{pmatrix} \begin{pmatrix} y_1 \\ y_2 \\ y_3 \end{pmatrix} \Rightarrow f(P\vec{z}) = z_1^2 - z_2^2 - 4z_3^2.
$$

而，
$$
\left(\begin{array}{ccc|ccc} 1 & 0 & \frac{5}{2} & 1 & & 0 \\ 0 & 1 & -\frac{3}{2} & & 1 & \\ 0 & 0 & 1 & 0 & & 1 \end{array}\right) \to \left(\begin{array}{ccc|ccc} 1 & & 0 & 1 & 0 & -\frac{5}{2} \\ & 1 & & 0 & 1 & \frac{3}{2} \\ 0 & & 1 & 0 & 0 & 1 \end{array}\right)
$$

$$
\Rightarrow \begin{pmatrix} x_1 \\ x_2 \\ x_3 \end{pmatrix} = \begin{pmatrix} 1 & 1 & 0 \\ 1 & -1 & 0 \\ 0 & 0 & 1 \end{pmatrix} \begin{pmatrix} 1 & 0 & -\frac{5}{2} \\ 0 & 1 & \frac{3}{2} \\ 0 & 0 & 1 \end{pmatrix} \begin{pmatrix} z_1 \\ z_2 \\ z_3 \end{pmatrix}.
$$

$$
\vec{x} = P\vec{z} \Rightarrow P = \begin{pmatrix} 1 & 1 & -1 \\ 1 & -1 & -4 \\ 0 & 0 & 1 \end{pmatrix}.
$$

例 4.7.2 求一个正交变换$\vec{x} = P\vec{y}$，把二次型

$$
f = x_1^2 + 4x_2^2 + 4x_3^2 - 4x_1x_2 + 4x_1x_3 - 8x_2x_3
$$

化为标准型.

解 二次型的矩阵

$$
A = \begin{pmatrix} 1 & -2 & 2 \\ -2 & 4 & -4 \\ 2 & -4 & 4 \end{pmatrix}
$$

它的特征多项式

$$
|A - \lambda E| = \begin{vmatrix} 1-\lambda & -2 & 2 \\ -2 & 4-\lambda & -4 \\ 2 & -4 & 4-\lambda \end{vmatrix} = \lambda^2(9-\lambda),
$$

于是 A 的特征值为 $\lambda_1=\lambda_2=0,\lambda_3=9$.

对于 $\lambda_1=\lambda_2=0$，解方程组 $(A-0E)\vec{x}=\vec{0}$，由

$$A-0E=\begin{pmatrix}1&-2&2\\-2&4&-4\\2&-4&4\end{pmatrix}\sim\begin{pmatrix}1&-2&2\\0&0&0\\0&0&0\end{pmatrix}$$

得基础解系 $\vec{\xi}_1=(0,1,1)^T$，$\vec{\xi}_2=(4,1,-1)^T$. 即得 A 的对应于 $\lambda_1=\lambda_2=0$ 的两个线性无关特征向量 $\vec{\xi}_1,\vec{\xi}_2$. 显然 $\vec{\xi}_1,\vec{\xi}_2$ 已经正交，单位化得

$$\vec{p}_1=\frac{1}{\|\vec{\xi}_1\|}\vec{\xi}_1=\frac{1}{\sqrt{2}}\begin{pmatrix}0\\1\\1\end{pmatrix},\ \vec{p}_2=\frac{1}{\|\vec{\xi}_2\|}\vec{\xi}_2=\frac{1}{3\sqrt{2}}\begin{pmatrix}4\\1\\-1\end{pmatrix}.$$

对于 $\lambda_3=9$，解方程组 $(A-9E)\vec{x}=\vec{0}$，由

$$A-9E=\begin{pmatrix}-8&-2&2\\-2&-5&-4\\2&-4&-5\end{pmatrix}\sim\begin{pmatrix}1&0&-\frac{1}{2}\\0&1&1\\0&0&0\end{pmatrix},$$

得基础解系 $\vec{\xi}_3=(1,-2,2)^T$，单位化得 $\vec{p}_3=\frac{1}{\|\vec{\xi}_3\|}\vec{\xi}_3=\frac{1}{3}\begin{pmatrix}1\\-2\\2\end{pmatrix}$.

于是得正交阵：$P=(\vec{p}_1,\vec{p}_2,\vec{p}_3)=\begin{pmatrix}0&\frac{4}{3\sqrt{2}}&\frac{1}{3}\\\frac{1}{\sqrt{2}}&\frac{1}{3\sqrt{2}}&-\frac{2}{3}\\\frac{1}{\sqrt{2}}&-\frac{1}{3\sqrt{2}}&\frac{2}{3}\end{pmatrix}$,

作正交变换

$$\vec{x}=P\vec{y},\text{即}\begin{pmatrix}x_1\\x_2\\x_3\end{pmatrix}=\begin{pmatrix}0&\frac{4}{3\sqrt{2}}&\frac{1}{3}\\\frac{1}{\sqrt{2}}&\frac{1}{3\sqrt{2}}&-\frac{2}{3}\\\frac{1}{\sqrt{2}}&-\frac{1}{3\sqrt{2}}&\frac{2}{3}\end{pmatrix}\begin{pmatrix}y_1\\y_2\\y_3\end{pmatrix},$$

则将原二次型化为标准型 $f=9y_3^2$.

例 4.7.3　已知二次型 $f(x_1,x_2,x_3)=2x_1^2+3x_2^2+3x_3^2+2ax_2x_3$ 通过正交变换可化为标准型 $f=y_1^2+2y_2^2+5y_3^2$，求常数 a.

解法一　二次型的矩阵为：$A=\begin{pmatrix}2&0&0\\0&3&a\\0&a&3\end{pmatrix}$,

化为标准型 $f=y_1^2+2y_2^2+5y_3^2$ 后的矩阵为 $\Lambda=\begin{pmatrix}1&0&0\\0&2&0\\0&0&5\end{pmatrix}$.

由题设，存在正交矩阵 P，使 $P^TAP=\Lambda$，必有 $|A|=|\Lambda|$，即 $2(9-a^2)=10$，得 $a=\pm2$. 易验证，$a=\pm2$ 时，A 有特征值1，2，5. 所以 $a=\pm2$.

解法二 由题设，A 应有特征值1，2，5. A 的特征多项式

$$|A-\lambda E|=\begin{vmatrix}2-\lambda&0&0\\0&3-\lambda&a\\0&a&3-\lambda\end{vmatrix}=(2-\lambda)[(3-\lambda)^2-a^2]$$

$$=(2-\lambda)(3-a-\lambda)(3+a-\lambda).$$

所以 A 的特征值为 $\lambda_1=2,\lambda_2=3+a,\lambda_3=3-a$. 故

$\begin{cases}3+a=5,\\3-a=1.\end{cases}$ 得 $a=2$；或 $\begin{cases}3+a=1,\\3-a=5.\end{cases}$ 得 $a=-2$.

所以 $a=\pm2$.

例 4.7.4 已知二次型

$$f(x_1,x_2,x_3)=5x_1^2+ax_2^2+3x_3^2-2x_1x_2+6x_1x_3-6x_2x_3$$

的正惯性指数为 $p=2$，负惯性指数为 $q=0$，

（1）求参数 a；

（2）用可逆线性变换将 $f(x_1,x_2,x_3)$ 化为规范型；

（3）求方程 $f(x_1,x_2,x_3)=0$ 的解．

解 二次型的矩阵为：$A=\begin{pmatrix}5&-1&3\\-1&a&-3\\3&-3&3\end{pmatrix}$.

（1）由题设 $r(A)=p+q=2$，故 $|A|=0$，由此得 $a=5$.

（2）A 的特征值为 $\lambda_1=0$，$\lambda_2=4$，$\lambda_3=9$.

对应 $\lambda_1=0$ 的特征向量 $\vec{p}_1=(-1,1,2)^T$；

对应 $\lambda_2=4$ 的特征向量 $\vec{p}_2=(1,1,0)^T$；

对应 $\lambda_3=9$ 的特征向量 $\vec{p}_3=(1,-1,1)^T$；

将 $\vec{p}_1$，$\vec{p}_2$，$\vec{p}_3$ 单位化，得

$$\vec{\xi}_1=\frac{1}{\sqrt{6}}(-1,1,2)^T,\vec{\xi}_2=\frac{1}{\sqrt{2}}(1,1,0)^T,\vec{\xi}_3=\frac{1}{\sqrt{3}}(1,-1,1)^T,$$

令 $P=(\vec{\xi}_1,\vec{\xi}_2,\vec{\xi}_3)$，作正交变换 $\vec{x}=P\vec{y}$，则将原二次型化为标准型

$$f=4y_2^2+9y_3^2.$$

令 $\begin{cases}y_1=z_3\\y_2=\dfrac{1}{2}z_1\\y_3=\dfrac{1}{3}z_2\end{cases}$，$C=\begin{pmatrix}0&0&1\\\frac{1}{2}&0&0\\0&\frac{1}{3}&0\end{pmatrix}$,

经可逆线性变换$\vec{x}=(PC)\vec{z}=D\vec{z}$，其中

$$D=PC=\begin{pmatrix}\frac{1}{2\sqrt{2}} & \frac{1}{3\sqrt{3}} & -\frac{1}{\sqrt{6}}\\ \frac{1}{2\sqrt{2}} & -\frac{1}{3\sqrt{3}} & \frac{1}{\sqrt{6}}\\ 0 & \frac{1}{3\sqrt{3}} & \frac{2}{\sqrt{6}}\end{pmatrix},$$

二次型化为规范型$f=z_1^2+z_2^2$.

题型 8：二次型或实对称阵正定性的判定

解题思路：判断二次型及矩阵的正定性的主要方法。

（1）定义法：若对$\forall \vec{x}\in R^n,\vec{x}\neq\vec{0}$，恒有$f=\vec{x}^TA\vec{x}>0$，则二次型$f$正定，矩阵$A$为正定矩阵；

（2）规范型中正惯性指数与矩阵阶数相等；

（3）二次型矩阵的顺序主子式大于 0；

（4）二次型矩阵的特征值均大于 0.

题目主要类型：

（1）判别二次型或矩阵正定；

（2）已知二次型或其矩阵正定反求参数（如例 4.8.3）；

（3）证明抽象矩阵为正定（如例 4.8.1，例 4.8.2）；

（4）已知二次型或矩阵正定，证明其他结论（如例 4.8.4，例 4.8.5）.

例 4.8.1 已知A是$m\times n$矩阵，$r(A)=n$，证明A^TA正定.

证明 $r(A)=n\Rightarrow A\vec{x}=\vec{0}$只有零解，即$\forall\vec{x}\neq 0,A\vec{x}\neq 0$.

因此$\forall\vec{x}\neq 0,A\vec{x}=\vec{y}\neq 0,0<\vec{y}^T\vec{y}=\vec{x}^TA^TA\vec{x}=\vec{x}^T(A^TA)\vec{x}$,

所以A^TA正定.

例 4.8.2 已知A正定，$A-E$正定，证明$E-A^{-1}$正定.

证 设A的特征值为λ_1，…，λ_n，因A正定，因此$\lambda_i>0(i=1,\cdots,n)$.

$$(A-E)\vec{x}=A\vec{x}-\vec{x}=(\lambda_i-1)\vec{x},$$

又$A-E$正定，它的特征值$\lambda_1-1>0,\cdots,\lambda_n-1>0$.

$$(E-A^{-1})\vec{x}=\gamma\vec{x}\Rightarrow\vec{x}-A^{-1}\vec{x}=\gamma\vec{x},$$

$$A\vec{x}=\lambda\vec{x}\Rightarrow\vec{x}=\lambda A^{-1}\vec{x}\Rightarrow A^{-1}\vec{x}=\frac{1}{\lambda_i}\vec{x}\Rightarrow(1-\frac{1}{\lambda_i})\vec{x}=\gamma\vec{x}.$$

即$E-A^{-1}$特征值为$\gamma_i=1-\frac{1}{\lambda_i}=\frac{\lambda_i-1}{\lambda_i}>0(i=1,\cdots,n)$. 所以$E-A^{-1}$正定.

例 4.8.3 讨论t为何值时，二次型

$$f(x_1,x_2,x_3)=x_1^2+x_2^2+5x_3^2+2tx_1x_2-2x_1x_3+4x_2x_3$$

是正定的.

解 二次型的矩阵为$A=\begin{pmatrix}1 & t & -1\\ t & 1 & 2\\ -1 & 2 & 5\end{pmatrix}$. 计算各阶主子式

$$a_{11}=1>0;\qquad \begin{vmatrix} a_{11} & a_{12} \\ a_{21} & a_{22} \end{vmatrix}=\begin{vmatrix} 1 & t \\ t & 1 \end{vmatrix}=1-t^2;$$

$$|A|=\begin{vmatrix} 1 & t & -1 \\ t & 1 & 2 \\ -1 & 2 & 5 \end{vmatrix}=\begin{vmatrix} 1 & t+2 & 4 \\ t & 1+2t & 2+5t \\ -1 & 0 & 0 \end{vmatrix}=-\begin{vmatrix} t+2 & 4 \\ 1+2t & 2+5t \end{vmatrix}$$

$$=-t(5t+4).$$

令$\begin{vmatrix} a_{11} & a_{12} \\ a_{21} & a_{22} \end{vmatrix}=1-t^2>0$,得$|t|<1$;

令$|A|=-t(5t+4)>0$，得$-\frac{4}{5}<t<0$.

因为二次型正定的充分必要条件是其矩阵的各阶主子式大于零，

故$|t|<1$，且$-\frac{4}{5}<t<0$. 即$-\frac{4}{5}<t<0$时，二次型正定.

例 4.8.4 设A、B是两个n阶实对称矩阵，且B是正定矩阵，证明：存在n阶可逆矩阵P，使P^TAP与P^TBP同时为对角阵.

证 由B正定，可知存在可逆矩阵Q，使$Q^TBQ=E$，又，Q^TAQ也是实对称矩阵，故存在正交矩阵R，使

$$R^T(Q^TAQ)R=\begin{pmatrix} \lambda_1 & & & \\ & \lambda_2 & & \\ & & \ddots & \\ & & & \lambda_n \end{pmatrix},$$

其中，$\lambda_i(i=1,2,\cdots,n)$是$Q^TAQ$的特征值. 令$P=QR$,则有：

$$P^TBP=R^T(Q^TBQ)R=R^TER=E,$$

$$P^TAP=\begin{pmatrix} \lambda_1 & & & \\ & \lambda_2 & & \\ & & \ddots & \\ & & & \lambda_n \end{pmatrix}.$$

所以，取$P=QR$，则使P^TAP与P^TBP同时为对角阵.

例 4.8.5 设A是n阶正定矩阵，E是n阶单位矩阵，证明：$|A+E|>1$.

证 因为A是正定矩阵，故存在正交矩阵Q，使

$$Q^TAQ=Q^{-1}AQ=\Lambda=\begin{pmatrix} \lambda_1 & & & \\ & \lambda_2 & & \\ & & \ddots & \\ & & & \lambda_n \end{pmatrix},$$

其中，$\lambda_i>0(i=1,2,\cdots,n)$是$A$的特征值. 又：

$$Q^T(A+E)Q=Q^TAQ+Q^TQ=\Lambda+E$$

$$=\begin{pmatrix}\lambda_1+1 & & & \\ & \lambda_2+1 & & \\ & & \ddots & \\ & & & \lambda_n+1\end{pmatrix},$$

由 $|Q^T(A+E)Q|=|Q^T|\cdot|A+E|\cdot|Q|=|A+E|$,

$$|Q^T(A+E)Q|=|\Lambda+E|,$$

所以, $|A+E|=|\Lambda+E|=(\lambda_1+1)(\lambda_2+1)\cdots(\lambda_n+1)>1$.

题型 9：应用问题

解题思路：运用特征值、特征向量的概念，以及二次型化标准型的方法来解决实际问题.

例 4.9.1　在一个太平洋岛国，鱼种 A 和鱼种 B 的数量是每年变化的. 鱼种 A 正在以一定的速度吃掉鱼种 B. 有下面的经验公式：

$$\begin{cases}s_{i+1}=0.7s_i+0.00004F_i\\ F_{i+1}=\quad ks_i+1.2F_i\end{cases}$$

其中 s_i，F_i 分别是第 i 年底鱼种 A，鱼种 B 的数量，k 是鱼种 A 吃掉鱼种 B 的速度. 将上述方程组写成矩阵形式

$$p_{i+1}=Cp_i,$$

其中
$$C=\begin{pmatrix}0.7 & 0.00004\\ k & 1.2\end{pmatrix},p_i=\begin{pmatrix}s_i\\ F_i\end{pmatrix},$$

设 $s_0=10000$ 和 $F_0=50000$ 是现在两种鱼的数量，$k=-0.02$.

（1）找出矩阵 C 的特征值和特征向量；

（2）将现在的鱼种数量的向量写作矩阵 C 的特征向量的线性组合；

（3）使用（2）中的线性组合，确定 5 年、10 年、13 年、14 年后鱼种数量；

（4）请推测一定时间后，是否有鱼种将灭绝？

解　（1）矩阵 C 的特征方程为

$$\begin{vmatrix}0.7-\lambda & 0.00004\\ -0.02 & 1.2-\lambda\end{vmatrix}=0,$$

求解此方程得　$\lambda_1=0.7$　$\lambda_2=1.2$.

对应特征值 $\lambda_1=0.7$ 的特征向量满足

$$\begin{pmatrix}0 & 0.00004\\ -0.02 & 1.2-0.7\end{pmatrix}\begin{pmatrix}x_1\\ x_2\end{pmatrix}=\begin{pmatrix}0\\ 0\end{pmatrix},$$

求解此齐次线性方程组，得对应特征值 $\lambda_1=0.7$ 的特征向量为

$$v_1=\begin{pmatrix}-0.9992\\ -0.04\end{pmatrix},$$

类似可求得对应特征值 $\lambda_2=1.2$ 的特征向量为 $v_2=\begin{pmatrix}-0.0001\\ -1\end{pmatrix}$.

（2）为将现在的鱼种数量的向量写作矩阵 C 的特征向量的线性组合，只需令

$$v_2=\begin{pmatrix}-0.0001\\ -1\end{pmatrix}\begin{pmatrix}10^4\\ 5\times10^4\end{pmatrix}=t_1\begin{pmatrix}-0.9992\\ -0.04\end{pmatrix}+t_2\begin{pmatrix}-0.0001\\ -1\end{pmatrix},$$

求出 t_1，t_2 即可．而上述等式等价于

$$\begin{pmatrix} -0.9992 & -0.0001 \\ -0.04 & -1 \end{pmatrix}\begin{pmatrix} t_1 \\ t_2 \end{pmatrix} = \begin{pmatrix} 10^4 \\ 5\times 10^4 \end{pmatrix},$$

求解此方程组得：$t_1 = -1.004\times 10^4, t_2 = -4.9600\times 10^4$.

所以 $\begin{pmatrix} s_0 \\ F_0 \end{pmatrix} = (-1.004)\times 10^4 v_1 + (-4.9600)\times 10^4 v_2$.

（3）因为 $p_{i+1} = Cp_i$，

所以 $p_5 = Cp_4 = CCp_3 = C^2p_3 = C^2Cp_2 = C^3p_2 = \cdots = C^5p_0$，

即 5 年后鱼种数量向量为 C^5p_0.

类似可得 10 年、13 年、14 年后鱼种数量分别为 $C^{10}p_0$，$C^{13}p_0$，$C^{14}p_0$.

为了计算 5 年、10 年、13 年、14 年后鱼种数量，我们关键是计算 C^5、C^{10}、C^{13}、C^{14}. 由特征值和特征向量的定义，我们有

$$\begin{cases} Cv_1 = \lambda_1 v_1 \\ Cv_2 = \lambda_2 v_2 \end{cases},$$

将上述两式合并后得，$C(v_1,v_2) = (v_1,v_2)\begin{pmatrix} \lambda_1 & 0 \\ 0 & \lambda_2 \end{pmatrix}$.

由于行列式

$$|(v_1,v_2)| = \begin{vmatrix} -0.9992 & -0.0001 \\ -0.04 & -1 \end{vmatrix} \neq 0,$$

故方阵 (v_1,v_2) 可逆，即

$$C = (v_1,v_2)\begin{pmatrix} \lambda_1 & 0 \\ 0 & \lambda_2 \end{pmatrix}(v_1,v_2)^{-1}$$

$$C^5 = \left((v_1,v_2)\begin{pmatrix} \lambda_1 & 0 \\ 0 & \lambda_2 \end{pmatrix}(v_1,v_2)^{-1}\right)^5 = (v_1,v_2)\begin{pmatrix} \lambda_1^5 & 0 \\ 0 & \lambda_2^5 \end{pmatrix}(v_1,v_2)^{-1},$$

$$p_5 = C^5p_0 = (v_1,v_2)\begin{pmatrix} \lambda_1^5 & 0 \\ 0 & \lambda_2^5 \end{pmatrix}(v_1,v_2)^{-1}(v_1,v_2)\begin{pmatrix} t_1 \\ t \end{pmatrix}$$

$$= \begin{pmatrix} -0.9992 & -0.0001 \\ -0.04 & -1 \end{pmatrix}\begin{pmatrix} 0.7^5 & 0 \\ 0 & 1.2^5 \end{pmatrix}\begin{pmatrix} -1.004\times 10^4 \\ -4.9600\times 10^4 \end{pmatrix} = 10^5\begin{pmatrix} 0.0169 \\ 1.2349 \end{pmatrix}.$$

类似计算可得

$$p_{10} = 10^5\begin{pmatrix} 0.0031 \\ 3.0712 \end{pmatrix},\ p_{13} = 10^5\begin{pmatrix} 0.0014 \\ 5.3068 \end{pmatrix},\ p_{14} = 10^5\begin{pmatrix} 0.0012 \\ 6.3682 \end{pmatrix}.$$

（4）由（3）的计算可知：一段时间后鱼种 A 将灭绝．

例 4.9.2 两个桶如下图所示连接在一起．初始时，桶 A 中有 200 升溶解了 60 克盐的水，桶 B 中有 200 升纯水．液体以如图所示的速度流入和流出两个桶，求每一时刻 t，每个桶中盐的含量．

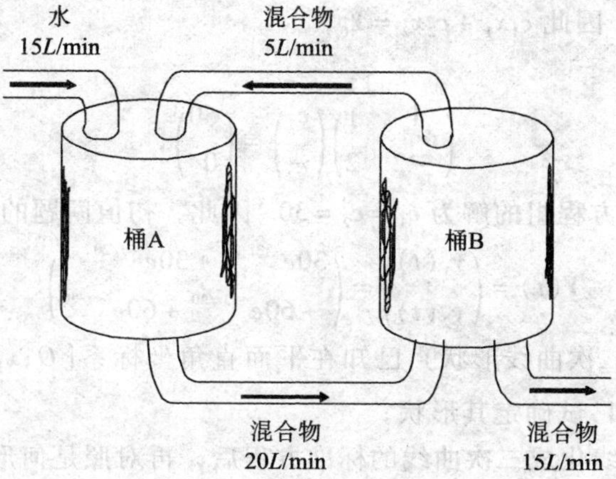

解 令 $y_1(t)$ 和 $y_2(t)$ 分别为时刻 t 时，桶 A 和桶 B 中含盐的克数．初始时

$$Y(0)=\begin{pmatrix}y_1(0)\\y_2(0)\end{pmatrix}=\begin{pmatrix}60\\0\end{pmatrix}.$$

由于流入和流出液体的速度是相同的，所以每一个桶中液体的总量将保持 200 升．每一个桶中盐量的变化速度等于盐流入的速度减去盐流出的速度，对桶 A，盐流入的速度为

$$(5L/\min)\cdot(\frac{y_2(t)}{200}g/L)=\frac{y_2(t)}{40}g/\min,$$

盐流出的速度为

$$(20L/\min)\cdot(\frac{y_1(t)}{200}g/L)=\frac{y_1(t)}{10}g/\min,$$

因此，桶 A 中盐的变化速度为

$$y_1{}'(t)=\frac{y_2(t)}{40}-\frac{y_1(t)}{10}.$$

类似地，对桶 B，盐的变化速度为

$$y_2{}'(t)=\frac{20y_1(t)}{200}-\frac{20y_2(t)}{200}=\frac{y_1(t)}{10}-\frac{y_2(t)}{10}.$$

为求得 $y_1(t)$ 和 $y_2(t)$，需要求解初值问题

$$Y'=AY,Y(0)=Y.$$

其中

$$A=\begin{pmatrix}-\frac{1}{10}&\frac{1}{40}\\\frac{1}{10}&-\frac{1}{10}\end{pmatrix},Y_0=\begin{pmatrix}60\\0\end{pmatrix}.$$

A 的特征值为 $\lambda_1=-\frac{3}{20}$，$\lambda_2=-\frac{1}{20}$，相应的特征向量为

$$x_1=\begin{pmatrix}1\\-2\end{pmatrix}\text{和 }x_2=\begin{pmatrix}1\\2\end{pmatrix}.$$

它的解必有如下的形式：$Y=c_1e^{-3t/20}x_1+c_2e^{-t/20}x_2$

当 $t=0$ 时，$Y=Y_0$. 因此 $c_1x_1+c_2x_2=Y_0$，

我们可以通过解

$$\begin{pmatrix}1 & 1\\ -2 & 2\end{pmatrix}\begin{pmatrix}c_1\\ c_2\end{pmatrix}=\begin{pmatrix}60\\ 0\end{pmatrix},$$

求得 c_1 和 c_2，这个方程组的解为 $c_1=c_2=30$. 因此，初值问题的解为

$$Y(t)=\begin{pmatrix}y_1(t)\\ y_2(t)\end{pmatrix}=\begin{pmatrix}30e^{-3t/20}+30e^{-t/20}\\ -60e^{-3t/20}+60e^{-t/20}\end{pmatrix}.$$

例 4.9.3 （判断二次曲线形状）已知在平面直角坐标系 $[O;x_1,x_2]$ 中，二次曲线的方程为 $x_1^2-\sqrt{3}x_1x_2+2x_2^2=1$，试确定其形状．

解 考虑把已知曲线化成二次曲线的标准方程后，再对照是何形状．

设 $f=x_1^2-\sqrt{3}x_1x_2+2x_2^2$，

则其所对应的矩阵

$$A=\begin{pmatrix}1 & -\frac{\sqrt{3}}{2}\\ -\frac{\sqrt{3}}{2} & 2\end{pmatrix},$$

可以 $|\lambda E-A|=0$，解出 $\lambda_1=\frac{5}{2}$，$\lambda_2=\frac{1}{2}$. 解出相应的特征向量为

$$p_1=\begin{pmatrix}1\\ -\sqrt{3}\end{pmatrix},p_2=\pm\begin{pmatrix}\sqrt{3}\\ 1\end{pmatrix},$$

并规范化为

$$q_1=\begin{pmatrix}\frac{1}{2}\\ -\frac{\sqrt{3}}{2}\end{pmatrix},q_2=\pm\begin{pmatrix}\frac{\sqrt{3}}{2}\\ \frac{1}{2}\end{pmatrix}.$$

（注意：q_2 若取正号，$|Q|=|(q_1q_2)|=1$，所得新的坐标系仍为右手系．q_2 若取负号时，$|Q|=-1$，所得新坐标系为左手系．因此，通常总使 $|Q|=1$）．

令

$$|Q|=1,\quad Q=(q_1,q_2)=\begin{pmatrix}\frac{1}{2} & \frac{\sqrt{3}}{2}\\ -\frac{\sqrt{3}}{2} & \frac{1}{2}\end{pmatrix}=\begin{pmatrix}\cos(-\frac{\pi}{3}) & -\sin(-\frac{\pi}{3})\\ \sin(-\frac{\pi}{3}) & \cos(-\frac{\pi}{3})\end{pmatrix}.$$

经过正交变换：$x=Qy$，可得 $f=\frac{5}{2}y_1^2+\frac{1}{2}y_2^2$.

在新坐标系 $[O;y_1,y_2]$ 中，曲线方程为 $\frac{5}{2}y_1^2+\frac{1}{2}y_2^2=1$.

这是一个椭圆，其短轴、长轴分别是

$$\frac{1}{\sqrt{\lambda_1}}=\frac{\sqrt{10}}{5},\frac{1}{\sqrt{\lambda_2}}=\sqrt{2}.$$

这个正交变换矩阵 Q，也即平面上的一个旋转变换，将原坐标系按逆时针方向转过了$\left(-\dfrac{\pi}{3}\right)$，见下图．

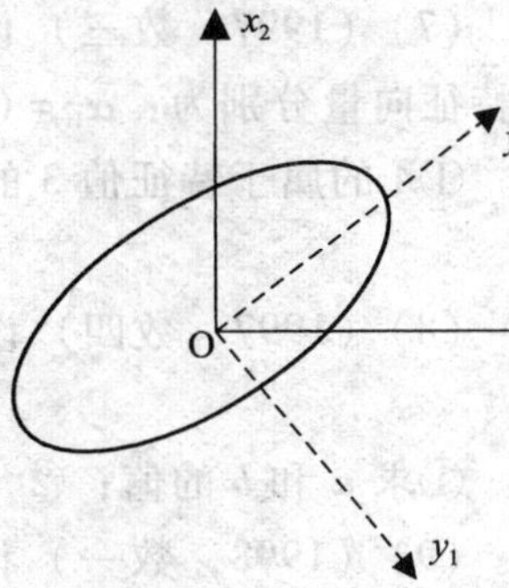

例 4.9.4　化简下列二次曲面的方程，并判断方程表示什么曲面：$x^2+y^2+z^2-2xz+4x+2y-4z-5=0$.

解　先将二次型 $x^2+y^2+z^2-2xz$ 化为标准型．

根据化二次型为标准型的方法，作下列正交变换

$$\begin{pmatrix}x\\y\\z\end{pmatrix}=\begin{pmatrix}0&-\dfrac{\sqrt{2}}{2}&\dfrac{\sqrt{2}}{2}\\1&0&0\\0&\dfrac{\sqrt{2}}{2}&\dfrac{\sqrt{2}}{2}\end{pmatrix}\begin{pmatrix}x'\\y'\\z'\end{pmatrix},$$

将二次型 $x^2+y^2+z^2-2xz$ 化为$(x')^2+2(y')^2$，从而二次曲面的方程化为

$$(x')^2+2(y')^2-4\sqrt{2}y'+2x'-5=0,$$

对其配方可得

$$(x'+1)^2+2(y'-\sqrt{2})^2-10=0.$$

再令$\begin{cases}x''=x'+1,\\y''=y'-\sqrt{2},\\z''=z',\end{cases}$方程化为$(x'')^2+2(y'')^2=10$. 因此，原方程表示的曲面为椭圆柱面．

2. 考研真题

(1)（1994，数三、四）设 $A=\begin{pmatrix}0&0&1\\x&1&y\\1&0&0\end{pmatrix}$有 3 个线性无关的特征向量，求 x 和 y 应满足的条件．

(2)（1995，数一）设 3 阶实对称矩阵 A 的特征值为 $\lambda_1=-1$，$\lambda_2=\lambda_3=1$，A 的对应于特征值 $\lambda_1=-1$ 的特征向量为 $p_1=(0,1,1)^T$,求矩阵 A.

(3)（1995，数四）已知 $A\vec{\alpha}_i=i\vec{\alpha}_i(i=1,2,3)$,其中

$\vec{\alpha}_1=(1\ \ 2\ \ 2)^T$，$\vec{\alpha}_2=(2\ \ -2\ \ 1)^T$，$\vec{\alpha}_3=(-2\ \ -1\ \ 2)^T$,求 A.

(4)（1996，数三）设 $A=\begin{pmatrix}0&1&0&0\\1&0&0&0\\0&0&y&1\\0&0&1&2\end{pmatrix}$,①已知 A 有特征值 3，求 y；

②求 P，使得$(AP)^T(AP)$为对角形．

(5)（1996，数四）设有 4 阶方阵 A 满足条件 $|3E+A|=0$，$AA^T=2E$, $|A|<0$,其中 E 是 4 阶单位阵，求方阵 A 的伴随矩阵 A^* 的一个特征值．

(6)（1997，数一）已知$\vec{\xi}=(1,1,-1)^T$ 是矩阵 $A=\begin{pmatrix}2&-1&2\\5&a&3\\-1&b&-2\end{pmatrix}$的一个特征向量，

①确定 a，b 及$\vec{\xi}$所对应的特征值；②A 能否相似于对角阵？说明理由．

(7)(1997，数三)设3阶实对称矩阵 A 的特征值是：1，2，3，A 的属于特征值1，2的特征向量分别为：$\vec{\alpha}_1=(-1,-1,1)^T$，$\vec{\alpha}_2=(1,-2,-1)^T$，求：

①A 的属于特征值3的特征向量；②矩阵 A.

(8)(1997，数四)设 A 与 B 相似，且 $A=\begin{pmatrix}1&-1&1\\2&4&-2\\-3&-3&a\end{pmatrix}$，$B=\begin{pmatrix}2&0&0\\0&2&0\\0&0&b\end{pmatrix}$，

①求 a 和 b 的值；② 求可逆矩阵 P，使 $P^{-1}AP=B$.

(9)(1998，数一)设有 n 阶矩阵 A，$|A|\neq0$，A^* 为 A 的伴随矩阵，E 为 n 阶单位矩阵，若 A 有特征值 λ，则 $(A^*)^2+E$ 必有特征值________.

(10)(1998，数三、四)设 $\vec{\alpha}=(a_1,a_2,\cdots,a_n)^T$，$\vec{\beta}=(b_1,b_2,\cdots,b_n)^T$ 都是非零向量，且满足条件 $\vec{\alpha}^T\vec{\beta}=0$，记 n 阶矩阵 $A=\vec{\alpha}\vec{\beta}^T$，求：①$A^2$；②矩阵 A 的特征值和特征向量.

(11)(1999，数一)设 n 阶矩阵 A 的元素全是1，则 A 的 n 个特征值为________.

(12)(1999，数一、三)设 $A=\begin{pmatrix}a&-1&c\\5&b&3\\1-c&0&-a\end{pmatrix}$，$|A|=-1$，$A^*$ 有一个特征值 λ_0，且属于 λ_0 的一个特征向量为 $\vec{\alpha}=(-1,-1,1)^T$，求 a，b，c 及 λ_0 的值.

(13)(1999，数三)设 A，B 为 n 阶矩阵，且 A 与 B 相似，E 为 n 阶单位矩阵，则(　　).

(A) $\lambda E-A=\lambda E-B$；　　(B) A 与 B 有相同的特征值和特征向量；

(C) 矩阵 A 和 B 均与一个对角阵相似；　　(D) 对任意常数 t，$tE-A$ 与 $tE-B$ 相似.

(14)(1999，数四)设矩阵 $A=\begin{pmatrix}3&2&-2\\-k&-1&k\\4&3&-3\end{pmatrix}$，问当 k 为何值时，存在可逆矩阵 P，使得 $P^{-1}AP$ 为对角阵？并求出 P 和相应的对角阵.

(15)(2000，数一)某试验性生产线每年一月份进行熟练工与非熟练工的人数统计，然后让 $\frac{1}{6}$ 熟练工支援其他生产部门，其缺额由招收新的非熟练工补齐. 新、老非熟练工经过培训及实践至年终考核有 $\frac{2}{5}$ 成为熟练工，设第 n 年一月份统计的熟练工和非熟练工所占百分比分别为 x_n 和 y_n，记为向量 $\begin{pmatrix}x_n\\y_n\end{pmatrix}$，①求 $\begin{pmatrix}x_{n+1}\\y_{n+1}\end{pmatrix}$ 与 $\begin{pmatrix}x_n\\y_n\end{pmatrix}$ 的关系，并写成矩阵形式 $\begin{pmatrix}x_{n+1}\\y_{n+1}\end{pmatrix}=A\begin{pmatrix}x_n\\y_n\end{pmatrix}$；

②验证 $\vec{\eta}_1=\begin{pmatrix}4\\1\end{pmatrix}$，$\vec{\eta}_2=\begin{pmatrix}-1\\1\end{pmatrix}$ 是 A 的两个线性无关特征向量，并求出相应的特征值；③当 $\begin{pmatrix}x_1\\y_1\end{pmatrix}=\begin{pmatrix}\frac{1}{2}\\\frac{1}{2}\end{pmatrix}$ 时，求 $\begin{pmatrix}x_{n+1}\\y_{n+1}\end{pmatrix}$.

(16)(2000，数三)若4阶矩阵 A 与 B 相似，矩阵 A 特征值为：

$\frac{1}{2}$，$\frac{1}{3}$，$\frac{1}{4}$，$\frac{1}{5}$，则行列式 $|B^{-1}-E|=$________.

(17)（2000，数四）已知4阶矩阵A与B相似，矩阵A特征值为：2，3，4，5，E为4阶单位阵，则行列式$|B-E|=$__________.

(18)（2000，数四）设矩阵$A=\begin{pmatrix}1 & -1 & 1\\ x & 4 & y\\ -3 & -3 & 5\end{pmatrix}$，已知$A$有3个线性无关的特征向量，$\lambda=2$是$A$的二重特征值，试求可逆矩阵$P$，使得$P^{-1}AP$为对角阵.

(19)（2001，数一）已知3阶矩阵A与3维列向量$\vec{x}$，使得向量组$\vec{x}$，$A\vec{x}$，$A^2\vec{x}$线性无关，且满足：$A^3\vec{x}=3A\vec{x}-2A^2\vec{x}$，

①记$P=(\vec{x},A\vec{x},A^2\vec{x})$，求3阶矩阵$B$，使$A=PBP^{-1}$；②计算行列式$|A+E|$.

(20)（2001，数三、四）设矩阵$A=\begin{pmatrix}1 & 1 & a\\ 1 & a & 1\\ a & 1 & 1\end{pmatrix}$，$\vec{\beta}=\begin{pmatrix}1\\ 1\\ -2\end{pmatrix}$，已知线性方程组$A\vec{x}=\vec{\beta}$有解，但不唯一，试求：①$a$的值；②求正交矩阵$Q$，使$Q^TAQ$为对角阵.

(21)（2002，数一）设A，B为同阶方阵，①如果A，B相似，试证A，B的特征多项式相等；②举一个二阶方阵的例子说明①的逆命题不成立；③当A，B均为实对称阵时，试证①的逆命题成立.

(22)（2002，数二）矩阵$\begin{pmatrix}0 & -2 & -2\\ 2 & 2 & -2\\ -2 & -2 & 2\end{pmatrix}$的非零特征值是__________.

(23)（2002，数三）设A是n阶实对称矩阵，P是n阶可逆矩阵．已知n维列向量$\vec{\alpha}$是A的属于特征值λ的特征向量，则矩阵$(P^{-1}AP)^T$属于特征值λ的特征向量是（　　）.

(A) $P^{-1}\vec{\alpha}$；　(B) $P^T\vec{\alpha}$；　(C) $P\vec{\alpha}$；　(D) $(P^{-1})^T\vec{\alpha}$.

(24)（2002，数四）设实对称矩阵$A=\begin{pmatrix}a & 1 & 1\\ 1 & a & -1\\ 1 & -1 & a\end{pmatrix}$，求可逆矩阵$P$，使$P^{-1}AP$为对角矩阵，计算行列式$|A-E|$的值.

(25)（2003，数一）已知$A=\begin{pmatrix}3 & 2 & 2\\ 2 & 3 & 2\\ 2 & 2 & 3\end{pmatrix}$，$P=\begin{pmatrix}0 & 1 & 0\\ 1 & 0 & 1\\ 0 & 0 & 1\end{pmatrix}$，$B=P^{-1}A^*P$，求$B+2E$的特征值与特征向量.

(26)（2003，数二）若矩阵$A=\begin{pmatrix}2 & 2 & 0\\ 8 & 2 & a\\ 0 & 0 & 6\end{pmatrix}$相似于对角矩阵$B$，试确定常数$a$的值，并求可逆矩阵$P$，使$P^{-1}AP=B$.

(27)（2003，数四）设矩阵$B=\begin{pmatrix}0 & 0 & 1\\ 0 & 1 & 0\\ 1 & 0 & 0\end{pmatrix}$，已知矩阵$A$相似于$B$，则秩$(A-2E)$与秩$(A-E)$之和等于（　　）.

(A) 2；　(B) 3；　(C) 4；　(D) 5.

（28）（2003，数四）设矩阵 $A=\begin{pmatrix}2&1&1\\1&2&1\\1&1&a\end{pmatrix}$ 可逆，向量 $\vec{\alpha}=(1,b,1)^T$ 是矩阵 A^* 的一个特征向量，λ 是 $\vec{\alpha}$ 对应的特征值，其中 A^* 是矩阵 A 的伴随矩阵，试求 a，b，λ 的值．

（29）（2004，数一、二）设矩阵 $A=\begin{pmatrix}1&2&-3\\-1&4&-3\\1&a&5\end{pmatrix}$ 的特征方程有一个二重根，求 a 的值，并讨论 A 是否可相似对角化．

（30）（2004，数三）设 n 阶矩阵 $A=\begin{pmatrix}1&b&\cdots&b\\b&1&\cdots&b\\\vdots&\vdots&\cdots&\vdots\\b&b&\cdots&1\end{pmatrix}$，①求 A 的特征值和特征向量；②求可逆矩阵 P，使得 $P^{-1}AP$ 为对角矩阵．

（31）（2004，数四）设 $A=(a_{ij})_{3\times3}$ 是实正交矩阵，且 $a_{11}=1$，$\vec{b}=(1\quad0\quad0)^T$，则线性方程组 $A\vec{x}=\vec{b}$ 的解是____________．

（32）（2004，数四）设 3 阶实对称矩阵 A 的秩为 2，$\lambda_1=\lambda_2=6$ 是 A 的二重特征值．若 $\vec{\alpha}_1=(1\quad1\quad0)^T,\vec{\alpha}_2=(2\quad1\quad1)^T,\vec{\alpha}_3=(-1\quad2\quad-3)^T$ 都是 A 的属于特征值 6 的特征向量．①求 A 的另一特征值和对应的特征向量；②求矩阵 A.

（33）（1995，数三）已知 $f(x_1,x_2,x_3)=4x_2^2-3x_3^2+4x_1x_2-4x_1x_3+8x_2x_3$，

①写出二次型 f 的矩阵表达式；②用正交变换把二次型 f 化为标准型，并写出相应的正交矩阵．

（34）（1996，数一）已知二次型

$f(x_1,x_2,x_3)=5x_1^2+5x_2^2+cx_3^2-2x_1x_2+6x_1x_3-6x_2x_3$ 的秩为 2，

①求参数 c 及此二次型对应矩阵的特征值．

②指出方程 $f(x_1,x_2,x_3)=1$ 表示何种二次曲面？

（35）（1997，数三）设 A，B 为同阶可逆矩阵，则（　　）．

（A）$AB=BA$；

（B）存在可逆矩阵 P，使 $P^{-1}AP=B$；

（C）存在可逆矩阵 C，使 $C^TAC=B$；

（D）存在可逆矩阵 P，Q，使 $PAQ=B$.

（36）（1997，数三）二次型

$f(x_1,x_2,x_3)=2x_1^2+x_2^2+x_3^2+2x_1x_2+tx_2x_3$ 是正定的，那么 t 应满足不等式____________．

（37）（1998，数一）已知二次曲面方程

$x^2+ay^2+z^2+2bxy+2xz+2yz=4$ 可经过正交变换

$(x,y,z)^T=P(\xi,\eta,\zeta)^T$ 化为椭圆柱面方程 $\eta^2+4\zeta^2=4$，求 a，b 的值和正交矩阵．

（38）（1998，数三）设矩阵 $A=\begin{pmatrix}1&0&1\\0&2&0\\1&0&1\end{pmatrix}$，矩阵 $B=(kE+A)^2$，其中 k 为实数，E 为

单位阵，求对角阵 Λ，使 B 与 Λ 相似，并求 k 为何值时，B 为正定阵．

（39）（1999，数一）设 A 为 m 阶实对称矩阵且正定，B 为 $m\times n$ 实矩阵，B^T 为 B 的转置矩阵，证明：B^TAB 为正定矩阵的充分必要条件是：B 的秩 $r(B)=n$.

（40）（1999，数三）A 为 $m\times n$ 实矩阵，E 为 n 阶单位矩阵，已知 $B=\lambda E+A^TA$，试证明：当 $\lambda>0$ 时，B 为正定矩阵．

（41）（2000，数三）设 $a_1,a_2,\cdots,a_n$ 均为实数，二次型 $f=(x_1+a_1x_2)^2+(x_2+a_2x_3)^2+\cdots+(x_{n-1}+a_{n-1}x_n)^2+(x_n+a_nx_1)^2$，求 f 为正定二次型的条件．

（42）（2001，数一）设 $A=\begin{pmatrix}1&1&1&1\\1&1&1&1\\1&1&1&1\\1&1&1&1\end{pmatrix}$，$B=\begin{pmatrix}4&0&0&0\\0&0&0&0\\0&0&0&0\\0&0&0&0\end{pmatrix}$，则 A 与 B（　　）．

（A）合同且相似；　　（B）合同但不相似；

（C）不合同但相似；　　（D）不合同且不相似．

（43）（2001，数三）设 A 为 n 阶实对称矩阵，秩$(A)=n$，A_{ij}是 $A=(a_{ij})_{n\times n}$中元素 a_{ij}的代数余子式$(i,j=1,2,\cdots,n)$，二次型 $f(x_1,\cdots,x_n)=\sum\limits_{i=1}^{n}\sum\limits_{j=1}^{n}\frac{A_{ij}}{|A|}x_ix_j$. ①记$\vec{x}=(x_1,x_2,\cdots,x_n)^T$，把 $f(x_1,x_2,\cdots,x_n)$写成矩阵形式，并证明二次型 $f(x)$ 的矩阵为 A^{-1}；②二次型 $g(x)=\vec{x}^TA\vec{x}$与 $f(x)$的规范型是否相同？说明理由．

（44）（2002，数一）已知实二次型

$f(x_1,x_2,x_3)=a(x_1^2+x_2^2+x_3^2)+4x_1x_2+4x_1x_3+4x_2x_3$ 经正交变换 $x=Py$ 可化成标准型 $f=6y_1^2$，则 $a=$______．

（45）（2002，数三）设 A 为 3 阶实对称矩阵，且满足关系式 $A^2+2A=0$，已知 A 的秩 $r(A)=2$，①求 A 的全部特征值；②当 k 为何值时，矩阵 $E+kA$ 为正定矩阵，其中 E 为 3 阶单位矩阵．

（46）（2003，数三）设二次型

$f(x_1,x_2,x_3)=x^TAx=ax_1^2+2x_2^2-2x_3^2+2bx_1x_3\ (b>0)$，其中二次型的矩阵 A 的特征值之和为 1，特征值之积为 -12. ①求 a，b 的值；②利用正交变换将二次型 f 化为标准型，并写出所用的正交变换的对应的正交矩阵．

（47）（2004，数三）二次型 $f(x_1,x_2,x_3)=(x_1+x_2)^2+(x_2-x_3)^2+(x_3+x_1)^2$ 的秩为______．

（48）（2005，数一，二，三）设 λ_1，λ_2是矩阵 A 的两个不同的特征值，对应的特征向量分别为$\vec{\alpha}_1$，$\vec{\alpha}_2$，则$\vec{\alpha}_1$，$A(\vec{\alpha}_1+\vec{\alpha}_2)$线性无关的充分必要条件是（　　）．

（A）$\lambda_1\neq0$　　（B）$\lambda_2\neq0$　　（C）$\lambda_1=0$　　（D）$\lambda_2=0$

（49）（2005，数四）设 A 为 3 阶矩阵，$\vec{\alpha}_1$，$\vec{\alpha}_2$，$\vec{\alpha}_3$ 是线性无关的 3 维列向量，且满足 $A\vec{\alpha}_1=\vec{\alpha}_1+\vec{\alpha}_2+\vec{\alpha}_3$，$A\vec{\alpha}_2=2\vec{\alpha}_2+\vec{\alpha}_3$，$A\vec{\alpha}_3=2\vec{\alpha}_2+\vec{\alpha}_3$，①求矩阵 B，使得 $A(\vec{\alpha}_1,\vec{\alpha}_2,\vec{\alpha}_3)=(\vec{\alpha}_1,\vec{\alpha}_2,\vec{\alpha}_3)B$；②求矩阵 A 的特征值；③求可逆矩阵 P，使得 $P^{-1}AP$ 为对角阵．

（50）（2005，数一）已知二次型

$f(x_1,x_2,x_3)=(1-a)x_1^2+(1-a)x_2^2+2x_3^2+2(1+a)x_1x_2$ 的秩为 2.

①求 a 的值；②求正交变换 $\vec{x}=Q\vec{y}$，把 $f(x_1,x_2,x_3)$ 化成标准型；③求方程 $f(x_1,x_2,x_3)=0$ 的解．

(51)（2005，数三）设 $D=\begin{pmatrix}A & C\\ C^T & B\end{pmatrix}$ 为正定矩阵，其中 A，B 分别为 m 阶，n 阶对称矩阵，C 为 $m\times n$ 矩阵．

①计算 P^TDP，其中 $P=\begin{pmatrix}E_m & -A^{-1}C\\ O & E_n\end{pmatrix}$；

②利用①的结果判断矩阵 $B-C^TA^{-1}C$ 是否为正定矩阵，并证明你的结论．

(52)（2006，数一，二，三，四）设 3 阶实对称阵 A 的各行元素之和均为 3，向量 $\vec{\alpha}_1=(-1,2,-1)^T$，$\vec{\alpha}_2=(0,-1,1)^T$ 是线性方程组 $A\vec{x}=\vec{0}$ 的两个解．

①求 A 的特征值和特征向量；②求正交矩阵 Q 和对角矩阵 Λ，使得 $Q^TAQ=\Lambda$；③求 A 及 $\left(A-\dfrac{3}{2}E\right)^6$，其中 E 为 3 阶单位矩阵．

(53)（2007，数一，二，三，四）设矩阵

$$A=\begin{pmatrix}2 & -1 & -1\\ -1 & 2 & -1\\ -1 & -1 & 2\end{pmatrix},\ B=\begin{pmatrix}1 & 0 & 0\\ 0 & 1 & 0\\ 0 & 0 & 0\end{pmatrix},\text{ 则 } A \text{ 与 } B\text{（　　）．}$$

(A) 合同且相似；　　(B) 合同，但不相似；

(C) 不合同，但相似；　　(D) 既不合同也不相似．

(54)（2007，数一，二，三，四）设 3 阶对称矩阵 A 的特征向量值 $\lambda_1=1$，$\lambda_2=2$，$\lambda_3=-2$，$\vec{\alpha}_1=(1,-1,1)^T$ 是 A 的属于 λ_1 的一个特征向量，记 $B=A^5-4A^3+E$，其中 E 为 3 阶单位矩阵．

①验证 $\vec{\alpha}_1$ 是矩阵 B 的特征向量，并求 B 的全部特征值与特征向量；

②求矩阵 B.

(55)（2008，数二，三，四）设 $A=\begin{pmatrix}1 & 2\\ 2 & 1\end{pmatrix}$，则在实数域上与 A 合同矩阵为（　　）．

(A) $\begin{pmatrix}-2 & 1\\ 1 & -2\end{pmatrix}$；　　(B) $\begin{pmatrix}2 & -1\\ -1 & 2\end{pmatrix}$；

(C) $\begin{pmatrix}2 & 1\\ 1 & 2\end{pmatrix}$；　　(D) $\begin{pmatrix}1 & -2\\ -2 & 1\end{pmatrix}$．

(56)（2008，数一）设 A 为 2 阶矩阵，$\vec{\alpha}_1$，$\vec{\alpha}_2$ 为线性无关的 2 维列向量，$A\vec{\alpha}_1=\vec{0}$，$A\vec{\alpha}_2=2\vec{\alpha}_1+\vec{\alpha}_2$，则 A 的非零特征值为______．

(57)（2008，数二）设 3 阶矩阵 A 的特征值是 2，3，λ，若行列式 $|2A|=-48$，则 $\lambda=$______．

(58)（2008，数三）设 3 阶矩阵 A 的特征值为 1，2，2，E 为 3 阶单位矩阵，则 $|4A^{-1}-E|=$______．

(59)（2008，数四）设 3 阶矩阵 A 的特征值互不相同，若 $|A|=0$，则 A 的秩为______．

(60)（2008，数二，三，四）设 A 为 3 阶矩阵，$\vec{\alpha}_1$，$\vec{\alpha}_2$ 分别为 A 的属于特征值 -1，1 的特征向量，向量 $\vec{\alpha}_3$ 满足 $A\vec{\alpha}_3=\vec{\alpha}_2+\vec{\alpha}_3$.

①证明$\vec{\alpha}_1$，$\vec{\alpha}_2$，$\vec{\alpha}_3$线性无关；

②令$P=(\vec{\alpha}_1,\vec{\alpha}_2,\vec{\alpha}_3)$，求$P^{-1}AP$.

(61)（2009，数一）若3维列向量$\vec{\alpha}$，$\vec{\beta}$满足$\vec{\alpha}^T\vec{\beta}=2$，其中$\vec{\alpha}^T$为$\vec{\alpha}$的转置，则矩阵$\vec{\beta}\vec{\alpha}^T$的非零特征值为________.

(62)（2009，数二）设$\vec{\alpha}$，$\vec{\beta}$为3维列向量，$\vec{\beta}^T$为$\vec{\beta}$的转置，若矩阵$\vec{\alpha}\vec{\beta}^T$相似于$\begin{pmatrix}2&0&0\\0&0&0\\0&0&0\end{pmatrix}$，则$\vec{\beta}^T\vec{\alpha}=$________.

(63)（2009，数三）设$\vec{\alpha}=(1,1,1)^T$，$\vec{\beta}=(1,0,k)^T$. 若矩阵$\vec{\alpha}\vec{\beta}^T$相似于$\begin{pmatrix}3&0&0\\0&0&0\\0&0&0\end{pmatrix}$，则$k=$________.

(64)（2009，数一，二，三）设二次型

$$f(x_1,x_2,x_3)=ax_1^2+ax_2^2+(a-1)x_3^2+2x_1x_3-2x_2x_3$$

①求二次型f的矩阵的所有特征值.

②若二次型f的规范型为$y_1^2+y_2^2$，求a的值.

(65)（2010，数一，二，三）设A为4阶实对称矩阵，且$A^2+A=O$，若A的秩为3，则A相似于（　）.

(A) $\begin{pmatrix}1&&&\\&1&&\\&&1&\\&&&0\end{pmatrix}$；　(B) $\begin{pmatrix}1&&&\\&1&&\\&&-1&\\&&&0\end{pmatrix}$；

(C) $\begin{pmatrix}1&&&\\&-1&&\\&&-1&\\&&&0\end{pmatrix}$；　(D) $\begin{pmatrix}-1&&&\\&-1&&\\&&-1&\\&&&0\end{pmatrix}$.

(66)（2010，数一）已知二次型$f(x_1,x_2,x_3)=x^TAx$在正交变换$\vec{x}=Q\vec{y}$下的标准型为$y_1^2+y_2^2$，且Q的第3列为$\left(\frac{\sqrt{2}}{2},0,\frac{\sqrt{2}}{2}\right)^T$.

①求矩阵A；

②证明$A+E$为正定矩阵，其中E为3阶单位矩阵.

(67)（2010，数二，三）设$A=\begin{pmatrix}0&-1&4\\-1&3&a\\4&a&0\end{pmatrix}$，正交矩阵$Q$使得$Q^TAQ$为对角矩阵，若$Q$的第1列为$\frac{1}{\sqrt{6}}(1,2,1)^T$，求$a$，$Q$.

(68)（2003，数一）设矩阵$A=\begin{pmatrix}3&2&2\\2&3&2\\2&2&3\end{pmatrix}$，$P=\begin{pmatrix}0&1&0\\1&0&1\\0&0&1\end{pmatrix}$，$B=P^{-1}A^*P$，求$B+2E$

的特征值与特征向量，其中 A^* 为 A 的伴随矩阵，E 为 3 阶单位矩阵．

(69)（2011，数一、二、三）设 A 为 3 阶实对称矩阵，A 的秩 $R(A)=2$，且 $A\begin{pmatrix}1 & 1\\ 0 & 0\\ -1 & 1\end{pmatrix}=\begin{pmatrix}-1 & 1\\ 0 & 0\\ 1 & 1\end{pmatrix}$，求①$A$ 的特征值与特征向量；②矩阵 A.

(70)（2011，数二）若二次型

$f(x_1,x_2,x_3)=x_1^2+3x_2^2+x_3^2+2x_1x_2+2x_1x_3+2x_2x_3$，则 f 的正惯性指数为________．

(71)（2011，数三）设二次型 $f(x_1,x_2,x_3)=x^TAx$ 的秩为 1，A 的行元素之和为 3，则 f 在正交变换 $x=Qy$ 下的标准型为________．

(72)（2011，数一）若二次曲面的方程 $x^2+3y^2+z^2+2axy+2xz+2yz=4$ 经正交变换化为 $y_1^2+4z_1^2=4$，则 $a=$________．

四、习题四（A）

1. 填空题

(1) 向量 $\vec{\alpha}=(2,1,0)$ 与 $\vec{\beta}=(1,0,3)$ 的内积为________．

(2) 向量 $\vec{\alpha}=(2,1,3,2)$ 与 $\vec{\beta}=(1,2,-2,1)$ 的夹角为________．

(3) 已知 3 阶方阵 A 的特征值分别为 1，-2，3，则 $|2A|=$________．

(4) 若可逆矩阵 A 的一个特征值为 λ，则矩阵 aA^{-1} 的特征值为________．

(5) 二次型 $f(x_1,x_2,x_3)=x_1x_2+x_1x_3+x_2x_3$ 的秩为________．

2. 单项选择题

(1) 设矩阵 $A=\begin{pmatrix}1 & 5\\ 5 & 1\end{pmatrix}$，则 A 的特征值是（　　）．

(A) 1，5；　　(B) -4，6；

(C) 5（二重）；　　(D) 1（二重）．

(2) 设 n 阶可逆矩阵 A 有一个特征值为 2，对应的特征向量为 $\vec{x}$，则下列等式中不正确的是（　　）．

(A) $A\vec{x}=2\vec{x}$；　　(B) $A^{-1}\vec{x}=\frac{1}{2}\vec{x}$；

(C) $A^{-1}\vec{x}=2\vec{x}$；　　(D) $A^2\vec{x}=4\vec{x}$.

(3) 设 A，B 为 n 阶矩阵，且 A 与 B 相似，E 为 n 阶单位矩阵，则（　　）．

(A) $\lambda E-A=\lambda E-B$；

(B) A 与 B 有相同的特征值和特征向量；

(C) 矩阵 A 和 B 均与一个对角阵相似；

(D) 对任意常数 t，$tE-A$ 与 $tE-B$ 相似．

(4) n 阶矩阵 A 可与对角矩阵相似的充要条件是（　　）．

（A）A 有 n 个不全相同的特征值；

（B）A 是实对称矩阵；

（C）A 有 n 个不相同的特征向量；

（D）A 有 n 个线性无关的特征向量．

（5）若 A 为 n 阶实对称矩阵，且二次型 $f(x_1,x_2,\cdots,x_n)=\vec{x}^TA\vec{x}$ 正定，则下列结论不正确的是（　　）．

（A）A 的特征值全为正；

（B）A 的一切主子式全为正；

（C）$f(x_1,x_2,\cdots,x_n)=\vec{x}^TA\vec{x}$ 的标准形中 n 个平方项的系数全为正；

（D）对一切 n 维列向量 $\vec{x}$，$\vec{x}^TA\vec{x}$ 全为正．

3. 用施密特（Schimidt）正交化方法把下列线性无关向量组正交化：

$$\vec{\alpha}_1=(1,1,1)^T,\ \vec{\alpha}_2=(1,2,3)^T,\ \vec{\alpha}_3=(1,4,9)^T.$$

4. 求下列方阵的特征值和特征向量：

（1）$\begin{pmatrix}2&0&0\\1&2&-1\\1&0&1\end{pmatrix}$；　　（2）$\begin{pmatrix}1&2&3\\2&1&3\\3&3&6\end{pmatrix}$．

5. 设矩阵 $A=\begin{pmatrix}a&2b\\3b&2a\end{pmatrix}$ 有特征值1，相应的特征向量为 $(1,\ -1)^T$，求 a，b．

6. 判断下列矩阵 A 能否相似对角化？

（1）$A=\begin{pmatrix}1&2&1\\0&3&0\\0&0&0\end{pmatrix}$；　　（2）$A=\begin{pmatrix}1&2&1\\0&1&0\\0&0&3\end{pmatrix}$．

7. 判断下列矩阵是否为正交矩阵：

（1）$A=\begin{pmatrix}1&-\frac{1}{2}&\frac{1}{3}\\-\frac{1}{2}&1&\frac{1}{2}\\\frac{1}{3}&\frac{1}{2}&-1\end{pmatrix}$；　　（2）$B=\begin{pmatrix}\frac{1}{2}&-\frac{1}{2}&\frac{1}{2}&-\frac{1}{2}\\\frac{1}{2}&-\frac{1}{2}&-\frac{1}{2}&\frac{1}{2}\\\frac{1}{\sqrt{2}}&\frac{1}{\sqrt{2}}&0&0\\0&0&\frac{1}{\sqrt{2}}&\frac{1}{\sqrt{2}}\end{pmatrix}$．

8. 用正交变换法把下列二次型化为标准型，并写出所作的变换．

（1）$f(x_1,x_2,x_3)=2x_1^2+3x_2^2+3x_3^2+4x_2x_3$；

（2）$f(x_1,x_2,x_3)=4x_2^2-3x_3^2+4x_1x_2-4x_1x_3+8x_2x_3$．

9. 用配方法化下列二次型为标准型．

（1）$f(x_1,x_2,x_3)=x_1^2+5x_2^2-4x_3^2+2x_1x_2-4x_1x_3$；

（2）$f(x_1,x_2,x_3)=x_1x_2-4x_1x_3+6x_2x_3$．

10. 求 a 的值，使下列二次型为正定二次型．

（1）$f(x_1,x_2,x_3)=x_1^2+x_2^2+5x_3^2+2ax_1x_2-2x_1x_3+4x_2x_3$；

(2) $f(x_1,x_2,x_3)=5x_1^2+x_2^2+ax_3^2+4x_1x_2-2x_1x_3-2x_2x_3$.

五、习题四 (B)

1. 填空题

(1) 若 A 为正定矩阵，且 $A^TA=E$，则 $|A|=$__________.

(2) 设 A 是 3 阶实对称阵，A 的特征值是 $\lambda_1=\lambda_2=1$，$\lambda_3=-1$，则 $A^{2010}=$__________.

(3) 若可逆矩阵 A 的一个特征值为 λ，则矩阵 $aA^{-1}+bA^*$ 的特征值为__________.

(4) n 阶方阵 A 有 n 个特征值 0，1，2，…，$(n-1)$，且方阵 B 与 A 相似，则 $|B+E|=$__________.

(5) 二次型 $f(x_1,x_2,x_3,x_4)=2x_1x_2-ax_3x_4$ 的秩为 2，则 $a=$__________.

2. 单项选择题

(1) 若 n 阶非奇异矩阵 A 的各行元素之和均为常数 a，则矩阵 $\left(\frac{1}{2}A^2\right)^{-1}$ 有一特征值为(　　).

(A) $2a^2$；　(B) $-2a^2$；　(C) $2a^{-2}$；　(D) $-2a^{-2}$.

(2) 若 λ 为 4 阶矩阵 A 的特征多项式的三重根，则 A 对应于 λ 最多有(　　)个线性无关的特征向量.

(A) 1 个；　(B) 2 个；　(C) 3 个；　(D) 4 个.

(3) 设 $\vec{\alpha}$ 是矩阵 A 对应于其特征值 λ 的特征向量，则矩阵 $P^{-1}AP$ 对应于 λ 的特征向量为(　　).

(A) $P^{-1}\vec{\alpha}$；　(B) $P\vec{\alpha}$；　(C) $P^T\vec{\alpha}$；　(D) $\vec{\alpha}$.

(4) 设 A，B 为 n 阶矩阵，那么(　　).

(A) 若 A，B 合同，则 A，B 相似；　(B) 若 A，B 相似，则 A，B 等价；

(C) 若 A，B 等价，则 A，B 合同；　(D) 若 A，B 相似，则 A，B 合同.

3. 设 $\vec{\alpha}$，$\vec{\beta}\in R^n$，A 是 n 阶正交矩阵，证明：

(1) $[A\vec{\alpha},A\vec{\beta}]=[\vec{\alpha},\vec{\beta}]$；　(2) $\|A\vec{\alpha}\|=\|\vec{\alpha}\|$；

(3) $A\vec{\alpha}$ 与 $A\vec{\beta}$ 的夹角等于 $\vec{\alpha}$ 与 $\vec{\beta}$ 的夹角.

4. 设 $\vec{\alpha}$ 与 $\vec{\beta}$ 是正交的两个 n 维非零列向量，记 n 阶矩阵 $A=\vec{\alpha}\vec{\beta}^T$，求 A^2.

5. 证明，若 $\vec{\alpha}_1$，$\vec{\alpha}_2$，…，$\vec{\alpha}_n$ 是 R^n 的一组标准正交基，A 是 n 阶正交矩阵，$A\vec{\alpha}_1$，$A\vec{\alpha}_2$，…，$A\vec{\alpha}_n$ 也是 R^n 的一组标准正交基.

6. 已知 3 阶矩阵 A 的特征值为 1，-1，2，矩阵 $B=A^3-5A^2$，试求 B 的特征值，并求 $|B|$.

7. 设 $f(x,y,z)=x^2+2y^2+4z^2+2axy+2yz$ 为正定二次型，试确定实数 a 的最大取值范围.

8. 证明：如果 A 正定，那么 A^{-1}，kA $(k>0)$、A^* 也正定.

9. 设 A、B 分别为 m，n 阶正定矩阵，求证：分块矩阵 $C=\begin{pmatrix}A&O\\O&B\end{pmatrix}$ 是正定矩阵.

10. 求下列二次型的秩和正惯性指数.

(1) $f(x_1,x_2,x_3)=2x_1x_2-6x_2x_3+2x_1x_3$;

(2) $f(x_1,x_2,x_3)=x_1^2+2x_2^2+4x_3^2+2x_1x_2+4x_2x_3$.

11. 将下列二次曲面化简，并判断曲面的类型：

(1) $3x^2+2y^2+z^2-4xy-4yz=5$;

(2) $z=xy$.

12. 年复一年，Mawtookit 城镇人口保持常数 300000. 一个政治学家估计，在这个城镇中有 150000 名无党派人士、90000 名民主党人和 60000 名共和党人. 同时还估计每年 20% 的无党派人士成为民主党人，且 10% 的无党派人士成为共和党人，而每年 10% 的共和党人转为民主党人，且 10% 的共和党人转为无党派人士. 令

$$\vec{x}=(150000\quad 90000\quad 60000)^T$$

并令 $\vec{x}^{(1)}$ 为一个表示 1 年后每一人群数量的向量.

(1) 求矩阵 A，使得 $A\vec{x}=\vec{x}^{(1)}$.

(2) 证明 $\lambda_1=1.0$，$\lambda_2=0.5$ 和 $\lambda_3=0.7$ 为 A 的特征值，且 A 可分解为一个乘积 XDX^{-1}，其中 D 为对角的.

(3) 在较长时间后，哪部分人群占多数？通过计算 $\lim\limits_{n\to\infty}A^n\vec{x}$ 验证你的答案.

六、习题四（A）解答

1. 填空题

(1) 2；(2) $\pi/2$；(3) -48；(4) a/λ；(5) 3.

2. 单项选择题

(1) (B)；(2) (C)；(3) (D)；(4) (D)；(5) (D).

3. 根据施密特正交化方法：

$$\vec{b}_1=\vec{\alpha}_1=\begin{pmatrix}1\\1\\1\end{pmatrix},\vec{b}_2=\vec{\alpha}_2-\frac{[\vec{b}_1,\vec{\alpha}_2]}{[\vec{b}_1,\vec{b}_1]}\vec{b}_1=\begin{pmatrix}-1\\0\\1\end{pmatrix},\vec{b}_3=\vec{\alpha}_3-\frac{[\vec{b}_1,\vec{\alpha}_3]}{[\vec{b}_1,\vec{b}_1]}\vec{b}_1-\frac{[\vec{b}_2,\vec{\alpha}_2]}{[\vec{b}_2,\vec{b}_2]}\vec{b}_2=\frac{1}{3}\begin{pmatrix}1\\-2\\1\end{pmatrix}.$$

4. (1) 令 $|A-\lambda E|=\begin{vmatrix}2-\lambda&0&0\\1&2-\lambda&-1\\1&0&1-\lambda\end{vmatrix}=-(\lambda-2)^2(\lambda-1)=0$，得特征值为 $\lambda_1=\lambda_2=2$，$\lambda_3=1$.

当 $\lambda_1=\lambda_2=2$ 时，解方程 $(A-2E)\vec{x}=\vec{0}$，由

$A-2E=\begin{pmatrix}0&0&0\\1&0&-1\\1&0&-1\end{pmatrix}\to\begin{pmatrix}1&0&1\\0&0&0\\0&0&0\end{pmatrix}$，得基础解系 $\vec{p}_1=(1\quad 0\quad -1)^T$. 故 $k_1\vec{p}_1(k_1\neq0)$ 是对于 $\lambda_1=\lambda_2=2$ 的全部特征向量.

当 $\lambda_3=1$ 时，解方程 $(A-E)\vec{x}=\vec{0}$，由 $A-E=\begin{pmatrix}1&0&0\\1&1&-1\\1&0&0\end{pmatrix}\to\begin{pmatrix}1&0&0\\0&1&1\\0&0&0\end{pmatrix}$

得基础解系 $\vec{p}_2=(0\quad 1\quad -1)^T$. 故 $k_2\vec{p}_2(k_2\neq 0)$ 是对于 $\lambda_3=1$ 的全部特征向量.

(2) 令 $|A-\lambda E|=\begin{vmatrix}1-\lambda&2&3\\2&1-\lambda&3\\3&3&6-\lambda\end{vmatrix}=-\lambda(\lambda+1)(\lambda-9)=0$ 得特征值为 $\lambda_1=0$，$\lambda_2=-1$，$\lambda_3=9$.

当 $\lambda_1=0$ 时，解方程 $A\vec{x}=\vec{0}$，由

$A=\begin{pmatrix}1&2&3\\2&1&3\\3&3&6\end{pmatrix}\to\begin{pmatrix}1&2&3\\0&1&1\\0&0&0\end{pmatrix}\to\begin{pmatrix}1&0&1\\0&1&1\\0&0&0\end{pmatrix}$,得基础解系

$\vec{p}_1=(-1\quad -1\quad 1)^T$. 故 $k_1\vec{p}_1(k_1\neq 0)$ 是对于 $\lambda_1=0$ 的全部特征向量.

当 $\lambda_2=-1$ 时，解方程 $(A+E)\vec{x}=\vec{0}$，由

$A+E=\begin{pmatrix}2&2&3\\2&2&3\\3&3&7\end{pmatrix}\to\begin{pmatrix}2&2&3\\0&0&1\\0&0&0\end{pmatrix}\to\begin{pmatrix}1&1&0\\0&0&1\\0&0&0\end{pmatrix}$,得基础解系

$\vec{p}_2=(-1\quad 1\quad 0)^T$. 故 $k_2\vec{p}_2(k_2\neq 0)$ 是对于 $\lambda_2=-1$ 的全部特征向量.

当 $\lambda_3=9$ 时, 解方程 $(A-9E)\vec{x}=\vec{0}$,

由 $A-9E=\begin{pmatrix}-8&2&3\\2&-8&3\\3&3&-3\end{pmatrix}\to\begin{pmatrix}1&1&-1\\0&1&-\frac{1}{2}\\0&0&0\end{pmatrix}\to\begin{pmatrix}1&0&-\frac{1}{2}\\0&1&-\frac{1}{2}\\0&0&0\end{pmatrix}$,得基础

解系 $\vec{p}_3=(1\quad 1\quad 2)^T$. 故 $k_3\vec{p}_3(k_3\neq 0)$ 是对于 $\lambda_3=9$ 的全部特征向量.

5. 由题知：$1A=1\begin{pmatrix}a&2b\\3b&2a\end{pmatrix}=1\begin{pmatrix}1\\-1\end{pmatrix}$,于是得 $\begin{cases}a-2b=1\\3b-2a=-1\end{cases}$，解得 $\begin{cases}a=-1\\b=-1\end{cases}$.

6. (1) 因为

$|\lambda E-A|=\begin{vmatrix}\lambda-1&-2&-1\\0&\lambda-3&0\\0&0&\lambda\end{vmatrix}=\lambda(\lambda-1)(\lambda-3)=0$,得特征根为

$\lambda=0,1,3$. 所以 A 能相似对角化.

(2) 由 $|\lambda E-A|=0$. 得特征根为 $\lambda_1=\lambda_2=1$，$\lambda_3=3$. 对特征值 $\lambda=1$，解方程组 $(1E-A)\vec{x}=\vec{0}$，因 $\begin{pmatrix}0&-2&-1\\0&0&0\\0&0&-2\end{pmatrix}\to\begin{pmatrix}0&1&0\\0&0&1\\0&0&0\end{pmatrix}$. 故特征向量只有 $\vec{x}_1=(1\quad 0\quad 0)^T$,可知 A 不能相似对角化.

7. (1) 考察矩阵的第 1 行和第 1 列. 由于 $1\times(-\frac{1}{2})+(-\frac{1}{2})\times 1+\frac{1}{3}\times\frac{1}{2}\neq 0$,所以,

A 不是正交矩阵；

（2）A 的每个行向量都是单位向量，且两两正交，所以 A 是正交矩阵.

8.（1）二次型的矩阵为 $A=\begin{pmatrix}2&0&0\\0&3&2\\0&2&3\end{pmatrix}$，

$$|A-\lambda E|=\begin{pmatrix}2-\lambda&0&0\\0&3-\lambda&2\\0&2&3-\lambda\end{pmatrix}=(2-\lambda)(5-\lambda)(1-\lambda),$$

故 A 的特征向量为 $\lambda_1=2$，$\lambda_2=5$，$\lambda_3=1$.

当 $\lambda_1=2$ 时，解方程 $(A-2E)\vec{x}=\vec{0}$，由 $A-2E=\begin{pmatrix}0&0&0\\0&1&2\\0&2&1\end{pmatrix}\rightarrow\begin{pmatrix}0&1&2\\0&0&1\\0&0&0\end{pmatrix}$，得基础解系 $\vec{\xi}_1=(1\quad 0\quad 0)^T$，取 $\vec{p}_1=(1\quad 0\quad 0)^T$.

当 $\lambda_2=5$ 时，解方程 $(A-5E)\vec{x}=\vec{0}$，

由 $A-2E=\begin{pmatrix}-3&0&0\\0&-2&2\\0&2&-2\end{pmatrix}\rightarrow\begin{pmatrix}1&0&0\\0&1&-1\\0&0&0\end{pmatrix}$，得基础解系

$\vec{\xi}_2=(0\quad 1\quad 1)^T$，取 $\vec{p}_2=\left(0\quad \frac{1}{\sqrt{2}}\quad \frac{1}{\sqrt{2}}\right)^T$.

当 $\lambda_3=1$ 时，解方程 $(A-E)\vec{x}=\vec{0}$，由 $A-E=\begin{pmatrix}1&0&0\\0&2&2\\0&2&2\end{pmatrix}\rightarrow\begin{pmatrix}1&0&0\\0&1&1\\0&0&0\end{pmatrix}$，

得基础解系 $\vec{\xi}_3=(0\quad -1\quad 1)^T$，取 $\vec{p}_3=\left(0\quad -\frac{1}{\sqrt{2}}\quad \frac{1}{\sqrt{2}}\right)^T$.

于是，得正交变换为

$$\begin{pmatrix}x_1\\x_2\\x_3\end{pmatrix}=\begin{pmatrix}1&0&0\\0&\frac{1}{\sqrt{2}}&\frac{1}{\sqrt{2}}\\0&\frac{1}{\sqrt{2}}&-\frac{1}{\sqrt{2}}\end{pmatrix}\begin{pmatrix}y_1\\y_2\\y_3\end{pmatrix};\ \text{且有}\ f=2y_1^2+5y_2^2+y_3^2.$$

（2）方法同（1），得：

$$\begin{pmatrix}x_1\\x_2\\x_3\end{pmatrix}=\begin{pmatrix}\frac{2}{\sqrt{5}}&\frac{1}{\sqrt{30}}&\frac{1}{\sqrt{6}}\\0&\frac{5}{\sqrt{30}}&-\frac{1}{\sqrt{6}}\\-\frac{1}{\sqrt{5}}&\frac{2}{\sqrt{30}}&\frac{2}{\sqrt{6}}\end{pmatrix}\begin{pmatrix}y_1\\y_2\\y_3\end{pmatrix};\ f=y_1^2+6y_2^2-6y_3^2.$$

9. (1) 因为

$$\begin{aligned}f&=x_1^2+2x_1(x_2-2x_3)+5x_2^2-4x_3^2\\&=(x_1+x_2-2x_3)^2-(x_2-2x_3)^2+5x_2^2-4x_3^2\\&=(x_1+x_2-2x_3)^2+4x_2^2+4x_2x_3-8x_3^2\\&=(x_1+x_2-2x_3)^2+(2x_2+x_3)^2-9x_3^2\end{aligned}$$

令$\begin{cases}y_1=x_1+x_2-2x_3\\y_2=\quad 2x_2+\ x_3\\y_3=\qquad\quad x_3\end{cases}$，即$\begin{cases}x_1=y_1-\dfrac{1}{2}y_2+\dfrac{5}{2}y_3\\x_2=\quad\dfrac{1}{2}y_2-\dfrac{1}{2}y_3\\x_3=\qquad\qquad y_3\end{cases}$，得

$$f=y_1^2+y_2^2-9y_3^2.$$

(2) 由于所给二次型没有平方项，故令$\begin{cases}x_1=y_1+y_2\\x_2=y_1-y_2\\x_3=\qquad y_3\end{cases}$，得

$$\begin{aligned}f&=(y_1+y_2)(y_1-y_2)-4(y_1+y_2)y_3+6(y_1-y_2)y_3\\&=y_1^2-y_2^2+2y_1y_3-10y_2y_3=(y_1+y_3)^2-(y_2+5y_3)^2-24y_3^2\end{aligned}$$

令$\begin{cases}z_1=y_1\quad+\ y_3\\z_2=\quad y_2+5y_3\\z_3=\qquad\quad y_3\end{cases}$，即$\begin{cases}y_1=z_1\quad-\ z_3\\y_2=\quad z_2-5z_3\\y_3=\qquad\quad z_3\end{cases}$，得$f=z_1^2-z_2^2-24z_3^2$.

所用的非退化线性替换为$\begin{cases}x_1=z_1+z_2-4z_3\\x_2=z_1-z_2-6z_3\\x_3=\qquad\quad z_3\end{cases}$.

10. (1) f 的矩阵为 $A=\begin{pmatrix}1&a&-1\\a&1&2\\-1&2&5\end{pmatrix}$，则 A 的各阶主子式为

$$|1|=1>0;\ \begin{vmatrix}1&a\\a&1\end{vmatrix}=1-a^2;\ \begin{vmatrix}1&a&-1\\a&1&2\\-1&2&5\end{vmatrix}=-5a\left(a+\frac{4}{5}\right).$$

因为 f 为正定，即 A 正定的充分必要条件是：A 的各阶主子式都大于零．

即$\begin{cases}1-a^2>0\\-5a\left(a+\dfrac{4}{5}\right)>0\end{cases}$. 解得 $-\dfrac{4}{5}<a<0$. 所以，当 $-\dfrac{4}{5}<a<0$ 时，f 正定．

(2) f 的矩阵为 $A=\begin{pmatrix}5&2&-1\\2&1&-1\\-1&-1&a\end{pmatrix}$，则 A 的各阶主子式为

$$|5|=5>0;\ \begin{vmatrix}5&2\\2&1\end{vmatrix}=1>0;\ \begin{vmatrix}5&2&-1\\2&1&-1\\-1&-1&a\end{vmatrix}=a-2.$$

因为f为正定，即A正定的充分必要条件是：A的各阶主子式都大于零．
即$a-2>0$，解得$a>2$. 所以，当$a>2$时，f正定．

七、习题四（B）解答

1. 填空题

(1) 1；(2) E；(3) $\frac{a+b|A|}{\lambda}$；(4) $n!$；(5) 0.

2. 单项选择题

(1)（C）；(2)（C）；(3)（A）；(4)（B）.

3. (1) 由题知$A^2=1$，故$[A\alpha,A\beta]=A^2[\alpha,\beta]=[\alpha,\beta]$.

(2) 设$\vec{\alpha}=(a_1,a_2,\cdots,a_n)$,则

$$\|A\vec{\alpha}\|=\|A(a_1,a_2,\cdots,a_n)\|=(Aa_1)^2+(Aa_2)^2+\cdots+(Aa_n)^2$$
$$=A^2(a_1^2+a_2^2+\cdots+a_n^2)=\|\vec{\alpha}\|.$$

(3) 由上知$\langle A\vec{\alpha},A\vec{\beta}\rangle=\arccos\frac{[A\vec{\alpha},A\vec{\beta}]}{\|A\vec{\alpha}\|\ \|A\vec{\beta}\|}=\arccos\frac{[\vec{\alpha},\vec{\beta}]}{\|\vec{\alpha}\|\ \|\vec{\beta}\|}=\langle\vec{\alpha},\vec{\beta}\rangle$.

故两者的夹角相等．

4. 由题知：$\vec{\alpha}^T\vec{\beta}=0$，则$A^2=(\vec{\alpha}\vec{\beta}^T)(\vec{\alpha}\vec{\beta}^T)=\vec{\alpha}(\vec{\beta}^T\vec{\alpha})\vec{\beta}^T=\vec{\alpha}(0)\vec{\beta}^T=0$.

5. 先证$A\vec{\alpha}_1$，$A\vec{\alpha}_2$，…，$A\vec{\alpha}_n$是一组基，设a_1，a_2，…，a_n使得

$$a_1A\vec{\alpha}_1+a_2A\vec{\alpha}_2+\cdots+a_nA\vec{\alpha}_n=0$$

等式两边同时右乘$\vec{\alpha}_1$，由a_1，a_2，…，a_n是一组标准正交基，得$a_1=0$，同理得$a_2=a_3=\cdots=a_n=0$. 故$A\vec{\alpha}_1$，$A\vec{\alpha}_2$，…，$A\vec{\alpha}_n$是一组基；

再证$A\vec{\alpha}_1$，$A\vec{\alpha}_2$，…，$A\vec{\alpha}_n$是标准正交基，

由$A\vec{\alpha}_i\cdot A\vec{\alpha}_j=0,A\vec{\alpha}_i\cdot A\vec{\alpha}_i=1(i\neq j;i,j=1,2,\cdots,n)$，得$A\vec{\alpha}_1$，$A\vec{\alpha}_2$，…，$A\vec{\alpha}_n$是标准正交基．

6. 设A的特征值对应的特征向量分别为$\vec{\alpha}_1$，$\vec{\alpha}_2$，$\vec{\alpha}_3$，由于不同特征值的特征向量线性无关，令$T=(\vec{\alpha}_1,\vec{\alpha}_2,\vec{\alpha}_3)$，则$T$为可逆矩阵，且

$T^{-1}AT=\begin{pmatrix}1&&\\&-1&\\&&2\end{pmatrix}$. 以上式说明$B$有特征值$-4$，$-6$，$-12$. 所以$|B|=(-4)(-6)(-12)=-228$.

7. f的矩阵为$A=\begin{pmatrix}1&a&0\\a&2&1\\0&1&4\end{pmatrix}$,则$A$的各阶主子式为

$$|1|=1>0;\ \begin{vmatrix}1 & a\\ a & 2\end{vmatrix}=2-a^2;\ \begin{vmatrix}1 & a & 0\\ a & 2 & 1\\ 0 & 1 & 4\end{vmatrix}=-4a^2+7.$$

因为 f 为正定，即 A 正定的充分必要条件是：A 的各阶主子式都大于零．

即 $\begin{cases}2-a^2>0\\ -4a^2+7>0\end{cases}$. 解得 $-\dfrac{\sqrt{7}}{2}<a<\dfrac{\sqrt{7}}{2}$.

所以，当 $-\dfrac{\sqrt{7}}{2}<a<\dfrac{\sqrt{7}}{2}$ 时，f 正定．

8. 先证 A^{-1} 正定：

设实对称矩阵 A 正定，则 $|A|>0$，故 A 可逆．又因为 $(A^{-1})^T=(A^T)^{-1}=A^{-1}$，所以，$A$ 也是实对称矩阵．

设 A 的特征值为 λ_1，λ_2，…，λ_n，则由 A 的正定性知

$\lambda_i>0(i=1,2,\cdots,n)$，

而 A^{-1} 的全部特征值为 $\dfrac{1}{\lambda_i}>0(i=1,2,\cdots,n)$，即证 A^{-1} 正定；

再证 $kA(k>0)$ 正定：

由上知 $kA(k>0)$ 的全部特征值为 $k\lambda_i>0(i=1,2,\cdots,n)$，

即证 $kA(k>0)$ 正定；

最后证 A^* 正定：

因为 $A^*=|A|A^{-1}$，A^* 的全部特征值为 $|A|\lambda_i>0(i=1,2,\cdots,n)$，从而 A^* 正定．

9. 因为 $C^T=\begin{pmatrix}A^T & O\\ O & B^T\end{pmatrix}=\begin{pmatrix}A & O\\ O & B\end{pmatrix}=C$，所以 C 是实对称矩阵．

设 $\vec{z}=\begin{pmatrix}\vec{x}\\ \vec{y}\end{pmatrix}$ 为 $(m+n)$ 维列向量，其中 $\vec{x}$，$\vec{y}$ 分别是 m 维和 n 维列向量，

当 $\vec{z}\neq\vec{0}$ 时，$\vec{x}$，$\vec{y}$ 不同时为零向量，于是

$\vec{z}^TC\vec{z}=(\vec{x}^T,\vec{y}^T)\begin{pmatrix}A & O\\ O & B\end{pmatrix}\begin{pmatrix}\vec{x}\\ \vec{y}\end{pmatrix}=\vec{x}^TA\vec{x}+\vec{y}^TB\vec{y}>0$，故 C 是正定矩阵．

10. (1) 由于二次型对应的矩阵为

$$A=\begin{pmatrix}0 & 1 & 1\\ 1 & 0 & -2\\ 1 & -2 & 0\end{pmatrix}\to\begin{pmatrix}2 & 1 & -2\\ 1 & 0 & -3\\ 1 & -3 & 0\end{pmatrix}\to\begin{pmatrix}2 & 1 & -2\\ 0 & -\frac{1}{2} & -2\\ 0 & -\frac{7}{2} & 1\end{pmatrix}\to\begin{pmatrix}2 & 0 & 0\\ 0 & -\frac{1}{2} & -2\\ 0 & 0 & 15\end{pmatrix}\to\begin{pmatrix}2 & 0 & 0\\ 0 & -\frac{1}{2} & 0\\ 0 & 0 & 15\end{pmatrix}$$

故二次型的秩为 3，正惯性指数为 2.

(2) 由于二次型对应的矩阵

$$A=\begin{pmatrix}1 & 1 & 0\\ 1 & 2 & 2\\ 0 & 2 & 4\end{pmatrix}\to\begin{pmatrix}1 & 1 & 0\\ 0 & 1 & 2\\ 0 & 0 & 0\end{pmatrix}\to\begin{pmatrix}1 & 0 & 0\\ 0 & 1 & 0\\ 0 & 0 & 0\end{pmatrix}.$$

故二次型的秩为 2，正惯性指数为 2.

11. (1) 先将二次型 $f=3x^2+2y^2+z^2-4xy-4yz$ 化为标准型.

根据化二次型为标准型的方法，作下列正交变换

$$\begin{pmatrix}x\\y\\z\end{pmatrix}=\begin{pmatrix}1/3&2/3&2/3\\2/3&1/3&-2/3\\2/3&-2/3&1/3\end{pmatrix}\begin{pmatrix}x'\\y'\\z'\end{pmatrix},$$

将二次型 $f=3x^2+2y^2+z^2-4xy-4yz$ 化为

$f=-(x')^2+2(y')^2+5(z')^2$，从而二次曲面的方程化为

$$(x')^2-2(y')^2-5(z')^2+5=0,\text{即 }\frac{(x')^2}{-5}+\frac{(y')^2}{5/2}+\frac{(z')^2}{1}=1,$$

因此，原方程表示的曲面为单叶双曲面.

(2) 先将二次型 $f=xy-z$ 化为标准型.

根据化二次型为标准型的方法，作下列正交变换

$$\begin{pmatrix}x\\y\\z\end{pmatrix}=\begin{pmatrix}-1&0&1\\1&0&1\\0&1&0\end{pmatrix}\begin{pmatrix}x'\\y'\\z'\end{pmatrix},$$

将二次型 $f=xy-z$ 化为 $f=-(x')^2+(z')^2-y'$，从而二次曲面的方程化为 $-(x')^2+(z')^2-y'=0$，即 $y'=(z')^2-(x')^2$，

因此，原方程表示的曲面为双曲抛物面.

12. (1) 用 3 维向量 $\vec{x}^{(i)}$ 表示第 i 年后每一人群数量的向量（单位：万），则已知 $\vec{x}=$

$$\vec{x}^{(0)}=\begin{pmatrix}15\\9\\6\end{pmatrix},\vec{x}^{(i)}=\begin{pmatrix}x_1^{(i)}\\x_2^{(i)}\\x_3^{(i)}\end{pmatrix}.$$

$$\text{据估计}\begin{cases}0.7\times15+0.2\times9+0.1\times6=x_1^{(1)}=12.9\\0.2\times15+0.7\times9+0.1\times6=x_2^{(1)}=9.9\\0.1\times15+0.1\times9+0.8\times6=x_3^{(1)}=7.2\end{cases},$$

写成矩阵形式：$A\vec{x}^{(0)}=\vec{x}^{(1)}$，

$$\text{其中 }A=\begin{pmatrix}0.7&0.2&0.1\\0.2&0.7&0.1\\0.1&0.1&0.8\end{pmatrix},\vec{x}^{(1)}=\begin{pmatrix}12.9\\9.9\\7.2\end{pmatrix}.$$

(2) 因 A 的各行元素之和均为 1. 故知 A 有特征值 $\lambda_1=1$，以及对应的特征向量 $\vec{p}_1=(1,1,1)^T$.

再把另 2 个特征值求出：由 $|\lambda E-A|=0$，知 $\lambda_2=0.7$，$\lambda_3=0.5$，并求出相应的特征向量 $\vec{p}_2$，$\vec{p}_3$. 把这三个特征向量单位化（因已正交，只要单位化即可），记为 $\vec{q}_1$，$\vec{q}_2$，$\vec{q}_3$. 则得正交阵 X：$X=(\vec{q}_1,\vec{q}_2,\vec{q}_3)$

$$\text{就有 }A=XDX^{-1}\text{，这里 }D=\begin{pmatrix}1&&\\&0.7&\\&&0.5\end{pmatrix}.$$

(3) 又$\vec{x}^{(2)}=A\vec{x}^{(1)}=A^2\vec{x}^{(0)}=\begin{pmatrix}11.73\\10.23\\8.04\end{pmatrix}$.

经若干年后，设 n 年后，则$\vec{x}^{(n)}=A\vec{x}^{(n-1)}=A^n\vec{x}^{(0)}$.

由（2）知，$A^n=XD^nX^{-1}$

从而$\lim\limits_{n\to\infty}A^n=\lim\limits_{n\to\infty}XD^nX^{-1}=X\begin{pmatrix}1&&\\&0&\\&&0\end{pmatrix}X^{-1}$.

因此，$\vec{x}^{(n)}$将趋于一个确定的向量$\vec{x}^*$. 因$\vec{x}^{(n-1)}$亦必趋于$\vec{x}^*$，故由$\vec{x}^{(n)}=A\vec{x}^{(n-1)}$，知$\vec{x}^*$必满足$\vec{x}^*=A\vec{x}^*$，

所以，$\vec{x}^*$是矩阵 A 属于特征值 $\lambda_1=1$ 的一个特征向量，故知：

$$\vec{x}^*=t\cdot\begin{pmatrix}1\\1\\1\end{pmatrix}=\begin{pmatrix}t\\t\\t\end{pmatrix}.$$

由 $t+t+t=30$，知 $t=10$，亦即，照此规律，n 年以后，该城镇的 3 种人群数量将趋于相等，均为 10 万人.

八、考研真题解答

（1）本题应先求出特征值，由题设三阶矩阵要有三个线性无关特征向量，则重特征值时，对应的线性无关特征向量的个数必须等于特征值的重数，相应的特征矩阵的秩 $r(\lambda E-A)=n-$特征值的重数，由此导出参数应满足的条件.

特征方程为 $|\lambda E-A|=\lambda^3-\lambda^2-\lambda+1=(\lambda-1)^2(\lambda+1)=0$，

得特征值 $\lambda_1=1$(二重)，$\lambda_2=-1$.

欲使 $\lambda_1=1$ 有 2 个线性无关的特征向量，矩阵

$$(E-A)=\begin{pmatrix}1&0&-1\\-x&0&-y\\-1&0&1\end{pmatrix}\to\begin{pmatrix}1&0&-1\\-x&0&-y\\0&0&0\end{pmatrix}$$

的秩必须等于1，故$\begin{vmatrix}1&-1\\-x&-y\end{vmatrix}=-y-x=0$

于是得　$x+y=0$.

因为不同特征值所对应的特征向量线性无关，所以矩阵 A 要有 3 个线性无关的特征向量，必须满足条件 $x+y=0$.

（2）由于 A 为实对称矩阵，与 $\lambda_2=1$ 和 $\lambda_3=1$ 相对应的特征向量$\vec{\xi}_2$ 和$\vec{\xi}_3$ 必都与$\vec{\xi}_1$ 正交，因此为求$\vec{\xi}_2$ 和$\vec{\xi}_3$，只需求解齐次线性方程组$\vec{\xi}_1^T x=0$ 的基础解系，即求解 $x_2+x_3=0$，解

得$\vec{\xi}_2=\begin{pmatrix}1\\0\\0\end{pmatrix}$，$\vec{\xi}_3=\begin{pmatrix}0\\-1\\1\end{pmatrix}$.

因为$A(\vec{\xi}_1,\vec{\xi}_2,\vec{\xi}_3)=(A\vec{\xi}_1,A\vec{\xi}_2,A\vec{\xi}_3)=(\lambda_1\vec{\xi}_1,\lambda_2\vec{\xi}_2,\lambda_3\vec{\xi}_3)$，所以

$$A=(\lambda_1\vec{\xi}_1,\lambda_2\vec{\xi}_2,\lambda_3\vec{\xi}_3)(\vec{\xi}_1,\vec{\xi}_2,\vec{\xi}_3)^{-1}$$

$$=\begin{pmatrix}0&1&0\\-1&0&-1\\-1&0&1\end{pmatrix}\begin{pmatrix}0&1&0\\1&0&-1\\1&0&1\end{pmatrix}^{-1}=\begin{pmatrix}1&0&0\\0&0&-1\\0&-1&0\end{pmatrix}.$$

(3) $A=\begin{pmatrix}\frac{3}{7}&0&-\frac{2}{3}\\0&\frac{5}{3}&-\frac{2}{3}\\-\frac{2}{3}&-\frac{2}{3}&2\end{pmatrix}$.

(4) 由定义有$|3E-A|=0$，由此可定出参数y. 考虑到A^2为对称矩阵，而$(AP)^T(AP)=P^TA^2P$.

①因为

$$|\lambda E-A|=\begin{vmatrix}\lambda&-1&0&0\\-1&\lambda&0&0\\0&0&\lambda-y&-1\\0&0&-1&\lambda-2\end{vmatrix}=(\lambda^2-1)[\lambda^2-(y+2)\lambda+2y-1]=0$$

当$\lambda=3$时，代入上式解得$y=2$. 于是

$$A=\begin{pmatrix}0&1&0&0\\1&0&0&0\\0&0&2&1\\0&0&1&2\end{pmatrix}.$$

②由$A^T=A$，得$(AP)^T(AP)=P^TA^2P$而矩阵$A^2=\begin{pmatrix}1&0&0&0\\0&1&0&0\\0&0&5&4\\0&0&4&5\end{pmatrix}$

考虑二次型

$$X^TA^2X=x_1^2+x_2^2+5x_3^2+5x_4^2+8x_3x_4=x_1^2+x_2^2+5\left(x_3+\frac{4}{5}x_4\right)^2+\frac{9}{5}x_4^2$$

令$y_1=x_1$，$y_2=x_2$，$y_3=x_3+\frac{4}{5}y_4$，$y_4=x_4$，得

$$\begin{pmatrix}x_1\\x_2\\x_3\\x_4\end{pmatrix}=\begin{pmatrix}1&0&0&0\\0&1&0&0\\0&0&1&-\frac{4}{5}\\0&0&0&1\end{pmatrix}\begin{pmatrix}y_1\\y_2\\y_3\\y_4\end{pmatrix}$$

取 $P=\begin{pmatrix}1&0&0&0\\0&1&0&0\\0&0&1&-\frac{4}{5}\\0&0&0&1\end{pmatrix}$,则有 $(AP)^T(AP)=\begin{pmatrix}1&0&0&0\\0&1&0&0\\0&0&5&0\\0&0&0&\frac{9}{5}\end{pmatrix}$.

(5) 由 $AA^*=A^*A=|A|I$，知 $A^*=|A|A^{-1}$.

设 λ 为 A 的一个特征值，因为题设 $|A|<0$，所以 $\lambda\neq0$，且设有 $A\vec{x}=\lambda\vec{x}$，$\vec{x}\neq\vec{0}$. 则 $A^*\vec{x}=|A|A^{-1}\vec{x}=|A|\cdot\frac{1}{\lambda}\vec{x}=\frac{|A|}{\lambda}\vec{x}$，即 A^* 有一特征值为 $\frac{|A|}{\lambda}$.

因此，本题关键在于计算 $|A|$ 以及 A 的一个特征值，而这由已知条件均很容易得到.

由 $|\sqrt{2}E+A|=|A-(-\sqrt{2})E|=0$，得 A 的一个特征值 $\lambda=-\sqrt{2}$

由条件，有 $|AA^T|=|2E|=2^4|E|=16$

$$|A||A^T|=|A|^2=16$$

于是 $|A|=-4$

由于 $|A|<0$，知 A 可逆，设 A 的对应于特征值 $\lambda=-\sqrt{2}$ 的特征向量为 $\vec{\alpha}$，则 $A\vec{\alpha}=-\sqrt{2}\vec{\alpha}$. 由此得 $A^{-1}A\vec{\alpha}=(-\sqrt{2})A^{-1}\vec{\alpha}$.

由于 $A^{-1}\vec{\alpha}=-\frac{1}{\sqrt{2}}\vec{\alpha}$,知 $-\frac{1}{\sqrt{2}}$ 是 A^{-1} 的特征值.

因为 $A^{-1}\vec{\alpha}=(-4)(-\frac{1}{\sqrt{2}}\vec{\alpha})=2\sqrt{2}\vec{\alpha}$，所以 A^* 有特征值 $2\sqrt{2}$.

(6) ①设与 $\vec{\xi}$ 对应的特征值为 λ，则 λ 满足 $(A-\lambda E)\vec{\xi}=\vec{0}$，即

$$\begin{pmatrix}2-\lambda&-1&2\\5&a-\lambda&3\\-1&b&-2-\lambda\end{pmatrix}\begin{pmatrix}1\\1\\-1\end{pmatrix}=\begin{pmatrix}0\\0\\0\end{pmatrix}\Rightarrow\begin{cases}(2-\lambda)-1-2=0\\5+(a-\lambda)-3=0\\-1+b+(2+\lambda)=0\end{cases}$$

解得 $\lambda=-1$，$a=-3$，$b=0$。

②将①的结果代入 A 中，$A=\begin{pmatrix}2&-1&2\\5&-3&3\\-1&0&-2\end{pmatrix}$，其特征多项式

$$|A-\lambda E|=\begin{vmatrix}2-\lambda&-1&2\\5&-3-\lambda&3\\-1&0&-2-\lambda\end{vmatrix}=\begin{vmatrix}2-\lambda&-1&\lambda^2-2\\5&-3-\lambda&-5\lambda-7\\-1&0&0\end{vmatrix}=-(\lambda+1)^3.$$

令上式等于 0，解得 $\lambda=-1$（三重根）为 A 的特征值. 与其对应的特征方程的系数矩阵

$$A+E=\begin{pmatrix}3&-1&2\\5&-2&3\\-1&0&-1\end{pmatrix}\xrightarrow{r_2-2r_1}\begin{pmatrix}3&-1&2\\-1&0&-1\\-1&0&-1\end{pmatrix}\xrightarrow{r_3-r_2}\begin{pmatrix}3&-1&2\\-1&0&-1\\0&0&0\end{pmatrix}$$

由此知秩 $(A+E)=2$. 因而方程组 $(A+E)\vec{x}=\vec{0}$ 的解空间是一维的，故 A 不能相似于对角阵.

(7) 因为 A 为实对称矩阵，所以不同特征值的特征向量必定正交，由此可求出属于特

征值 $\lambda=3$ 的特征向量．至于已知 A 的所有特征值、特征向量反求 A，可由

$$A(\vec{\alpha}_1,\vec{\alpha}_2,\vec{\alpha}_3)=(A\vec{\alpha}_1,A\vec{\alpha}_2,A\vec{\alpha}_3)=(\lambda_1\vec{\alpha}_1,\lambda_2\vec{\alpha}_2,\lambda_3\vec{\alpha}_3)$$

$$=(\vec{\alpha}_1,\vec{\alpha}_2,\vec{\alpha}_3)\begin{pmatrix}\lambda_1 & & \\ & \lambda_2 & \\ & & \lambda_3\end{pmatrix},$$

得 $$A=(\vec{\alpha}_1,\vec{\alpha}_2,\vec{\alpha}_3)\begin{pmatrix}\lambda_1 & & \\ & \lambda_2 & \\ & & \lambda_3\end{pmatrix}(\vec{\alpha}_1,\vec{\alpha}_2,\vec{\alpha}_3)^{-1}.$$

①设 A 的属于特征值 3 的特征向量为 $\vec{\alpha}_3=(x_1,x_2,x_3)^T$.

因为对于实对称矩阵，属于不同特征值的特征向量相互正交，所以 $\vec{\alpha}_1^T\vec{\alpha}_3=0$ 和 $\vec{\alpha}_2^T\vec{\alpha}_3=0$. 即 x_1，x_2，x_3 是齐次线性方程组

$\begin{cases}-x_1-x_2+x_3=0\\ x_1-2x_2-x_3=0\end{cases}$ 的非零解．

解上列方程组，得其基础解系为 $(1,\ 0,\ 1)^T$. 因此 A 的属于特征值 3 的特征向量为 $\alpha_3=k(1,0,1)^T$（k 为任意非零常数）．

②令矩阵 $P=\begin{pmatrix}-1 & 1 & 1\\ -1 & -2 & 0\\ 1 & -1 & 1\end{pmatrix}$，则有 $P^{-1}AP=\begin{pmatrix}1 & 0 & 0\\ 0 & 2 & 0\\ 0 & 0 & 3\end{pmatrix}$，即 $A=P\begin{pmatrix}1 & 0 & 0\\ 0 & 2 & 0\\ 0 & 0 & 3\end{pmatrix}P^{-1}$.

由于 $P^{-1}=\begin{pmatrix}-\frac{1}{3} & -\frac{1}{3} & \frac{1}{3}\\ \frac{1}{6} & -\frac{1}{3} & -\frac{1}{6}\\ \frac{1}{2} & 0 & \frac{1}{2}\end{pmatrix}$,

可见 $A=P\begin{pmatrix}1 & 0 & 0\\ 0 & 2 & 0\\ 0 & 0 & 3\end{pmatrix}P^{-1}=\frac{1}{6}\begin{pmatrix}13 & -2 & 5\\ -2 & 10 & 2\\ 5 & 2 & 13\end{pmatrix}$.

(8) 若 $A\sim B$，则 $|\lambda E-A|=|\lambda E-B|$，对 $\forall\lambda$ 均成立，由此即可求出 a，b.

①A 的特征多项式为

$$|\lambda E-A|=\begin{vmatrix}\lambda-1 & 1 & -1\\ -2 & \lambda-4 & 2\\ 3 & 3 & \lambda-a\end{vmatrix}=(\lambda-2)[\lambda^2-(a+3)\lambda+3(a-1)].$$

由于 $A\sim B$，故 A 与 B 有相同的特征多项式，即 $|\lambda E-A|=|\lambda E-B|$，于是 $(\lambda-2)[\lambda^2-(a+3)\lambda+3(a-1)]=(\lambda-2)^2(\lambda-b)$.

解得 $a=5,b=6$.

②当 $\lambda=2$ 时，求解齐次线性方程组 $(2E-A)\vec{x}=\vec{0}$，其基础解系为 $\vec{\alpha}_1=(1,-1,0)^T$，$\vec{\alpha}_2=(1,0,1)^T$.

当 $\lambda=6$ 时，求解齐次线性方程组 $(6E-A)\vec{x}=\vec{0}$，其基础解系为 $\vec{\alpha}_3=(1,-2,3)^T$.

令 $P=(\vec{\alpha}_1,\vec{\alpha}_2,\vec{\alpha}_3)=\begin{pmatrix}1&1&1\\-1&0&-2\\0&1&3\end{pmatrix}$，则有 $P^{-1}AP=B$.

(9) 根据“若 A 有特征值，则多项式 $f(A)$ 有特征值 $f(\lambda)$”，由于 $(A^*)^2+E=(|A|A^{-1})^2+E$，故所求特征值为 $\left(\frac{|A|}{\lambda}\right)^2+1$.

(10) ① $A^2=0$；② $\lambda=0$（n 重根） $k_1\begin{pmatrix}-b_2\\b_1\\0\\\vdots\\0\end{pmatrix}+k_2\begin{pmatrix}-b_3\\0\\b_1\\\vdots\\0\end{pmatrix}+\cdots+k_{n-1}\begin{pmatrix}-b_n\\0\\0\\\vdots\\b_1\end{pmatrix}$

$k_1,k_2,\cdots,k_{n-1}$ 是不全为零的常数.

(11)

$$|A-\lambda E|=\begin{vmatrix}1-\lambda&1&\cdots&1\\1&1-\lambda&\cdots&1\\\vdots&\vdots&\ddots&\vdots\\1&1&\cdots&1-\lambda\end{vmatrix}\overset{c_1+c_i}{\underset{i=2,3,\cdots,n}{=}}(n-\lambda)\begin{vmatrix}1&1&\cdots&1\\1&1-\lambda&\cdots&1\\\vdots&\vdots&\ddots&\vdots\\1&1&\cdots&1-\lambda\end{vmatrix}$$

$$\overset{c_i+c_1}{\underset{i=2,3,\cdots,n}{=}}(n-\lambda)\begin{vmatrix}1&1&\cdots&1\\0&-\lambda&\cdots&0\\\vdots&\vdots&\ddots&\vdots\\0&0&\cdots&-\lambda\end{vmatrix}=(-1)^{n-1}(n-\lambda)\lambda^{n-1}$$

令 $|A-\lambda E|=0$，得 n 个特征值 n，0，0，…，0（$n-1$ 个）.

(12) 由题设，$|A|=-1$，则有

$$A^*\vec{\alpha}=\lambda_0\vec{\alpha}\Rightarrow AA^*\vec{\alpha}=\lambda_0A\vec{\alpha}\Rightarrow|A|\vec{\alpha}=\lambda_0A\vec{\alpha}\Rightarrow\lambda_0A\vec{\alpha}=-\vec{\alpha},$$

即 $\lambda_0\begin{pmatrix}a&-1&c\\5&b&3\\1-c&0&-a\end{pmatrix}\begin{pmatrix}-1\\-1\\-1\end{pmatrix}=-\begin{pmatrix}-1\\-1\\-1\end{pmatrix}$.

改写为 $\begin{cases}\lambda_0(-a+1+c)=1\\\lambda_0(-5-b+3)=1\\\lambda_0(-1+c-a)=-1\end{cases}$

由上式解得 $\lambda_0=1$，$b=-3$，$c=a$，再将这些结果代入 $|A|=-1$ 中，有

$$\begin{vmatrix}a&-1&a\\5&-3&3\\1-a&0&-a\end{vmatrix}=a-3=-1.\text{ 故 }a=2,b=-3,c=2,\lambda_0=1.$$

(13) 应选（D）.

若 $A\sim B$，则有 $|\lambda E-A|=|\lambda E-B|$，但不一定成立 $\lambda E-A=\lambda E-B$；由 $|\lambda E-A|=|\lambda E-B|$ 知 A、B 有相同的特征多项式，从而有相同的特征值，但特征向量却不一定相同；A、B 相似，但 A、B 自身不一定能对角化，即相似于对角阵矩阵；只有（D）为正确答案，事实上，由 $A\sim B$，存在可逆矩阵 P，使得 $P^{-1}AP=B$，从而有 $P^{-1}(tE-A)P=P^{-1}tP-$

$P^{-1}AP=tE-B$ 即 $tE-A\sim tE-B$.

(14) 3 阶方阵 A 相似于对角矩阵，因此 A 必有 3 个线性无关的特征向量，也即每个特征根的重数与对应线性无关特征向量的个数必须一致．此类问题应先求出特征值，而且最典型的情形是一个为二重根 $\lambda_1=\lambda_2$，一个为单根 λ_3，则 $(\lambda_1E-A)\vec{x}=\vec{0}$ 有两个线性无关解向量，从而秩$(\lambda_1E-A)=3-2=1$，由此可求出 A 中的有关参数．

由 $|\lambda E-A|=\begin{vmatrix}\lambda-3 & -2 & 2\\ k & \lambda+1 & -k\\ -4 & -2 & \lambda+3\end{vmatrix}=\begin{vmatrix}\lambda-1 & -2 & 2\\ 0 & \lambda+1 & -k\\ 0 & 0 & \lambda+1\end{vmatrix}=(\lambda+1)^2(\lambda-1)$

可得 A 的特征值 $\lambda_1=\lambda_2=-1$，$\lambda_3=1$.

对于 $\lambda_3=1$，有 $(-E-A)=\begin{pmatrix}-4 & 2 & 2\\ k & 0 & -k\\ -4 & -2 & 2\end{pmatrix}\to\begin{pmatrix}-4 & 2 & 2\\ k & 0 & -k\\ 0 & 0 & 0\end{pmatrix}$

当 $k=0$ 时，有 $(-E-A)=\begin{pmatrix}-4 & 2 & 2\\ 0 & 0 & 0\\ 0 & 0 & 0\end{pmatrix}\to\begin{pmatrix}1 & \frac{1}{2} & -\frac{1}{2}\\ 0 & 0 & 0\\ 0 & 0 & 0\end{pmatrix}$

对应的特征向量为 $\alpha_1=(-1,2,0)^T$，$\alpha_2=(1,0,2)^T$.

对于 $\lambda_3=1$，有 $(E-A)=\begin{pmatrix}-2 & -2 & 2\\ k & 2 & -k\\ -4 & 2 & 4\end{pmatrix}\to\begin{pmatrix}1 & 0 & -1\\ 0 & 0 & 0\\ 0 & 0 & 0\end{pmatrix}$,

对应的特征向量为 $\alpha_3=(1,0,1)^T$.

因此，当 $k=0$ 时，令 $P=\begin{pmatrix}-1 & 1 & 1\\ 2 & 0 & 0\\ 0 & 2 & 1\end{pmatrix}$，则 $P^{-1}AP=\begin{pmatrix}-1 & 0 & 0\\ 0 & -1 & 0\\ 0 & 0 & 1\end{pmatrix}$.

(15) ①第 $(n+1)$ 年的熟练工由两部分组成：一是上一年未调走的熟练工（即 $\frac{5}{6}x_n$）；二是上一年非熟练工经培训而变成的熟练工（即 $\frac{2}{5}\left(\frac{1}{6}x_n+y_n\right)$）．因此得到

$$\begin{cases}x_{n+1}=\frac{5}{6}x_n+\frac{2}{5}\left(\frac{1}{6}x_n+y_n\right)\\ y_{n+1}=\frac{3}{5}\left(\frac{1}{6}x_n+y_n\right)\end{cases}\quad\text{即}\quad\begin{cases}x_{n+1}=\frac{9}{10}x_n+\frac{2}{5}y_n\\ y_{n+1}=\frac{1}{10}x_n+\frac{3}{5}y_n\end{cases}$$

如设 $A=\begin{pmatrix}\frac{9}{10} & \frac{2}{5}\\ \frac{1}{10} & \frac{3}{5}\end{pmatrix}$，则有 $\begin{pmatrix}x_{n+1}\\ y_{n+1}\end{pmatrix}=A\begin{pmatrix}x_n\\ y_n\end{pmatrix}$.

②令 $P=(\vec{\eta}_1,\vec{\eta}_2)=\begin{pmatrix}4 & -1\\ 1 & 1\end{pmatrix}$，则由 $|P|=5\neq0$ 知，$\vec{\eta}_1$，$\vec{\eta}_2$ 线性无关．

因 $A\vec{\eta}_1=(4,1)^T=\vec{\eta}_1$，故 $\vec{\eta}_1$ 为 A 的特征向量，且相应的特征值 $\lambda_1=1$

因 $A\vec{\eta}_2=\left(-\frac{1}{2},-\frac{1}{2}\right)^T=\vec{\eta}_2$,

故 $\vec{\eta}_2$ 为 A 的特征向量，且相应的特征值 $\lambda_2=\frac{1}{2}$.

③ $\begin{pmatrix}x_{n+1}\\y_{n+1}\end{pmatrix}=A\begin{pmatrix}x_n\\y_n\end{pmatrix}=A^2\begin{pmatrix}x_{n-1}\\y_{n-1}\end{pmatrix}=\cdots=A^n\begin{pmatrix}x_1\\y_1\end{pmatrix}=A^n\begin{pmatrix}\frac{1}{2}\\\frac{1}{2}\end{pmatrix}$

由 $P^{-1}AP=\begin{pmatrix}\lambda_1&0\\0&\lambda_2\end{pmatrix}$, 有 $A=P\begin{pmatrix}\lambda_1&0\\0&\lambda_2\end{pmatrix}P^{-1}$. 因此

$$A^n=P\begin{pmatrix}\lambda_1&0\\0&\lambda_2\end{pmatrix}^nP^{-1}=\frac{1}{5}\begin{pmatrix}4&-1\\1&1\end{pmatrix}\begin{pmatrix}1&0\\0&\left(\frac{1}{2}\right)^n\end{pmatrix}\begin{pmatrix}1&1\\4&-1\end{pmatrix}$$

$$=\frac{1}{5}\begin{pmatrix}4+\left(\frac{1}{2}\right)^n&4-4\left(\frac{1}{2}\right)^n\\1-\left(\frac{1}{2}\right)^n&1+4\left(\frac{1}{2}\right)^n\end{pmatrix},$$

故 $\begin{pmatrix}x_{n+1}\\y_{n+1}\end{pmatrix}=A^n\begin{pmatrix}\frac{1}{2}\\\frac{1}{2}\end{pmatrix}=\frac{1}{10}\begin{pmatrix}8-3(\frac{1}{2})^n\\2+3(\frac{1}{2})^n\end{pmatrix}$.

（16）因为 $A\sim B$，所以 B 的特征值为 $\frac{1}{2}$，$\frac{1}{3}$，$\frac{1}{4}$，$\frac{1}{5}$，于是 B^{-1} 的特征值为 2，3，4，5，从而 $B^{-1}-E$ 的特征值为 1，2，3，4. 故 $|B^{-1}-E|=1\cdot2\cdot3\cdot4=24$.

（17）因为 $A\sim B$，所以 B 的特征值为 2，3，4，5，从而 $B-E$ 的特征值为 1，2，3，4. 故 $|B-E|=1\cdot2\cdot3\cdot4=24$.

（18）因为 A 有 3 个线性无关的特征向量，$\lambda=2$ 是 A 的二重特征值，所以 A 的对应于 $\lambda=2$ 的线性无关的特征向量有两个，故秩$(2E-A)=1$.

经过行的初等变换

$$2E-A=\begin{pmatrix}1&1&-1\\-x&-2&-y\\3&3&-3\end{pmatrix}\to\begin{pmatrix}1&1&-1\\0&x-2&-x-y\\0&0&0\end{pmatrix}$$

于是，解得 $x=2$，$y=-2$.

矩阵 $A=\begin{pmatrix}1&-1&1\\2&4&-2\\-3&-3&5\end{pmatrix}$,其特征多项式

$$|\lambda E-A|=\begin{vmatrix}\lambda-1&1&-1\\-2&\lambda-4&2\\3&3&\lambda-5\end{vmatrix}=(\lambda-2)^2(\lambda-6).$$

由此得特征值 $\lambda_1=\lambda_2=2$，$\lambda_3=6$.

对于特征值为 $\lambda_1=\lambda_2=2$,解线性方程组 $(2E-A)x=0$，有

$$\lambda_1E-A=\begin{pmatrix}1&1&-1\\-2&-2&2\\3&3&-3\end{pmatrix}\to\begin{pmatrix}1&1&-1\\0&0&0\\0&0&0\end{pmatrix},$$

对应的特征向量为 $\vec{\alpha}_1=(1,-1,0)^T$，$\vec{\alpha}_2=(1,0,1)^T$.

对于特征值 $\lambda_3=6$，解线性方程组 $(6E-A)\vec{x}=\vec{0}$，有

$$\lambda_3E-A=\begin{pmatrix}5&1&-1\\-2&2&2\\3&3&1\end{pmatrix}\to\begin{pmatrix}1&0&\frac{1}{3}\\0&1&\frac{2}{3}\\0&0&0\end{pmatrix},$$

对应的特征向量为 $\vec{\alpha}_3=(1,-2,3)^T$.

令 $P=\begin{pmatrix}1&1&1\\-1&0&-2\\0&1&3\end{pmatrix}$，则 $P^{-1}AP=\begin{pmatrix}2&0&0\\0&2&0\\0&0&6\end{pmatrix}$.

(19) ①设 $B=\begin{pmatrix}a_1&a_2&a_3\\b_1&b_2&b_3\\c_1&c_2&c_3\end{pmatrix}$，则由 $AP=PB$ 得

$$(Ax,A^2x,A^3x)=(x,Ax,A^2x)\begin{pmatrix}a_1&a_2&a_3\\b_1&b_2&b_3\\c_1&c_2&c_3\end{pmatrix},$$

即
$$\begin{cases}Ax=a_1x+b_1Ax+c_1A^2x\\A^2x=a_2x+b_2Ax+c_2A^2x\\A^3x=a_3x+b_3Ax+c_3A^2x\end{cases}$$

由于 x,Ax,A^3x 线性无关，故可得

$$a_1=0,b_1=1,c_1=0;a_2=0,b_2=0,c_2=1;$$

将 $A^3x=3Ax-2A^2x$ 代入方程组第三式，得

$3Ax-2A^2x=a_3x+b_3Ax+c_3A^2x$，由此可得 $a_3=0,b_3=3,c_3=-2$.

于是 $B=\begin{pmatrix}0&0&0\\1&0&3\\0&1&-2\end{pmatrix}$.

②由①知 A 与 B 相似，故 $A+E$ 与 $B+E$ 相似，从而

$$|A+E|=|B+E|=\begin{vmatrix}1&0&0\\1&1&3\\0&1&-1\end{vmatrix}=-4.$$

(20) ①对线性方程组 $AX=\beta$ 的增广矩阵作行初等变换，有

$$(A\mid\beta)=\left(\begin{array}{ccc|c}1&1&a&1\\1&a&1&1\\a&1&1&-2\end{array}\right)\to\left(\begin{array}{ccc|c}1&1&a&1\\0&a-1&1-a&0\\a&0&(a-1)(a+2)&a+2\end{array}\right).$$

因为方程组的解不唯一，所以秩(A) = 秩$(A\mid\beta)<3$，故 $a=-2$.

②由①有 $A=\begin{pmatrix}1&1&-2\\1&-2&1\\-2&1&1\end{pmatrix}$.

A 的特征多项式 $|\lambda E-A|=\lambda(\lambda-3)(\lambda+3)$，

故 A 的特征值为 $\lambda_1=3$，$\lambda_2=-3$，$\lambda_3=0$.

对应的特征向量依次是 $\vec{\alpha}_1=(1,0,-1)^T$，$\vec{\alpha}_2=(1,-2,1)^T$，$\vec{\alpha}_3=(1,1,1)^T$.

将 $\vec{\alpha}_1$，$\vec{\alpha}_2$，$\vec{\alpha}_3$ 单位化，得

$$\vec{\beta}_1=\left(\frac{1}{\sqrt{2}},0,-\frac{1}{\sqrt{2}}\right)^T,\vec{\beta}_2=\left(\frac{1}{\sqrt{6}},\frac{-2}{\sqrt{6}},\frac{1}{\sqrt{6}}\right)^T,\vec{\beta}_3=\left(\frac{1}{\sqrt{3}},\frac{1}{\sqrt{3}},\frac{1}{\sqrt{3}}\right)^T.$$

令 $Q=\begin{pmatrix}\frac{1}{\sqrt{2}}&\frac{1}{\sqrt{6}}&\frac{1}{\sqrt{3}}\\0&\frac{-2}{\sqrt{6}}&\frac{1}{\sqrt{3}}\\-\frac{1}{\sqrt{2}}&\frac{1}{\sqrt{6}}&\frac{1}{\sqrt{3}}\end{pmatrix}$，则有 $Q^TAQ=\begin{pmatrix}3&0&0\\0&-3&0\\0&0&0\end{pmatrix}$.

(21) 略.

(22) $|A-\lambda E|=\begin{vmatrix}-\lambda&-2&-2\\2&\lambda-2&-2\\-2&-2&\lambda-2\end{vmatrix}=\lambda^2(4-\lambda)$，故非零 $\lambda=4$.

(23) (B).

(24) $P=\begin{pmatrix}1&1&-1\\1&0&1\\0&1&1\end{pmatrix}$，$|A-E|=a^2(a-3)$.

(25) $B+2E$ 的特征值为：9，9，3.

属于 9 的全部特征向量为：$k_1\begin{pmatrix}1\\-1\\0\end{pmatrix}+k_2\begin{pmatrix}-1\\-1\\1\end{pmatrix}$，$k_1$，$k_2$ 是不全为零的常数；

属于 3 的全部特征向量为：$k_3\begin{pmatrix}0\\1\\1\end{pmatrix}$，$k_3$ 为非零任意常数.

(26) $a=0$，$P=\begin{pmatrix}1&0&1\\2&0&-2\\0&1&0\end{pmatrix}$，$P^{-1}AP=\begin{pmatrix}6&&\\&6&\\&&-2\end{pmatrix}$.

(27) C.

(28) $a=2$，$b=1\Rightarrow\lambda=1$；$b=-2\Rightarrow\lambda=4$.

(29) 当 $\lambda=2$ 是特征方程的二重根时，$a=-2$，A 可相似对角化；

当 $\lambda=2$ 不是特征方程的二重根时，$a=-\frac{2}{3}$，A 不可相似对角化.

(30) ①$\lambda_1 = 1 + (n-1)b$，$\lambda_2 = \cdots = \lambda_n = 1 - b$

$\lambda = 1 - b$ 的全部特征向量：$k_1\begin{pmatrix}1\\-1\\0\\\vdots\\0\end{pmatrix} + k_2\begin{pmatrix}1\\0\\-1\\\vdots\\0\end{pmatrix} + \cdots + k_{n-1}\begin{pmatrix}1\\0\\0\\\vdots\\-1\end{pmatrix}$，

k_1，k_2，…，k_{n-1}是不全为零的常数；

$\lambda = 1 + (n-1)b$ 的全部特征向量：$k\begin{pmatrix}1\\1\\\vdots\\1\end{pmatrix}$，$k$ 为非零任意常数；

$$②P = \begin{pmatrix}1 & 1 & \cdots & 1 & 1\\ -1 & 0 & \cdots & 0 & 1\\ 0 & -1 & \cdots & 0 & 1\\ \cdots & \cdots & \cdots & \cdots & \cdots\\ 0 & 0 & \cdots & -1 & 1\end{pmatrix}.$$

(31) $(1,0,0)^T$.

(32) ①$\lambda = 0$，$k\begin{pmatrix}-1\\1\\1\end{pmatrix}$，$k$ 为非零任意常数；②$A = \begin{pmatrix}4 & 2 & 2\\2 & 4 & -2\\2 & -2 & 4\end{pmatrix}$.

(33) ①f 的矩阵表达式为

$$f(x_1,x_2,x_3) = (x_1,x_2,x_3)\begin{pmatrix}0 & 2 & -2\\2 & 4 & 4\\-2 & 4 & -3\end{pmatrix}\begin{pmatrix}x_1\\x_2\\x_3\end{pmatrix}.$$

②二次型的矩阵为 $A = \begin{pmatrix}0 & 2 & -2\\2 & 4 & 4\\-2 & 4 & -3\end{pmatrix}$，

A 的特征方程为 $|\lambda E - A| = \begin{vmatrix}\lambda & -2 & 2\\-2 & \lambda-4 & -4\\2 & -4 & \lambda+3\end{vmatrix} = (\lambda-1)(\lambda^2-36) = 0.$

由此得 A 的特征值为 $\lambda_1 = 1$，$\lambda_2 = 6$，$\lambda_3 = -6$，对应特征向量为

$$\vec{\beta}_1 = \begin{pmatrix}\frac{2}{\sqrt{5}}\\0\\\frac{1}{\sqrt{5}}\end{pmatrix},\vec{\beta}_2 = \begin{pmatrix}\frac{1}{\sqrt{30}}\\\frac{5}{\sqrt{30}}\\\frac{2}{\sqrt{30}}\end{pmatrix},\vec{\beta}_3 = \begin{pmatrix}\frac{1}{\sqrt{6}}\\\frac{-1}{\sqrt{6}}\\\frac{2}{\sqrt{6}}\end{pmatrix},$$

由此可得正交矩阵 $P=(\vec{\beta}_1,\vec{\beta}_2,\vec{\beta}_3)=\begin{pmatrix}\frac{2}{\sqrt{5}} & \frac{1}{\sqrt{30}} & \frac{1}{\sqrt{6}}\\ 0 & \frac{5}{\sqrt{30}} & \frac{-1}{\sqrt{6}}\\ \frac{-1}{\sqrt{5}} & \frac{2}{\sqrt{30}} & \frac{2}{\sqrt{6}}\end{pmatrix}$.

对二次型 f 做正交变换 $\begin{pmatrix}x_1\\x_2\\x_3\end{pmatrix}=P\begin{pmatrix}y_1\\y_2\\y_3\end{pmatrix}$,

则二次型 f 可以化为如下标准型 $f(x_1,x_2,x_3)=y_1^2+6y_2^2-6y_3^2$.

(34) ①二次型对应的矩阵为

$$A=\begin{pmatrix}5 & -1 & 3\\ -1 & 5 & -3\\ 3 & -3 & c\end{pmatrix}\xrightarrow[\text{单位化}]{\text{第 2 列}}\begin{pmatrix}5 & -1 & 3\\ 24 & 0 & 12\\ -12 & 0 & c-9\end{pmatrix}\to\begin{pmatrix}5 & -1 & 3\\ 2 & 0 & 1\\ 0 & 0 & c\end{pmatrix},$$

因为秩 $(A)=2$,所以得 $c=3$. 此时 A 的特征多项式为

$$|A-\lambda E|=\begin{vmatrix}5-\lambda & -1 & 3\\ -1 & 5-\lambda & -3\\ 3 & -3 & 3-\lambda\end{vmatrix}=-(4-\lambda)\lambda(9-\lambda).$$

故所有特征值为 $\lambda_1=0$,$\lambda_2=4$,$\lambda_3=9$.

②二次型 f 的标准型可表示为 $f=4y_2^2+9y_3^2$. 令 $4y_2^2+9y_3^2=1$,这是椭圆曲面.

(35) 应选 (D).

由题设 A,B 可逆,若取 $P=B$,$Q=A^{-1}$,则 $PAQ=BAA^{-1}=B$,可见 (D) 成立.

矩阵乘法不满足交换律,故 (A) 不成立;任意两个同阶可逆矩阵,不一定是相似的或合同的,因此 (B)、(C) 均不成立.

(36) f 是正定的充要条件是 f 对应的矩阵各阶顺序主子式大于零,

因此 $\begin{vmatrix}2 & 1 & 0\\ 1 & 1 & t/2\\ 0 & t/2 & 1\end{vmatrix}>0$,解得 $-\sqrt{2}<t<\sqrt{2}$.

(37) 二次曲面方程左边的二次型矩阵为 $A=\begin{pmatrix}1 & b & 1\\ b & a & 1\\ 1 & 1 & 1\end{pmatrix}$,而将它化为标准型后的矩阵是 $B=\mathrm{diag}(0,1,4)$. 由于 $A\sim B$,因此 $\mathrm{tr}(A)=\mathrm{tr}(B)$,$|A|=|B|$. 由前式可得 $1+a+1=0+1+4\Rightarrow a=3$.

由后式可得 $0=\begin{vmatrix}1 & b & 1\\ b & 3 & 1\\ 1 & 1 & 1\end{vmatrix}=-(b-1)^2$,即 $b=1$.

矩阵 $A=\begin{pmatrix}1 & 1 & 1\\ 1 & 3 & 1\\ 1 & 1 & 1\end{pmatrix}$ 的三个特征值为 $\lambda_1=0$,$\lambda_2=1$,$\lambda_3=4$,可依次求得如下互相正交的

特征向量：

$$\vec{p}_1=(1,0,-1)^T,\vec{p}_2=(1,-1,1)^T,\vec{p}_3=(1,2,1)^T.$$

将这些列向量单位化，并依次排列，得到所求的正交矩阵

$$P=\begin{pmatrix}\frac{1}{\sqrt{2}} & \frac{1}{\sqrt{3}} & \frac{1}{\sqrt{6}}\\ 0 & -\frac{1}{\sqrt{3}} & \frac{2}{\sqrt{6}}\\ -\frac{1}{\sqrt{2}} & \frac{1}{\sqrt{3}} & \frac{1}{\sqrt{6}}\end{pmatrix}.$$

（38）先求出 A 的特征值 λ，则 B 的特征值为 $(k+\lambda)^2$，B 正定的充要条件是所有特征值全大于零．

由 $|\lambda E-A|=\begin{vmatrix}\lambda-1 & 0 & -1\\ 0 & \lambda-2 & 0\\ -1 & 0 & \lambda-1\end{vmatrix}=\lambda(\lambda-2)^2$，可得 A 的特征值为 $\lambda_1=\lambda_2=2$，$\lambda_3=0$.

设 λ 为 A 的特征值，$\vec{x}\neq0$ 为相应特征向量，即 $A\vec{x}=\lambda\vec{x}$，则有 $B\vec{x}=(kE+A)^2\vec{x}=(k+\lambda)^2\vec{x}$，即 B 有特征值 $(k+\lambda)^2$，故 B 的特征值为 $(k+2)^2$，$(k+2)^2$，k^2. 由此可得 $\Lambda=\begin{pmatrix}(k+\lambda)^2 & & \\ & (k+\lambda)^2 & \\ & & k^2\end{pmatrix}$，且 $B\sim\Lambda$.

由上面的结果可得：当 $k\neq2$ 且 $k\neq0$ 时，B 的所有特征值全大于零，这时 B 为正定矩阵．

（39）先证必要性

设 B^TAB 为正定矩阵，则对任意的实 n 维列向量 $\vec{x}\neq\vec{0}$，有

$$\vec{x}^T(B^TAB)\vec{x}>0$$

即：

$$(B\vec{x})^TA(B\vec{x})>0.$$

因 A 为正定矩阵，于是，$B\vec{x}\neq\vec{0}$. 因此，$B\vec{x}=\vec{0}$ 只有零解，从而 $r(B)=n$.

再证充分性．因 $(B^TAB)^T=B^TA^TB=B^TAB$，故 B^TAB 为实对称矩阵．

若 $r(B)=n$，则线性方程组 $B\vec{x}=\vec{0}$ 只有零解，从而对任意实 n 维列向量 $\vec{x}\neq\vec{0}$ 有 $B\vec{x}\neq\vec{0}$，又 A 为正定矩阵，所以对于 $B\vec{x}\neq\vec{0}$ 有 $(B\vec{x})^TA(B\vec{x})>0$.

于是，当 $\vec{x}\neq\vec{0}$ 时，$\vec{x}^T(B^TAB)\vec{x}>0$，故 B^TAB 为正定矩阵．

（40）易知 B 为对称矩阵，由于对抽象矩阵 B 无法用其顺序主子式来判定其正定性，只能证明其特征值全大于零或用定义来判别，而求 B 的特征值要求 B 满足一定的关系式，本题无此假设，剩下只能用定义了，即需证明 $f(\vec{x})=\vec{x}^TB\vec{x}$ 为正定二次型．

因为 $B^T=(\lambda E+A^TA)^T=\lambda E+A^TA=B$，所以 B 为 n 阶对称矩阵，对于任意的实 n 维向量 $\vec{x}$，有

$$\vec{x}^TB\vec{x}=\vec{x}^T(\lambda E+A^TA)\vec{x}=\lambda\vec{x}^T\vec{x}+\vec{x}^TA^TA\vec{x}=\lambda\vec{x}^T\vec{x}+(A\vec{x})^TA\vec{x}.$$

当 $\vec{x}\neq\vec{0}$ 时，有 $\vec{x}^T\vec{x}>0$，$(A\vec{x})^TA\vec{x}>0$，因此，当 $\lambda>0$ 时，对任意的 $\vec{x}\neq\vec{0}$，有 $\vec{x}^TB\vec{x}=\lambda\vec{x}^T\vec{x}+(A\vec{x})^TA\vec{x}>0$，即 B 为正定矩阵．

(41) 由于f的表达式各项均为两项和的平方，所以$f\geqslant 0$，而且等号成立当且仅当

$$x_1+a_1x_2=0,x_2+a_2x_3=0,\cdots,x_{n-1}+a_{n-1}x_n=0,x_n+a_nx_1=0.$$

更进一步，这个方程组只有零解当且仅当系数行列式

$$\begin{vmatrix} 1 & a_1 & 0 & \cdots & 0 & 0 \\ 0 & 1 & a_2 & \cdots & 0 & 0 \\ \vdots & \vdots & \vdots & \ddots & \vdots & \vdots \\ 0 & 0 & 0 & \cdots & 1 & a_{n-1} \\ a_n & 0 & 0 & \cdots & 0 & 1 \end{vmatrix}=1+(-1)^{n+1}a_1a_2\cdots a_n\neq 0.$$

于是，当$1+(-1)^{n+1}a_1a_2\cdots a_n\neq 0$，即$a_1a_2\cdots a_n\neq(-1)^n$时，对于任意的不全为零的$x_1$，$x_2$，…，$x_n$，有$f(x_1,x_2,\cdots,x_n)>0$，即题给二次型为正定.

(42) 因$|A-\lambda E|=-(4-\lambda)\lambda^3$，故$A$的特征值为

$\lambda_1=4,\lambda_2=\lambda_3=\lambda_4=0$. 又因$A$为对称矩阵，所以必存在正交矩阵$P^T$，使得$A$与$B$既合同又相似，应选(A).

(43) 方法1：① 二次型$f(x_1,x_2,\cdots,x_n)$的矩阵形式为

$$f(X)=(x_1,x_2,\cdots,x_n)\frac{1}{|A|}\begin{pmatrix} A_{11} & A_{21} & \cdots & A_{n1} \\ A_{12} & A_{22} & \cdots & A_{n2} \\ \vdots & \vdots & \ddots & \vdots \\ A_{1n} & A_{2n} & \cdots & A_{nn} \end{pmatrix}\begin{pmatrix} x_1 \\ x_2 \\ \vdots \\ x_n \end{pmatrix}$$

因秩$(A)=n$，故A可逆，且$A^{-1}=\dfrac{1}{A}A^*$.

从而$(A^{-1})^T=(A^T)^{-1}=A^{-1}$.

故A^{-1}也是对称矩阵，因此二次型$f(X)$的矩阵为A^{-1}.

②因为$(A^{-1})^TAA^{-1}=(A^T)^{-1}E=A^{-1}$，所以$A$与$A^{-1}$合同，于是$g(\vec{x})=\vec{x}^TA\vec{x}$与$f(\vec{x})$有相同的规范性.

方法2：

①同法1.

②对二次型$g(\vec{x})=\vec{x}^TA\vec{x}$作可逆线性变换$\vec{x}=A^{-1}\vec{y}$，其中$\vec{y}=(y_1,y_2,\cdots,y_n)^T$，$g(\vec{x})=\vec{x}^TA\vec{x}=(A^{-1}\vec{y})^TA(A^{-1}\vec{y})=\vec{y}^TA^{-1}\vec{y}$.

由此得知，A与A^{-1}合同，于是$g(x)$与$f(x)$有相同的规范性.

(44) 方法1：$A=\begin{pmatrix} a & 2 & 2 \\ 2 & a & 2 \\ 2 & 2 & a \end{pmatrix}\xrightarrow{\text{正交变换}}\begin{pmatrix} 6 & 0 & 0 \\ 0 & 0 & 0 \\ 0 & 0 & 0 \end{pmatrix}$，正交变换也是相似变换，迹不变，因此$3a=6$，由此得$a=2$.

方法2：解二次型f的矩阵为$A=\begin{pmatrix} a & 2 & 2 \\ 2 & a & 2 \\ 2 & 2 & a \end{pmatrix}$

由二次型f的标准型$f=6y_1^2$，可知二次型f的的秩，即矩阵的秩等于1. 用初等行变换将A化为阶梯形，

$$A\to\begin{pmatrix}2&2&a\\0&2-a&a-2\\a-2&0&2-a\end{pmatrix}$$

若 $a\neq2$，则有 $A\to\begin{pmatrix}2&2&a\\0&1&1\\1&0&1\end{pmatrix}\to\begin{pmatrix}2&2&a\\0&1&1\\0&0&4-a\end{pmatrix}$，

此时 $r(A)\geqslant2$，不合题意．

当 $a=2$ 时，$A\to\begin{pmatrix}2&2&a\\0&0&0\\0&0&0\end{pmatrix}$，

此时 $r(A)=1$，符合题意．故 $a=2$.

(45) ①$\lambda_1=\lambda_2=-2$，$\lambda_3=0$；②$k>2$ 时，$A+kE$ 正定．

(46) ①二次型 f 的矩阵为　$A=\begin{pmatrix}a&0&b\\0&2&0\\b&0&-2\end{pmatrix}$.

设 A 的特征值为 $\lambda_i(i=1,2,3)$．由题设，有

$$\lambda_1+\lambda_2+\lambda_3=a+2+(-2)=1,$$

$$\lambda_1\lambda_2\lambda_3=\begin{vmatrix}a&0&b\\0&2&0\\b&0&-2\end{vmatrix}=-4a-2b^2=-12.$$

解得 $a=1$，$b=-2$.

②由矩阵 A 的特征多项式

$$|\lambda E-A|=\begin{vmatrix}\lambda-1&0&-2\\0&\lambda-2&0\\-2&0&\lambda+2\end{vmatrix}=(\lambda-2)^2(\lambda+3),$$

得 A 的特征值 $\lambda_1=\lambda_2=2$，$\lambda_3=-3$.

对于 $\lambda_1=\lambda_2=2$，解齐次线性方程组 $(2E-A)\vec{x}=\vec{0}$，得其基础解系

$$\vec{\xi}_1=(2,0,1)^T,\ \vec{\xi}_2=(0,1,0)^T.$$

对于 $\lambda_3=-3$，解齐次线性方程组 $(-3E-A)\vec{x}=\vec{0}$，得基础解系

$$\vec{\xi}_3=(1,0,-2)^T.$$

由于 $\vec{\xi}_1$，$\vec{\xi}_2$，$\vec{\xi}_3$ 已是正交向量组，因此只需将 $\vec{\xi}_1$，$\vec{\xi}_2$，$\vec{\xi}_3$ 单位化，就能得到规范化正交向量组，由此得

$$\vec{\eta}_1=(\frac{2}{\sqrt5},0,\frac{1}{\sqrt5})^T,\vec{\eta}_2=(0,1,0)^T,\vec{\eta}_3=(\frac{1}{\sqrt5},0,-\frac{2}{\sqrt5})^T.$$

令矩阵

$$Q=(\vec{\eta}_1\quad \vec{\eta}_2\quad \vec{\eta}_3)=\begin{pmatrix}\frac{2}{\sqrt{5}} & 0 & \frac{1}{\sqrt{5}}\\ 0 & 1 & 0\\ \frac{1}{\sqrt{5}} & 0 & -\frac{2}{\sqrt{5}}\end{pmatrix},$$

则 Q 为正交矩阵．在正交变换 $\vec{x}=Q\vec{y}$ 下，有 $Q^TAQ=\begin{pmatrix}2&0&0\\0&2&0\\0&0&-3\end{pmatrix}$，

且二次型的标准型为　$f=2y_1^2+2y_2^2-3y_3^2$.

(47) 方法 1：因为 $f(x_1,x_2,x_3)=(x_1+x_2)^2+(x_2-x_3)^2+(x_3+x_1)^2$

$$=2x_1^2+2x_2^2+2x_3^2+2x_1x_2+2x_1x_3-2x_2x_3.$$

于是二次型的矩阵为 $$A=\begin{pmatrix}2&1&1\\1&2&-1\\1&-1&2\end{pmatrix},$$

由初等变换得 $$A\to\begin{pmatrix}1&-1&2\\0&3&-3\\0&3&-3\end{pmatrix}\to\begin{pmatrix}1&-1&2\\0&3&-3\\0&0&0\end{pmatrix},$$

从而　$r(A)=2$，即二次型的秩为 2.

方法 2：因为 $f(x_1,x_2,x_3)=(x_1+x_2)^2+(x_2-x_3)^2+(x_3+x_1)^2$

$$=2x_1^2+2x_2^2+2x_3^2+2x_1x_2+2x_1x_3-2x_2x_3$$

$$=2\left(x_1+\frac{1}{2}x_2+\frac{1}{2}x_3\right)^2+\frac{3}{2}(x_2-x_3)^2$$

$$=2y_1^2+\frac{3}{2}y_2^2,$$

其中 $$y_1=x_1+\frac{1}{2}x_2+\frac{1}{2}x_3,y_2=x_2-x_3.$$

所以二次型的秩为 2.

(48) 方法 1：令 $k_1\vec{\alpha}_1+k_2A(\vec{\alpha}_1+\vec{\alpha}_2)=0$，则

$$k_1\vec{\alpha}_1+k_2\lambda_1\vec{\alpha}_1+k_2\lambda_2\vec{\alpha}_2=0,(k_1+k_2\lambda_1)\vec{\alpha}_1+k_2\lambda_2\vec{\alpha}_2=0.$$

由于 $\vec{\alpha}_1$，$\vec{\alpha}_2$ 线性无关，于是有 $\begin{cases}k_1+k_2\lambda_1=0,\\k_2\lambda_2=0.\end{cases}$

当 $\lambda_2\neq0$ 时，显然有 $k_1=0$，$k_2=0$，此时 $\vec{\alpha}_1$，$A(\vec{\alpha}_1+\vec{\alpha}_2)$ 线性无关；反过来，若 $\vec{\alpha}_1$，$A(\vec{\alpha}_1+\vec{\alpha}_2)$ 线性无关，则必然有 $\lambda_2\neq0$（否则，$\vec{\alpha}_1$ 与 $A(\vec{\alpha}_1+\vec{\alpha}_2)=\lambda_1\vec{\alpha}_1$ 线性相关），故应选（B）．

方法 2：由于

$$(\vec{\alpha}_1,A(\vec{\alpha}_1+\vec{\alpha}_2))=(\vec{\alpha}_1,\lambda_1\vec{\alpha}_1+\lambda_2\vec{\alpha}_2)=(\vec{\alpha}_1,\vec{\alpha}_2)\begin{pmatrix}1&\lambda_1\\0&\lambda_2\end{pmatrix},$$

可见 $\vec{\alpha}_1$，$A(\vec{\alpha}_1+\vec{\alpha}_2)$ 线性无关的充要条件是 $\begin{vmatrix}1&\lambda_1\\0&\lambda_2\end{vmatrix}=\lambda_2\neq0$. 故应选（B）．

(49) ①$A(\vec{\alpha}_1,\vec{\alpha}_2,\vec{\alpha}_3)=(\vec{\alpha}_1,\vec{\alpha}_2,\vec{\alpha}_3)\begin{pmatrix}1&0&0\\1&2&2\\1&1&3\end{pmatrix}$，可知 $B=\begin{pmatrix}1&0&0\\1&2&2\\1&1&3\end{pmatrix}$.

②因为$\vec{\alpha}_1$，$\vec{\alpha}_2$，$\vec{\alpha}_3$ 是线性无关的 3 维列向量，可知矩阵 $C=(\vec{\alpha}_1,\vec{\alpha}_2,\vec{\alpha}_3)$可逆，所以 $C^{-1}AC=B$，即矩阵 A 与 B 相似，由此可得矩阵 A 与 B 有相同的特征值.

由

$$|\lambda E-B|=\begin{vmatrix}\lambda-1&0&0\\-1&\lambda-2&-2\\-1&-1&\lambda-3\end{vmatrix}=(\lambda-1)^2(\lambda-4)=0,$$

得矩阵 B 的特征值，也即矩阵 A 的特征值为：$\lambda_1=\lambda_2=1$，$\lambda_3=4$.

③对应于 $\lambda_1=\lambda_2=1$，解齐次线性方程组$(E-B)\vec{x}=\vec{0}$，得基础解系$\vec{\xi}_1=(-1,1,0)^T$，$\vec{\xi}_2=(-2,0,1)^T$；

对应于 $\lambda_3=4$，解齐次线性方程组$(4E-B)\vec{x}=\vec{0}$,得基础解系$\vec{\xi}_3=(0,1,1)^T$.

令矩阵 $Q=\begin{pmatrix}\vec{\xi}_1&\vec{\xi}_2&\vec{\xi}_3\end{pmatrix}=\begin{pmatrix}-1&-2&0\\1&0&1\\0&1&1\end{pmatrix}$,

则 $Q^{-1}BQ=\begin{pmatrix}1&0&0\\0&1&0\\0&0&4\end{pmatrix}$.

因 $Q^{-1}BQ=Q^{-1}C^{-1}ACQ=(CQ)^{-1}A(CQ)$，记矩阵

$$P=CQ=\begin{pmatrix}\vec{\alpha}_1&\vec{\alpha}_2&\vec{\alpha}_3\end{pmatrix}\begin{pmatrix}-1&-2&0\\1&0&1\\0&1&1\end{pmatrix}$$

$$=(-\vec{\alpha}_1+\vec{\alpha}_2,-2\vec{\alpha}_1+\vec{\alpha}_3,\vec{\alpha}_2+\vec{\alpha}_3),$$

故 P 即为所求的可逆矩阵.

(50) ①二次型对应矩阵为 $A=\begin{pmatrix}1-a&1+a&0\\1+a&1-a&0\\0&0&2\end{pmatrix}$,

由二次型的秩为 2 知，$|A|=\begin{vmatrix}1-a&1+a&0\\1+a&1-a&0\\0&0&2\end{vmatrix}=0$，得 $a=0$.

②这里 $A=\begin{pmatrix}1&1&0\\1&1&0\\0&0&2\end{pmatrix}$，可求出其特征值为 $\lambda_1=\lambda_2=2$，$\lambda_3=0$.

解　$(2E-A)\vec{x}=\vec{0}$，得特征向量为：$\vec{\alpha}_1=\begin{pmatrix}1\\1\\0\end{pmatrix}$，$\vec{\alpha}_2=\begin{pmatrix}0\\0\\1\end{pmatrix}$,

解 $(0E-A)\vec{x}=\vec{0}$，得特征向量为：$\vec{\alpha}_3=\begin{pmatrix}1\\-1\\0\end{pmatrix}$.

由于$\vec{\alpha}_1$，$\vec{\alpha}_2$，$\vec{\alpha}_3$ 已经正交，直接将$\vec{\alpha}_1$，$\vec{\alpha}_2$，$\vec{\alpha}_3$ 单位化，得：

$$\vec{\eta}_1=\frac{1}{\sqrt{2}}\begin{pmatrix}1\\1\\0\end{pmatrix},\vec{\eta}_2=\begin{pmatrix}0\\0\\1\end{pmatrix},\vec{\eta}_3=\frac{1}{\sqrt{2}}\begin{pmatrix}1\\-1\\0\end{pmatrix}$$

令 $Q=\begin{pmatrix}\vec{\alpha}_1 & \vec{\alpha}_2 & \vec{\alpha}_3\end{pmatrix}$，即为所求的正交变换矩阵，由$\vec{x}=Q\vec{y}$，可化原二次型为标准型：$f(x_1,x_2,x_3)=2y_1^2+2y_2^2$.

③由 $f(x_1,x_2,x_3)=2y_1^2+2y_2^2=0$，得 $y_1=0,y_2=0,y_3=k$（k 为任意常数）.

从而所求解为：$\vec{x}=Q\vec{y}=\begin{pmatrix}\vec{\eta}_1 & \vec{\eta}_2 & \vec{\eta}_3\end{pmatrix}\begin{pmatrix}0\\0\\k\end{pmatrix}=k\vec{\eta}_3=\begin{pmatrix}c\\-c\\0\end{pmatrix}$，其中 c 为任意常数.

（51）①因 $P^T=\begin{pmatrix}E_m & O\\-C^TA^{-1} & E_n\end{pmatrix}$，有

$$P^TDP=\begin{pmatrix}E_m & O\\-C^TA^{-1} & E_n\end{pmatrix}\begin{pmatrix}A & C\\C^T & B\end{pmatrix}\begin{pmatrix}E_m & -A^{-1}C\\O & E_n\end{pmatrix}$$

$$=\begin{pmatrix}A & C\\O & B-C^TA^{-1}C\end{pmatrix}\begin{pmatrix}E_m & -A^{-1}C\\O & E_n\end{pmatrix}=\begin{pmatrix}A & O\\O & B-C^TA^{-1}C\end{pmatrix}.$$

②矩阵 $B-C^TA^{-1}C$ 是正定矩阵. 由①的结果可知，矩阵 D 合同于矩阵 $M=\begin{pmatrix}A & O\\O & B-C^TA^{-1}C\end{pmatrix}$.

又 D 为正定矩阵，可知矩阵 M 为正定矩阵.

因矩阵 M 为对称矩阵，故 $B-C^TA^{-1}C$ 为对称矩阵. 对$\vec{x}=(0,0,\cdots,0)^T$ 及任意的$\vec{y}=(y_1,y_2,\cdots,y_n)^T\neq0$，有

$$(\vec{x}^T,\vec{y}^T)\begin{pmatrix}A & O\\O & B-C^TA^{-1}C\end{pmatrix}\begin{pmatrix}\vec{x}\\\vec{y}\end{pmatrix}=\vec{y}^T(B-C^TA^{-1}C)\vec{y}>0.$$

故 $B-C^TA^{-1}C$ 为正定矩阵.

（52）①因为矩阵 A 的各行元素之和均为 3，所以

$$A\begin{pmatrix}1\\1\\1\end{pmatrix}=\begin{pmatrix}3\\3\\3\end{pmatrix}=3\begin{pmatrix}1\\1\\1\end{pmatrix},$$

则由特征值和特征向量的定义知，$\lambda=3$ 是矩阵 A 的特征值，$\vec{\alpha}=(1,1,1)^T$ 是对应的特征向量. 对应 $\lambda=3$ 的全部特征向量为 $k\vec{\alpha}$，其中 k 为不为零的常数.

又由题设知 $A\vec{\alpha}_1=0$，$A\vec{\alpha}_2=0$，即 $A\vec{\alpha}_1=0\cdot\vec{\alpha}_1$，$A\vec{\alpha}_2=0\cdot\vec{\alpha}_2$，而且$\vec{\alpha}_1$，$\vec{\alpha}_2$ 线性无关，所以 $\lambda=0$ 是矩阵 A 的二重特征值，$\vec{\alpha}_1$，$\vec{\alpha}_2$ 是其对应的特征向量，对应 $\lambda=0$ 的全部特征向量为 $k_1\vec{\alpha}_1+k_2\vec{\alpha}_2$，其中 k_1，k_2 为不全为零的常数.

②因为 A 是实对称矩阵，所以$\vec{\alpha}$与$\vec{\alpha}_1$，$\vec{\alpha}_2$ 正交，所以只需将$\vec{\alpha}_1$，$\vec{\alpha}_2$ 正交．

取　$\vec{\beta}_1=\vec{\alpha}_1$，

$$\vec{\beta}_2=\vec{\alpha}_2-\frac{(\vec{\alpha}_2,\vec{\beta}_1)}{(\vec{\beta}_1,\vec{\beta}_1)}\vec{\beta}_1=\begin{pmatrix}0\\-1\\1\end{pmatrix}-\frac{-3}{6}\begin{pmatrix}-1\\2\\-1\end{pmatrix}=\begin{pmatrix}-\frac{1}{2}\\0\\\frac{1}{2}\end{pmatrix}.$$

再将$\vec{\alpha}$，$\vec{\beta}_1$，$\vec{\beta}_2$ 单位化，得

$$\vec{\eta}_1=\frac{\vec{\alpha}}{|\vec{\alpha}|}=\begin{pmatrix}\frac{1}{\sqrt{3}}\\\frac{1}{\sqrt{3}}\\\frac{1}{\sqrt{3}}\end{pmatrix},\vec{\eta}_2=\frac{\vec{\beta}_1}{|\vec{\beta}_1|}=\begin{pmatrix}-\frac{1}{\sqrt{6}}\\\frac{2}{\sqrt{6}}\\-\frac{1}{\sqrt{6}}\end{pmatrix},\vec{\eta}_3=\frac{\vec{\beta}_2}{|\vec{\beta}_2|}=\begin{pmatrix}-\frac{1}{\sqrt{2}}\\0\\\frac{1}{\sqrt{2}}\end{pmatrix},$$

令　$Q=(\vec{\eta}_1,\vec{\eta}_2,\vec{\eta}_3)$，则 $Q^{-1}=Q^T$，由 A 是实对称矩阵必可相似对角化，得 $Q^TAQ=\begin{pmatrix}3&&\\&0&\\&&0\end{pmatrix}=\Lambda.$

③由（Ⅱ）知 $Q^TAQ=\begin{pmatrix}3&&\\&0&\\&&0\end{pmatrix}=\Lambda$，所以

$$A=Q\Lambda Q^T=\begin{pmatrix}\frac{1}{\sqrt{3}}&-\frac{1}{\sqrt{6}}&-\frac{1}{\sqrt{2}}\\\frac{1}{\sqrt{3}}&\frac{2}{\sqrt{6}}&0\\\frac{1}{\sqrt{3}}&-\frac{1}{\sqrt{6}}&\frac{1}{\sqrt{2}}\end{pmatrix}\begin{pmatrix}3&&\\&0&\\&&0\end{pmatrix}\begin{pmatrix}\frac{1}{\sqrt{3}}&\frac{1}{\sqrt{3}}&\frac{1}{\sqrt{3}}\\-\frac{1}{\sqrt{6}}&\frac{2}{\sqrt{6}}&-\frac{1}{\sqrt{6}}\\-\frac{1}{\sqrt{2}}&0&\frac{1}{\sqrt{2}}\end{pmatrix}=\begin{pmatrix}1&1&1\\1&1&1\\1&1&1\end{pmatrix}$$

$$Q^T\left(A-\frac{3}{2}E\right)^6Q=\left[Q^T\left(A-\frac{3}{2}E\right)Q\right]^6=\left(Q^TAQ-\frac{3}{2}E\right)^6$$

$$=\left[\begin{pmatrix}3&&\\&0&\\&&0\end{pmatrix}-\begin{pmatrix}\frac{3}{2}&&\\&\frac{3}{2}&\\&&\frac{3}{2}\end{pmatrix}\right]^6=\begin{pmatrix}\left(\frac{3}{2}\right)^6&&\\&\left(\frac{3}{2}\right)^6&\\&&\left(\frac{3}{2}\right)^6\end{pmatrix}=\left(\frac{3}{2}\right)^6E,$$

则$\left(A-\frac{3}{2}E\right)^6=Q\left(\frac{3}{2}\right)^6EQ^T=\left(\frac{3}{2}\right)^6E.$

（53）由 $|\lambda E-A|=\begin{vmatrix}\lambda-2&1&1\\1&\lambda-2&1\\1&1&\lambda-2\end{vmatrix}=\lambda(\lambda-3)^2$ 可得

$$\lambda_1=\lambda_2=3,\ \lambda_3=0,$$

所以 A 的特征值为 3，3，0；而 B 的特征值为 1，1，0.

故 A 与 B 不相似，但是 A 与 B 的秩均为 2，且正惯性指数都为 2，

因此 A 与 B 合同，故选（B）.

（54）①$B\vec{\alpha}_1=(A^5-4A^3+E)\vec{\alpha}_1=\lambda_1^5\vec{\alpha}_1-4\lambda_1^3\vec{\alpha}_1+\vec{\alpha}_1=(\lambda_1^5-4\lambda_1^3+1)\vec{\alpha}_1=-2\vec{\alpha}_1$

则 α_1 是矩阵 B 的属于 -2 的特征向量.

同理可得

$$B\vec{\alpha}_2=(\lambda_2^5-4\lambda_2^3+1)\vec{\alpha}_2=\vec{\alpha}_2,B\vec{\alpha}_3=(\lambda_3^5-4\lambda_3^3+1)\vec{\alpha}_3=\vec{\alpha}_3.$$

所以 B 的全部特征值为 2，1，1

设 B 的属于 1 的特征向量为 $\vec{\alpha}_2=(x_1,x_2,x_3)^T$，显然 B 为对称矩阵

所以根据不同特征值所对应的特征向量正交，可得 $\vec{\alpha}_1^T\vec{\alpha}_2=0$.

即 $x_1-x_2+x_3=0$，解方程组可得 B 的属于 1 的特征向量

$\vec{\alpha}_2=k_1(1,0,-1)^T+k_2(0,1,0)^T$，其中 k_1，k_2 为不全为零的任意常数.

由前可知 B 的属于 -2 的特征向量为 $k_3(1,-1,1)^T$，其中 k_3 不为零.

②令 $P=\begin{pmatrix}1&0&1\\0&1&-1\\-1&0&1\end{pmatrix}$，由（1）可得 $P^{-1}BP=\begin{pmatrix}1&0&0\\0&1&0\\0&0&-2\end{pmatrix}$，则 $B=\begin{pmatrix}0&1&-1\\1&0&1\\-1&1&0\end{pmatrix}$.

（55）记 $D=\begin{pmatrix}1&-2\\-2&1\end{pmatrix}$，因 $|\lambda E-A|=\begin{vmatrix}\lambda-1&-2\\-2&\lambda-1\end{vmatrix}=(\lambda-1)^2-4$，

$|\lambda E-D|=\begin{vmatrix}\lambda-1&2\\2&\lambda-1\end{vmatrix}=(\lambda-1)^2-4$，

于是，A 与 D 为实对称矩阵，且特征多项式相同，故 A 与 D 相似，从而 A 与 D 合同.

（56）方法 1：由 $A\vec{\alpha}_1=0$，$A\vec{\alpha}_2=2\vec{\alpha}_1+\vec{\alpha}_2$，得

$$A(2\vec{\alpha}_1+\vec{\alpha}_2)=2A\vec{\alpha}_1+A\vec{\alpha}_2=A\vec{\alpha}_2=2\vec{\alpha}_1+\vec{\alpha}_2,$$

又 $\vec{\alpha}_1$，$\vec{\alpha}_2$ 线性无关，所以 $2\vec{\alpha}_1+\vec{\alpha}_2\neq0$，故 $\lambda=1$ 为 A 的非零特征值.

方法 2：由 $A\vec{\alpha}_1=0$，$A\vec{\alpha}_2=2\vec{\alpha}_1+\vec{\alpha}_2$，得

$$A(\vec{\alpha}_1,\vec{\alpha}_2)=(A\vec{\alpha}_1,A\vec{\alpha}_2)=(0,2\vec{\alpha}_1+\vec{\alpha}_2)=(\vec{\alpha}_1,\vec{\alpha}_2)\begin{pmatrix}0&2\\0&1\end{pmatrix}.$$

又 $\vec{\alpha}_1$，$\vec{\alpha}_2$ 线性无关，故矩阵 $(\vec{\alpha}_1,\vec{\alpha}_2)$ 可逆. 因此

$$(\vec{\alpha}_1,\vec{\alpha}_2)^{-1}A(\vec{\alpha}_1,\vec{\alpha}_2)=\begin{pmatrix}0&2\\0&1\end{pmatrix}.$$

即 A 与矩阵 $\begin{pmatrix}0&2\\0&1\end{pmatrix}$ 相似，从而有相同特征值. 易得 $\begin{pmatrix}0&2\\0&1\end{pmatrix}$ 的特征值为 0 和 1，故 A 的非零特征值为 1.

（57）因 A 的特征值的乘积等于 $|A|$，又 A 为 3 阶矩阵，所以

$$|2A|=2^3|A|=2^3\times2\times3\times\lambda=-48,$$

故

$$\lambda=-1.$$

(58) 由 3 阶矩阵 A 的特征值是 1, 2, 2, 得 A^{-1} 的特征值是 3, $\frac{1}{2}$, $\frac{1}{2}$, 于是 $4A^{-1}-E$ 的特征值为 3, 1, 1, 又矩阵的行列式等于 A 的特征值的乘积, 所以 $|4A^{-1}-E|=3\times1\times1=3$, 故填 3.

(59) 因 A 的特征值互不相同, 所以 A 可以相似对角化. 又 $|A|=0$,于是 A 有一个特征值为 0, 其余两个特征值 $\lambda_1\neq0$, $\lambda_2\neq0$, 即存在可逆矩阵 P, 使得 $P^{-1}AP=\begin{pmatrix}\lambda_1&&\\&\lambda_2&\\&&0\end{pmatrix}$.

故 $r(A)=r\begin{pmatrix}\lambda_1&&\\&\lambda_2&\\&&0\end{pmatrix}=2$.

(60) ①令
$$x_1\vec{\alpha}_1+x_2\vec{\alpha}_2+x_3\vec{\alpha}_3=0. \qquad (\text{I})$$
因为
$$A\vec{\alpha}_1=-\vec{\alpha}_1,\ A\vec{\alpha}_2=\vec{\alpha}_2,\ A\vec{\alpha}_3=\vec{\alpha}_2+\vec{\alpha}_3,$$
用 A 左乘 (Ⅰ) 得
$$-x_1\vec{\alpha}_1+x_2\vec{\alpha}_2+x_3\vec{\alpha}_2+x_3\vec{\alpha}_3=0 \qquad (\text{II})$$
(Ⅰ) - (Ⅱ) 得
$$2x_1\vec{\alpha}_1-x_3\vec{\alpha}_2=0 \qquad (\text{III})$$
因为$\vec{\alpha}_1$, $\vec{\alpha}_2$ 分别为 A 的不同特征值对应的特征值向量, 所以线性无关,
于是 $x_1=x_3=0$.
代入 (Ⅰ) 得 $x_2\vec{\alpha}_2=0$, 又$\vec{\alpha}_2\neq0$, 故 $x_2=0$. 即有$\vec{\alpha}_1$, $\vec{\alpha}_2$, $\vec{\alpha}_3$ 线性无关.
②由
$$AP=A(\vec{\alpha}_1,\vec{\alpha}_2,\vec{\alpha}_3)=(A\vec{\alpha}_1,A\vec{\alpha}_2,A\vec{\alpha}_3)=(-\vec{\alpha}_1,\vec{\alpha}_2,\vec{\alpha}_2+\vec{\alpha}_3)$$
$$=(\vec{\alpha}_1,\vec{\alpha}_2,\vec{\alpha}_3)\begin{pmatrix}-1&0&0\\0&1&1\\0&0&1\end{pmatrix}=P\begin{pmatrix}-1&0&0\\0&1&1\\0&0&1\end{pmatrix}$$
由 (Ⅰ) 知 P 可逆, 故 $P^{-1}AP=\begin{pmatrix}-1&0&0\\0&1&1\\0&0&1\end{pmatrix}$.

(61) 设 $A=\vec{\beta}\vec{\alpha}^T$, 则 $A^2=\vec{\beta}\vec{\alpha}^T\cdot\vec{\beta}\vec{\alpha}^T=\vec{\beta}(\vec{\alpha}^T\vec{\beta})=2\vec{\beta}\vec{\alpha}^T=2A$,
设 λ为 A 的任意特征值, 则存在$\vec{x}\neq\vec{0}$, 使得 $A\vec{x}=\lambda\vec{x}$, 从而
$$(A^2-2A)\vec{x}=(\lambda^2-2\lambda)\vec{x}=\vec{0}$$
于是必有 $\lambda^2-2\lambda=0$, 即 $\lambda=0$ 或 $\lambda=2$, 可见非零特征值为 2.

(62) 因为相似矩阵有相同特征值, 于是由矩阵$\vec{\alpha}\vec{\beta}^T$ 相似于$\begin{pmatrix}2&0&0\\0&0&0\\0&0&0\end{pmatrix}$, 得矩阵$\vec{\alpha}\vec{\beta}^T$ 的特征值为 2, 0, 0, 而列向量乘行向量的矩阵$\vec{\alpha}\vec{\beta}^T$ 的特征值是$\vec{\beta}^T\vec{\alpha}$, 0, 0. 故$\vec{\beta}^T\vec{\alpha}=2$.

(63) 因为相似矩阵有相同特征值, 于是由矩阵$\vec{\alpha}\vec{\beta}^T$ 相似于$\begin{pmatrix}3&0&0\\0&0&0\\0&0&0\end{pmatrix}$, 得矩阵$\vec{\alpha}\vec{\beta}^T$ 的特征

值为 3，0，0，而列向量乘行向量的矩阵$\vec{\alpha}\vec{\beta}^T$ 的特征值是$\vec{\beta}^T\vec{\alpha}$，0，0. 故$\vec{\beta}^T\vec{\alpha}=3$，即 $k=2$.

(64) ①二次型 f 的矩阵 $A=\begin{pmatrix} a & 0 & 1 \\ 0 & a & -1 \\ 1 & -1 & a-1 \end{pmatrix}$

由 $|\lambda E-A|=\begin{vmatrix} \lambda-a & 0 & -1 \\ 0 & \lambda-a & 1 \\ -1 & 1 & \lambda-a+1 \end{vmatrix}=(\lambda-a)(\lambda-a+2)(\lambda-a-1)$，

得 A 的特征值为 $\lambda_1=a-2$，$\lambda_2=a$，$\lambda_3=a+1$.

②方法 1：由 f 的规范型为 $y_1^2+y_2^2$，知 A 有 2 个特征值为正，1 个为零.

若 $\lambda_1=a-2=0$，即 $a=2$，则 $\lambda_2=2$，$\lambda_3=3$，符合题意.

若 $\lambda_2=a=0$，则 $\lambda_1=-2$，$\lambda_3=1$，不合题意.

若 $\lambda_3=a+1=0$，即 $a=-1$，则 $\lambda_1=-3$，$\lambda_2=-1$，不合题意.

综上所述 $a=2$.

方法 2：由 f 的规范型为 $y_1^2+y_2^2$，知 A 有合同于矩阵$\begin{pmatrix} 1 & 0 & 0 \\ 0 & 1 & 0 \\ 0 & 0 & 0 \end{pmatrix}$，其秩为 2，

故 $|A|=\lambda_1\lambda_2\lambda_3=0$，于是 $a=2$ 或 $a=0$ 或 $a=-1$.

当 $a=2$ 时，$\lambda_1=0$，$\lambda_2=2$，$\lambda_3=3$，符合题意.

当 $a=0$ 时，$\lambda_1=-2$，$\lambda_2=0$，$\lambda_3=1$，不合题意.

当 $a=-1$ 时，$\lambda_1=-3$，$\lambda_2=-1$，$\lambda_3=0$，不合题意.

综上所述 $a=2$.

方法 3　由 f 的规范型为 $y_1^2+y_2^2$，知 A 有 2 个特征值为正，1 个为零.

显然 $a-2<a<a+1$，所以 $a=2$.

(65) 设 λ 为 A 的特征值，由 $A^2+A=O$，知特征方程为：$\lambda^2+\lambda=0$，

所以 $\lambda=-1$ 或 0.

由于 A 为实对称矩阵，故 A 可相似对角化，即 $A\sim\Lambda$，

$r(A)=r(\Lambda)=3$，因此 $A\sim\Lambda=\begin{pmatrix} -1 & & & \\ & -1 & & \\ & & -1 & \\ & & & 0 \end{pmatrix}$，应选 (D).

(66) ①由于二次型在正交变换$\vec{x}=Q\vec{y}$下的标准型为 $y_1^2+y_2^2$，可知 A 的特征值为：$\lambda_1=\lambda_2=1$，$\lambda_3=0$，且 Q 的第 3 列$\vec{\alpha}_3=\left(\frac{\sqrt{2}}{2},0,\frac{\sqrt{2}}{2}\right)^T$，即为 A 的对应于 $\lambda_3=0$ 的特征向量.

设 A 的对应于特征值 $\lambda_1=\lambda_2=1$ 的特征向量为$\vec{\alpha}=(x_1,x_2,x_3)^T$，由实对称矩阵对应于不同特征值的特征向量相互正交，有

$$\vec{\alpha}^T\vec{\alpha}_3=0，即 x_1+x_3=0，$$

解得 A 的对应于 $\lambda_1=\lambda_2=1$ 的线性无关且正交的两个特征向量：

$$\vec{\alpha}_1=(0,1,0)^T,\vec{\alpha}_2=(-1,0,1)^T.$$

显然$\vec{\alpha}_1$，$\vec{\alpha}_2$ 与$\vec{\alpha}_3$ 是正交的，且$\vec{\alpha}_1$，$\vec{\alpha}_3$ 是单位向量．单位化$\vec{\alpha}_2$ 得

$$\vec{\eta}=\left(-\frac{\sqrt{2}}{2},0,\frac{\sqrt{2}}{2}\right)^T,$$

令 $Q=(\vec{\alpha}_1,\vec{\eta},\vec{\alpha}_3)=\begin{pmatrix}0&-\frac{1}{\sqrt{2}}&\frac{1}{\sqrt{2}}\\1&0&0\\0&\frac{1}{\sqrt{2}}&\frac{1}{\sqrt{2}}\end{pmatrix}$,则 Q 为正交矩阵，且

$$Q^TAQ=\Lambda=\begin{pmatrix}1&&\\&1&\\&&0\end{pmatrix}.$$

于是 $A=Q\Lambda Q^T=\begin{pmatrix}0&-\frac{1}{\sqrt{2}}&\frac{1}{\sqrt{2}}\\1&0&0\\0&\frac{1}{\sqrt{2}}&\frac{1}{\sqrt{2}}\end{pmatrix}\begin{pmatrix}1&&\\&1&\\&&0\end{pmatrix}\begin{pmatrix}0&1&0\\-\frac{1}{\sqrt{2}}&0&\frac{1}{\sqrt{2}}\\\frac{1}{\sqrt{2}}&0&\frac{1}{\sqrt{2}}\end{pmatrix}$

$$=\begin{pmatrix}\frac{1}{2}&0&-\frac{1}{2}\\0&1&0\\-\frac{1}{2}&0&\frac{1}{2}\end{pmatrix}.$$

②由 A 的特征值为 1，1，0，知 $A+E$ 的特征值为 2，2，1，即 $A+E$ 的特征值全大于零．又 $A+E$ 显然是实对称矩阵，故 $A+E$ 是正定矩阵．

(67) 记$\vec{\alpha}_1=\frac{1}{\sqrt{6}}\begin{pmatrix}1\\2\\1\end{pmatrix}$．由 $A\vec{\alpha}_1=\lambda_1\vec{\alpha}_1$,即

$$\begin{pmatrix}0&-1&4\\-1&3&a\\4&a&0\end{pmatrix}\begin{pmatrix}1\\2\\1\end{pmatrix}=\lambda_1\begin{pmatrix}1\\2\\1\end{pmatrix}.$$

得 $a=-1$，$\lambda=2$，因此 $A=\begin{pmatrix}0&-1&4\\-1&3&-1\\4&-1&0\end{pmatrix}$.

由 $|\lambda E-A|=\begin{vmatrix}\lambda&1&-4\\1&\lambda-3&1\\-4&1&\lambda\end{vmatrix}=\begin{vmatrix}\lambda+4&1&-4\\0&\lambda-3&1\\-\lambda-4&1&\lambda\end{vmatrix}$

$$=\begin{vmatrix}\lambda+4&1&-4\\0&\lambda-3&1\\0&2&\lambda-4\end{vmatrix}=(\lambda+4)(\lambda-2)(\lambda-5)=0,$$

得 A 的特征值为 $\lambda_1=2$，$\lambda_2=-4$，$\lambda_3=5$，

且对应于 $\lambda_1=2$ 的特征向量为

$$\vec{\alpha}_1=\frac{1}{\sqrt{6}}(1,2,1)^T.$$

当 $\lambda_2=-4$ 时，

$$(-4E-A)=\begin{pmatrix}-4&1&-4\\1&-7&1\\-4&1&-4\end{pmatrix}\to\begin{pmatrix}1&-7&1\\-4&1&-4\\0&0&0\end{pmatrix}\to\begin{pmatrix}1&0&1\\0&1&0\\0&0&0\end{pmatrix}.$$

由 $(-4E-A)\vec{x}=\vec{0}$ 得，对应于 $\lambda_2=-4$ 的特征向量为 $\vec{\alpha}_2=(-1,0,1)^T$.

当 $\lambda_2=5$ 时，

$$(5E-A)=\begin{pmatrix}5&1&-4\\1&2&1\\-4&1&5\end{pmatrix}\to\begin{pmatrix}1&2&1\\0&1&1\\0&0&0\end{pmatrix}\to\begin{pmatrix}1&0&-1\\0&1&1\\0&0&0\end{pmatrix}.$$

由 $(5E-A)\vec{x}=\vec{0}$ 得，对应于 $\lambda_2=5$ 的特征向量为 $\vec{\alpha}_3=(1,-1,1)^T$.

将 $\vec{\alpha}_1$，$\vec{\alpha}_2$，$\vec{\alpha}_3$ 单位化得：

$$\vec{\eta}_1=\frac{1}{\sqrt{6}}(1,2,1)^T,\vec{\eta}_2=\frac{1}{\sqrt{2}}(-1,0,1)^T,\vec{\eta}_3=\frac{1}{\sqrt{3}}(1,-1,1)^T.$$

因 A 为实对称矩阵，$\vec{\alpha}_1$，$\vec{\alpha}_2$，$\vec{\alpha}_3$ 为对应于不同特征值的特征向量，所以 $\vec{\eta}_1$，$\vec{\eta}_2$，$\vec{\eta}_3$ 为单位正交向量组．令

$$Q=(\vec{\eta}_1,\vec{\eta}_2,\vec{\eta}_3)=\begin{pmatrix}\frac{1}{\sqrt{6}}&-\frac{1}{\sqrt{2}}&\frac{1}{\sqrt{3}}\\\frac{2}{\sqrt{6}}&0&-\frac{1}{\sqrt{3}}\\\frac{1}{\sqrt{6}}&\frac{1}{\sqrt{2}}&\frac{1}{\sqrt{3}}\end{pmatrix},\text{则 } Q \text{ 为正交矩阵，} Q^TAQ=\begin{pmatrix}2&&\\&-4&\\&&5\end{pmatrix}.$$

(68) 方法 1：经计算可得

$$A^*=\begin{pmatrix}5&-2&-2\\-2&5&-2\\-2&-2&5\end{pmatrix},\ P^{-1}=\begin{pmatrix}0&1&-1\\1&0&0\\0&0&1\end{pmatrix},$$

$$B=P^{-1}A^*P=\begin{pmatrix}7&0&0\\-2&5&-4\\-2&-2&3\end{pmatrix}.$$

从而 $$B+2E=\begin{pmatrix}9&0&0\\-2&7&-4\\-2&-2&5\end{pmatrix},$$

$$|\lambda E-(B+2E)|=\begin{vmatrix}\lambda-9&0&0\\2&\lambda-7&4\\2&2&\lambda-5\end{vmatrix}=(\lambda-9)^2(\lambda-3),$$

故 $B+2E$ 的特征值为 $\lambda_1=\lambda_2=9$，$\lambda_3=3$.

当 $\lambda_1=\lambda_2=9$ 时，解 $(9E-A)\vec{x}=\vec{0}$，得线性无关的特征向量为

$$\vec{\eta}_1=\begin{pmatrix}-1\\1\\0\end{pmatrix},\vec{\eta}_2=\begin{pmatrix}-2\\0\\1\end{pmatrix},$$

所以，属于特征值 $\lambda_1=\lambda_2=9$ 的所有特征向量为

$k_1\vec{\eta}_1+k_2\vec{\eta}_2=k_1\begin{pmatrix}-1\\1\\0\end{pmatrix}+k_2\begin{pmatrix}-2\\0\\1\end{pmatrix}$，其中 k_1，k_2 是不全为零的任意常数．

当 $\lambda_3=3$ 时，解 $(3E-A)\vec{x}=\vec{0}$，得线性无关的特征向量为 $\vec{\eta}_3=\begin{pmatrix}0\\1\\1\end{pmatrix}$，

所以，属于特征值 $\lambda_3=3$ 的所有特征向量为 $k_3\vec{\eta}_3=k_3\begin{pmatrix}0\\1\\1\end{pmatrix}$，其中 k_3 是不为零的任意常数．

方法 2：设 A 的特征值为 λ，对应特征向量为 $\vec{\eta}$，即 $A\vec{\eta}=\lambda\vec{\eta}$. 由于 $|A|=7\neq 0$，所以 $\lambda\neq 0$. 又因 $A^*A=|A|E$，故有 $A^*\vec{\eta}=\frac{|A|}{\lambda}\vec{\eta}$.

于是有
$$B(P^{-1}\vec{\eta})=P^{-1}A^*P(P^{-1}\vec{\eta})=\frac{|A|}{\lambda}(P^{-1}\vec{\eta}),$$

$$(B+2E)P^{-1}\vec{\eta}=(\frac{|A|}{\lambda}+2)P^{-1}\vec{\eta}.$$

因此，$\frac{|A|}{\lambda}+2$ 为 $B+2E$ 的特征值，对应的特征向量为 $P^{-1}\vec{\eta}$.

由于 $|\lambda E-A|=\begin{vmatrix}\lambda-3&-2&-2\\-2&\lambda-3&-2\\-2&-2&\lambda-3\end{vmatrix}=(\lambda-1)^2(\lambda-7)$，

故 A 的特征值为 $\lambda_1=\lambda_2=1$，$\lambda_3=7$.

当 $\lambda_1=\lambda_2=1$ 时，对应的线性无关特征向量可取为

$$\vec{\eta}_1=\begin{pmatrix}-1\\1\\0\end{pmatrix},\ \vec{\eta}_2=\begin{pmatrix}-1\\0\\1\end{pmatrix}.$$

当 $\lambda_3=7$ 时，对应的一个特征向量为 $\vec{\eta}_3=\begin{pmatrix}1\\1\\1\end{pmatrix}$.

由 $P^{-1}=\begin{pmatrix}0&1&-1\\1&0&0\\0&0&1\end{pmatrix}$，得 $P^{-1}\vec{\eta}_1=\begin{pmatrix}1\\-1\\0\end{pmatrix}$，$P^{-1}\vec{\eta}_2=\begin{pmatrix}-1\\-1\\1\end{pmatrix}$，$P^{-1}\vec{\eta}_3=\begin{pmatrix}0\\1\\1\end{pmatrix}$.

因此，$B+2E$ 的三个特征值分别为 9，9，3.

对应于特征值 9 的全部特征向量为

$$k_1P^{-1}\vec{\eta}_1+k_2P^{-1}\vec{\eta}_2=k_1\begin{pmatrix}1\\-1\\0\end{pmatrix}+k_2\begin{pmatrix}-1\\-1\\1\end{pmatrix},$$

其中 k_1，k_2 是不全为零的任意常数；

对应于特征值 3 的全部特征向量为

$k_3P^{-1}\vec{\eta}_3=k_3\begin{pmatrix}0\\1\\1\end{pmatrix}$，其中 k_3 是不为零的任意常数．

(69) ①由 $R(A)=2$ 得 A 有特征值 $\lambda_1=0$.

又 $$A\begin{pmatrix}1\\0\\-1\end{pmatrix}=\begin{pmatrix}-1\\0\\1\end{pmatrix}=-\begin{pmatrix}1\\0\\-1\end{pmatrix},\ A\begin{pmatrix}1\\0\\1\end{pmatrix}=\begin{pmatrix}1\\0\\1\end{pmatrix},$$

知 A 有特征值 $\lambda_2=-1$，$\lambda_3=1$，且对应的特征向量分别为：$\vec{\alpha}_2=(1,0,-1)^T$，$\vec{\alpha}_3=(1,0,1)^T$.

令 $\lambda_1=0$ 对应的特征向量为 $\vec{\alpha}_1=(x_1,x_2,x_3)^T$，则 $\vec{\alpha}_1$ 与 $\vec{\alpha}_2$，$\vec{\alpha}_3$ 正交．于是，$\vec{\alpha}_1^T\vec{\alpha}_2=0$，$\vec{\alpha}_1^T\vec{\alpha}_3=0$，即 $\begin{cases}x_1-x_3=0\\x_1+x_3=0\end{cases}$.

解上方程组得基础解系为 $(0,1,0)^T$，故可取 $\vec{\alpha}_1=(0,1,0)^T$. 所以 $\lambda_1=0$，$\lambda_2=-1$，$\lambda_3=1$ 对应的特征向量分别为：

$k_1\vec{\alpha}_1,k_2\vec{\alpha}_2,k_3\vec{\alpha}_3$. 其中 $k_1\neq0$，$k_2\neq0$，$k_3\neq0$.

②记 $P=(\vec{\alpha}_1,\vec{\alpha}_2,\vec{\alpha}_3)=\begin{pmatrix}0&1&1\\1&0&0\\0&-1&1\end{pmatrix}$，则 $P^{-1}AP=\begin{pmatrix}0&&\\&-1&\\&&1\end{pmatrix}$，得

$$A=P\begin{pmatrix}0&&\\&-1&\\&&1\end{pmatrix}P^{-1}=\begin{pmatrix}0&1&1\\1&0&0\\0&-1&1\end{pmatrix}\begin{pmatrix}0&&\\&-1&\\&&1\end{pmatrix}\begin{pmatrix}0&1&0\\\frac{1}{2}&0&-\frac{1}{2}\\\frac{1}{2}&0&\frac{1}{2}\end{pmatrix}$$

$$=\begin{pmatrix}0&0&1\\0&0&0\\1&0&0\end{pmatrix}.$$

(70) 方法 1：二次型 $f(x_1,x_2,x_3)$ 的矩阵 $A=\begin{pmatrix}1&1&1\\1&3&1\\1&1&1\end{pmatrix}$，由 $|\lambda E-A|=0$ 得 A 的 3 个特征值分别为：0，1，4，所以 f 的正惯性指数为 2.

方法 2：将二次型配方，得：

$$\begin{aligned}f(x_1,x_2,x_3)&=x_1^2+3x_2^2+x_3^2+2x_1x_2+2x_1x_3+2x_2x_3\\&=(x_1+x_2+x_3)^2+2x_2^2\end{aligned}$$

故 f 的正惯性指数为2.

(71) 因 A 中行元素之和为3，故 $A\begin{pmatrix}1\\1\\1\end{pmatrix}=3\begin{pmatrix}1\\1\\1\end{pmatrix}$，即 $\lambda=3$ 为 A 的一个特征值，又二次型的秩为1，于是 A 的另外两个特征值都为0，所以 f 在正交变换下的标准型为：$f(y_1,y_2,y_3)=3y_1^2$. 因此应填：$f(y_1,y_2,y_3)=3y_1^2$.

(72) 令 $A=\begin{pmatrix}1&a&1\\a&3&1\\1&1&1\end{pmatrix}$，由题意可知，存在正交矩阵 Q，使得

$$Q^{-1}AQ=Q^TAQ=\begin{pmatrix}0&&\\&1&\\&&4\end{pmatrix}.$$

于是0，1，4为 A 的3个特征值，将 $\lambda=0$ 代入 $|\lambda E-A|=0$，即得 $a=1$. 因此应填1.

九、练 习 四

1. 设 A 为 n 阶实矩阵，$AA^T=E$，$|A|<0$，试求 $(A^{-1})^*$ 的一个特征值.

2. 设 A、B 均为 n 阶方阵，$\varphi(\lambda)$ 是 B 的特征多项式，证明：$\varphi(A)$ 的满秩的充要条件是 A 和 B 没有共同的特征值.

3. 设 A 为 n 阶方阵，且 $A\neq 0$，$A^m=0$（m 为正整数），证明：A 不与对角矩阵相似.

4. 设3阶方阵 A 的3个特征值为1，1，2，对应的特征向量为 $\vec{\alpha}_1=(1,2,1)^T$，$\vec{\alpha}_2=(1,1,0)^T$，$\vec{\alpha}_3=(2,0,-1)^T$，问 A 是否与对角形矩阵 Λ 相似？若相似，求出 Λ.

5. 设3阶实对称矩阵 A 的特征值为6，3，3，与特征值6对应的特征向量为 $\vec{\alpha}_1=(1,1,1)^T$，求 A.

6. 设3阶矩阵 A 的特征值为 $\lambda_1=-1$，$\lambda_2=1$，$\lambda_3=3$，对应的特征向量依次为 $\vec{\xi}_1=(1,-1,0)^T$，$\vec{\xi}_2=(1,-1,1)^T$，$\vec{\xi}_3=(0,1,-1)^T$，求矩阵 A.

7. 已知 $\lambda_1=6$，$\lambda_2=\lambda_3=3$ 是实对称矩阵 A 的3个特征值，且对应于 $\lambda_2=\lambda_3=3$ 的特征向量为 $\vec{\alpha}_2=(-1,0,1)^T$，$\vec{\alpha}_3=(1,-2,1)^T$，求 A 对应于 $\lambda_1=6$ 的特征向量及矩阵 A.

8. 已知二次型 $f(x_1,x_2,x_3)=5x_1^2+5x_2^2+ax_3^2-2x_1x_2+6x_1x_3-6x_2x_3$ 的秩为2.

(1) 求参数 a 及此二次型对应矩阵的特征值；

(2) 指出方程 $f(x_1,x_2,x_3)=1$ 表示何种二次曲面.

9. 证明：A 是正定的充要条件是存在满秩矩阵 P，使 $A=P^TP$.

10. 设 A 为4阶方阵，有4个不相同的特征值 λ_1，λ_2，λ_3，λ_4，对应的特征向量依次为 $\vec{\alpha}_1$，$\vec{\alpha}_2$，$\vec{\alpha}_3$，$\vec{\alpha}_4$，令 $\vec{\beta}=\vec{\alpha}_1+\vec{\alpha}_2+\vec{\alpha}_3+\vec{\alpha}_4$，证明：$\vec{\beta}$，$A\vec{\beta}$，$A^2\vec{\beta}$，$A^3\vec{\beta}$ 线性无关.

11. 设 A 是 n 阶正定矩阵，$\vec{\alpha}_1$，$\vec{\alpha}_2$，$\vec{\alpha}_3$ 是非零的 n 维列向量，且

$\vec{\alpha}_i^T A \vec{\alpha}_j = 0 (i \neq j, i,j = 1,2,3)$，证明$\vec{\alpha}_1$，$\vec{\alpha}_2$，$\vec{\alpha}_3$ 线性无关.

12. 设 A 是一个 n 阶不可逆矩阵，试证 A 的伴随矩阵 A^* 的特征根是一个 n 重零根，或一个 $(n-1)$ 重零根及一个根 $A_{11}+A_{22}+\cdots+A_{nn}$，其中 A_{ij} 是 a_{ij} 在 A 中的代数余子式，a_{ij} 是 A 的元素.

13. 设 $f = x_1^2 + x_2^2 + 5x_3^2 + 2ax_1x_2 - 2x_1x_3 + 4x_2x_3$ 为正定二次型，求 a.

14. 证明对称阵 A 为正定的充要条件是：存在可逆阵 U，使 $A = U^TU$，即 A 与单位矩阵 E 合同.

15. A 是 n 阶实矩阵，证明存在正交矩阵 T，使 $T^{-1}AT$ 为三角形矩阵的充要条件为 A 的特征多项式的根全是实数.

十、练习四解答

1. 1.
2. 略.
3. 略.
4. 相似；$\begin{bmatrix} 3 & -2 & 2 \\ 0 & 1 & 0 \\ -1 & 1 & 0 \end{bmatrix}$.
5. $\begin{bmatrix} 4 & 1 & 1 \\ 1 & 4 & 1 \\ 1 & 1 & 4 \end{bmatrix}$.
6. $\begin{bmatrix} 1 & 2 & 2 \\ 2 & 1 & -2 \\ -2 & -2 & 1 \end{bmatrix}$.
7. $a_1 = (1,1,1)^T$；$A = \begin{bmatrix} 4 & 1 & 1 \\ 1 & 4 & 1 \\ 1 & 1 & 4 \end{bmatrix}$.
8. (1) $a=3$，$\lambda_1=0$，$\lambda_2=4$，$\lambda_3=9$；(2) 椭圆柱面.
9. 略.
10. 略.
11. 略.
12. 略.
13. $-\dfrac{4}{5} < a < 0$.
14. 略.
15. 略.

第五章*

线性空间与线性变换

一、内容小结

本章的核心内容是线性空间的相关概念．具体要求是：理解线性空间的概念，掌握线性空间基的求法，掌握线性空间不同基之间过渡矩阵、基变换、坐标变换的求法．

二、知识框架

三、知识要点与典型例题

（一）知识要点

1. 线性空间的概念

若 n 维向量组成的非空集合 V，满足：对任意$\vec{\alpha}\in V,\vec{\beta}\in V,k\in R$，都有$\vec{\alpha}+\vec{\beta}\in V,k\vec{\alpha}\in V$，则称 V 为线性空间．

2. 线性空间的基及维数

（1）线性空间 V 作为一个向量组，其秩就是线性空间的维数，其任一极大无关组就是线性空间的基．

（2）若$\vec{\alpha}_1,\vec{\alpha}_2,\cdots,\vec{\alpha}_r$ 是线性空间 V 的一个基，则

$$V=\{k_1\vec{\alpha}_1+k_2\vec{\alpha}_2+\cdots+k_r\vec{\alpha}_r\mid k_i\in R\}.$$

（3）任何 n 个线性无关的 n 维向量$\vec{\alpha}_1$，$\vec{\alpha}_2$，…，$\vec{\alpha}_n$ 都是 R^n 的一个基．

3. 基变换公式与过渡矩阵

若 $A:\vec{\alpha}_1,\vec{\alpha}_2,\cdots,\vec{\alpha}_r$ 和 $B:\vec{\beta}_1,\vec{\beta}_2,\cdots,\vec{\beta}_r$ 均为线性空间 V 的基，且

$$(\vec{\beta}_1,\vec{\beta}_2,\cdots,\vec{\beta}_r)=(\vec{\alpha}_1,\vec{\alpha}_2,\cdots,\vec{\alpha}_r)C,$$

则称上式为由基 A 变为基 B 的基变换公式，C 为由基 A 变为基 B 的过渡矩阵．

4. 坐标变换公式

设 $A:\vec{\alpha}_1,\vec{\alpha}_2,\cdots,\vec{\alpha}_r$ 和 $B:\vec{\beta}_1,\vec{\beta}_2,\cdots,\vec{\beta}_r$ 均为线性空间 V 的基，且从 A 到 B 的过渡矩阵为 C，若对于$\vec{\alpha}\in V$，有

$$\vec{\alpha}=(\vec{\alpha}_1,\vec{\alpha}_2,\cdots,\vec{\alpha}_r)\begin{pmatrix}x_1\\x_2\\\vdots\\x_r\end{pmatrix},\vec{\alpha}=(\vec{\beta}_1,\vec{\beta}_2,\cdots,\vec{\beta}_r)\begin{pmatrix}y_1\\y_2\\\vdots\\y_r\end{pmatrix},$$

则称

$$\begin{pmatrix}x_1\\\vdots\\x_r\end{pmatrix}=C\begin{pmatrix}y_1\\\vdots\\y_r\end{pmatrix},\text{或}\begin{pmatrix}y_1\\\vdots\\y_r\end{pmatrix}=C^{-1}\begin{pmatrix}x_1\\\vdots\\x_r\end{pmatrix}$$

为向量$\vec{\alpha}$在两个基下的坐标变换公式．

（二）典型例题

1. 题型分析

题型 1：线性空间的判定

解题思路： 检验一个集合是否构成线性空间（向量空间）：如果定义的加法和乘法运算

是通常意义下的实数间的加法、乘法运算，只需检验对运算的封闭性（如例 5.1.1，例 5.1.2）．如果定义的加法和乘法运算不是通常意义下的实数间的加法、乘法运算，则需仔细检验是否满足定义中的八条运算规律．若一个集合，对定义的加法和乘法运算不封闭或者运算不满足八条性质中的任意一条，则此集合就不构成线性空间（如例 5.1.3）．

例 5.1.1　验证 2 阶矩阵的全体 S 对于矩阵的加法和乘数运算构成线性空间，并写出各个空间的一个基．

解　设 A，B 分别为二阶矩阵，则 $A,B\in S_1$，显然 $(A+B)\in S_1$，$kA\in S_1$，由矩阵的加法和数乘运算可知对于矩阵的加法和乘数运算满足八条运算规律，构成线性空间．

$\vec{\varepsilon}_1=\begin{pmatrix}1&0\\0&0\end{pmatrix}$，$\vec{\varepsilon}_2=\begin{pmatrix}0&1\\0&0\end{pmatrix}$，$\vec{\varepsilon}_3=\begin{pmatrix}0&0\\1&0\end{pmatrix}$，$\vec{\varepsilon}_4=\begin{pmatrix}0&0\\0&1\end{pmatrix}$，是 S_1 的一个基．

例 5.1.2　验证：与向量 $(0,\ 0,\ 1)^T$ 不平行的全体 3 维数组向量，对于数组向量的加法和乘数运算不构成线性空间．

解　设 $V=\{$与$(0,0,1)$不平行的全体 3 维向量$\}$，设 $\vec{r}_1=(1,1,0)$，$\vec{r}_2=(-1,0,1)$，则 $\vec{r}_1,\vec{r}_2\in V$. 但 $\vec{r}_1+\vec{r}_2=(0,1,1)\notin V$，即 V 不是线性空间．

例 5.1.3　设 R^+ 是全体正实数集合，R 是实数域，在 R 上定义了两种运算．

加法：$\forall x,y\in R^+,x\oplus y=xy$，数乘：$\forall x\in R^+,k\in R,k\cdot x=x^k$.

试判断：R^+ 对两种运算是否构成数域 R 上的线性空间？

解　首先验证定义的加法和乘法运算在 R^+ 上封闭．

$\forall x,y\in R^+,k,l\in R,\because x>0,y>0,x\oplus y=xy>0,\therefore x\oplus y\in R^+$.

$\because x>0,\therefore x^k\in R^+$.

$k\cdot x=x^k>0$，即 R^+ 对于上述定义的加法和乘法运算是封闭的．其次，验证八条运算规律成立．

(1) $x\oplus y=xy=yx=y\oplus x$.

(2) $(x\oplus y)\oplus z=(xy)\oplus z=x(yz)=x\oplus(yz)=x\oplus(y\oplus z)$.

(3) $1\in R^+$，$1\oplus x=1x=x$，所以 1 是 R^+ 中的零元．

(4) $\because x>0$，$\therefore x^{-1}>0$，即 $x^{-1}\in R^+$，$x\oplus x^{-1}=xx^{-1}=1$（零元素），$\therefore x^{-1}$ 是 x 的负元．

(5) $(k+l)\cdot x=x^{k+l}=x^kx^l=(k\cdot x)\oplus(l\cdot x)$.

(6) $(kl)\cdot x=x^{kl}=(x^k)^l=(x^l)^k=(l\cdot x)^k=k\cdot(l\cdot x)$.

(7) $k\cdot(x\oplus y)=k\cdot(xy)=(xy)^k=x^ky^k=(k\cdot x)(k\cdot y)=(k\cdot x)\oplus(k\cdot y)$.

(8) $1\cdot x=x^l=x$.

所以，R^+ 对于上述定义的加法和乘法运算构成数域 R 上的线性空间．

题型 2：验证集合是否为子空间

解题思路：验证数域 R 上线性空间 V 的非空子集 L 是否为子空间：不必按线性空间的定义逐条验证，只需验证如下两条：

(1) $\forall\vec{\alpha},\vec{\beta}\in L$，有 $\vec{\alpha}+\vec{\beta}\in L$；(2) $\forall\vec{\alpha}\in L$，$k\in R$，有 $k\vec{\alpha}\in L$.

如果上述两条都满足，则 L 是 V 的子空间；否则，不是．

例 5.2.1　设 $V=M_n(R)$ 为所有 n 阶实矩阵所组成的线性空间，问下列子集是否为其子空间？

(1) 所有 n 阶实反对称矩阵所组成的集合 W_1；

(2) 所有 n 阶实不可逆矩阵所组成的集合 W_2.

解 (1) W_1 为 $V=M_n(R)$ 的子空间．因为 $\forall A,B\in W_1,k\in R$，有

$$(A+B)^T=A^T+B^T=-(A+B),\therefore A+B\in W_1.$$

$$kA=-kA^T=-(kA)^T,\therefore kA\in W_1.$$

(2) W_2 不是 $V=M_n(R)$ 的子空间．因为当 A，B 都是不可逆矩阵时，相加后所得的矩阵不一定是不可逆的，例如，$A=\begin{pmatrix}1&0\\0&0\end{pmatrix}$，$B=\begin{pmatrix}0&0\\0&1\end{pmatrix}$是不可逆矩阵，但 $A+B=\begin{pmatrix}1&0\\0&1\end{pmatrix}$是可逆矩阵，这说明 W_2 关于矩阵加法不封闭，故 W_2 不是 $V=M_n(R)$ 的子空间．

题型 3：求基与维数

解题思路：求线性空间基（底）的常用方法．

(1) 找出一组结构最简单的元素，使线性空间 V 的任意元素都能写成它的线性组合，若能证明这一组元素线性无关，这组元素就是 V 的一组基；

(2) 先求出线性空间 V 的维数 n，然后找出 n 个元素，证明它们线性无关；

(3) n 维数线性空间 R^n 的一组向量$\vec{\alpha}_i=(a_{i1},a_{i2},\cdots,a_{in})(i=1,2,\cdots,n)$为 R^n 的一组基的充要条件是行列式$|(a_{ij})_{n\times n}|\neq 0$；

(4) 逐个选择法，已知线性空间 V 的维数 n 及一组向量，从中挑选一组基或添加若干个向量使之成为一组基；

(5) 分量已知的生成元素所生成的线性子空间可用初等变换求出基．

例 5.3.1 设 V_r 是 n 维线性空间 V_n 的一个子空间，$\vec{a}_1,\cdots,\vec{a}_r$ 是 V_r 的一个基．试证：V_n 中存在向量$\vec{a}_{r+1},\cdots,\vec{a}_n$，使$\vec{a}_1,\vec{a}_2,\cdots,\vec{a}_r,\vec{a}_{r+1},\cdots,\vec{a}_n$ 成为 V_n 的一个基．

证 设 $r<n$，则在 V_n 中必存在一向量$\vec{a}_{r+1}\notin V_r$，它不能被$\vec{a}_1,\cdots,\vec{a}_r$ 线性表示，将$\vec{a}_{r+1}$添加进来，则$\vec{a}_1,\cdots,\vec{a}_r,\vec{a}_{r+1}$是线性无关的．若 $r+1=n$，则命题得证，否则存在$\vec{a}_{r+2}\notin L(\vec{a}_1,\vec{a}_2,\cdots,\vec{a}_{r+1})$，使$\vec{a}_1,\vec{a}_2,\cdots,\vec{a}_{r+2}$线性无关，依此类推，可找到 n 个线性无关的向量$\vec{a}_1,\vec{a}_2,\cdots,\vec{a}_n$，它们是 V_n 的一个基．

例 5.3.2 所有数域 P 上次数 $<n$ 的多项式所成的线性空间

$$P_n[x]=\{f(x)=a_{n-1}x^{n-1}+\cdots+a_1x+a_0\mid a_i\in P,i=0,1,\cdots,n-1\}$$

求 $P_n[x]$的一组基及维数．

解 显然，$P_n[x]$中结构最简单的元素是：$1,x,x^2,\cdots,x^{n-1}$．下面证明这组元素线性无关．设有 $k_0+k_1x+k_2x^2+\cdots+k_{n-1}x^{n-1}=0$，由于上式为多项式恒等式，比较同幂次的系数得 $k_0=k_1=k_2=\cdots=k_{n-1}=0$，所以 $1,x,x^2,\cdots,x^{n-1}$线性无关．又显然 $P_n[x]$中任一元素均可由其线性表示，因此 $1,x,x^2,\cdots,x^{n-1}$即为 $P_n[x]$的一组基，且维数为 n.

题型 4：坐标与过渡矩阵

解题思路：求过渡矩阵的方法：(1) 定义法；(2) 初等变换法；(3) 利用坐标变换公式求过渡矩阵；(4) 中介法，即取线性空间的一组标准基作中介，求所给两组基之间的过渡矩阵．

例 5.4.1 设有 R^3 的两组基为

(I)：$\vec{\alpha}_1=(1,1,1)^T$，$\vec{\alpha}_2=(0,1,1)^T$，$\vec{\alpha}_3=(0,0,1)^T$；

(II)：$\vec{\beta}_1=(1,0,1)^T$，$\vec{\beta}_2=(0,1,-1)^T$，$\vec{\beta}_3=(1,2,0)^T$，

求：从$\vec{\alpha}_1$，$\vec{\alpha}_2$，$\vec{\alpha}_3$到$\vec{\beta}_1$，$\vec{\beta}_2$，$\vec{\beta}_3$的过渡矩阵 C，并求$\vec{\xi}=(-1,2,1)^T$在基$\vec{\beta}_1$，$\vec{\beta}_2$，$\vec{\beta}_3$下的坐标．

解　记$A=(\vec{\alpha}_1,\vec{\alpha}_2,\vec{\alpha}_3)=\begin{pmatrix}1&0&0\\1&1&0\\1&1&1\end{pmatrix}$，

$$B=(\vec{\beta}_1,\vec{\beta}_2,\vec{\beta}_3)=\begin{pmatrix}1&0&1\\0&1&2\\1&-1&0\end{pmatrix},$$

由题设从$\vec{\alpha}_1$，$\vec{\alpha}_2$，$\vec{\alpha}_3$到$\vec{\beta}_1$，$\vec{\beta}_2$，$\vec{\beta}_3$的过渡矩阵为 C，即

$$(\vec{\beta}_1,\vec{\beta}_2,\vec{\beta}_3)=(\vec{\alpha}_1,\vec{\alpha}_2,\vec{\alpha}_3)C,$$

从而 $B=AC$，所以 $C=A^{-1}B$. 因为 $A^{-1}(AB)=(EA^{-1}B)$，则用同样的初等行变换将 A 化为 E 时，B 化为 $A^{-1}B$（也可以先求 A^{-1}，再求 $A^{-1}B$）.

$$(AB)=\begin{pmatrix}1&0&0&1&0&1\\1&1&0&0&1&2\\1&1&1&1&-1&0\end{pmatrix}\overset{\substack{r_3-r_2\\r_2-r_1}}{\sim}\begin{pmatrix}1&0&0&1&0&1\\0&1&0&-1&1&1\\0&0&1&1&-2&-2\end{pmatrix}.$$

所以，从$\vec{\alpha}_1$，$\vec{\alpha}_2$，$\vec{\alpha}_3$到$\vec{\beta}_1$，$\vec{\beta}_2$，$\vec{\beta}_3$的过渡矩阵为

$$C=A^{-1}B=\begin{pmatrix}1&0&1\\-1&1&1\\1&-2&-2\end{pmatrix}.$$

设$\vec{\xi}$在基$\vec{\beta}_1$，$\vec{\beta}_2$，$\vec{\beta}_3$下的坐标为$\vec{y}=\begin{pmatrix}y_1\\y_2\\y_3\end{pmatrix}$，即$\vec{\xi}=B\vec{y}$，所以

$$y=B^{-1}\vec{\xi}.$$

$$(B\ E)=\begin{pmatrix}1&0&1&1&0&0\\0&1&2&0&1&0\\1&-1&0&0&0&1\end{pmatrix}\overset{r_3-r_1}{\sim}\begin{pmatrix}1&0&1&1&0&0\\0&1&2&0&1&0\\0&-1&-1&-1&0&1\end{pmatrix}$$

$$\overset{r_3+r_2}{\sim}\begin{pmatrix}1&0&1&1&0&0\\0&1&2&0&1&0\\0&0&1&-1&1&1\end{pmatrix}\overset{\substack{r_1-r_3\\r_2-2r_3}}{\sim}\begin{pmatrix}1&0&0&2&-1&-1\\0&1&0&2&-1&-2\\0&0&1&-1&1&1\end{pmatrix}.$$

所以，$B^{-1}=\begin{pmatrix}2&-1&-1\\2&-1&-2\\-1&1&1\end{pmatrix}$，故

$$\vec{y}=B^{-1}\vec{\xi}=\begin{pmatrix}2&-1&-1\\2&-1&-2\\-1&1&1\end{pmatrix}\begin{pmatrix}-1\\2\\1\end{pmatrix}=\begin{pmatrix}-5\\-6\\4\end{pmatrix}，即\vec{\xi}=-5\vec{\beta}_1-6\vec{\beta}_2+4\vec{\beta}_3.$$

例 5.4.2 在 R^4 中取两个基 $\begin{cases}\vec{e}_1=(1,0,0,0)^T,\\ \vec{e}_2=(0,1,0,0)^T,\\ \vec{e}_3=(0,0,1,0)^T,\\ \vec{e}_4=(0,0,0,1)^T,\end{cases}$ $\begin{cases}\vec{\alpha}_1=(2,1,-1,1)^T,\\ \vec{\alpha}_2=(0,3,1,0)^T,\\ \vec{\alpha}_3=(5,3,2,1)^T,\\ \vec{\alpha}_4=(6,6,1,3)^T.\end{cases}$

(1) 求由前一个基到后一个基的过渡矩阵；

(2) 求向量 $(x_1,x_2,x_3,x_4)^T$ 在后一个基下的坐标.

解 (1) 由题意知 $\begin{pmatrix}\vec{\alpha}_1\\ \vec{\alpha}_2\\ \vec{\alpha}_3\\ \vec{\alpha}_4\end{pmatrix}\begin{pmatrix}2&1&-1&1\\0&3&1&0\\5&3&2&1\\6&6&1&3\end{pmatrix}\begin{pmatrix}\vec{\varepsilon}_1\\ \vec{\varepsilon}_2\\ \vec{\varepsilon}_3\\ \vec{\varepsilon}_4\end{pmatrix}=A\begin{pmatrix}\vec{\varepsilon}_1\\ \vec{\varepsilon}_2\\ \vec{\varepsilon}_3\\ \vec{\varepsilon}_4\end{pmatrix}$

从而，由前一个基到后一个基的过渡矩阵为 $A=\begin{pmatrix}2&0&5&6\\1&3&3&6\\-1&1&2&1\\1&0&1&3\end{pmatrix}$.

(2) 设向量 $\vec{\alpha}$ 在后一个基下的坐标为 (y_1,y_2,y_3,y_4)，则有

$$x_1\vec{\varepsilon}_1+\cdots+x_4\vec{\varepsilon}_4=y_1\vec{\alpha}_1+\cdots+y_4\vec{\alpha}_4$$

即 $\begin{pmatrix}1&0&0&0\\0&1&0&0\\0&0&1&0\\0&0&0&1\end{pmatrix}\begin{pmatrix}x_1\\x_2\\x_3\\x_4\end{pmatrix}=\begin{pmatrix}2&1&-1&1\\0&3&1&0\\5&3&2&1\\6&6&1&3\end{pmatrix}\begin{pmatrix}y_1\\y_2\\y_3\\y_4\end{pmatrix}$，故

$$\begin{pmatrix}y_1\\y_2\\y_3\\y_4\end{pmatrix}=\begin{pmatrix}2&1&-1&1\\0&3&1&0\\5&3&2&1\\6&6&1&3\end{pmatrix}^{-1}\begin{pmatrix}x_1\\x_2\\x_3\\x_4\end{pmatrix}=\frac{1}{27}\begin{pmatrix}12&9&-27&-33\\1&12&-9&-23\\9&0&0&-18\\-7&-3&9&26\end{pmatrix}\begin{pmatrix}x_1\\x_2\\x_3\\x_4\end{pmatrix}.$$

题型 5：验证线性变换并求其在一组基下的矩阵

解题思路：(1) 线性变换判定；(2) 求线性变换在一组基下的坐标；(3) 讨论向量组在线性变换下的线性相关性.

例 5.5.1 2 阶对称矩阵的全体 $V_3=\left\{A=\begin{pmatrix}x_1&x_2\\x_2&x_3\end{pmatrix}\mid x_1,x_2,x_3\in R\right\}$ 对于矩阵的线性运算构成 3 维线性空间. 在 V_3 中取一个基 $A_1=\begin{pmatrix}1&0\\0&0\end{pmatrix},A_2=\begin{pmatrix}0&1\\1&0\end{pmatrix},A_3=\begin{pmatrix}0&0\\0&1\end{pmatrix}$. 在 V_3 中定义合同变换 $T(A)=\begin{pmatrix}1&0\\1&1\end{pmatrix}A\begin{pmatrix}1&1\\0&1\end{pmatrix}$，(1) 试证 T 是线性变换；(2) 求 T 在基 A_1,A_2,A_3 下的矩阵.

解 (1) 只需验证任取 $X,X_1,X_2\in M_2(R),k\in R$ 满足

$$T(kX)=kT(X),T(X_1+X_2)=T(X_1)+T(X_2).$$

$$T(kX)=\begin{pmatrix}1&0\\1&1\end{pmatrix}kX\begin{pmatrix}1&1\\0&1\end{pmatrix}=k\begin{pmatrix}1&0\\1&1\end{pmatrix}X\begin{pmatrix}1&1\\0&1\end{pmatrix}=kT(X);$$

$$T(X_1+X_2)=\begin{pmatrix}1&0\\1&1\end{pmatrix}(X_1+X_2)\begin{pmatrix}1&1\\0&1\end{pmatrix}$$
$$=\begin{pmatrix}1&0\\1&1\end{pmatrix}X_1\begin{pmatrix}1&1\\0&1\end{pmatrix}+\begin{pmatrix}1&0\\1&1\end{pmatrix}X_2\begin{pmatrix}1&1\\0&1\end{pmatrix}=T(X_1)+T(X_2).$$

(2) $T(A_1)=\begin{pmatrix}1&0\\1&1\end{pmatrix}\begin{pmatrix}1&0\\0&0\end{pmatrix}\begin{pmatrix}1&1\\0&1\end{pmatrix}=\begin{pmatrix}1&1\\1&1\end{pmatrix}=A_1+A_2+A_3$

$T(A_2)=\begin{pmatrix}1&0\\1&1\end{pmatrix}\begin{pmatrix}0&1\\1&1\end{pmatrix}\begin{pmatrix}1&1\\0&1\end{pmatrix}=\begin{pmatrix}0&1\\1&2\end{pmatrix}=A_2+2A_3$

$T(A_3)=\begin{pmatrix}1&0\\1&1\end{pmatrix}\begin{pmatrix}0&0\\0&1\end{pmatrix}\begin{pmatrix}1&1\\0&1\end{pmatrix}=\begin{pmatrix}0&0\\0&1\end{pmatrix}=A_3$

故$\begin{pmatrix}T(A_1)\\T(A_2)\\T(A_3)\end{pmatrix}=\begin{pmatrix}1&0&0\\1&1&0\\1&2&1\end{pmatrix}^T\begin{pmatrix}A_1\\A_2\\A_3\end{pmatrix}$，从而，$T$ 在基 A_1,A_2,A_3 下的矩阵 $A=\begin{pmatrix}1&0&0\\1&1&0\\1&2&1\end{pmatrix}$.

例 5.5.2 设 T 是线性空间上的线性变换，如果 $T^{m-1}(\vec{\alpha})\neq 0$，而 $T^m(\vec{\alpha})=0$. 试证：$\vec{\alpha}$, $T(\vec{\alpha}),\cdots,T^{m-1}(\vec{\alpha})$线性无关.

证 设 $k_1\vec{\alpha}+k_2T(\vec{\alpha})+\cdots+k_mT^{m-1}(\vec{\alpha})=0$，因为 $T^m(\vec{\alpha})=0$，所以 $T^{m+i}(\vec{\alpha})=0(i=1,2,\cdots)$，而 $T^m[k_1\vec{\alpha}+k_2T(\vec{\alpha})+\cdots+k_mT^{m-1}(\vec{\alpha})]$

$=k_1T^{m-1}\vec{\alpha}+k_2T^m(\vec{\alpha})+\cdots+k_mT^{2(m-1)}(\vec{\alpha})=k_1T^{m-1}(\vec{\alpha})=0.$

由 $T^{m-1}(\vec{\alpha})\neq 0$ 可知，$k_1=0$，所以 $k_2T(\vec{\alpha})+k_3T^2(\vec{\alpha})+\cdots+k_mT^{m-1}(\vec{\alpha})=0$.

同理，上式作用 T^{m-2}，可得 $k_2=0$. 以此类推得 $k_1=k_2=\cdots=k_m=0$. 所以 $\vec{\alpha},T(\vec{\alpha}),\cdots,T^{m-1}(\vec{\alpha})$线性无关.

题型 6：有关线性空间命题的证明

例 5.6.1 试证两个向量组生成相同的子空间的充要条件是这两个向量组等价.

证 必要性：设 $\vec{\alpha}_1,\vec{\alpha}_2,\cdots,\vec{\alpha}_s$ 与 $\vec{\beta}_1,\vec{\beta}_2,\cdots,\vec{\beta}_t$ 是两个向量组，且设 V_1,V_2 分别为由 $\vec{\alpha}_1,\vec{\alpha}_2,\cdots,\vec{\alpha}_s$ 与 $\vec{\beta}_1,\vec{\beta}_2,\cdots,\vec{\beta}_t$ 生成的子空间. 假若 $V_1=V_2$，则每个 $\vec{\alpha}_i(i=1,2,\cdots,s)$都是 V_2 中的向量，即每个 $\vec{\alpha}_i(i=1,2,\cdots,s)$都可以由 $\vec{\beta}_1,\vec{\beta}_2,\cdots,\vec{\beta}_t$ 线性表示；同理，每个 $\vec{\beta}_i(i=1,2,\cdots,t)$都可以由 $\vec{\alpha}_1,\vec{\alpha}_2,\cdots,\vec{\alpha}_s$ 线性表示，即两个向量组等价.

充分性：若 $\vec{\alpha}_1,\vec{\alpha}_2,\cdots,\vec{\alpha}_s$ 与 $\vec{\beta}_1,\vec{\beta}_2,\cdots,\vec{\beta}_t$ 等价，则两组向量可以互相线性表示. 设任意 $\vec{\alpha}\in V_1$，则 $\vec{\alpha}$ 可以由 $\vec{\alpha}_1,\vec{\alpha}_2,\cdots,\vec{\alpha}_s$ 线性表示，由向量组的等价性可知 $\vec{\alpha}$ 可由 $\vec{\beta}_1,\vec{\beta}_2,\cdots,\vec{\beta}_t$ 线性表示，因此 $\vec{\alpha}\in V_2$，即 $V_1\subseteq V_2$，同理可证 $V_2\subseteq V_1$. 于是 $V_1=V_2$.

题型 7：线性变换的几何意义

例 5.7.1 设有线性变换 $\vec{y}=A\vec{x}$，其中 $A=\begin{pmatrix}1&2\\0&1\end{pmatrix}$，$\vec{x}=\begin{pmatrix}1\\1\end{pmatrix}$，试求出向量 $\vec{y}$，并指出改变换的几何意义.

解 $\vec{y}=A\vec{x}=\begin{pmatrix}1&2\\0&1\end{pmatrix}\begin{pmatrix}1\\1\end{pmatrix}=\begin{pmatrix}3\\1\end{pmatrix}$,

其几何意义是：线性变换 $\vec{y}=A\vec{x}$ 将平面 $\vec{x}_1 O \vec{x}_2$ 上的向量 $\vec{x}=\begin{pmatrix}1\\1\end{pmatrix}$ 变换为该平面上的另一向量 $\vec{y}=\begin{pmatrix}3\\1\end{pmatrix}$（见图下图）.

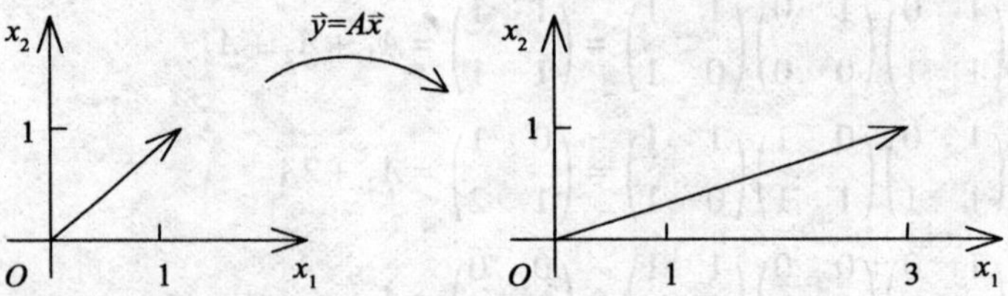

例 5.7.2 设 $A=\begin{pmatrix}1&0&0\\0&1&0\\0&0&0\end{pmatrix}$，为三维空间一向量，试讨论矩阵变换 $\vec{x}\to A\vec{x}$ 的几何意义.

解 如上图，设 $\vec{x}=\overrightarrow{OP}=\begin{pmatrix}x_1\\x_2\\x_3\end{pmatrix}$，则 $\begin{pmatrix}x_1\\x_2\\x_3\end{pmatrix}\to\begin{pmatrix}1&0&0\\0&1&0\\0&0&0\end{pmatrix}\begin{pmatrix}x_1\\x_2\\x_3\end{pmatrix}=\begin{pmatrix}x_1\\x_2\\0\end{pmatrix}$. 从几何上看，在变换 $\vec{x}\to A\vec{x}$ 下，空间中的点 $P(x_1,x_2,x_3)$ 被投影到了 x_1Ox_2 平面上.

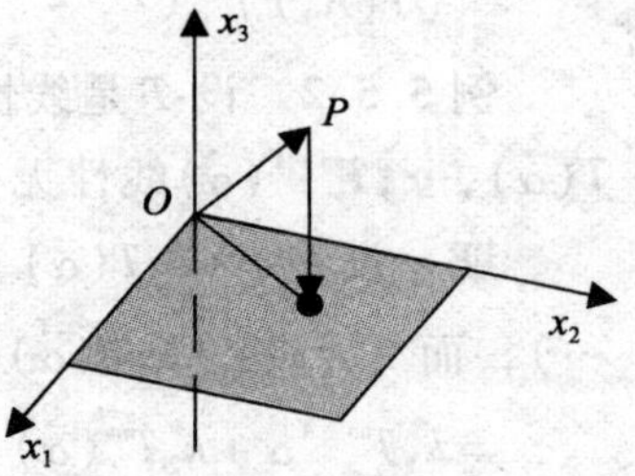

2. 考研真题

（1）（2003，数一）从 R^2 的基 $\vec{\alpha}_1=(1,0)^T$，$\vec{\alpha}_2=(1,-1)^T$ 到基 $\vec{\beta}_1=(1,1)^T$，$\vec{\beta}_2=(1,2)^T$ 的过渡矩阵为________________.

（2）（2009，数一）设 $\vec{\alpha}_1,\vec{\alpha}_2,\vec{\alpha}_3$ 是 3 维向量空间 R^3 的一组基，则从又一基 $\vec{\alpha}_1,\frac{1}{2}\vec{\alpha}_2,\frac{1}{3}\vec{\alpha}_3$ 到基 $\vec{\alpha}_1+\vec{\alpha}_2,\vec{\alpha}_2+\vec{\alpha}_3,\vec{\alpha}_3+\vec{\alpha}_1$ 的过渡矩阵为（　　）.

（A）$\begin{pmatrix}1&0&1\\2&2&0\\0&3&3\end{pmatrix}$.　　（B）$\begin{pmatrix}1&2&0\\0&2&3\\1&0&3\end{pmatrix}$.

（C）$\begin{pmatrix}\frac{1}{2}&\frac{1}{4}&-\frac{1}{6}\\-\frac{1}{2}&\frac{1}{4}&\frac{1}{6}\\\frac{1}{2}&-\frac{1}{4}&\frac{1}{6}\end{pmatrix}$.　　（D）$\begin{pmatrix}\frac{1}{2}&-\frac{1}{2}&\frac{1}{2}\\\frac{1}{4}&\frac{1}{4}&-\frac{1}{4}\\-\frac{1}{6}&\frac{1}{6}&\frac{1}{6}\end{pmatrix}$.

（3）（2010，数一）设 $\vec{\alpha}_1=(1,2,-1,0)^T$，$\vec{\alpha}_2=(1,1,0,2)^T$，$\vec{\alpha}_3=(2,1,1,a)^T$，若由 $\vec{\alpha}_1,\vec{\alpha}_2,\vec{\alpha}_3$ 生成的向量空间的维数为 2，则 $a=$________________.

四、习　题　五

1. 单项选择题

(1) 以下集合及其上定义的运算中，不构成线性空间的是（　　）

(A) n 阶对角阵的全体按通常矩阵的加法和数乘.

(B) 次数小于等于 n 的多项式的全体按通常多项式的加法和数乘.

(C) n 阶实对称阵的全体按通常矩阵的加法和数乘.

(D) 三维空间中，终点不位于一给定直线上的所有向量按通常向量的加法和数乘.

(2) 线性空间的定义中，要求加法和数乘分别满足 4 条性质，然而这 8 条性质中有一条可以由其他 7 条推出，它是（　　）.

设 V 是线性空间：

(A) $\vec{\alpha}+\vec{\beta}=\vec{\beta}+\vec{\alpha}\quad \forall \vec{\alpha},\vec{\beta}\in V$;

(B) $(\lambda+\mu)\vec{\alpha}=\lambda\vec{\alpha}+\mu\vec{\alpha}\quad \forall \lambda,\mu\in R,\vec{\alpha}\in V$;

(C) 存在零元 0，是对任意的 $\vec{\alpha}\in V$ 有 $0+\vec{\alpha}=\vec{\alpha}$;

(D) $\lambda(\vec{\alpha}+\vec{\beta})=\lambda\vec{\alpha}+\lambda\vec{\beta}\quad \forall \lambda\in R,\vec{\alpha},\vec{\beta}\in V$.

2. 填空题

(1) 已知 3 维向量空间 R^3 的一组基为 $\vec{\alpha}_1=(1,1,0)^T$，$\vec{\alpha}_2=(1,0,1)^T$，$\vec{\alpha}_3=(0,1,1)^T$，则向量 $\vec{\alpha}=(2,0,0)^T$ 在上述基下的坐标是__________.

(2) R^3 中由基 $\vec{\alpha}_1=(1,3,4)^T$，$\vec{\alpha}_2=(6,3,2)^T$，$\vec{\alpha}_3=(0,1,1)^T$，到基 $\vec{\beta}_1=(3,7,1)^T$，$\vec{\beta}_2=(0,0,1)^T$，$\vec{\beta}_3=(2,3,5)^T$ 的过渡矩阵为__________.

(3) 设 $\vec{i}$，$\vec{j}$，$\vec{k}$ 是线性空间 R^3 的一组基，则向量 $\vec{\alpha}=\vec{i}-\vec{j}+\vec{k}$ 在 R^3 中另一组基 $\vec{i}$，$\vec{i}+\vec{j}$，$\vec{i}+\vec{j}+\vec{k}$ 的坐标为__________.

(4) 假定 R^3 中的线性变换 T 把基 $\vec{\alpha}=(1,0,1)$，$\vec{\beta}=(0,1,0)$，$\vec{\gamma}=(0,0,1)$ 变为基（1，0，2），（−1，2，−1），（1，0，0）；则 T 在基 $\vec{\alpha}$，$\vec{\beta}$，$\vec{\gamma}$ 下的矩阵为__________.

3. 验证：(1) 2 阶矩阵的全体 S_1；(2) 主对角线上的元素之和等于 0 的 2 阶矩阵的全体 S_2；(3) 2 阶对称矩阵的全体 S_3. 对于矩阵的加法和乘数运算构成线性空间，并写出各个空间的一个基.

4. 设 U 是线性空间 V 的一个子空间，试证：若 U 与 V 的维数相等，则 $U=V$.

5. 设 V_r 是 n 维线性空间 V_n 的一个子空间，$\vec{a}_1,\cdots,\vec{a}_r$ 是 V_r 的一个基. 试证：V_n 中存在元素 $\vec{a}_{r+1},\cdots,\vec{a}_n$，使 $\vec{a}_1,\vec{a}_2,\cdots,\vec{a}_r,\vec{a}_{r+1},\cdots,\vec{a}_n$ 成为 V_n 的一个基.

6. 在 R^3 中求向量 $\vec{\alpha}=(3,7,1)^T$ 在基 $\vec{\alpha}_1=(1,3,5)^T$，$\vec{\alpha}_2=(6,3,2)^T$，$\vec{\alpha}_3=(3,1,0)^T$ 下的坐标.

7. 在 R^3 上取两个基：$\vec{\alpha}_1=(1,2,1)^T$，$\vec{\alpha}_2=(2,3,3)^T$，$\vec{\alpha}_3=(3,7,1)^T$；

$\vec{\beta}_1=(3,1,4)^T$，$\vec{\beta}_2=(5,2,1)^T$，$\vec{\beta}_3=(1,1,-6)^T$，试求坐标变换公式.

8. 在 R^4 中取两个基

$$\begin{cases}\vec{e}_1=(1,0,0,0)^T,\\ \vec{e}_2=(0,1,0,0)^T,\\ \vec{e}_3=(0,0,1,0)^T,\\ \vec{e}_4=(0,0,0,1)^T,\end{cases}\quad \begin{cases}\vec{\alpha}_1=(2,1,-1,1)^T,\\ \vec{\alpha}_2=(0,3,1,0)^T,\\ \vec{\alpha}_3=(5,3,2,1)^T,\\ \vec{\alpha}_4=(6,6,1,3)^T.\end{cases}$$

(1) 求由前一个基到后一个基的过渡矩阵；

(2) 求向量$(x_1,x_2,x_3,x_4)^T$在后一个基下的坐标；

(3) 求在两个基下有相同坐标的向量．

9. n 阶对称矩阵的全体 V 对于矩阵的线性运算构成一个$\frac{n(n+1)}{2}$维线性空间．给出 n 阶矩阵 P，以 A 表示 V 中的任一元素，变换 $T(A)=P^TAP$ 称为合同变换．试证合同变换 T 是 V 中的线性变换．

10. 函数集合 $V_3=\{\vec{\alpha}=(a_2x^2+a_1x+a_0)e^x \mid a_2,a_1,a_0\in R\}$ 对于函数的线性运算构成 3 维线性空间，在 V_3 中取一个基 $\vec{\alpha}_1=x^2e^x$，$\vec{\alpha}_2=xe^x$，$\vec{\alpha}_3=e^x$，求微分运算 D 在这个基下的矩阵．

11. 2 阶对称矩阵的全体 $V_3=\left\{A=\begin{pmatrix}x_1 & x_2\\ x_2 & x_3\end{pmatrix} \mid x_1,x_2,x_3\in R\right\}$对于矩阵的线性运算构成 3 维线性空间．在 V_3 中取一个基 $A_1=\begin{pmatrix}1&0\\0&0\end{pmatrix}$，$A_2=\begin{pmatrix}0&1\\1&0\end{pmatrix}$，$A_3=\begin{pmatrix}0&0\\0&1\end{pmatrix}$．在 V_3 中定义合同变换 $T(A)=\begin{pmatrix}1&0\\1&1\end{pmatrix}A\begin{pmatrix}1&1\\0&1\end{pmatrix}$，求 T 在基 A_1,A_2,A_3 下的矩阵．

12. 设有线性变换 $y=Ax$，其中系数矩阵 A 分别取$\begin{pmatrix}1&0\\0&0\end{pmatrix}$，$\begin{pmatrix}1&0\\0&-1\end{pmatrix}$时，试求出向量 $x=\begin{pmatrix}1\\1\end{pmatrix}$在相应变换下对应的新变量 y，并指出该变换的几何意义．

13. 设 $A=\begin{pmatrix}\cos\varphi & -\sin\varphi\\ \sin\varphi & \cos\varphi\end{pmatrix}$，$x$ 为平面上一向量，试讨论线性变换 $y=Ax$ 的几何意义．

五、习题五解答

1. 单项选择题

(1) (D)；(2) (A)．

2. 填空题

(1) $(1,1,-1)^T$；(2) $\begin{pmatrix}33 & -3 & -1\\ -82 & 8 & 5\\ 154 & -15 & -9\end{pmatrix}$；

(3) $(2,-2,1)^T$；(4) $\begin{pmatrix}1 & -1 & 1\\ 0 & 2 & 0\\ 1 & 0 & -1\end{pmatrix}$．

3. （1）设：$s_1=\begin{pmatrix}a & b\\ c & d\end{pmatrix}$，$A,B,C\in s_1$.

则 $A+B=B+A$，$(A+B)+C=A+(B+C)$

在 s_1 中有一个元素 0，对于 s_1 中任一元素 A 都有 $0+A=A$

对于 s_1 中任一元素 $A=\begin{pmatrix}a & b\\ c & d\end{pmatrix}$，都有 s_1 中元素 $B=\begin{pmatrix}-a & -b\\ -c & -d\end{pmatrix}$

使得 $A+B=0$

$$1A=A,k(lA)=(kl)A,(k+l)A=kA+lA,k(A+B)=kA+kB$$

满足加法和数量乘法，故 s_1 为线性空间．

（2）、（3）证明类似．

可得（1）的基为$\begin{pmatrix}1 & 0\\ 0 & 0\end{pmatrix}$，$\begin{pmatrix}0 & 1\\ 0 & 0\end{pmatrix}$，$\begin{pmatrix}0 & 1\\ 0 & 0\end{pmatrix}$，$\begin{pmatrix}0 & 0\\ 0 & 1\end{pmatrix}$；

（2）的基为$\begin{pmatrix}1 & 0\\ 0 & -1\end{pmatrix}$，$\begin{pmatrix}0 & 1\\ 0 & 0\end{pmatrix}$，$\begin{pmatrix}0 & 1\\ 0 & 0\end{pmatrix}$；

（3）的基为$\begin{pmatrix}1 & 0\\ 0 & 0\end{pmatrix}$，$\begin{pmatrix}0 & 1\\ 1 & 0\end{pmatrix}$，$\begin{pmatrix}0 & 0\\ 0 & 1\end{pmatrix}$.

4. 设：$\dim U=r$，一组基为 $\vec{\alpha}_1,\vec{\alpha}_2,\cdots,\vec{\alpha}_r$.

因为 $U\subset V$，且他们的维数相等，所以$\vec{\alpha}_1,\vec{\alpha}_2,\cdots,\vec{\alpha}_r$ 也是 V 的一组基．

故 $U=V$

5. 对维数差 $n-r$ 作归纳法，当 $n-r=0$，显然成立，因为$\vec{\alpha}_1,\cdots,\vec{\alpha}_r$ 已经是 V 的基．现在假定 $n-r=k$ 时定理成立，我们考虑 $n-r=k+1$ 的情形．

既然$\vec{\alpha}_{r+1},\cdots,\vec{\alpha}_n$ 还不是 V 的一组基，它又是线性无关的，那么在 V 中必定有一个向量 $\vec{\alpha}_{r+1}$不能被$\vec{\alpha}_{r+1},\cdots,\vec{\alpha}_n$ 线性表出，把$\vec{\alpha}_{r+1}$添加进去$\vec{\alpha}_1,\vec{\alpha}_2,\cdots,\vec{\alpha}_{r+1}$必定是线性无关的．由定理知，子空间 $L(\vec{\alpha}_1,\vec{\alpha}_2,\cdots,\vec{\alpha}_r,\vec{\alpha}_{r+1})$的基$\vec{\alpha}_1,\vec{\alpha}_2,\cdots,\vec{\alpha}_{r+1}$可以扩充为整个空间的基．

根据归纳法原理，定理得证．

6. 由题意得：$\begin{pmatrix}3\\7\\1\end{pmatrix}=\vec{\alpha}_1\begin{pmatrix}1\\3\\5\end{pmatrix}+\vec{\alpha}_2\begin{pmatrix}6\\3\\2\end{pmatrix}+\vec{\alpha}_3\begin{pmatrix}3\\1\\0\end{pmatrix}$，

即：$\begin{cases}b_1+6b_2+3b_3=3\\ 3b_1+3b_2+b_3=7\\ 5b_1+2b_2=1\end{cases}$，得：$\begin{cases}b_1=33\\ b_2=-82.\\ b_3=154\end{cases}$

7. 设坐标变换公式为 A

$$\begin{pmatrix}3 & 5 & 1\\ 1 & 2 & 1\\ 4 & 1 & -6\end{pmatrix}=\begin{pmatrix}1 & 2 & 3\\ 2 & 3 & 7\\ 1 & 3 & 1\end{pmatrix}A$$

所以，$A=\begin{pmatrix}1 & 2 & 3\\ 2 & 3 & 7\\ 1 & 3 & 1\end{pmatrix}^{-1}\begin{pmatrix}3 & 5 & 1\\ 1 & 2 & 1\\ 4 & 1 & -6\end{pmatrix}=\begin{pmatrix}-27 & -71 & -41\\ 9 & 20 & 9\\ 4 & 12 & 8\end{pmatrix}$.

8. (1) 设过渡矩阵为 A，则 $\begin{pmatrix}2&0&5&6\\1&3&3&6\\-1&1&2&1\\1&0&1&3\end{pmatrix}=\begin{pmatrix}1&0&0&0\\0&1&0&0\\0&0&1&0\\0&0&0&1\end{pmatrix}A$

故 $A=\begin{pmatrix}2&0&5&6\\1&3&3&6\\-1&1&2&1\\1&0&1&3\end{pmatrix}$.

(2) 设向量 $(x_1,x_2,x_3,x_4)^T$ 在后一个基下的坐标为 $(a_1,a_2,a_3,a_4)^T$，则

$$a_1\begin{pmatrix}2\\1\\-1\\1\end{pmatrix}+a_2\begin{pmatrix}0\\3\\1\\0\end{pmatrix}+a_3\begin{pmatrix}5\\3\\2\\1\end{pmatrix}+a_4\begin{pmatrix}6\\6\\1\\3\end{pmatrix}=\begin{pmatrix}x_1\\x_2\\x_3\\x_4\end{pmatrix},$$

解得：$\begin{pmatrix}a_1\\a_2\\a_3\\a_4\end{pmatrix}=\dfrac{1}{27}\begin{pmatrix}12&9&-27&-33\\1&12&-9&-23\\9&0&0&-18\\-7&-3&9&26\end{pmatrix}\begin{pmatrix}x_1\\x_2\\x_3\\x_4\end{pmatrix}$.

(3) 设向量 $\vec{\alpha}$ 在两组基下的坐标均为 a_1,a_2,a_3,a_4，则

$$a_1\vec{e}_1+a_2\vec{e}_2+a_3\vec{e}_3+a_4\vec{e}_4=a_1\vec{\alpha}_1+a_2\vec{\alpha}_2+a_3\vec{\alpha}_3+a_4\vec{\alpha}_4.$$

故 $\begin{cases}a_1=2a_1+5a_3+6a_4\\a_2=a_1+3a_2+3a_3+6a_4\\a_3=-a_1+a_2+2a_3+a_4\\a_4=a_1+a_3+3a_4\end{cases}$，即 $\begin{cases}a_1+5a_3+6a_4=0\\a_1+2a_2+3a_3+6a_4=0\\-a_1+a_2+a_3+a_4=0\\a_1+a_3+2a_4=0\end{cases}$，

解得 $a_1=1,a_2=1,a_3=1,a_4=-1$，故

$$\vec{\alpha}=a_1\vec{e}_1+a_2\vec{e}_2+a_3\vec{e}_3+a_4\vec{e}_4=(1,1,1,-1)^T,$$

所以符合条件的全部向量为 $k(1,1,1,-1)^T$.

9. (1) $T(A)+T(B)=P^TAP+P^TBP=P^TBP+P^TAP=T(B)+T(A)$；

(2) $(T(A)+T(B))+T(C)=P^TAP+P^TBP+P^TCP=T(A)+(T(B)+T(C))$；

(3) $0+T(A)=T(A)$；

(4) $T(A)+T(-A)=P^TAP+P^T(-A)P=P^TAP-P^TAP=0$；

(5) $1T(A)=T(A)$；

(6) $k(lT(A))=k(lP^TAP)=(kl)P^TAP=(kl)T(A)$；

(7) $k(T(A)+T(B))=k(P^TAP+P^TBP)=kP^TAP+kP^TBP$；

(8) $(k+l)T(A)=(k+l)P^TAP=kP^TAP+lP^TAP=kT(A)+lT(A)$.

故合同变换是线性变换.

10. 对基进行微分运算得：$\alpha_1'=2xe^x+x^2e^x$，$\alpha_2'=e^x+xe^x$，$\alpha_3'=e^x$，

故$\begin{pmatrix}2xe^x+x^2e^x\\ e^x+xe^x\\ e^x\end{pmatrix}=\begin{pmatrix}x^2e^x\\ xe^x\\ e^x\end{pmatrix}A$，得 $A=\begin{pmatrix}1&0&0\\2&1&0\\0&1&1\end{pmatrix}$.

11. $T(A_1)=\begin{pmatrix}1&0\\1&1\end{pmatrix}\begin{pmatrix}1&0\\0&0\end{pmatrix}\begin{pmatrix}1&1\\0&1\end{pmatrix}=\begin{pmatrix}1&1\\1&1\end{pmatrix}\begin{pmatrix}1&1\\1&1\end{pmatrix}=\alpha_1\begin{pmatrix}1&0\\0&0\end{pmatrix}+\alpha_2\begin{pmatrix}0&1\\1&0\end{pmatrix}+\alpha_3\begin{pmatrix}0&0\\0&1\end{pmatrix}$

得$\begin{cases}\alpha_1=1\\ \alpha_2=1.\\ \alpha_3=1\end{cases}$

同理可得：$T(A_2)$的解为$\begin{cases}\beta_1=0\\ \beta_2=1\\ \beta_3=2\end{cases}$，$T(A_3)$的解为$\begin{cases}\gamma_1=0\\ \gamma_2=0,\\ \gamma_3=1\end{cases}$

所以 T 在基下的矩阵为$\begin{pmatrix}1&0&0\\1&1&0\\1&2&1\end{pmatrix}$.

12. $y_1=A_1x=\begin{pmatrix}1&0\\0&0\end{pmatrix}\begin{pmatrix}1\\1\end{pmatrix}=\begin{pmatrix}1\\0\end{pmatrix}$，几何意义为：平面上的向量$\begin{pmatrix}1\\1\end{pmatrix}$变换为该平面上另一向量 $y_1=\begin{pmatrix}1\\0\end{pmatrix}$；$y_2=A_2x=\begin{pmatrix}1&0\\0&-1\end{pmatrix}\begin{pmatrix}1\\1\end{pmatrix}=\begin{pmatrix}1\\-1\end{pmatrix}$，几何意义为：平面上的向量$\begin{pmatrix}1\\1\end{pmatrix}$变换为该平面上另一向量 $y_2=\begin{pmatrix}1\\-1\end{pmatrix}$.

13. 设 $x=\begin{pmatrix}x_1\\x_2\end{pmatrix}$，

则 $y=Ax=\begin{pmatrix}\cos\varphi&-\sin\varphi\\ \sin\varphi&\cos\varphi\end{pmatrix}\begin{pmatrix}x_1\\x_2\end{pmatrix}=\begin{pmatrix}\cos\varphi x_1-\sin\varphi x_2\\ \sin\varphi x_1-\cos\varphi x_2\end{pmatrix}$.

其几何意义为：平面上一向量$\begin{pmatrix}x_1\\x_2\end{pmatrix}$变成该平面上另一向量$\begin{pmatrix}\cos\varphi x_1-\sin\varphi x_2\\ \sin\varphi x_1-\cos\varphi x_2\end{pmatrix}$.

六、考研真题解答

（1）根据定义，从 R^2 的基$\vec{\alpha}_1=\begin{pmatrix}1\\0\end{pmatrix}$，$\vec{\alpha}_2=\begin{pmatrix}1\\-1\end{pmatrix}$到基$\vec{\beta}_1=\begin{pmatrix}1\\1\end{pmatrix}$，$\vec{\beta}_2=\begin{pmatrix}1\\2\end{pmatrix}$的过渡矩阵为

$$P=(\vec{\alpha}_1,\vec{\alpha}_2)^{-1}(\vec{\beta}_1,\vec{\beta}_2)=\begin{pmatrix}1&1\\0&-1\end{pmatrix}^{-1}\begin{pmatrix}1&1\\1&2\end{pmatrix}.$$

$$=\begin{pmatrix}1&1\\0&-1\end{pmatrix}\begin{pmatrix}1&1\\1&2\end{pmatrix}=\begin{pmatrix}2&3\\-1&-2\end{pmatrix}.$$

（2）根据过渡矩阵的定义，有

$$(\vec{\alpha}_1+\vec{\alpha}_2,\vec{\alpha}_2+\vec{\alpha}_3,\vec{\alpha}_3+\vec{\alpha}_1)=\left(\vec{\alpha}_1,\frac{1}{2}\vec{\alpha}_2,\frac{1}{3}\vec{\alpha}_3\right)\begin{pmatrix}1&0&1\\2&2&0\\0&3&3\end{pmatrix},$$

可见，过渡矩阵为$\begin{pmatrix}1&0&1\\2&2&0\\0&3&3\end{pmatrix}$，应选（A）.

（3）由$\vec{\alpha}_1,\vec{\alpha}_2,\vec{\alpha}_3$形成的向量组的秩为 2，即 $r(\vec{\alpha}_1,\vec{\alpha}_2,\vec{\alpha}_3)=2$，从而向量组线性相关. 对$(\alpha_1,\alpha_2,\alpha_3)$作初等行变换有：

$$(\vec{\alpha}_1,\vec{\alpha}_2,\vec{\alpha}_3)=\begin{pmatrix}1&1&2\\2&1&1\\-1&0&1\\0&2&a\end{pmatrix}\to\begin{pmatrix}1&1&2\\0&-1&-3\\0&1&3\\0&2&a\end{pmatrix}\to\begin{pmatrix}1&1&2\\0&1&3\\0&0&a-6\\0&0&0\end{pmatrix}.$$

所以 $a=6$. 故应填 6.

七、练 习 五

1. 在 R^4 中，设有两组基$\begin{cases}\vec{\varepsilon}_1=(1,2,-1,0)\\\vec{\varepsilon}_2=(1,-1,1,1)\\\vec{\varepsilon}_3=(-1,2,1,1)\\\vec{\varepsilon}_4=(-1,-1,0,1)\end{cases}$和$\begin{cases}\vec{\eta}_1=(2,1,0,1)\\\vec{\eta}_2=(0,1,2,2)\\\vec{\eta}_3=(-2,1,1,2)\\\vec{\eta}_4=(1,3,1,2)\end{cases}$，求由基$\vec{\varepsilon}_1,\vec{\varepsilon}_2,\vec{\varepsilon}_3,\vec{\varepsilon}_4$到基$\vec{\eta}_1,\vec{\eta}_2,\vec{\eta}_3,\vec{\eta}_4$的过渡矩阵，并求向量$\vec{\xi}=(1,0,0,0)$在$\vec{\varepsilon}_1,\vec{\varepsilon}_2,\vec{\varepsilon}_3,\vec{\varepsilon}_4$下的坐标.

2. 设$\begin{cases}\vec{\alpha}_1=(1,2,1,0)\\\vec{\alpha}_2=(-1,1,1,1)\end{cases}$，$\begin{cases}\vec{\beta}_1=(2,-1,0,1)\\\vec{\beta}_2=(1,-1,3,7)\end{cases}$，求由向量组$\vec{\alpha}_i$生成的子空间与由向量组$\vec{\beta}_i$生成的子空间的交的基与维数.

3. 设 V_1，V_2 是线性空间 V 的两个非平凡子空间，证明：在 V 中存在$\vec{\alpha}$，使$\vec{\alpha}\notin V_1$，$\vec{\alpha}\notin V_2$同时成立.

4. 设 $V_1,V_2,\cdots,V_s$ 是线性空间 V 的 s 个非平凡子空间，证明：V 中至少有一个向量不属于 $V_1,V_2,\cdots,V_s$ 中任何一个.

5. 设 $P[t]_4$ 的两组基为（Ⅰ）$\begin{cases}f_1(t)=1+t+t^2+t^3\\f_2(t)=-t+t^2\\f_3(t)=1-t\\f_4(t)=1\end{cases}$，（Ⅱ）$\begin{cases}t+t^2+t^3\\1+t^2+t^3\\1+t+t^3\\1+t+t^2\end{cases}$.

（1）求由基（Ⅰ）到基（Ⅱ）的过渡矩阵 C；

（2）求在两组基下有相同坐标的多项式 $f(t)$.

6. 设 $W=\{(a,a+b,a-b)\mid a,b\in R\}$，证明：

（1）W 是 R^3 的子空间；

（2）W 与 R^2 同构．

7. 设 3 维线性空间 V 上的线性变换 A 在基 $\vec{\varepsilon}_1,\vec{\varepsilon}_2,\vec{\varepsilon}_3$ 下的矩阵为 $A=\begin{pmatrix} a_{11} & a_{12} & a_{13} \\ a_{21} & a_{22} & a_{23} \\ a_{31} & a_{32} & a_{33} \end{pmatrix}$，

（1）求 A 在基 $\vec{\varepsilon}_3,\vec{\varepsilon}_2,\vec{\varepsilon}_1$ 下的矩阵；

（2）求 A 在基 $\vec{\varepsilon}_1,k\vec{\varepsilon}_2,\vec{\varepsilon}_3$ 下的矩阵，其中 $k\in P$ 且 $k\neq 0$.

8. 设 $V=P^{3\times 3}$，$A=\begin{pmatrix} 0 & 0 & 0 \\ 0 & 0 & 1 \\ 0 & 0 & 0 \end{pmatrix}$，$W=\{B\mid AB=0, B\in V\}$，这里 P 为数域，

（1）证明：W 是 V 的一个子空间；

（2）求 W；

（3）求 W 的维数与一组基．

9. 设 V 为数域 P 上次数 $\leqslant n(n\geqslant 1)$，及零多项式的集合，$V$ 关于多项式的加法及数与多项式的乘法构成线性空间．

（1）证明：以 c 为根的 V 中全体多项式的集合 L 为 V 的子空间；

（2）求 L 的维数．

八、练习五解答

1. $\begin{bmatrix} 1 & 0 & 0 & 1 \\ 1 & 1 & 0 & 1 \\ 0 & 1 & 1 & 1 \\ 0 & 0 & 1 & 0 \end{bmatrix}$；$\left[\dfrac{3}{13},\dfrac{5}{13},-\dfrac{2}{13},-\dfrac{3}{13}\right]^T$.

2. $(-5,2,3,4)$；一维．

3. 略．

4. 略．

5. （1）$C=\begin{bmatrix} 1 & 1 & 1 & 0 \\ 0 & 0 & -1 & 1 \\ 0 & 1 & 1 & -2 \\ -1 & -1 & -1 & 3 \end{bmatrix}$；（2）$f(t)=0$.

6. 略．

7. （1）$\begin{bmatrix} a_{33} & a_{32} & a_{31} \\ a_{23} & a_{22} & a_{21} \\ a_{13} & a_{12} & a_{11} \end{bmatrix}$；（2）$\begin{bmatrix} a_{11} & ka_{12} & a_{13} \\ \dfrac{a_{21}}{k} & a_{22} & \dfrac{a_{23}}{k} \\ a_{31} & ka_{32} & a_{33} \end{bmatrix}$.

8. （1）略；（2）$\begin{pmatrix} b_{11} & b_{12} & b_{13} \\ b_{21} & b_{22} & b_{23} \\ 0 & 0 & 0 \end{pmatrix}$（$b_{ij}$为自由未知量）（$i=1,2;j=1,2,3$）；

（3）$\dim W=6$，W 的基为 $E_{11},E_{12},E_{13},E_{21},E_{22},E_{23}$，这里 E_{ij}为(i,j)处为 1、其他处元素为 0 的 3 阶方阵.

9. （1）略；（2）$\dim L=n$.

参考文献

can kao wen xian

1. 吴振奎:《线性代数复习及试题选讲》,北京工业大学出版社2005年版.
2. 刘三阳、马建荣、张鹏鸽:《线性代数学习辅导》,西安电子科技大学出版社2005年版.
3. 李启文、谢季坚:《线性代数内容、方法与技巧》,华中科技大学出版社2006年版.
4. 陈光大:《高等代数习题详解》,华中科技大学出版社2006年版.
5. 王式安、蔡燧林、胡金德、程杞元:《2009考研数学历年真题解析》,对外经济贸易大学出版社2009年版.
6. 毕恺、尚德庆:《线性代数同步辅导与考研指津》,华东理工大学出版社2008年版.
7. 蔡子华:《2010考研数学复习大全》,原子能出版社2009年版.
8. 陈文灯、陈启浩:《考研数学10年真题点评》,北京理工大学出版社2007年版.
9. 李恒沛:《2009年考研数学新编考试参考书》,中国人民大学出版社2008年版.
10. 陈文灯、黄先开:《考研数学题型集粹与练习题集》,世界图书出版公司2009年版.
11. 张友贵:《线性代数习题全解全析》,大连理工大学出版社2006年版.
12. 王艳芳、李海燕:《线性代数习题全解》,大连理工大学出版社2008年版.
13. 上海交通大学数学系:《线性代数习题与精解》,上海交通大学出版社2007年版.
14. 许甫华:《线性代数典型题精讲》,大连理工大学出版社2006年版.
15. 施声久、耿玉仙:《线性代数学习指导》,机械工业出版社2002年版.
16. 徐仲、陆全:《线性代数导教、导学、导考》,西北工业大学出版社2005年版.
17. 马杰:《线性代数复习指导》,机械工业出版社2002年版.
18. 王萼芳:《线性代数学习指导》,清华大学出版社2007年版.
19. 赵德修、孙清华:《线性代数题解精选》,华中大学科技出版社2001年版.
20. 胡建华、魏琦瑛、韩超、芮文娟:《线性代数辅导与提高》,中国矿业大学出版社2005年版.
21. 汪志宏、田玉敏:《线性代数学考指要》,西北工业大学出版社2006年版.
22. 卢刚:《线性代数解题方法与技巧》,北京大学出版社2006年版.
23. 黄光谷、黄东、李杨、蔡晓英:《高等代数辅导与习题解答》,华中科技大学出版社

2005 年版.
24. 王晴:《高等代数习题全解》, 科学技术文献出版社 2007 年版.
25. 藤加俊、罗剑、吴红、陈莉:《高等代数辅导与习题精解》, 陕西师范大学出版社 2004 年版.
26. 赵慧斌、高旅端:《线性代数专题分析与解题指导》, 北京大学出版社 2007 年版.
27. 牛少彰、刘吉佑:《线性代数学习指导与例题分析》, 北京邮电大学出版社 2005 年版.
28. 黄光谷、邓泽清、胡启旭、黄东:《线性代数学习指导与题解》, 华中科技大学出版社 2006 年版.
29. 哈尔滨工程大学应用数学系:《线性代数辅导与习题精解》, 哈尔滨工程大学出版社 2005 年版.
30. 金圣才:《线性代数考研真题与典型题详解》, 中国石化出版社 2005 年版.
31. 胡显佑:《线性代数习题集》, 中国人民大学出版社 2004 年版.
32. 曹永林、徐绥、游宏:《线性代数释疑解难》, 天津大学出版社 2005 年版.
33. 李仲来:《北京师范大学数学科学学院硕士研究生入学考试试题 (1978-2007)》, 北京师范大学出版社 2007 年版.
34. 叶盛标、叶长春:《考研数学思维定势与常考题型》, 高等教育出版社 2008 年版.
35. 薛嘉庆:《历届考研数学真题解析大全》, 东北大学出版社 2002 年版.
36. 毛纲源:《最新考研数学 (三) ——常考题型解题方法技巧归纳》, 华中科技大学出版社 2008 年版.
37. 宋建川:《研究生入学考试数学试题汇编及解答》, 中国电力出版社 2008 年版.
38. 周泰文、贺伟奇:《新编线性代数题解》, 华中科技大学出版社 2006 年版.
39. 史荣昌:《线性代数习题集》, 机械工业出版社 2002 年版.
40. 同济大学应用数学系:《线性代数》(第四版), 高等教育出版社 2003 年版.
41. 西北工业大学应用数学系代数教学组:《线性代数》, 西北工业大学出版社 1999 年版.
42. 王萼芳:《高等代数教程》(上、下), 清华大学出版社 1997 年版.
43. 钱椿林:《线性代数》, 高等教育出版社 2002 年版.
44. 彭玉芳:《线性代数》(第二版), 高等教育出版社 2002 年版.
45. 上海交通大学编写组:《线性代数》(第三版), 高等教育出版社 1991 年版.
46. 武汉大学数学系编:《线性代数》, 人民教育出版社 1977 年版.
47. 蔡锁章、高玉斌:《线性代数》, 兵器工业出版社 2001 年版.
48. 吴赣昌、陈怡:《线性代数习题集》, 海南省电子音像出版社 2004 年版.
49. 李尚志、陈发来、吴耀华、张耀华:《数学实验》, 高等教育出版社 1999 年版.
50. 程卫国、冯峰、姚东、徐昕:《MATLAB 5.3 应用指南》, 人民邮电出版社 1999 年版.
51. 王正林、龚纯、何倩:《精通 MATLAB 科学计算》, 电子工业出版社 2009 年版.
52. 陈怀琛、龚杰民:《线性代数实践及 MATLAB 入门》, 电子工业出版社 2005 年版.
53. 章栋恩、马玉兰、徐美萍、李双:《MATLAB 高等数学实验》, 电子工业出版社 2008 年版.
54. 姜启源、邢文训、谢金星、杨顶辉:《大学数学实验》, 清华大学出版社 2005 年版.
55. 王向东、戎海武、文翰:《数学实验》, 高等教育出版社 2004 年版.

56. 黄东卫、陈汉军、杨雪：《大学数学实验》，天津大学出版社 2007 年版.
57. 居余马等编著：《线性代数》（第二版），清华大学出版社 2002 年版.
58. 同济大学应用数学系编：《线性代数及其应用》，高等教育出版社 2004 年版.
59. 邓泽清主编：《线性代数及其应用》，高等教育出版社 2001 年版.
60. 王道信主编：《线性代数》，高等教育出版社 2000 年版.
61. 吴赣昌主编：《线性代数》（理工类，第三版），中国人民大学出版社 2009 年版.
62. 张志让、刘启宽：《线性代数与空间解析几何》，高等教育出版社 2004 年版.
63. Bernard Kolman、David R. Hill、Linear Algebra，殷军改编：《线性代数及其应用》（第八版），高等教育出版社 2005 年版.
64. Steven J. Leon、Linear Algebra With Application，张文博、张丽静译：《线性代数》（原书第七版），机械工业出版社 2007 年版.
65. Michael Hoy、John Livernois、Chris Mckenna、Ray Rees、Thanasis Stengos：Mathematics for Economics（Second Edition），张伟、张华祝、倪晓宁、张倩伟、王宝来译：《经济数学》（第二版），中国人民大学出版社 2006 年版.
66. 张杰主编：《线性代数》，机械工业出版社 2007 年版.